煤炭院校特色应用型本科系列教材
MEITAN YUANXIAO TESE YINGYONGXING BENKE XILIE JIAOCAI

浮游选矿

主 编 康 华
副主编 张 贺 梁 德 徐德永 柳海军

中国矿业大学出版社
·徐州·

内容提要

本书是“煤炭院校特色应用型本科系列教材”之一，全面系统地介绍了浮游选矿的基本原理、各类浮选药剂的作用及机理、浮选设备的结构特征与工作原理、浮选工艺过程及影响因素以及各类矿石的浮选实践。本书特别注重煤泥浮选技术、工艺和设备的介绍与探讨，充分凸显了煤炭院校的特色与优势。

本书既可作为高等院校矿物加工工程专业的教学用书，为相关专业学生提供全面而扎实的专业知识；也可作为相关研究院所、设计院、工厂和矿山等单位工程技术人员的参考用书，对提升我国矿物加工工程领域的技术水平与创新能力具有重要的指导意义。

图书在版编目(CIP)数据

浮游选矿 / 康华主编. — 徐州 :中国矿业大学出版社，2025.1

ISBN 978-7-5646-5751-2

Ⅰ. ①浮… Ⅱ. ①康… Ⅲ. ①浮游选矿 Ⅳ. ①TD923

中国国家版本馆 CIP 数据核字(2023)第 037372 号

书　　名 浮游选矿
主　　编 康　华
责任编辑 褚建萍
出版发行 中国矿业大学出版社有限责任公司
(江苏省徐州市解放南路　邮编 221008)
营销热线 (0516)83885370　83884103
出版服务 (0516)83995789　83884920
网　　址 http://www.cumtp.com　**E-mail**:cumtpvip@cumtp.com
印　　刷 江苏淮阴新华印务有限公司
开　　本 787 mm×1092 mm　1/16　**印张** 15.25　**字数** 391 千字
版次印次 2025 年 1 月第 1 版　2025 年 1 月第 1 次印刷
定　　价 45.00 元
(图书出现印装质量问题，本社负责调换)

前　言

当今社会,矿产资源作为经济社会发展的基石,其高效、环保的加工利用备受关注。浮选技术作为矿物加工工程的关键手段,在提升矿产资源品质和优化资源配置方面具有不可替代的作用。为适应煤炭工业的发展需求,按照人才培养的要求,强化学生的实践与应用能力,本书在多年教育教学和工程实践的基础上编写而成。

本书系统介绍了浮游选矿的基本原理,详细探讨了各类浮选药剂的作用及机理、浮选设备的结构特征与工作原理,并细致分析了浮选过程及其影响因素。结合丰富的实践案例,本书详细讲述了各类矿石的浮选实践,旨在帮助读者将理论知识与实际应用紧密结合,提升解决实际问题的能力。

本书由黑龙江科技大学与黑龙江龙煤矿业控股集团有限责任公司联合编写,主编为康华,副主编为张贺、梁德、徐德永和柳海军。全书共6章,具体编写分工如下:第1章由张贺编写,第2章由康华编写,第3章由徐德永编写,第4章由张贺编写,第5章由梁德编写,第6章由康华和柳海军编写,黑龙江龙煤矿业控股集团有限责任公司的宋国志、马玉玲参与了部分内容的整理工作。全书由康华统一协调和定稿。

在编写过程中,得到了黑龙江科技大学和黑龙江龙煤矿业控股集团有限责任公司的大力支持,在此表示感谢;也向所有文献作者及参与本书编写和出版的人员致以感谢!

由于编写人员水平有限,书中难免存在缺点和错误,恳请广大读者批评指正。

编　者

2024年12月

目　录

第1章　绪　论

1.1　浮选及其发展方向

1.1.1　浮选及浮选过程

浮游选矿，简称浮选，是一种分选矿物的技术，属于主要的选矿方法。其主要原理是利用矿石中不同矿物表面性质的差异，疏水的有用矿物有选择性地附着于气泡表面上浮，而亲水的脉石矿物则留在矿浆中，从而将有用矿物与脉石矿物在气-液-固相界面分离。这一过程被称为“界面分选”。所有基于不同矿物颗粒界面性质差异，直接或间接利用相界面实现颗粒分选的工艺过程均称为浮选选矿。

矿物表面性质指矿物颗粒表面的物理、化学等性质，如表面润湿性、表面电性、表面原子的化学键种类、饱和性、活性等。不同矿物颗粒表面性质有一定的差异，利用这些颗粒表面性质差异，借助于相界面可实现矿物分离富集，所以浮选过程涉及气-液-固三相界面。图1-1为机械搅拌式浮选机矿物浮选示意图，详细描述了浮选槽内固-液-气三相的混合过程、气泡的分散和矿化以及浮选的完成过程。

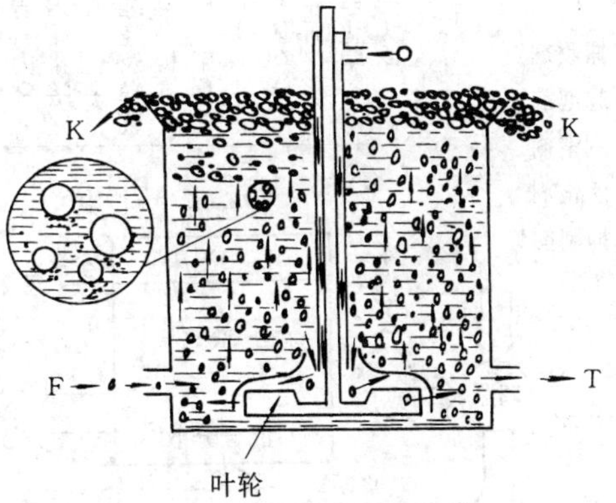

F—入料；K—泡沫精矿；T—尾矿；◦—空气；•—矿粒。

图1-1　矿物浮选示意图

由于矿物颗粒的表面性质不同于密度、磁化率等难以改变的物理参数，矿物颗粒的表面性质可以通过人为干预，使其具备符合分选要求的矿物间表面性质差异，所以浮选在矿物分选中的应用非常广泛，有万能选矿法之称。尤其在细粒和极细粒物料分选中是应用最广、效果最好的一种选矿方法。

浮选过程是在浮选机中完成的，它是一个连续过程，具体可分为以下 4 个阶段。

(1) 原料准备：浮选前的原料准备工作包括磨细、调浆、加药、搅拌等。

① 磨细：一是使绝大部分有用矿物从镶嵌状态中单体解离出来；二是使气泡能负载矿粒上浮。一般需磨细到小于 0.2 mm。

② 调浆：把原料配成适宜浓度的矿浆。之后加入各种浮选剂，以使有用矿物与脉石矿物表面可浮性的差别加大。

③ 搅拌：使浮选剂与矿粒表面充分作用。

(2) 搅拌充气：依靠浮选机的搅拌充气器进行搅拌，以吸入空气，也可以设置专门的压气装置将空气压入。目的是使矿粒呈悬浮状态，同时产生大量尺寸适宜且较稳定的气泡，为矿粒与气泡接触、碰撞创造机会。

(3) 气泡的矿化：经与浮选剂作用后，表面疏水性矿粒能附着在气泡上，逐渐升浮至矿浆液面而形成矿化泡沫；而表面亲水性矿粒不能附着于气泡而存留在矿浆中。这是浮选法分离矿物的基本过程。

(4) 矿化泡沫的刮出：为保持连续生产，浮选机转动刮板，及时把矿化泡沫刮出，刮出的矿化泡沫产品叫作泡沫精矿；留在矿浆中然后被排出的产品，叫作尾矿。

浮选过程也可按工艺流程分为以下 4 个阶段。

(1) 磨矿：即先将矿石磨细，使有用矿物与其他矿物或脉石矿物解离。

(2) 调浆加药：调整矿浆浓度符合浮选要求，并加入所需的浮选药剂，以提高效率。

(3) 浮选分离：矿浆在浮选机中充气浮选，完成矿物的分选。

(4) 产品处理：浮选后的泡沫产品和尾矿产品进行脱水分离。泡沫浮选的过程和基本概念如图 1-2 所示。

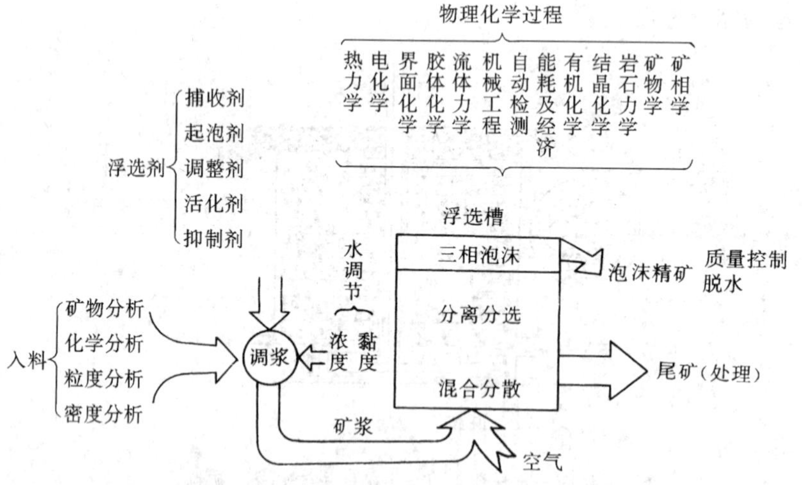

图 1-2　泡沫浮选的过程和基本概念

在图 1-2 中，固体矿物颗粒和水构成的矿浆（矿浆通常来自分级或浓缩作业）首先要在搅拌槽内用适当的浮选药剂进行调和，必要时（在选煤厂）还要补加一些清水或其他工艺的返回水（如过滤液）调配矿浆浓度，使之符合浮选要求。用浮选药剂调和矿浆的主要目的是使欲浮的矿物表面增加疏水性（捕收剂或活化剂），或使不欲浮的矿物表面变得更加亲水，抑制它们上浮(抑制剂),或促进气泡的形成和分散(起泡剂)。调好的矿浆被送往浮选槽中,矿浆和空气被旋转的叶轮同时吸入浮选槽内,空气被矿浆的湍流运动粉碎为许多气泡,起泡剂促进了微小气泡的形成和分散,在矿浆中气泡与矿粒发生碰撞或接触,并按表面疏水性的差异决定矿粒是否在气泡表面上发生附着。表面疏水性强的矿粒附着到气泡表面,并被气泡携带升浮至矿浆液面形成泡沫层,被刮出成为精矿;表面亲水性强的颗粒不和气泡发生黏附,仍然留在矿浆中,最后随矿浆流排出槽外,成为尾矿。

1.1.2 浮选发展简介

人类对矿物资源的开发利用,可追溯至数千年前,涵盖了自然金、自然铜、滑石、朱砂等多种矿物的开采与应用。无论是公元前几千年的古埃及,还是中世纪的罗马帝国,或者是中国古代,由于科学技术水平整体落后,社会生产力低,早期应用的浮选工艺过程比较简单,多为利用矿物天然疏水性(或称天然可浮性)。

如古老的金银淘洗加工方法。人们利用金银粉末的天然疏水性与亲油性,将鹅毛沾上油去刮取浮在水面上的金银粉末,使之与尘土等亲水性杂质分离。

再如在滑石、朱砂、雄黄等加工工序中,人们利用一种叫作"飞"的工序来提高其纯度,或将其分成各种品级,类似于近代的"表层浮选法"。

1637年在我国明代(明崇祯丁丑年)出版的《天工开物》一书中就曾描述朱砂的加工过程:"凡次砂取来,其通坑色带白嫩者,则不以研朱,尽以升汞。若砂质即嫩而烁视欲丹者,则取来时,入巨铁碾槽中,轧碎如微尘,然后入缸,注清水澄浸。过三日夜,跌取其上浮者,倾入别缸,名曰二朱。其下沉结者,晒干即名头朱也",也属于"表层浮选法"。该书还描写了从废旧物中选金的方法:"刮削火化,其金仍藏灰内。滴清油数滴,伴落聚底,淘洗入炉,毫厘无恙。"类似于近代"全油浮选法"。

大约在19世纪中叶,浮选作为一种工业规模的选矿方法出现,1860年,来自英国的布勒弗德(Bradford)率先公布了关于利用油进行硫化矿浮选的专利。他观察到,在硫化矿物、油及水的混合搅拌过程中,硫化矿物会优先被油所浸润;相反,诸如氧化物、硅酸盐和碳酸盐等常见脉石矿物则表现出亲水性,基于此,他首次提出了"全油浮选"与"油团聚技术"。至1885年,布勒弗德又有新发现:当某些硫化矿物(例如细粒辉锑矿)被轻轻放置于水面时,它们能够浮于水上,而多数杂质矿物因被水润湿而沉入水底,这一过程被称为"表层浮选法"。1898年,"全油浮选"技术正式迈入工业生产阶段。随后,在1904年,苏格兰的Macquisten采用表层浮选法,设计并制造了试验性浮选机,并在美国爱达荷州成功建立了首个采用表层浮选技术的矿石加工厂。

20世纪初进行了大规模理论探索,提出了利用增加液-气界面的方法来提高分离效率,出现了"泡沫浮选法"。自此,浮选应用实现了飞跃发展,现代浮选理论开始繁荣,推动了近现代大规模工业化浮选法的逐步发展。

1900年,澳大利亚的Potter与荷兰的Delprat同时创制了泡沫浮选技术,用于从矿石中提取有价值的硫化矿物。此后,该技术逐步扩展应用,不仅适用于硫化矿物,还涵盖了金属氧化物、特定非金属矿物以及煤炭和石墨等,如今已成为浮选领域最普及的方法之一。

1902年,Cattermole发现,向矿浆中添加溶解皂类并混入无机酸,能促使游离脂肪酸生成,这些脂肪酸会吸附于微细硫化矿物上,形成絮团;而分散的脉石则可通过冲洗去除,此方法现被称为“团粒浮选”。同时，他提出利用油处理过的粗颗粒促进细泥凝聚回收，这一思路后来演变为“超浮选”或“载体浮选”。同年，Froment 在搅拌的矿粒、油、水混合矿浆中引入空气或 CO_2（初期采用化学法产生气泡，例如稀硫酸与矿物中 $CaCO_3$ 反应释放 CO_2），这些气泡有助于亲油颗粒的浮起与捕集，标志着现代浮选技术中“泡沫浮选”的初步形成。

1903 年，Sulman 与 Picard 提出，增加空气泡的注入能有效降低油耗。次年，Elmore 采用电解与空气析出技术产生气泡，开创了“电浮选”与“真空浮选”的新篇章。1905 年，Sulman、Picard 携手 Ballot 在英国取得了首个展现现代泡沫浮选特性的专利：在剧烈搅拌的矿浆中通入空气，并仅添加微量油（占矿石质量千分之几），短短 1～10 min 内即可分离出硫化矿物。同期，T. J. Hoover 研发出机械搅拌充气浮选机，为泡沫浮选的工业化奠定了基础。随后，1905 年 Sulman 团队与 1907 年的 H. Norris 分别发明了“溶气浮选”技术。1908 年，Higgins 发现起泡剂（如松油、醇类）能生成更适合浮选的气泡。1911 年，美国蒙大拿州建成了首座浮选工厂——Basin Mill，用于处理－150 网目闪锌矿。至 1912 年，泡沫浮选技术在澳大利亚与美国得到了广泛应用。

1815 年，Zeise 成功合成了“黄药”，该物质在 1924 年由 Keller 作为捕收剂应用，此举推动了浮选技术迈入“现代工业化应用”的新纪元。此后，浮选领域在理论、工艺及设备方面均取得了显著进步，其应用范围从硫化矿扩展至非硫化矿，从颗粒级浮选提升至离子级浮选，涵盖了从易浮到难浮、规模由小到大、工艺由简至繁的全面发展历程。

1937 年，I. Langmuir 观察到硬脂酸能吸附于溶液表面并捕获金属离子。进入 20 世纪 50 年代，南非的 F. Sebba 进一步发展了离子浮选技术，并于 70 年代初逐步实现了其工业化应用。当前，离子浮选已成功应用于冶炼与选矿厂的废水净化，有效提取铜、镉等有价值元素，并用于印染厂污水的净化处理。此外，该技术还能从冶炼废水中提取钨、钼，例如，从含有 0.1～1.0 g/L 二价钼离子（Mo^{2+}）的废液中，可制得品位在 42%～65%之间的钼产品，且钼的回收率高达 90%～95%。在原子能工业废水处理及从海水中回收铀、锶等方面，离子浮选技术也取得了重要进展。

从浮选技术的演进历程中，可以观察到浮选药剂的革新对现代浮选的推动作用是巨大的，甚至可以说，浮选药剂的发展轨迹与现代浮选的进步紧密相连。伴随着浮选工艺的不断进步，浮选药剂的应用与研究也取得了显著的阶段性成果，可以分成以下几个阶段。

第一阶段，浮选主要依赖于油类浮选剂，包括矿物油（例如煤焦油）和植物油。这些浮选剂主要由烃油、脂肪油及对矿物具有特定活性的有机物构成。由于它们通常不溶于水，因此在浮选过程中需大量使用，且选择性相对较低。

第二阶段，浮选技术主要转向使用水溶性的人工合成浮选剂。1902 年，尝试将皂类与油结合作为浮选剂；1909 年，可溶性起泡剂开始得到应用；1924 年，脂肪酸被用于浮选氧化矿，同年，黄药类捕收剂也得以应用，这两种药剂的出现标志着浮选药剂进入了快速且广泛的筛选与应用新阶段。此外，1922 年至 1929 年间，氰化物以及酸碱调整剂也相继被采用。这些药剂多为人工合成或由天然产物加工而成，含有高比例的有效成分，且多数具有水溶性或一定的水溶性。这些药剂的应用，使得浮选工艺变得更为节药、低成本、高效且应用广泛。

第三阶段，为浮选药剂品种与原料来源显著扩展的时期。随着矿山工业的深入发展及现代科技对矿产资源的迫切需求，对浮选药剂的数量及特定类型提出了更高要求。同时，石油工业的蓬勃发展为选矿药剂带来了结构多变、来源广泛且成本较低的原材料，推动了药剂种类的变革与多样化。为满足稀有矿、多金属共生矿的综合开发，以及贫矿、细粒矿、难选矿的有效处理，浮选技术的应用范围延伸至氧化矿浮选，其间，众多针对特定用途的高效浮选药剂被研发并投入使用。

近些年来，材料科学的飞速发展与分子设计领域的崭新成果，为未来有针对性地探索新型浮选药剂开辟了广阔的前景。

1.2 浮选分类及应用

1.2.1 浮选分类

1.2.1.1 按浮选方式分类

浮选按浮选方式可分为全油浮选法、表层浮选法、泡沫浮选法等。

(1) 全油浮选法

根据各种矿物亲油性及亲水性的不同，加入大量油类与矿浆搅拌，然后将黏附于油层中的亲油矿物刮出，而亲水性的矿物仍留在矿浆中，从而达到分离矿物的目的。

(2) 表层浮选法

利用表面张力原理，将磨矿干粉轻轻撒在流动的水流表面，疏水性矿物不易被润湿而漂浮在水面上，聚集成薄层，成为精矿；易被水润湿的亲水性脉石矿物则下沉，最终作为尾矿处理，从而实现分离。该法具有耗油量低、技术工艺简单等优点。

以上两种方法因生产能力小、分选效率低也逐渐被现代泡沫浮选法取代。

(3) 泡沫浮选法

泡沫浮选法作为近现代常用的浮选方式，依赖泡沫作为载体，并通过起泡剂生成适宜的气泡。在浮选药剂的辅助下，疏水性的矿物颗粒会与气泡结合，随后一同升至水面，形成泡沫层，从而实现与亲水性矿物的有效分离，这是气-液-固三相界面的选择性分离过程。气泡的引入显著扩大了分选过程中所需的气-液界面面积，因此浮选效率得到了显著提升。基于此原理，发展出了诸如气体浮选、电解浮选、真空浮选以及溶气浮选等多种现代化的浮选工艺技术。

1.2.1.2 按有用矿物排出方式分类

浮选按有用矿物排出方式可分为正浮选、反浮选两种方式。

(1) 正浮选

正浮选是最常用的浮选方法，将有用矿物作为目标矿物，即目标有用矿物颗粒附着在气泡上并随气泡上浮至矿浆表面形成泡沫层，而脉石矿物则进入底流。正浮选技术常被应用于处理目标矿物易浮且含量较低的矿石，如大部分的硫化矿浮选工艺采用正浮选；在氧化矿及盐类矿物浮选中同样有所应用，如铁矿石、铝土矿及磷矿等浮选工艺均采用正浮选。

(2) 反浮选

反浮选是将底流产品作为有用矿物，泡沫产品作为脉石矿物。反浮选一般用于原矿中有用矿物较多，而脉石矿物较少的情况，或其他选矿工艺产出的粗精矿再提纯的过程。反浮选在氧化矿及盐类矿物的浮选中有着广泛的应用，如铝土矿反浮选，将硅酸盐脉石矿物作为泡沫产品浮出；铁矿石粗精矿浮选过程中，通过反浮选将石英等脉石矿物作为泡沫产品浮出;磷矿浮选过程中,通过反浮选将碳酸盐(白云石、方解石)及硅酸盐等脉石矿物作为泡沫产品浮出。

选择正浮选或反浮选的方法,需依据矿石的特性、矿物的构成以及经济效益的综合评估来决定,通常倾向于将含量较少的成分作为泡沫产物来处理。例如,在黄金矿石和有色金属矿石的处理过程中,由于目标矿物的含量相对较低,往往采用正浮选技术;相反,当目标矿物含量较高时,如铁矿的浮选,则更倾向于使用反浮选方法。这种做法有助于降低药剂的消耗,并且能够提高分选的效率。

1.2.1.3　按分选颗粒大小分类

浮选技术依据分选颗粒的大小及其特性,可细分为颗粒界面分选与离子界面分选两大类。

(1) 颗粒界面分选

颗粒界面分选主要针对的是可通过肉眼观察到的颗粒状矿物,广泛应用于冶炼所需精矿的分选中。它涵盖了多种具体方法,如常规的泡沫浮选技术、乳化浮选技术、载体浮选手段以及絮凝浮选工艺等。这些技术均是基于矿物颗粒与气泡之间的相互作用,实现矿物的有效分离。

(2) 离子界面分选

与颗粒界面分选不同,离子界面分选的目标是溶液中的分子和离子。它在食品、化工、医药等多个领域有着广泛的应用。离子界面分选包括离子泡沫分离、离子沉淀浮选以及颗粒吸附浮选等技术。这些技术的核心在于利用表面活性物质与溶液中的离子形成络合物或难溶性沉淀,进而附着于气泡表面并上浮,从而实现离子的有效分离。离子界面分选不仅选择性高,而且在提取稀溶液中的有价值元素或去除废水中的有害成分方面表现出色,具有显著的选矿效率和富集比。

1.2.1.4　其他方式分类

浮选中还有多种分类方式,如根据气泡产生方式、矿物类别、浮选工艺以及矿物浮出顺序等进行分类。

(1) 按气泡产生方式分类

① 充气浮选:通过机械搅拌或压缩空气等方式向矿浆中充入气体,产生气泡进行浮选。这是最常用的气泡产生方式之一。

② 电解浮选:利用电解作用在矿浆中产生微小气泡,通常与电化学处理相结合,用于特定矿物的浮选。

③ 真空浮选:在真空条件下,通过降低压力使矿浆中的气体析出形成气泡,适用于细粒和微细粒矿物的浮选。

④ 溶气浮选:先将气体溶解于水中,然后通过减压或加热等方式使气体从水中析出,形成微小气泡进行浮选。

(2) 按矿物类别分类

① 硫化矿浮选:针对硫化物矿物(如黄铜矿、黄铁矿等)进行的浮选。

② 氧化矿浮选:针对氧化矿物(如赤铁矿、锰矿等)进行的浮选。

③ 硅酸盐类矿物浮选:针对硅酸盐类矿物(如长石、石英等)进行的浮选。

④ 可溶性盐类矿物浮选:针对可溶性盐类矿物(如钾盐、钠盐等)进行的浮选。

(3) 按浮选工艺分类

① 分支浮选:将矿浆分成多个分支进行浮选,每个分支可以独立调整浮选条件,以适应不同矿物的浮选需求。

② 闪速浮选:在极短时间内完成浮选过程,通常用于处理易浮矿物或需要快速分离的场合。

(4) 按矿物浮出顺序分类

① 优先浮选:先浮选出一种或几种矿物,然后再浮选其他矿物。这种方法适用于矿物之间可浮性差异较大的情况。

② 混合浮选:将多种矿物同时浮出,然后再进行分离和提纯。这种方法适用于矿物之间可浮性相近或需要综合利用的情况。

③ 部分混合浮选:先将部分矿物混合浮出,然后再对剩余矿物进行浮选。这种方法可以根据矿物的可浮性和市场需求进行灵活调整。

④ 等可浮浮选:在浮选过程中,使所有矿物具有相近的可浮性,从而实现同时浮选和分离。这种方法需要精确控制浮选条件和药剂用量。

1.2.2 浮选应用

在选矿领域,浮选技术历经长期发展,积累了深厚的经验,并持续取得技术进步。如今,即便是以往被认为不具有工业利用价值的低品位矿物以及结构复杂的矿石,也可通过浮选技术加以有效回收,实现了作为二次资源的再利用。

随着矿产资源的逐渐枯竭,矿石中的有用矿物呈现出细、杂的分布状态,增加了分选的难度。为了减少生产成本,冶金、化工等领域对加工原材料,即经过分选的矿物产品,提出了更高的质量标准和精度需求。在面对提升品质与解决细粒矿物难以分选的双重难题时,浮选技术相较于其他方法呈现出了显著优势。浮选技术起初仅局限于硫化矿物的处理,但随后其应用范围不断拓展,现已涵盖氧化矿物及非金属矿物等多种类型,全球范围内每年通过浮选技术处理的矿物总量已高达数十亿吨。

浮选分离过程除需要分选颗粒单体解离外,受颗粒与气泡间的有效黏附限制,都有最大粒度的限制,一般最大不超过 0.3 mm。常规泡沫浮选的有效分选粒度基本上在 0.01～0.3 mm(对煤炭 0.03～0.5 mm),超出此粒度范围泡沫浮选的效果很差。通常的共识是磨矿作业使矿物粒度小至 0.01 mm(即 10 μm,达到泥化状态)时浮选失效。对于粒度大于 0.3～0.5 mm 的颗粒,其他物理分选法有较好的适应性。浮选粒度范围也随着浮选技术的发展而不断扩大,近年发展起来的超细浮选对 0.01～0.03 mm 的颗粒具有良好的应用前景,小于 0.01 mm 的微细颗粒迄今也已有一系列成功的分选工艺,近年来利用相界面实现分选的工艺过程更是发展到可以分离胶粒、分子、离子等更微小的颗粒领域,如电泳分离、离子浮选等。

近几十年来,浮选技术的应用不再局限于矿物加工工程领域,而是扩展到环保、冶金、造纸、农业、化工、食品、材料、医药、生物等多个领域。如火法冶金中间产品中的挥发物和炉渣中的有用成分可以通过浮选回收;湿法冶金浸出渣和置换的沉淀产物也可以通过浮选回收;在化学工业中,浮选用于再生纸的脱墨和纸浆废液的纤维回收。此外,在环境工程中,浮选技术还用于河床矿砂中重原油的提取以及污水中小颗粒固体污染物、胶体、细菌、痕量金属杂质的分离和排除。

随着浮选工艺和方法的改进,新型、高效浮选药剂和设备的出现,浮选法将会在更多的行业和领域得到更广泛的应用。使用浮选工艺需注意的是,药剂会使加工成本偏高(较磁选、重选);入选粒度要求较严格;浮选过程影响因素多,工艺要求高;残留药剂的废水对环境有危害。

浮选技术具有以下几项优势:

(1) 浮选技术具有广泛的应用范围和高度的适应性,它几乎能够适用于所有种类的有色金属、稀有金属以及非金属矿产。此外,在化学工业、建筑材料、环境保护、农业以及医药等多个领域,浮选技术均得到了广泛的应用。

(2) 浮选在分选效率上表现出色,尤其适用于品位较低且嵌布较细的物料处理。

(3) 浮选有助于矿产资源的全面回收利用,它能够进一步加工处理通过其他选矿方法所获得的粗精矿、中矿以及尾矿,从而提升精矿的品位与回收率,并实现对其中有用成分的综合回收。

浮选技术也存在一些局限性:

(1) 浮选的成本相对较高。

(2) 为了获得理想的浮选效果,通常需要对矿石进行较细的研磨处理。

(3) 浮选过程中所使用的化学药剂有可能对环境造成污染。

(4) 浮选受多种因素影响,不仅成本高昂,而且对工艺技术的要求也相对较高。

(5) 浮选产品的脱水率较低,且整个处理过程相对复杂。

思考题

1-1　什么是浮选?矿物表面性质包括哪些内容?

1-2　浮选的基本过程是什么?

1-3　浮选有哪些优点和缺点?

1-4　谈谈浮选在矿物分选中的作用。

1-5　浮选在历史发展过程中经历了哪些阶段?

1-6　浮选如何分类?

第 2 章　浮选基本原理

2.1　固相的结构和性质

浮选是通过不同固体矿物的表面性质差异，实现矿浆中固体分选的。某些矿物具有疏水性和亲气性，能够黏附在气泡上并进入泡沫，形成精矿；而另一些矿物则表现出亲水性和疏气性，不与气泡黏附，留在矿浆中成为尾矿（正浮选）。矿物表面性质的差异主要源于固体的组成和结构，同时，浮选过程是固、液、气三相体系的相互作用，因此也与液相和气相的性质密切相关。

浮选中固相由有用矿物和无用的脉石矿物组成，它们以颗粒形式存在。自然界的矿物按工业用途可分为两大类：一类是工业矿物，另一类是能源矿物。工业矿物大多数为晶体矿物，能源矿物则为非晶体矿物。

2.1.1　矿物的晶体结构

任何矿物都具有一定的结构。矿物内部的结构有的是规则的，有的是不规则的。决定这些结构的是离子、原子、分子等质点以及这些质点在矿物内部的排列。人们将质点呈有规则排列的矿物称为晶体矿物，质点呈不规则排列的矿物称为非晶体矿物。正是由于不同矿物具有不同晶体结构，因而具有不同的表面性质和可浮性。

晶体是有明确衍射图案的固体，原子、离子或分子等质点在空间按一定规律周期重复地排列。这些质点在空间周期性排列，构成一定的空间格子，因此晶体又叫作晶格。

晶体质点间存在着相互作用，即结晶键。矿物的晶格结构与其结晶键性质有关，质点间不同的键型决定了其结晶状态不同。

质点间结晶键分为化学键和分子键两大类，介于其中的还有氢键。化学键包括离子键、共价键和金属键。

晶体按其结构粒子和作用力的不同可分为四类，即离子晶体、原子晶体、分子晶体和金属晶体。

（1）离子晶体：离子晶体由阴离子和阳离子组成，阴、阳离子交替排列在晶格节点上，它们之间以静电引力相结合，这种结合力所形成的键称离子键。矿物断裂时，沿离子界面断开，断裂后表面露出的是不饱和的离子键。由于阴、阳离子的电子云可以近似地看成球形对称，故离子键没有方向性，一般配位数较高、硬度较大、极性较强。具有典型离子键的晶体矿物有岩盐 $NaCl$、萤石 CaF_2、闪锌矿 ZnS、金红石 TiO_2、方解石 $CaCO_3$。岩盐的晶体结构如图 2-1 所示。

（2）原子晶体：原子晶体由原子组成，晶格节点上排列的是中性原子，靠共用电子对结合在一起，这种键称原子键或共价键。共价键具有方向性和饱和性，一般配位数很小，因此，该晶体结构的紧密程度远比离子晶格低。原子晶格中没有自由电子，故晶体是不良导体；晶格断裂时，必须破坏共价键，故极性较强。共价键键合强度比离子键高，因此晶体的硬度比离子晶体高。自然界单纯以共价键结合的晶体在矿物中较少见，最典型的如金刚石，如图 2-2 所示，多数晶体为离子键和共价键的混合键型，如石英 SiO_2、锡石 SnO_2。

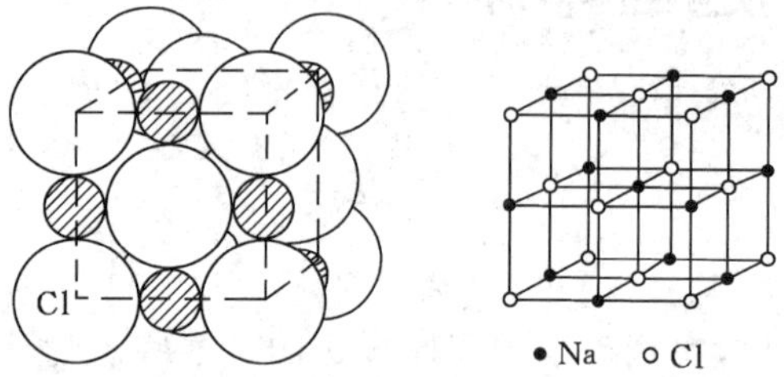

(a) 晶体中离子的排列　　(b) 晶体

图 2-1　岩盐的晶体结构

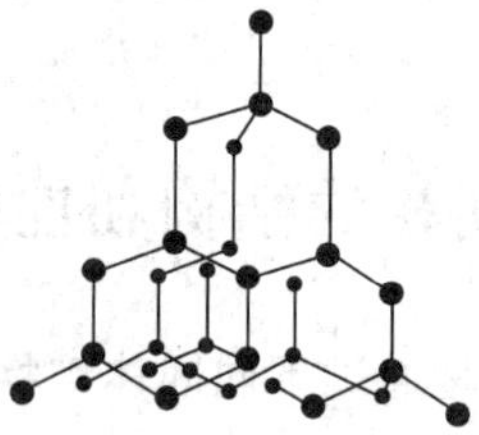

图 2-2　金刚石的晶体结构

(3) 分子晶体：分子晶体的晶格中分子是结构的基本单元，分子间由极弱的范德瓦耳斯力(即分子间力)或分子键连接。晶格破裂时暴露出的是弱分子键，分子间的引力与分子间距离的 7 次方成反比。分子晶体的特点是分子间无自由电子运动，故为不良导体。组成晶体的分子键很弱，因此硬度较小，对水的亲和力弱。多数层状构造矿物层与层之间常以弱分子键相连，如石墨、辉钼矿等，如图 2-3 所示。

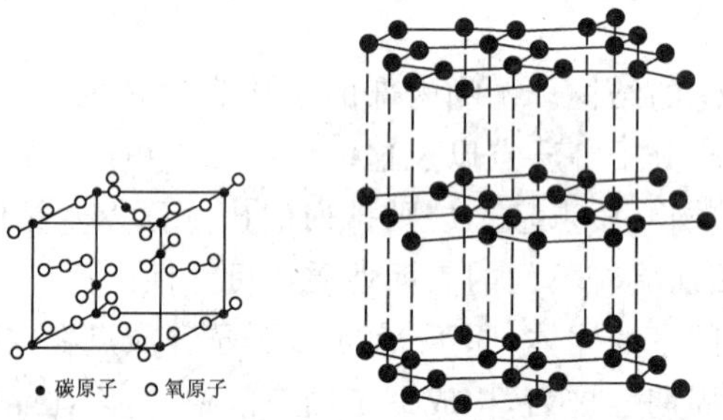

(a) 二氧化碳的晶体结构　　(b) 石墨的层状结构

图 2-3　分子晶体结构示意图

(4) 金属晶体：金属晶体的节点上为金属阳离子，周围有自由运动的电子，阳离子与共有电子相互作用，结合成金属键。金属键无方向性和饱和性，具有最大的配位数和最紧密的堆积。晶格断裂后其断裂面上为强不饱和键，如图 2-4 所示，自然金和自然铜属于此类。

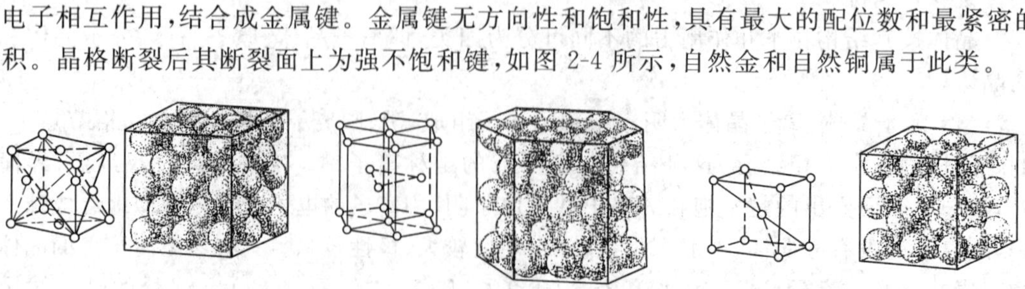

(a) 面心立方晶格　　(b) 密集六方晶格　　(c) 体心立方晶格

图 2-4　金属晶体结构示意图

实际上，自然界矿物很少由单一键组成，常见的矿物多为混合键或过渡型晶体。例如：硫化矿物和氧化矿物多为离子-共价键或离子-共价-金属键；氢氧化物和含氧盐类矿物则多为离子-分子键和离子-共价键。又如金红石 Ti—O 之间是以离子键为主向共价键过渡的键型，但离子键占主导地位，故划为离子晶体。多种元素所构成的晶体常同时存在几种不同性质的键。同一元素组成的晶体内，有时也有不同的键。因此具体矿物内部键的性质应作具体研究。

2.1.2　矿物晶体的断裂面

矿物晶体受外力作用破碎时，将沿着晶体构造中键合力最弱的地方断裂。严格沿着一定结晶方向裂成光滑面叫解理，断面称为解理面；不按一定方向裂成不规则的各种凹凸不平的表面叫断口。

解理通常发生在晶格中面网密度最大的面网之间、阴阳离子电性中和的面网（原子面）之间、两层同号离子相邻的面网之间以及键合力最弱的面网之间。图 2-5 列出了 6 种典型的晶体结构，现以解理面为基础，简要分析一下它们的断裂面。

单纯离子晶格断裂时，常沿着离子界面断裂。如岩盐为单纯离子晶格，断裂时，常沿着离子间界面断裂，在解理面上分布有相同数目的阴离子和阳离子，可能出现的断裂面如图 2-5(a)中的虚线所示。

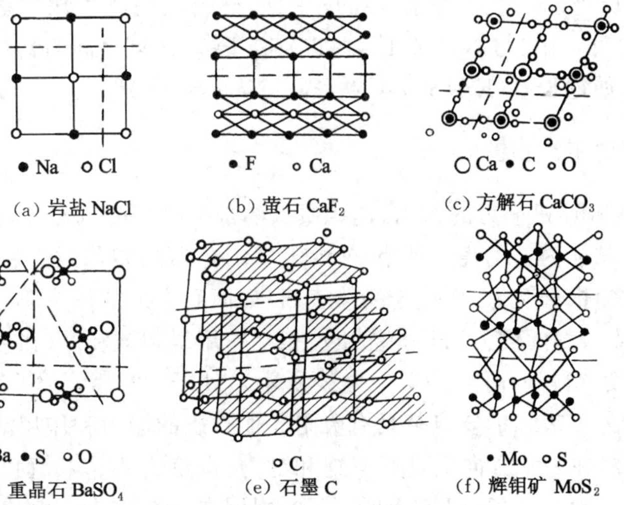

图 2-5　典型矿物晶格及可能断裂面

较复杂的离子晶格，则其解理面的规律是：

(1) 不会使基团断裂，也就是说，不会使方解石中的 CO_3^{2-} 基团拆开。

(2) 往往沿阴离子交界面断裂，如方解石就是沿 CO_3^{2-} 离子交界层断开的，只有当没有阴离子交界层时，才可能沿阳离子交界层断裂。

(3) 当晶格中有不同的阴离子交界层或者各层间的距离不同时，常沿较脆弱的交界层或距离较大的层面断裂。

萤石也是离子晶格，其断裂主要沿图 2-5(b) 中的虚线进行。由此可见，萤石的晶格中有两种面网排列方式：一种是 Ca^{2+} 与 F^- 面网相互排列，另一种是 F^- 与 F^- 面网排列。Ca^{2+} 和 F^- 存在着较强的键合能力；F^- 间的电性相同，它们之间的静电斥力导致了晶体内的脆弱解理面。因此，当受外力作用破碎时，萤石常沿 F^- 组成的平面网层断裂。

方解石虽然也是离子晶格，但在它的晶格中含有基团 CO_3^{2-}，因 C—O 间为更强的共价键结合，所以不会沿酸根中的 C—O 共价键断开。受外力破碎时，将沿图 2-5(c)中的虚线所表示的 CO_3^{2-} 与 Ca^{2+} 交界面断裂。

重晶石的碎裂如图 2-5(d)中的虚线所示，它有 3 个解理面，都是沿含氧离子的面网间发生破裂的。

共价晶格的可能断裂面，常是相邻原子距离较远的层面，或键能弱的层面。分子键是较弱的键，因此当矿物含有分子键时，常使分子键发生断裂。如石墨和辉钼矿都具有典型的层状结构。石墨断裂情况如图 2-5(e)所示，层与层间的距离(图中的垂直距离)为 0.339 nm，而层内碳原子之间的距离(图上水平距离)为 0.12 nm，所以容易沿此层间裂开；辉钼矿则是沿平行的硫原子的层间断裂，见图 2-5(f)。

实践中最常见的硅酸盐和铝硅酸盐矿物结构非常复杂，骨架的最基本单位为二氧化硅，硅氧构成四面体，硅在四面体的中心，氧在四面体的顶端，彼此连接起来构成骨架。在骨架内，原子间距离在各个方向上都相同。硅酸盐矿物中的 Si^{4+} 易被 Al^{3+} 取代，形成铝硅酸盐矿物，其硅氧四面体中硅与氧的比例影响解理面的性质。另外，Al^{3+} 比 Si^{4+} 少 1 个正价，因此就必须引入 1 个 1 价阳离子，才能保持电中性，被引入的离子常常是 Na^+ 和 K^+，但 Na^+ 或 K^+ 处于骨架之外，骨架与 Na^+ 或 K^+ 之间为离子键，硅氧之间为共价键，所以此类矿物的断裂面比较复杂，如钾长石($KAlSiO_3$)、钠长石($NaAlSi_3O_8$)等。

2.1.3 矿物晶体的不饱和键

矿物晶体受到外加机械力的作用，连接质点的部分键力受到破坏，产生断裂面，如图 2-6 所示。可以看到：晶体内部的任一质点 A 由于周围分布的相邻质点相互作用，使键力处于平衡饱和状态，称为饱和键力；而位于晶体表面，如面心附近的任一质点 B，则除了在此平面内以及朝向立方体内部的键力因与相邻质点相互作用得到饱和外，在朝向空间的这个方向，质点 B 的键力则没有得到补偿(如图中虚线所示)，处于未饱和状态，称为不饱和键力或不饱和键能。因此，处于表面的质点就具有吸附其他物质的能力和作用活性。同样，位于棱边上的任一质点 C，将在两个方向上具有不饱和键力，即键力不饱和程度较高，具有较高的吸附能力和作用活性；而位于任一顶点的质点 D，则因在三个方向上都有不饱和键力，所以该质点的不饱和键力最强，吸附能力和作用活性最强。由此可以看出，断裂面上的质点存在着不饱和键力，这种不饱和键的键能决定了它们的天然可浮性。

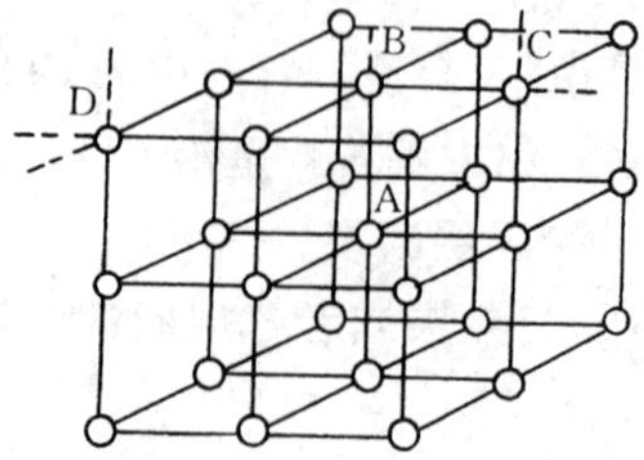

图 2-6　矿物晶体内部饱和键与表面不同位置不饱和键示意图

所谓天然可浮性是指矿物在不添加任何浮选药剂的情况下的浮游性。矿物的天然可浮性与其解理面和表面键性及矿物内部的价键性质、晶体结构密切相关。

由于晶体类型不同或破碎时断裂方向不同，断裂面的不饱和键的类型和键能强度也就不相同，矿物表面性质也就不同，其规律大致如下：

(1) 离子矿物晶体的断裂面以离子键为主，有强的静电作用力，为强不饱和键。矿物表面亲水性强，天然可浮性差。同是离子键，由于在表面层的分布及位置深浅不同，离子的不饱和度也不同，加之其他表面离子的遮盖作用等，可以表现出不同程度的强弱。

(2) 原子矿物晶体的断裂面以共价键为主，有较强静电力或偶极作用，亦为强不饱和键。矿物表面亲水性强，天然可浮性差，但比离子晶体要好。

(3) 金属矿物晶体的断裂面与原子晶体矿物断裂面大体相似，表面亲水性强，天然可浮性差。

(4) 分子矿物晶体的断裂面以分子键为主，不饱和键多为弱键。这种断裂键的键能强度较低，断裂面上质点非极性较小，称为非极性表面，与水分子的作用较弱，不易被水润湿，为疏水性表面，易与气泡黏附，天然可浮性较好。

当矿物表面具有较强的离子键、共价键时，其不饱和程度较高，表面极性和化学活性较强，对极性水分子有较大的吸引力，因此表现出亲水性，称为亲水性表面，此时矿物的可浮性差；当矿物表面是弱的分子键时，其不饱和程度较低，表面具有疏水性，称为疏水性表面，此时矿物的可浮性较好。

事实上，同一种矿物的可浮性差别很大。这是因为实际矿物表面存在许多物理不均匀性、化学不均匀性和物化不均匀性(半导体)，造成矿物表面不同区域表面性质不同，可浮性也不相同，对药剂的吸附影响也不相同。

2.1.4　矿物表面的不均匀性与可浮性

典型完整的矿物晶体是少见的，总有各种结构上的缺点。

浮选理论工作者研究表明：同一种矿物可浮性相差很大。这主要是由于自然界中的实际矿物很少为理想的典型晶格结构，它们存在着许多物理不均匀性、化学不均匀性，这些因素均造成了矿物表面的不均匀性，从而使其可浮性相差很大。

(1) 矿物的物理不均匀性

矿物在生成及地质矿床变化过程中，矿物表面呈现宏观不均匀性和晶体产生的各种缺陷、空位、夹杂、错位或镶嵌等现象，统称为物理不均匀性。图 2-7～图 2-10 表示了矿物的一些物理不均匀现象。

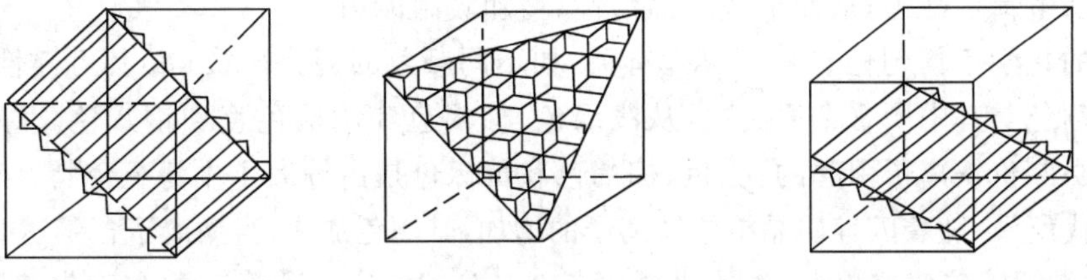

(a) 岩盐晶体沿十二面体晶面破碎的表面　(b) 岩盐晶体沿八面体晶面破碎的表面　(c) 岩盐晶体对立方体晶面呈任意破裂的表面

图 2-7　岩盐晶体裂解图

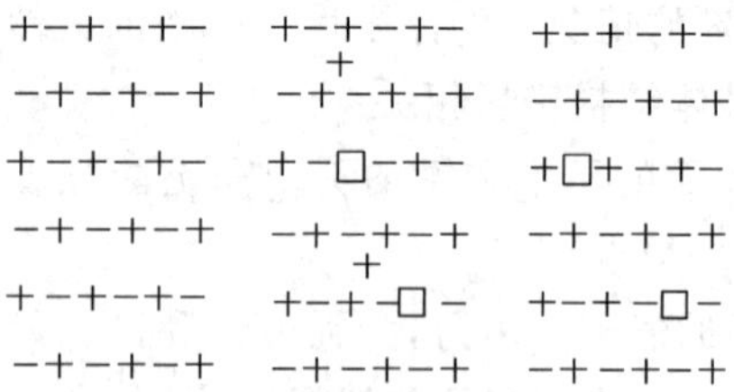

(a)理想晶体　(b)间隙离子　(c)空位

图 2-8　离子晶格的典型缺陷

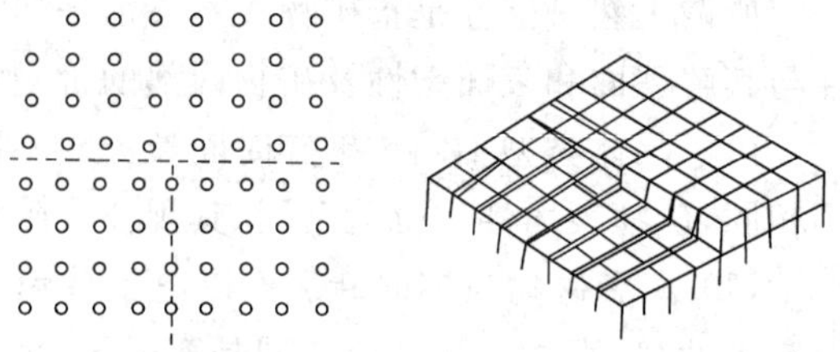

(a) 边缘位错　(b) 螺旋位错

图 2-9　位错示意图

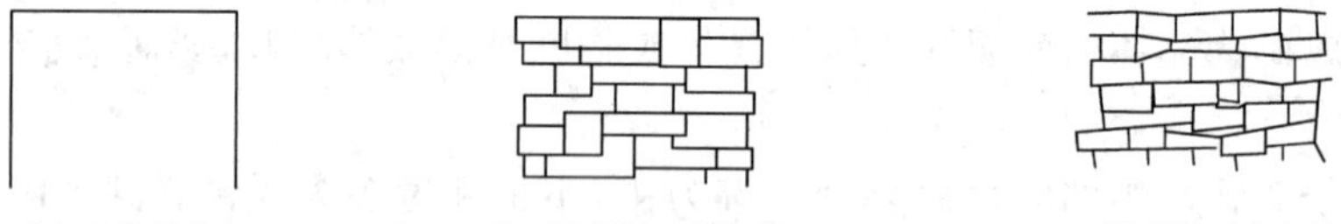

(a) 完整晶体　(b) 微晶的平等镶嵌　(c) 微晶的无定向镶嵌

图 2-10　晶体的镶嵌现象

(2) 矿物的化学不均匀性

化学不均匀性指的是实际矿物中的各种元素的键合,不像矿物的化学分子式那样单纯,常夹杂许多非化学分子式的非计量组成物。Cu、Pb、Zn、Hg、Ag 对 S 有很强的键合强度,具有形成硫化物的条件,因而常形成这类金属的硫化矿物。但是 As、Sb、Bi 却以络硫阴离子的形式与 Cu^+、Pb^+、Ag^+ 等形成含硫矿物,并且还可呈 AsS、As_2S_3、Bi_2S_3 等形式。Se 和 Te 的性质与 S 相近,因而就常以类质同象的方式混入各种硫化矿物(如黄铁矿、磁黄铁矿)中。

在硫化矿物中,有些非计量夹杂物往往具有重要意义,如磁黄铁矿中的镍、黄铁矿及黄铜矿中的金、方铅矿中的银等。掌握金属共生规律,认识矿物的化学不均匀性与可浮性的关系,对综合回收有用成分、提高选矿效果具有重大的实际意义。

杂质在矿物中主要呈现三种类型:第一种情况是杂质元素单一同晶置换矿物晶格上的质点元素。第二种情况是杂质在矿物中形成机械夹杂。第三种情况是上述两种情况的复合形式,即不仅在矿物晶格上出现同晶置换,而且还存在其他矿物的机械夹杂。

(3) 矿物表面不均匀性与可浮性

矿物表面不均匀直接影响矿物和水及水中各种组分的作用,因而引起可浮性的变化,如方铅矿(PbS)的晶格缺陷影响到矿物与捕收剂的作用,理想的方铅矿晶体内部,Pb—S 之间绝大部分为共价键,只有少量离子键,其内部电荷是平衡的,所以对外界离子的吸附力不强,缺陷使内部电荷不平衡,从而形成表面活性,增加吸附能力。

矿物的化学不均匀性与其可浮性有关,如不同颜色的闪锌矿(ZnS)其可浮性差异明显。闪锌矿的颜色与其中所含杂质有关,从浅绿色、棕褐色和深褐色直到钢灰色。绿色、灰色和黄绿色是由二价铁离子引起的;棕色、棕褐色和黄棕色是由锌离子本身显色特性和同晶行镉离子的取代所致;随着闪锌矿晶格中铁离子的增加,其颜色加深,当铁离子含量达 20%或 26%左右时,这类闪锌矿变成黑色,称为高铁闪锌矿。Fe、In、Ge、Cd 等杂质在硫化锌晶格中置换锌,形成异质同形物或乳浊状的浸染体,甚至形成固溶体。这些成分的相互共生,使闪锌矿的可浮性产生多样化。所以,虽然闪锌矿是浮选常见的矿物,但迄今未能确定它的可浮性。

2.1.5　矿物的氧化、溶解与可浮性

矿物的氧化和溶解对浮选过程有重要影响，特别是氧与重金属 Cu、Pb、Zn、Fe、Ni 等硫化物的作用，对浮选影响更为明显。氧对矿物及水和药剂相互作用的影响体现在，矿浆液相中氧的含量能够调节和控制浮选过程，从而改善或恶化硫化矿物的浮选与分离效果。

（1）矿物的氧化

影响矿物表面氧化的因素有表面离子的组成（活性）、环境含氧量、介质 pH 值。

研究表明，氧与硫化物相互作用过程分阶段进行。第一阶段，氧的适量物理吸附，硫化物表面保持疏水；第二阶段氧吸收硫化物晶格的电子，并发生离子化；第三阶段离子化的氧化学吸附并进而使硫化物发生氧化生成各种硫酸基。

硫化矿表面的硫易发生氧化反应，其可浮性受氧化程度的影响显著。一定限度内的氧化，硫化矿的可浮性可随着氧化程度变好；但过度氧化，则起抑制作用，反而恶化浮选指标。

以黄铁矿（FeS_2）为例，在不同的氧化程度下浮选行为会发生很大的变化。

① 未氧化时，黄铁矿表面极性较强，天然可浮性较差。

② 轻微氧化，反应方程为：

$$FeS_2 + 2O_2 \rightleftharpoons FeSO_4 + S\downarrow \tag{2-1}$$

矿物表面有少量的硫析出，可浮性得到一定改善。

③ 适度氧化。反应方程为：

$$2FeS_2 + 7O_2 + 2H_2O \rightleftharpoons 2FeSO_4 + 2H_2SO_4 \tag{2-2}$$

此时矿物表面的 S^{2-} 氧化为 SO_4^{2-}，容易从矿物表面解离而进入溶液中，使表面阳离子不饱和键能增强，易于和阴离子药剂作用（捕收剂），从而形成疏水性表面，此时矿物可浮性较好。

④ 过度氧化，反应方程为：

$$4FeS_2 + 15O_2 + 2H_2O \rightleftharpoons 2Fe_2(SO_4)_3 + 2H_2SO_4 \tag{2-3}$$

此时氧化程度较深，矿物表面产生深层氧化，变得十分疏松，与药剂作用时会产生层层脱落现象，造成矿物难以随气泡上浮。

不同种类的硫化矿浮选时所需的合适氧量也不相同。研究表明，在中性溶液中浮选时，需氧量按下列顺序递增：方铅矿＜黄铜矿＜磁黄铁矿＜砷黄铁矿。

上述情况说明氧化程度对硫化矿可浮性影响较大，适度氧化有利于改善矿物可浮性。同时氧化还影响矿物的溶解行为。因此硫化矿浮选体系要控制好氧化条件，生产中调节氧化程度是浮选操作控制的重要因素之一，常用的具体措施有：

① 控制矿浆的准备及浮选时间，调浆时间长短是控制矿浆表面氧化程度的重要因素。

② 调整浮选机空气给入量和搅拌强度，短期适量充气对一般硫化矿浮选有利，但长时间过分充气，可使硫化矿的可浮性下降。

③ 调整矿浆 pH 值，在不同 pH 值范围内，矿物的氧化速度不同。

④ 必要时可加入氧化剂（如 $KMnO_3$、MnO_2、H_2O_2等）或还原剂（如 SO_2、Na_2S 等）来控制氧化程度。

（2）矿物的溶解

矿物浸入水中，与水相互作用会使部分矿物以离子形式转入液相中，这就是矿物的溶解。物质能溶于水中的最大量为该物质的溶解度，以“mol/L”表示。由于溶解度受温度影

响较大，所以常注明温度条件。几种典型的硫化矿及其硫酸盐溶解度见表 2-1。

表 2-1 几种典型的硫化矿及其硫酸盐溶解度

硫化矿	溶解度 /(mol/L)	硫酸盐	溶解度 /(mol/L)	硫酸盐溶解度是硫化矿溶解度的倍数
磁黄铁矿(Fe_xS_y)	53.6×10^{-6}	$FeSO_4$	1.03(0 ℃)	约 20 000
闪锌矿(ZnS)	6.55×10^{-6}	$ZnSO_4$	3.3(18 ℃)	约 500 000
辉铜矿(Cu_2S)	3.10×10^{-6}	$CuSO_4$	1.08(20 ℃)	约 350 000
方铅矿(PbS)	1.21×10^{-6}	$PbSO_4$	1.3×10^{-4}(18 ℃)	约 107

由表 2-1 可见，如硫化矿表面氧化成硫酸盐，溶解度增加，当矿粒粒度很细时，溶解度更大，如重晶石($BaSO_4$)磨至胶体粒度，可使其从难溶变成可溶。

矿浆中存在的多种溶解下来的离子可改变矿浆的离子组成，因而使该矿物的浮选过程受到一定影响。矿物溶解下来的离子与水中原来就含有的离子总称为“难免离子”。

如选矿用水常含有 Na^+、K^+、Ca^{2+}、Mg^{2+}、Cl^-、CO_3^{2-}、HCO_3^-、SO_4^{2-} 等离子；矿坑水常含有 NO_3^-、NO_2^-、NH_4^+、$H_2PO_4^-$、HPO_4^{2-} 等离子。

多数情况下，难免离子在浮选过程中会因为其作用导致脉石活化，浮选分离过程变得困难进而使浮选指标恶化，所以要采取措施来控制矿浆中的难免离子。通常控制难免离子的措施有：① 控制水质，进行水质软化，减少水中原有矿物离子数量。② 控制充氧条件，尽量减少矿物氧气溶解产生难免离子。③ 控制磨矿时间及细度，减少微细粒矿物溶解产生难免离子。④ 调节矿浆 pH 值，改变某些离子的溶解度，使某些难免离子形成不溶性沉淀物。

后三项措施是针对矿物溶解采取的，防止因为过度氧化或粒度太细，导致矿物溶解度增大。

2.1.6 煤的结构及性质

煤是浮选研究的主要对象。煤是复杂高分子化合物的混合物，其中包括大部分有机质和少部分无机物。地质学家将煤作为一种岩石来研究，将其划分为可燃有机岩石类。矿物加工工业中，则把煤当作一种非晶质矿物对待，称为能源矿物。近年来的大量研究证实，不同煤的化学组成、杂质分布和结构特点等不均匀性对其浮选性质影响是很大的。

(1) 煤的基本组成

煤的组成成分极其复杂，煤的组成有明显的不均匀性，其成分随着煤化程度的不同而有很大的变化；在不同环境下形成的煤，其表面性质及可浮性也不同。尽管如此，但归纳起来，煤是由 4 种基本的组分组成的，即镜煤、亮煤、暗煤和丝炭。丝炭具有纤维状结构，各小块中的纤维平行排列，性脆，外表很像木炭，呈暗淡光泽。暗煤具有不太明显的层理，一般较致密，有时出现粒状结构，其硬度和韧性都比较大。亮煤中常嵌布扁豆状的其他成分，往往是逐渐向暗煤转化的，在显微镜下观察，亮煤很像暗煤但带有大量无结构基质。镜煤与其他三种组分有很大的差别，其结构均匀，有贝壳状断口，并有明亮的光泽；由于劈理面截然不同，很容易把镜煤与其他组分区分开来。应该指出，煤的各种组分具有不断互相转化的性质，这就使煤粒表面的组成更加复杂，更不均匀，很难进行不同组分的优先浮选。

在煤泥浮选过程中，伴生矿物的性质对浮选效果有很大影响。因此，进一步研究煤中夹杂的矿物种类及嵌布情况对煤泥浮选是很重要的。煤中夹杂的氧化物主要是石英，石英颗粒多呈圆形，有时也带有棱角，呈白色透明。煤中夹杂的碳酸盐主要是呈椭圆形的乳白色方解石。煤中还经常夹杂石膏、黄铁矿、白铁矿和黏土等矿物。在这些伴生矿物中，石英和方解石的自然可浮性很差，易与煤粒分离；而黄铁矿是硫化矿物，比较容易浮游，其浮选活性与煤粒比较相近，所以用浮选方法脱除时，必须选择适宜的药剂制度。如果煤中夹杂大量黏土矿物，会大大恶化浮选过程。黏土矿物不仅会使矿浆泥化，还常常由于静电吸引而黏附于煤粒表面，改变煤粒的电动电位，导致其无法浮起而混到尾煤中。

(2) 煤的结构模型

煤不是晶体结构，它的表面并不是均一的，而是由各种各样不规则的有机化合物组成的。煤表面有大量空隙，因此，很容易从液体中吸附大量无机和有机物质；此外，煤炭表面很容易氧化，这些都影响了煤的浮选性质，使煤炭表面的浮选活性变得复杂。

关于煤的结构模型，以万-克列维廉提出的结构比较全面，它考虑了煤的物理性质、物理化学性质和化学性质(图 2-11)，指出了煤主要由芳香网络所组成，即是多环芳香族高分子化合物，是由大量苯核结合的芳香族化合物，由多层平面碳网组成，但也存在侧链。煤在变质过程中侧链容易分解，生成含氧、含硫和含氮的官能团，如图 2-12 所示。研究表明，在煤中存在大量多环芳香族的结构成分，随变质程度的增加，碳网层间距缩小，组成芳香族的碳原子数增加，侧链部分减少。除多核芳香族的结构成分外，烟煤中还含有带脂肪链的氢化芳香族核。用红外光谱分析法可证明烟煤中有氢键存在，这一点对研究煤与极性药剂的作用机理有重要意义。煤的多环芳香核之间常以—O—键、—CH_2—键相连或通过由烷烃环和脂肪链所形成的氧化物中的氢键而相连。亮煤和镜煤组分含有比丝炭和暗煤组分更多的酚基，这就使亮煤和镜煤具有更大的吸附活性。必须指出，含氧官能团的吸附活性很强，它必然对煤与水、煤与浮选药剂的相互作用产生很大的影响，甚至起决定性的影响。

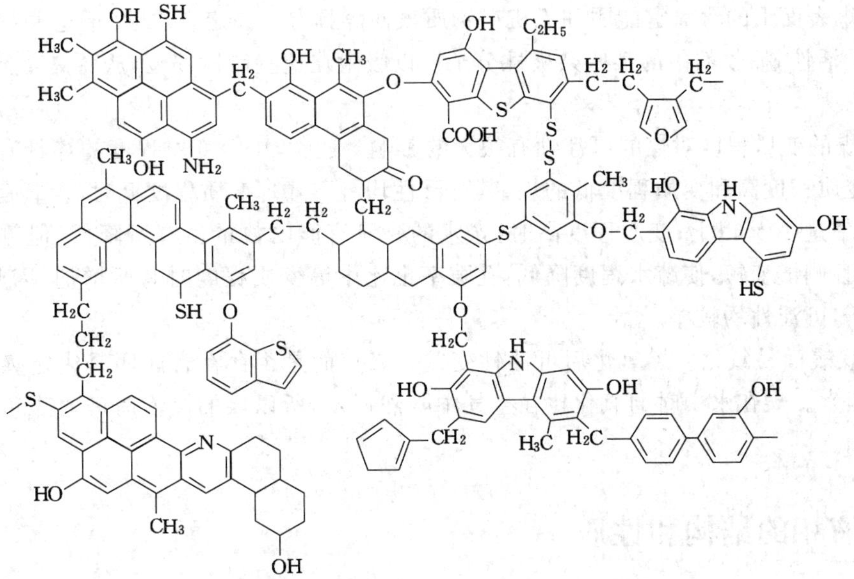

图 2-11　煤的结构模型

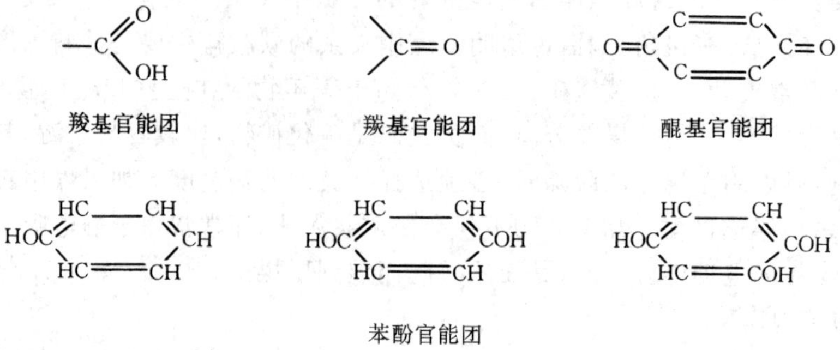

图 2-12　煤中含氧官能团的类型

芳香核的化学性质不活泼，具有疏水性，但上面提到的羧基、羰基、醌基和苯酚官能团都具有亲水性。

(3) 煤的可浮性

煤是多环芳香族化合物，各基本单元和周围侧链及官能团随变质程度不同有很大变化，因此，煤具有如下性质：

① 组成不同，各组分实际无法分离，浮选好坏与各组分含量和性质有很大的关系。

② 煤的主体是多苯芳香核，芳香核的化学性质不活泼，具有疏水性，因此，煤的主要表面是疏水的。

③ 在芳香核的碳网上，有数量不等的侧链，在氧化过程中很容易生成含氧官能团，使煤的某些部位具有亲水性。

④ 煤的结构中还含有一定数量的矿物质，多数矿物质具有一定极性，因而使煤部分表面具有亲水性。

⑤ 煤表面上的含氧官能团和无机矿物质虽使煤具有了一定亲水性，但这些部位也有较高的化学活性，捕收剂中的某些杂极性分子可以吸附在这些活性部位，从而提高整个煤粒的疏水性。

⑥ 煤的变质程度对煤的可浮性有很大的影响。通常，中等变质程度的煤具有最好的可浮性。变质程度高和变质程度低的煤，其可浮性均有下降。变质程度低时，含氧官能团数量大，孔隙率达 10%以上；变质程度高时，亲水的含氧官能团数量虽有所降低，但侧链含量也减少，而且侧链变短，使疏水程度降低，孔隙率也比中等变质程度时有所增加，因此，在这两种情况下，可浮性均较差。

⑦ 煤表面易氧化。煤氧化后可浮性变差。煤表面是否存在官能团是决定煤能否氧化的重要因素。煤在水中时的氧化比在空气中剧烈得多，所以煤的浸泡时间对煤可浮性有很大的影响。

2.2　液相的结构和性质

浮选时液相为水，液体水的结构和性质对矿物表面性质、浮选药剂的性质及浮选过程均产生极大的影响，决定了浮选的特征。

2.2.1　液体中质点排列的近程有序性

在每个分子周围由于分子间力的作用，其他分子可以出现类似晶体的有规则排列。随着距离的增大，这种有序排列逐渐被破坏直至消灭，即液体中分子有规则排列仅限于近程有序。因此，液体内的质点分布是介于完全不规则（即气态）和完全规则（即混合态）之间的一种中间过渡状态。

2.2.2　水分子的结构特点

水分子由两个氢原子和一个氧原子组成，三个原子核构成以两个质子为底的等腰三角形，见图 2-13。其中氧的两个独对电子不成键，形成两个负电中心，两个杂化轨道与氢成键，形成水分子的两个正极，成为由两个正极和两个负极的四极结构，其电荷集中在四面体的顶部。由水分子的结构可见，水分子的正负电荷中心距离较远，因此为强偶极子，偶极距为(5.69～6.56)×10^{-30} C·m。水的宏观结构特点主要是由于水的氢键缔合和偶极缔合所引起的“四面体笼架结构”。

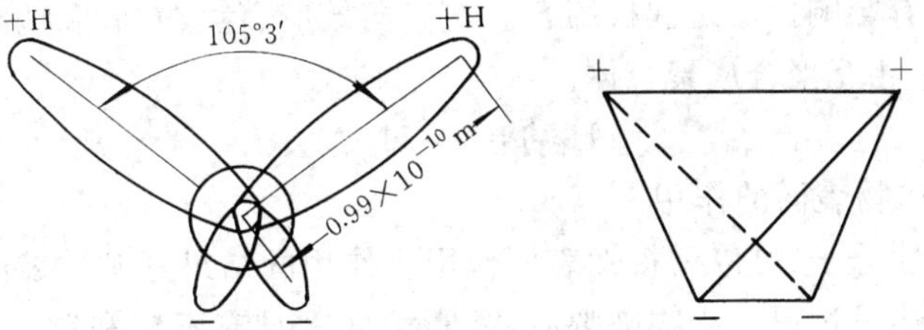

图 2-13　水分子结构示意图

水分子有两个正极和两个负极，且相距较远。水分子的两个正电性的氢原子同相邻水分子中的氧原子的独对电子相互吸引，形成氢键（氢键缔合）。氢键能约为 18.9 kJ/mol，这是水分子的主要缔合能。每个水分子都可能和邻近的四个水分子通过氢键结合形成四面体笼架结构。此外，作为强偶极分子，水分子间还具有分子作用能（分子缔合），其分子缔合能为 4～8 kJ/mol，其中 85%为定向效应（永久偶极-永久偶极），10%为色散效应（瞬间偶极-瞬间偶极），5%为诱导效应（永久偶极-诱导偶极）。由此可见，水分子主要可能通过氢键缔合（其次是分子缔合），形成宏观上如图 2-14 所示的“大分子”特性。

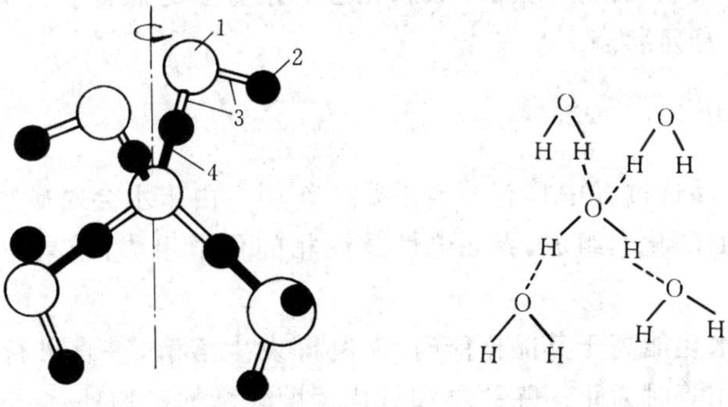

1—氧原子；2—氢原子；3—O—H 共价键；4—氢键。

图 2-14　水分子通过氢键结合形成的四面体结构

2.2.3 水的性质

根据水分子的结构，水具有以下性质：

(1) 水具有很强的溶解能力。

(2) 水具有很高的介电常数。

(3) 在 4 ℃时水的密度为最大。

(4) 水的电导率低，对其他化合物具有较大的电解能力。

(5) 水分子间具有很强的缔合作用。

(6) 水具有形成氢键的特性。

2.2.4 水分子在浮选中的作用

(1) 水分子之间的缔合作用

一是氢键缔合。由于水分子的四极结构，每个分子都能和邻近的四个水分子通过氢键缔合形成四面体笼架(腔架)结构。此外，还有“固体水-冰的结构”和“闪动簇团”模型。这些特征对浮选过程均有影响。二是偶极缔合。在定向效应、色散效应和诱导效应作用下，水分子缔合，即同种分子相互聚合成聚合体。

$$xH_2O \rightleftharpoons (H_2O)_x \tag{2-4}$$

(2) 水分子与矿物表面的作用

水分子是强极性分子，可以和极性表面作用。作用的结果是矿物表面水化或湿润，严重影响矿物与气泡的接触过程。矿物破裂后，其断裂面上具有不饱和键。若将断裂面置于真空中，则得不到任何补偿；如果将其置于空气中，虽可得到补偿，但由于氧、氮分子密度很低，不具有极性，所得到的补偿极小；如果将断裂面置于水中，则矿物表面的不饱和键与水偶极子发生作用，得到部分补偿。矿物由于构成晶格结构的不同，当破裂时，其断裂面上希望得到补偿的不饱和键特性不同，因而矿物表面的极性也有差别。水分子会根据矿物表面的极性不同在其表面进行不同形式的定向排列，形成不同性质的水化层或水化膜，使矿物表面的自由能发生变化。矿物断裂面上不饱和程度高时，水分子易与其作用，作用后形成水化层，取代原先表面上的空气，且作用后的固-水界面能小于作用前的固-气界面能，因而属自发过程；而不饱和程度低的表面则相反，水分子不易与其作用，作用前后表面自由能增加，所以水难以自发取代原先矿物表面的空气而形成水化层。水分子与矿物表面的作用严重影响矿物与气泡的接触过程与稳定状态。

2.2.5 水的溶解能力

水的溶解能力在浮选过程中具有相当重要的作用。由于水会对矿物表面的一些离子溶解，从而改变矿物表面的化学组成、界面电性及液相的化学组成，结果也改变了矿物在浮选过程中的行为。

对一般矿物，当水化能高于其晶格能时，矿物即发生溶解，一直进行到被溶解的离子在固、液两相的化学位相等时为止。除盐类和氧化程度较高的矿物外，多数矿物的溶解度均不高。矿物的溶解度除受上述晶格能、水化能的影响之外，还受固体颗粒和水中含有的其他化学元素(通常称之为杂质)的影响。当水中含有矿物组成的同名离子时，水对矿物的溶解能力降低；而含有其他离子时，可以提高水对矿物的溶解能力。例如，在溶液中含 Ca^{2+} 和 F^- 时，水对萤石 CaF_2 的溶解能力降低，含有其他离子时，水对萤石的溶解能力提高，其结果见图 2-15。

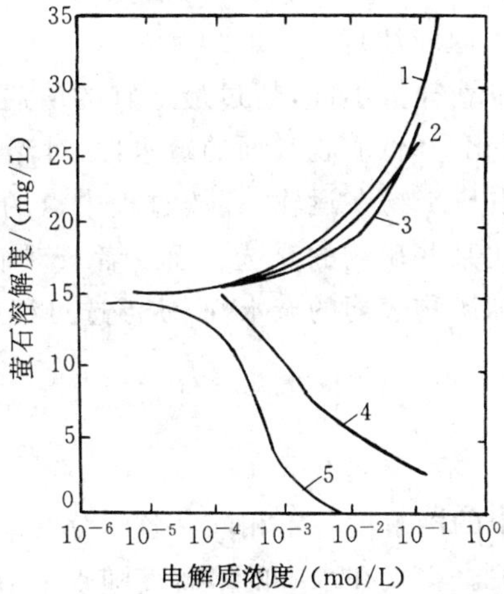

1—Na_2SO_4；2—NaCl；3—NH_4Cl；4—$CaCl_2$；5—NaF。

图 2-15　水中离子(无机电解质)对萤石溶解的影响(20 ℃)

矿物的溶解使矿浆中含有多种离子，这些所谓的"难免离子"是影响浮选的重要因素之一。虽然大部分矿物的溶解度不大，但进入矿浆中的矿物质还是显著的，如换算成每吨待浮矿石的克数，则完全可与常规使用的浮选药剂单位加入量相比拟。"难免离子"的影响是多方面的：包括相互作用生成原矿浆中没有的新化合物及其相互间作用的产物，改变矿物表面的组成与电位；此外，"难免离子"还与浮选药剂及水中存在的硬度盐类离子(Na^+、K^+、Ca^{2+}、Mg^{2+}、Cl^-、碳酸盐和碳酸氢钠离子等)发生反应，使矿浆 pH 值向某侧移动等。在每一具体情况下，"难免离子"对浮选的影响各不相同。

水对大多数盐类矿物溶解比较复杂，溶解下来的离子还要发生一系列水解和形成络合物等反应，因而在水中出现大量复杂的离子、分子和络合物，从而大大影响和改变分选过程。所以在浮选过程中应注意水对这些矿物的作用和生成物对浮选的影响。

2.3　气相及其性质

浮选中的气相主要是空气，空气主要是由氧、氮、二氧化碳等组成的气体混合物。空气中不同成分在水中的溶解度不同，因而与矿物和水的作用也不同，对分选均有不同影响。

2.3.1　空气的性质及对分选的影响

空气是一种典型的非极性物质，易和非极性表面结合，分选时可优先与非极性的疏水性表面附着。空气中的氧对硫化矿来说是一种浮选促进剂。试验证明，不含杂质的、未经氧化作用的硫化矿表面具有亲水性，不能直接进行浮选。氧在硫化矿表面吸附后，可使矿物表面水化作用减弱，使黄药类阴离子捕收剂更容易在矿物表面吸附和固着。矿浆中同时存在黄药阴离子和氧时，首先吸附氧，然后才吸附黄药阴离子。接触角测定表明，氧气能增加矿物表面的接触角，而氮气和二氧化碳没有这种作用。对硫化矿、非硫化矿和煤炭的接触角测定显示出相同结果，这说明氧的存在对浮选有利，特别是用黄药类捕收剂浮选硫化矿时效果更加明显。因此分离许多非硫化矿时，可利用氧作为活化剂、氮作为抑制剂，利用改变矿浆中氧与氮的比例促进矿物分离。但应注意：

(1) 分选时不同矿物所需氧气量不同，超过最适宜的值后，就会起抑制作用。同时，含氧量过高，会促使矿物表面氧化，降低矿物表面的疏水性，对浮选不利。

(2) 分选过程中氧的作用与矿物在运输、存放过程中氧的作用不同。前者是指分选过程中溶解于矿浆中的氧可活化某些矿物的浮选。而后者只对矿物起氧化作用，使硫化矿变成氧化矿、煤变成氧化煤，增加矿物表面的亲水性，使浮选过程难以进行。因此，应严格区分这两个过程中氧的不同作用。

2.3.2 空气在矿浆中的溶解

空气中各种成分在矿浆中的溶解度各不相同。各组分的溶解度与该组分的分压、温度、水中溶解的其他物质浓度有关。空气在水中的溶解度随水中溶解的其他物质浓度的增加而降低，同时随分压的增大而增大。许多新型浮选机正是基于这一特性而研制的。如喷射式浮选机通过将含有大量气体的矿浆加压，然后从喷嘴喷出，当矿浆压力降低时，已溶解的气体会呈现过饱和状态而析出微泡，从而强化浮选效果。

2.3.3 煤的氧化及可浮性变化

煤容易氧化，并且氧化后的表面可浮性下降，影响浮出。煤的氧化是由苯核或苯核侧链氧化生成酚基、羰基和醌基等官能团，从而增加了煤的含氧官能团数量，提升其亲水性。通常芳香烃上的含氧、氮和硫官能团能促进煤氧化，而失去侧链的芳香烃最难氧化，因此煤表面有无官能团是决定煤是否能氧化的主要因素。如果官能团数量在氧化过程中不断增加，氧化过程就更快，并由表及里进行。值得注意的是，煤泥在水中浸泡较长时间的氧化比在空气中还要剧烈，这是由于水和含氧官能团产生氢键结合，使煤氧化加剧。因此，在煤泥浮选和煤泥水处理时，要避免煤泥在水中时间过长，从而影响其可浮性。

2.4 矿物表面的润湿性与可浮性

浮选过程是在气、液、固三相接触中进行的。其中气相是指气体，它以气泡的形式存在，并充当有用矿物与无用矿物分离的运输工具，称为“载体”。液相是指水介质，没有水，则不同矿物表面的物理化学性质差异无法体现出来，因此水对矿物表面的物理化学性质、对药剂及整个浮选过程都有极大的影响。固相是指矿物本身，其化学组成和结构决定了矿物表面的物理化学特性及不同矿物之间的表面性质差异。因此，不同矿物在水的作用下将展现出不同的行为和现象。

对于由离子键、极性共价键和金属键组成的极性矿物，表面易被水润湿，表现为亲水；对于由弱分子键组成的非极性矿物，表面不易被水润湿，表现为疏水。这些不同的现象是由于矿物表面水化作用的程度不同所致。为使不同矿物在浮选过程中得到有效分离，必须使它们充分体现其表面性质的差异，其差异越大，分选越容易。而润湿是矿粒与水作用时，其表面所表现出的一种最基本现象。

2.4.1　矿物表面的润湿性

(1) 润湿现象

润湿是自然界常见的现象。例如往干净的玻璃上滴一滴水，水会很快沿玻璃表面展开，成为平面凸镜的形状。但若往石蜡表面滴一滴水，水则力图保持球形，但因重力的影响水滴在石蜡上形成一椭圆球状而不展开。这两种不同现象表明，玻璃能被水润湿，是亲水物质；石蜡不能被水润湿，是疏水物质。

同样，将一水滴滴于干燥的矿物表面上，或者将一气泡引入浸在水中的矿物表面上(图 2-16)，就会发现不同矿物的表面被水润湿的情况不同。在一些矿物(如石英、长石、方解石等)表面上水滴很易铺开，或气泡较难以在其表面上扩展；而在另一些矿物(如石墨、辉钼矿等)表面则相反。图 2-16 所示的这些矿物表面的亲水性由右至左逐渐增强，而疏水性由左至右逐渐增强。

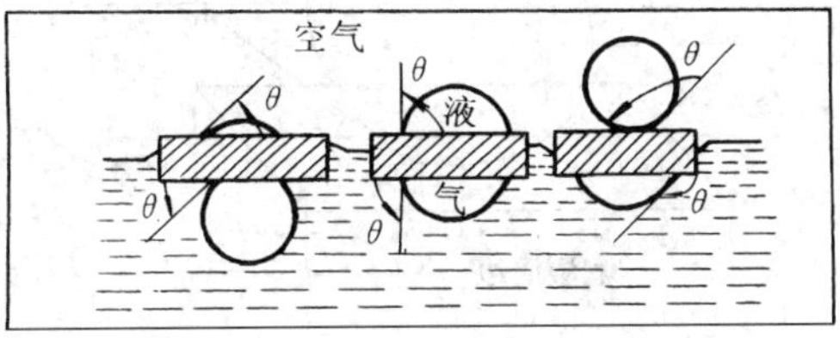

图 2-16　矿物表面润湿现象

由此可知，为了占有固体表面，在气相与液相之间存在着一种竞争。但矿物表面液相为另一相(气相或油相)取代的条件是非常重要的。杜普雷(Dupre)首先应用热力学进行研究，奥斯特豪夫(Osterhof)等人提出了三种基本润湿形式，即附着润湿、铺展润湿和浸没润湿，如图 2-17 所示。图中的液相是水，另一相为空气。如果以油代替空气，并以其他液体代替水，其关系仍然相同。

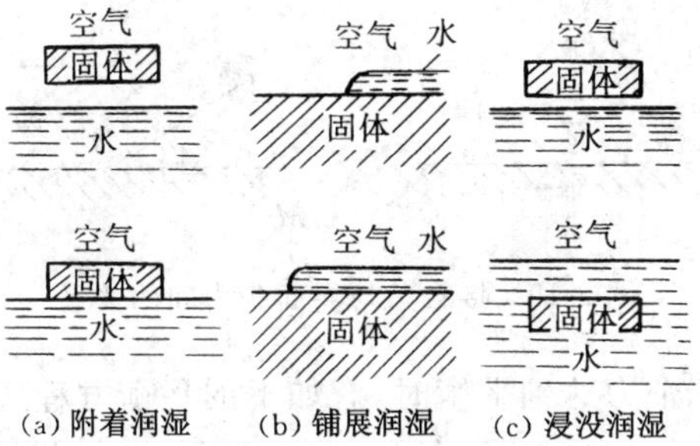

图 2-17　三种基本润湿形式

许多学者用润湿过程来说明浮选的原理，认为：① 表层浮选基本上取决于矿物表面的空气是否能被水所取代，如水不能取代矿物表面的空气，此矿物就将漂浮在水面上；② 全油浮选是由于被浮矿物表面的亲油性和疏水性所造成的；③ 泡沫浮选是由于被浮矿物经浮选剂处理后，其表面变得疏水了，从而附着于气泡上浮。

任意两种流体与固体接触后，所发生的附着、展开或浸没现象（广义地说）均可称为润湿过程。其结果是一种流体被另一种从固体表面部分或全部被排挤或取代，这是一种物理过程，且是可逆的。例如，浮选过程就是调节矿物表面上一种流体（如水）被另一种流体（如空气或油）取代的过程（即润湿过程），其规律性对浮选有实际意义。

（2）接触角

矿物表面的亲水或疏水程度常用接触角来衡量。固体表面上的水滴或气泡在矿物表面附着，在某一瞬间，固、液、气三相达到平衡，固、液、气三相接触周边（接触线），称为润湿周边。在润湿周边上任意一点，沿液-气界面（水滴或气泡）作切线，与固-液界面所形成的夹角（包含液体部分的夹角），称为平衡接触角，简称接触角，用 θ 表示，如图 2-18 所示。以后的讨论中提到的接触角，除特别注明外，均指平衡接触角。

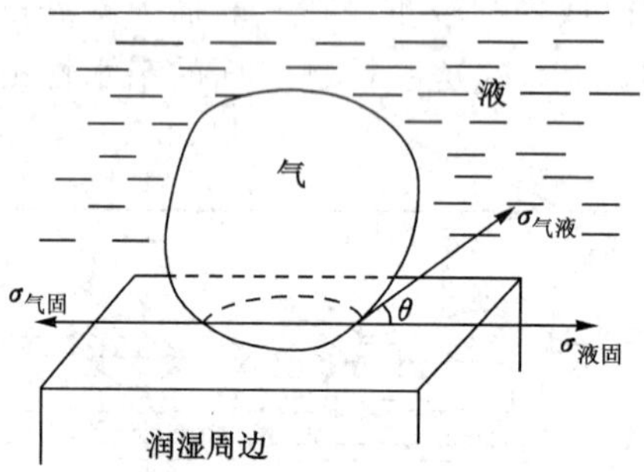

图 2-18　润湿周边与接触角

任何物体的表面都存在着表面张力，表面张力的方向总是垂直于物体表面指向物体内部，其作用结果是收缩物体表面面积，使物体表面的自由能为最低，状态为最稳定。如杯中的酒，可以超出酒杯边缘呈拱形，不至于马上溢出，这就是酒的表面张力的作用。任何两相物体相接触时，接触面的表面张力就表现为界面张力，用 σ 表示。

当气体在水中的固体表面附着并达到平衡时，任意两相之间的界面张力如图 2-19 所示。

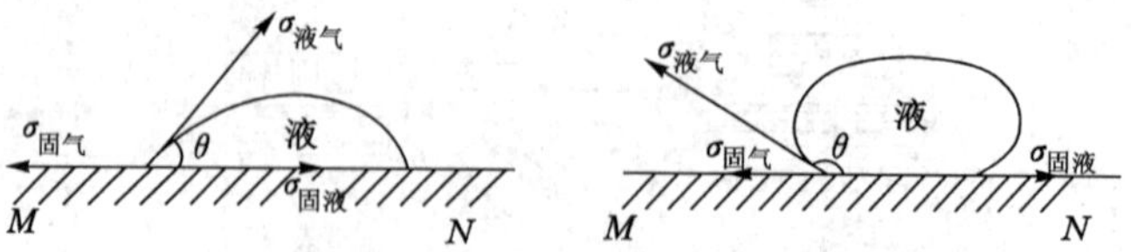

图 2-19　接触角与界面张力间的关系

从图中可以看出，当三个力达到平衡时，有如下的平衡方程式，即

$$\sigma_{固气}=\sigma_{固液}+\sigma_{液气}\cos\theta$$

$$\cos\theta=\frac{\sigma_{固气}-\sigma_{固液}}{\sigma_{液气}} \tag{2-5}$$

式中，$\sigma_{固气}$、$\sigma_{液气}$、$\sigma_{固液}$ 分别为固-气、液-气和固-液界面的表面张力（或表面自由能）；θ 为接触角。这一平衡状态方程是杨氏（Yong）在 1805 年确定的，称为杨氏方程。

上式表明，接触角是三个相界面自由能的函数，它既与矿物表面性质有关，也与液相、气相的界面性质有关。凡是能引起任何三相界面自由能改变的因素，都可以影响矿物表面的润湿性。

根据杨氏方程，由角的大小可以度量不同矿物润湿程度的高低。

① 当 $\theta<90°$ 时，$\sigma_{固气}>\sigma_{固液}$，液滴被拉开，沿矿物表面展开，矿物表面被润湿，表现为亲水。

② 当 $\theta>90°$ 时，$\sigma_{固气}<\sigma_{固液}$，液滴收缩，沿矿物表面聚集成珠状，矿物表面不易被润湿，表现为疏水。

③ 当 $\theta=90°$，$\cos\theta=0$ 时，规定为疏水表面与亲水表面的分界线。

④ 当 $\theta=0°$，$\cos\theta=1$ 时，固体被液体完全润湿。

⑤ 当 $\theta=180°$，$\cos\theta=-1$ 时，液滴对固体完全不润湿。

⑥ 接触角 θ 逐渐减小，液滴沿矿物表面逐渐展开，润湿程度逐渐增高，矿物表面的亲水性逐渐增强。

⑦ 接触角 θ 逐渐增大，液滴沿矿物表面凝结成珠状，润湿程度逐渐降低，矿物表面的疏水性逐渐增强，即接触角 θ 越大，$\cos\theta$ 越小，矿物润湿性越小，可浮性越好。$\cos\theta$ 值介于 $-1\sim1$ 之间。因此对矿物的润湿性与可浮性的度量可定义为：

$$润湿性=\cos\theta \qquad 可浮性=1-\cos\theta$$

通过测定矿物接触角可大致评价矿物的润湿性和可浮性。实际上，固、液、气三相系统中最大接触角均小于 110°，据测定，固、液、气系统中石蜡所具有的接触角最大，为 106°。一些矿物的接触角见表 2-2。新鲜煤炭表面的接触角见表 2-3。

表 2-2　矿物接触角

矿物名称	接触角/(°)	矿物名称	接触角/(°)
硫	78	黄铁矿	30
滑石	64	重晶石	30
方铅矿	60	方解石	20
辉钼矿	47	石灰石	0～10
闪锌矿	46	石英	0～4
萤石	41	云母	≈0

表 2-3　煤炭表面接触角

煤种	接触角/(°)	煤种	接触角/(°)
长焰煤	60～63	瘦煤	79～82
气煤	65～72	贫煤	71～75
肥煤	83～85	无烟煤	≈73
焦煤	86～90	页岩	0～10

(3) 润湿阻滞

固体表面的液滴移动时，润湿周边受到阻碍，使开始时的平衡接触角发生变化。这种润湿周边的移动受到阻碍的现象被称为润湿阻滞现象。在空气状态下，液滴和矿物表面接触并达到平衡时，接触角大小一定。若矿物表面倾斜 α 角，且 α 角很小时，矿物表面上的液滴可改变形状，接触角也发生变化，但此时润湿周边不发生移动。液滴前移方向所形成的接触角 θ_1 被称为前角（或阻滞前角）；液滴后方形成的接触角 θ_2 被称为后角（或阻滞后角）。取前角和后角之和的一半为矿物的平衡接触角。通常前角大于平衡接触角，而后角小于平衡接触角。前、后角的差值随接触角增大而增大。润湿阻滞受多种因素的影响，如润湿顺序、矿物表面组成、化学成分、不均匀性、粗糙度、矿物表面润湿性等。发生润湿阻滞现象时，总存在一个阻滞前角和后角，分别代表润湿阻滞中的水排气效应和气排水效应。如图 2-20 所示，当平板倾斜使水滴近于能沿斜面流动时，前角 $\theta_1>\alpha$，后角 $\theta_2<\alpha$，前角为水排气，后角为气排水（$\theta_1>\alpha>\theta_2$）。

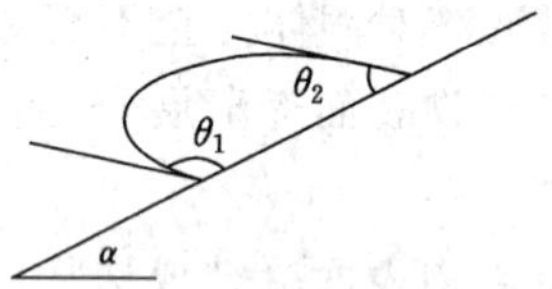

图 2-20　动态阻滞

① 水排气时的阻滞效应

图 2-21 中，若 $\sigma_{固气}+\sigma_{液气}\cos(180°-\theta)>\sigma_{固液}+\phi_1$，水滴继续扩展，处于平衡状态时：

$$\sigma_{固气}=\sigma_{固液}+\sigma_{液气}\cos\theta_1+\phi_1$$

$$\cos\theta_1=\frac{\sigma_{固气}-\sigma_{固液}-\phi_1}{\sigma_{液气}} \tag{2-6}$$

所以，$\theta_1>\theta$，$\cos\theta_1<\cos\theta$。

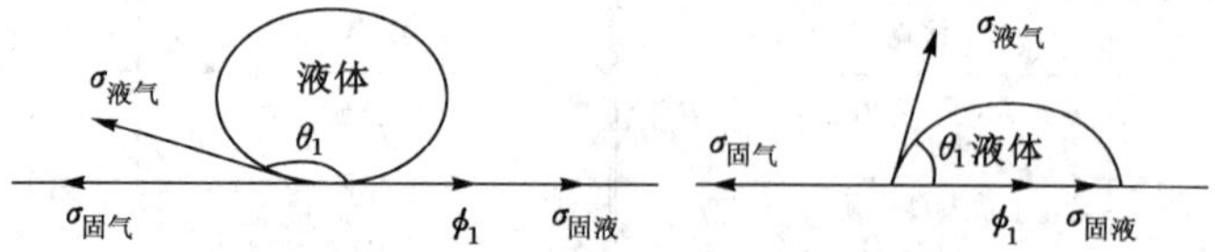

图 2-21　水分子与矿物表面间存在摩擦力 ϕ_1

② 气排水时阻滞效应

如图 2-22 所示，气泡在浸于水中的矿物表面展开，气体分子与矿物表面间的摩擦力为 ϕ_2。

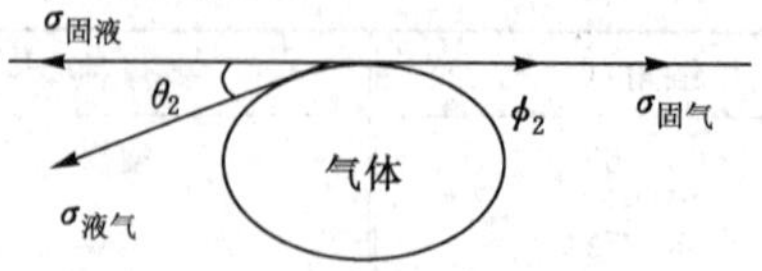

图 2-22　气体分子与矿物表面间存在摩擦力 ϕ_2

平衡时：

$$\sigma_{固液}+\sigma_{液气}\cos\theta_2=\sigma_{固气}+\phi_2$$

$$\cos\theta_2=\frac{\sigma_{固气}-\sigma_{固液}+\phi_2}{\sigma_{液气}} \tag{2-7}$$

因 ϕ_2 很小，$\theta_2\approx\theta$，所以 $\theta_2<\theta$，$\cos\theta_2>\cos\theta$。

润湿阻滞对浮选的影响：浮选过程中，矿粒向气泡附着的过程属于气排水过程。在这一过程中，接触角相当于阻滞后角，小于平衡接触角，因此在矿物本身可浮性不变的情况下，矿粒难以向气泡附着，对浮选不利。但是，一旦矿粒与气泡附着成功，便形成了牢固的三相润湿周边。当受到其他因素影响，矿粒从气泡上脱落时，属于水排气过程。此时，接触角相当于前角，大于平衡接触角，使矿物难以脱落。这时的润湿阻滞对欲浮矿物的上浮有利。

(4) 接触角的测定

接触角的测定方法有很多，如观察测量法、斜板法、光反射法、长度测量法和浸透测量法等，可参考表面化学方面资料。但由于矿物表面的不均匀和污染等，要准确测定接触角是比较困难的，再加上润湿阻滞的影响，难以达到平衡接触角，一般用测量接触前角和后角，再取平均值的方法作为矿物接触角。

2.4.2 矿物表面的水化作用

(1) 水化膜(层)的形成

从矿物宏观的接触角深入矿物与水溶液界面的微观润湿性，可认为润湿是水分子(偶极)对矿物表面的吸附所形成的水化作用。水分子是极性分子，矿物表面的不饱和键能也具有不同程度的极性。因此，极性的水分子会在极性矿物表面吸附，并在矿物表面形成水化膜。水化膜中的水分子是定向、密集排列的，它们与普通水分子的随机、稀疏排列不同。最靠近矿物表面的第一层水分子受表面键能吸引最强，排列最为整齐严密。随着键能影响的减弱，离表面较远的各层水分子的排列秩序逐渐混乱，表面键能作用达不到的地方，水分子已呈普通水那样的无秩序状态。所以水化膜实际上是介于固体矿物表面与普通水之间的过渡层，故又称为“界间层”。图 2-23 是水化膜的示意图。

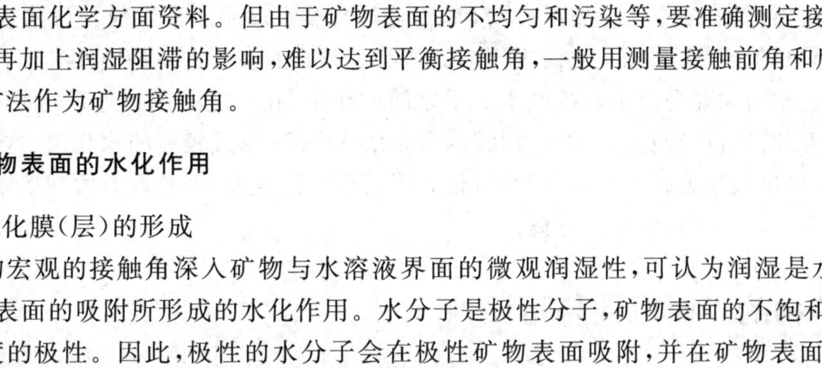

(a) 疏水性矿物（如辉钼矿），表面呈弱键，水化膜薄　(b) 亲水性矿物（如石英），表面呈强键，水化膜厚

图 2-23　水化膜示意图

(2) 水化膜(层)性质与可浮性

通过表面化学的研究得知，水化膜的厚度与矿物的润湿性成正比。亲水性矿物(如石英、云母)的表面水化膜可达 $10^{-6}\sim10^{-7}$ cm。这层水化膜受矿物表面键能作用，其黏度比普通水大，并且具有同固体相似的弹性，所以水化膜外观是液相，但其性质近似固相。水化层中的水分子由于受矿物表面键能的作用，牢固地黏附于矿物表面，所以黏度比普通水大，稳定性较高，要实现矿物颗粒向气泡的附着就必须排开矿物表面水化层，其前提必须外加一定能量。

矿物表面能否发生水化作用，要看矿物水化前后自由能的变化。矿物水化前，其表面与空气接触，其自由能以 E_{SA} 表示，水化后，矿物表面与水分子接触，其自由能以 E_{SW} 表示。只有在系统自由能减少时水化过程才能自发进行，即只有 $E_{SW}-E_{SA}<0$ 时，水分子才能在矿物表面定向排列。因此，$E_{SW}-E_{SA}$ 数值的大小，可以用来衡量水分子与矿物表面作用的强弱。$E_{SW}-E_{SA}$ 负值越大，水分子就容易与该矿物表面进行作用，矿物的水化作用就越强。所以可近似地把 $E_{SW}-E_{SA}$ 看作矿物表面的水化能 $\Delta G_{水化}$。

煤泥浮选时，由于煤的表面是非极性表面，其表面不饱和键是分子键，水化作用是煤表面分子与极性水分子之间的作用，属于诱导效应和色散效应的作用力，比水分子之间的定向力和氢键作用弱许多，故水化作用较弱，其表面不易被水润湿。当煤粒与气泡发生碰撞时，煤粒就容易黏附到气泡表面，从而进入泡沫产品。矸石的表面主要是极性表面，其表面与水分子之间的作用主要是离子与极性水分子之间的作用，在一定范围内作用力超过水分子之间的作用力，所以，在矸石表面能定向吸附大量的水分子，形成较厚的水化层，这种表面与气泡碰撞时，水化层很难破裂，矸石颗粒就很难附着到气泡表面，因此矸石留在矿浆中，从而可实现煤泥中煤粒与矸石颗粒的分离。

2.5 矿物的表面电性与可浮性

矿物在水溶液中受水偶极子及溶质的作用，表面会带一种电荷。矿物表面电荷的存在影响溶液中离子的分布：带相反电荷的离子会被吸引到表面附近，带相同电荷的离子则被排斥而远离表面，于是矿物-水溶液界面产生电位差（但整个体系是电中性的）。这种在界面两边分布的异号电荷的两层体系称为双电层。

2.5.1 矿物表面电性起源

矿物在水溶液中受水分子的偶极作用及溶质的作用，其表面带上电荷。研究表明，矿物表面电荷的起源归纳起来有四种类型。

（1）优先解离（或溶解）

离子型矿物在水中，由于表面正、负离子的结合能及水偶极子的作用力（水化）不同，导致矿物表面向水中非等当量转移，从而使矿物表面荷电。如组成矿物的正负离子在介质中的溶解能力不同，若正离子溶解能力大于负离子，则固体表面荷负电；反之，固体表面荷正电。正负离子的溶解能力差别越大，固体表面荷电越多。

例如，萤石（CaF_2）在水中，F^- 比 Ca^{2+} 易溶于水，于是萤石表面就有过剩的 Ca^{2+} 而荷正电；溶入水中的 F^- 受到矿物表面正电荷的吸引，在矿物表面形成配衡离子层：

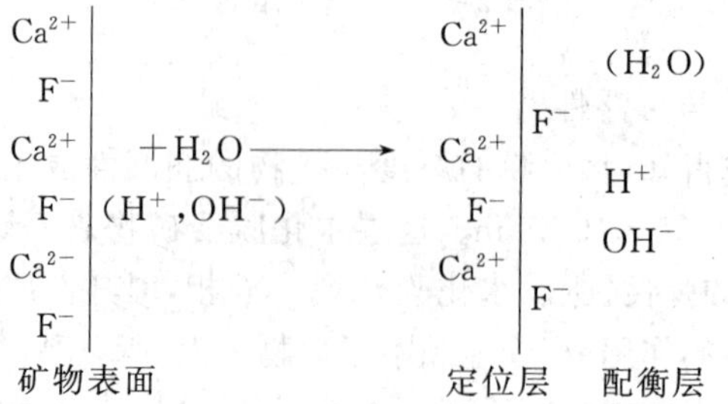

重晶石($BaSO_4$)、铅矾($PbSO_4$)均属此类。正离子比负离子优先转入溶液的例子有白钨矿($CaWO_4$),由于Ca^{2+}优先转入溶液,白钨矿表面就有过剩的 WO_4^{2-},因而表面荷负电。

(2) 优先吸附

这是矿物表面对电解质阴、阳离子不等量吸附而获得的电荷。矿物表面和水对不同离子的亲和力是不同的,因而导致矿物表面对电解质溶液中正、负离子的不等量吸附,如某种离子的吸附多于其他的离子,可使矿物表面带某种电荷。溶液中正负离子的数量对矿物表面吸附的影响极大,过量的离子容易吸附到矿物表面,结果改变了矿物表面的电性。矿物表面本身的电性对吸附也有一定影响。一般,反号离子更容易吸附到矿物表面。

由于正、负离子的半径不同,通常阳离子半径较小,水化作用较强,阴离子半径较大,水化作用较弱,因此,阳离子留在水介质中的趋势更大,导致固体表面常有过量的阴离子而呈负电。如固体碘化银,在室温下,它在水中的溶度积为 10^{-16}。由于 Ag^+ 比 I^- 具有更大的溶解能力,使碘化银表面荷负电。如果设法使水中的 Ag^+ 的活度增大,碘化银表面的电负性就会逐渐减小。当 Ag^+ 的活度增大到 $10^{-5.5}$、I^- 的活度减少到 $10^{-10.5}$时,碘化银表面不再带电。溶液中的 Ag^+ 和 I^- 决定了碘化银表面荷电的性质和数量,我们称其为定位离子。对矿物晶体,矿物晶格的同名离子或与晶格上元素呈类质同象的离子可看成矿物晶体的定位离子(也有例外)。对一些氧化物,研究表明水中 H^+ 和 OH^- 是它们的定位离子。

(3) 吸附和电离

对于难溶的氧化矿物或硅酸盐矿物表面,因吸附 H^+ 或 OH^- 而形成酸类化合物,然后部分电离而使表面荷电,或形成羟基化表面,吸附或解离 H^+ 而荷电。现以破碎石英在水中情况为例。

石英晶格破碎时:

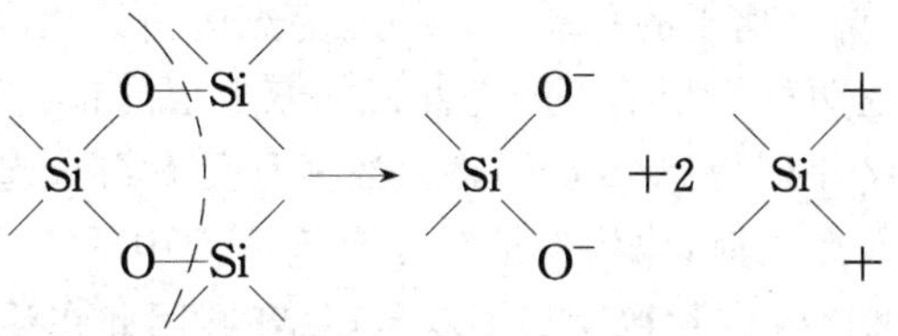

吸附水中的 H^+ 和 OH^- 生成类似硅酸的产物:

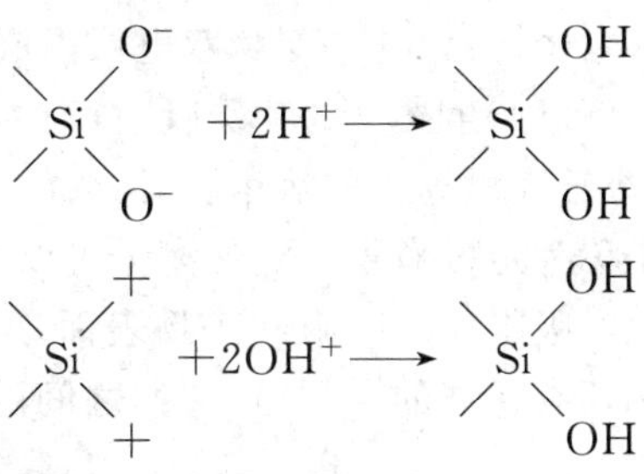

硅酸为弱酸,部分解离,使矿物表面荷负电。

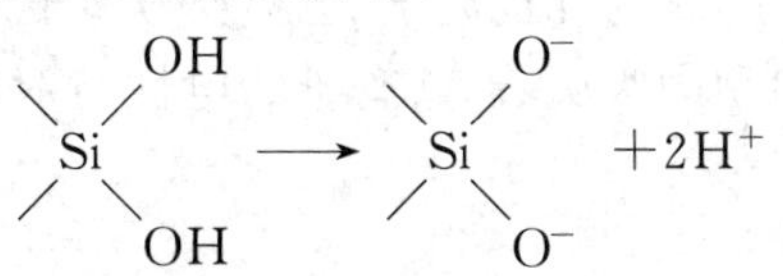

石英表面的硅酸H_2SiO_3的解离程度与溶液的 pH 值有关。试验表明,当水中的 pH 值

大于 3.7 时，石英表面荷负电；当 pH 值小于 2 时，石英表面荷正电。

锡石也有类似情况：

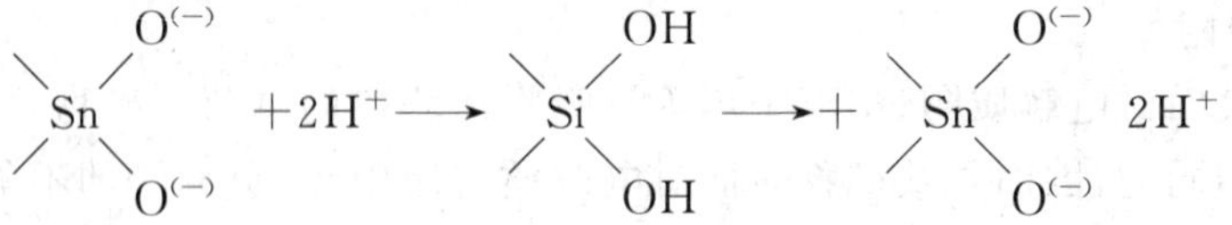

(4) 晶格取代

黏土、云母等硅酸盐矿物是由铝氧八面体和硅氧四面体的层状晶格构成的。在铝氧八面体层片中，当 Al^{3+} 被低价的 Mg^{2+} 或 Ca^{2+} 取代，或在硅氧四面体层片中 Si^{4+} 被 Al^{3+} 置换时，结果会导致晶格带负电。为维持电中性，矿物表面就吸附某些正离子(例如碱金属离子 Na^+ 或 K^+)。当矿物置于水中时，这些碱金属阳离子因水化而从表面进入溶液，故这些矿物表面荷负电。

2.5.2 双电层结构及电位

(1) 双电层结构

矿物表面在水溶液中荷电后，会吸引水溶液中符号相反的离子，在固体表面形成双电层。即在其表面形成吸引了一定数量带电离子的结构。对于双电层，学者们进行了长期多方面深入的研究，其主要模型有：

① 平板双电层模型：最早由 Helmholtz 提出。该模型过分强调了离子环境的稳定性，把固体表面上的过量电荷与溶液中的反向电荷的分布状态视为平板电容器。该模型简单，仅适用于描述金属和高溶解度的盐类电解质溶液系统。

② 扩散双电层模型：后来 Gouy-Chapman 对平板双电层模型提出了修正，建立了扩散双电层模型，但又过分强调了离子的移动性。他认为点电荷的浓度，自固体表面向溶液内部随距离增加而递减。上述两种模型都不能全面说明双电层的正确结构。

③ 斯特恩模型：1942 年斯特恩(Stern)将上述两种见解结合起来，构成了斯特恩的修改模型。斯特恩以离子代替点电荷，他认为扩散分布于溶液中的离子靠近固体表面不超过一定的距离 d。斯特恩模型比较实际地反映了双电层结构，因此在浮选理论上被广泛采用。

图 2-24 是修正后的双电层结构模型。斯特恩认为在双电层内层和扩散层之间紧贴固体表面还有一层，称斯特恩层(紧密层)。这一层将双电层内层和扩散层隔开，厚度以水化离子的半径 δ 表示。在这一层内可以产生离子的特殊吸附，当离子受双电层内层静电力、范德瓦耳斯力和化学键力的作用，足够克服离子的热运动时，离子在该层内产生吸附。

在双电层内层吸附的离子称为定位离子。定位离子可以在界面间实现转移。这些离子在相界面上进行转移是由于化学吸附作用吸附到矿物表面，所以它们可以决定矿物表面的电性。这些离子与矿物表面必须有特殊的亲和力，它们之间的作用力必须与晶格质点间作用力相同。

在双电层外层吸附的离子，称为配衡离子，也称反号离子。这些离子同矿物的表面没有特殊的亲和力，主要是靠静电引力吸引着，其离子的电性与双电层内层相反，起着电性平衡的作用。

(2) 双电层中的电位

① 表面电位(φ_0)：双电层的表面电位是指固体表面与溶液之间的电位差，又称表面总

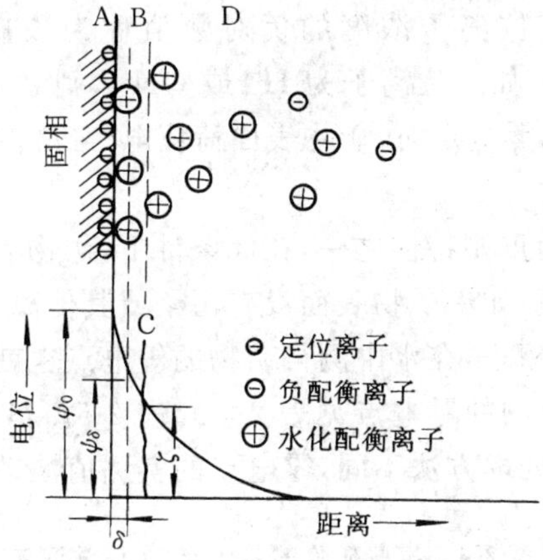

A—内层(定位离子层);B—紧密层(Stern 层);C—滑动界面;D—扩散层;

ψ_0—表面电位;ψ_δ—Stern 层电位;ζ—电动电位。

图 2-24　矿物表面双电层结构模型

电位或电极电位,常用 ψ_0 表示。对于导体或半导体矿物,如一些金属硫化矿,可将矿物制成电极测出 ψ_0。对于不导电的矿物,不能直接测定,但 ψ_0 主要由溶液中定位离子的活度决定,因此可以用溶液中定位离子的活度根据能斯特(Nernst)公式进行计算,其关系式如下:

$$\psi_0=\frac{RT}{nF}\ln\frac{\alpha^{+}}{\alpha_{+}^{0}}=-\frac{RT}{nF}\ln\frac{\alpha^{-}}{\alpha_{-}^{0}} \tag{2-8}$$

式中　ψ_0——表面电位,V;

α——定位离子活度,稀溶液中等于其摩尔浓度,mol/L;

α^0——当矿物表面电位为零时,溶液中定位离子的活度;

n——定位离子价数;

F——法拉第常数,96 500 C/mol;

R——气体常数,8. 314 J/(mol · K);

T——绝对温度,K。

② 斯特恩电位(ψ_δ):即紧密层与溶液之间的电位差。

③ 电动电位(ζ):当颗粒在外力作用下移动时,双电层中的扩散层与固体表面斯特恩层之间有一个滑动界面,滑动界面上的电位和溶液内部的电位差称为电动电位,又称 Zeta 电位,常用 ζ 表示。电动电位是颗粒在静电力、机械力或重力等作用下,颗粒带着吸附层沿滑动界面做相对运动时产生的电位差。影响电动电位的因素很多,凡能影响表面电位的因素都能影响电动电位。有些因素不能改变矿物的表面电位,但可以改变电动电位;有些惰性电解质只能改变电动电位大小,但不能改变其符号;还有一些表面活性电解质,可以在矿物表面产生特殊吸附,既可改变电动电位大小,也可改变其符号。电动电位在浮选研究上很有实际意义。不论矿物导电性能如何,矿物的电动电位可实际测得。常用的方法有微电泳法、电渗法和流动电位法。

(3) 零电点和等电点

① 零电点:矿物的表面电位由定位离子活度决定,当溶液浓度很低时,就等于它的浓

度。在某一定位离子浓度下，矿物表面的正电荷数恰好等于负电荷数，此时，矿物表面的净电荷为零。这时，溶液中定位离子浓度的负对数值称为该矿物的零电点（zero point of charge，简称 ZPC 或 PZC）。如定位离子为 H^+ 或 OH^-，则 $\psi_0=0$ 时的 pH 值就是零电点。当溶液的 pH 值大于矿物的零电点时，矿物表面荷负电；当溶液的 pH 值小于矿物的零电点时，矿物表面荷正电。

矿物的零电点是矿物的重要特性之一，在此条件下，矿物表面电荷密度等于零。矿物的零电点取决于矿物本身性质，如果矿物表面没有污染或其他离子的特性吸附，对于难溶性金属氧化矿，零电点与等电点相等，在水中测得矿物的等电点也就是其零电点。零电点可以采用电位滴定法测定。部分矿物的零电点见表 2-4 和表 2-5。虽然测定零电点时规定了严格条件，但由于试料纯度和预处理方法不同，零电点的实测值波动很大。

表 2-4　某些矿物的零电点(电泳法测定)

矿物	零电点 pH	矿物	零电点 pH
白云母	0.4	方铅矿	2.4,3.0
石　英	1.3,3,3.7	闪锌矿	2.0,3.0,7.5
透辉石	2.8	黄铜矿	2.0,＜3.0
膨润土	＜3.0	辉铜矿	＜3.0
高岭土	3.4	蓝铜矿	9.5
绿柱石	3.1,3.3,3.4	硅孔雀石	2.0
石榴石	4.4	黄铁矿	6.2～6.9
电气石	4.0	磁黄铁矿	3.0
铁镁闪石	5.2	辉锑矿	2.5±0.5(电渗法)
锆英石	5.8	辉钼矿	＜3.0
软锰矿	5.6,7.4	辰砂	3.5±0.5(电位滴定法)
赤铁矿	5.0,6.6,6.7	天然闪锌矿(99.99%ZnS)	5.0～5.8
褐铁矿	6.7	天然闪锌矿(含 0.3%的铁)	6.2
针铁矿	6.7	天然闪锌矿(含 1.45%的铁)	10(电位滴定法)
磁铁矿	6.5	天然闪锌矿(含 5.4%的铁)	3.0～3.5
铬铁矿	5.6,7.0,7.2	天然闪锌矿(含 11.0%的铁)	3.0～6.5
刚　玉	9.0,9.4		

表 2-5　离子矿物的零电点

矿物	分子式	定位离子	饱和溶液中表面荷电符号	零电点
萤石	CaF_2	Ca^{2+}，F^-	+	pH=6
方解石	$CaCO_3$	Ca^{2+}，CO_3^{2-}	−	pH=9.5
重晶石	$BaSO_4$	Ba^{2+}，SO_4^{2-}	+	$p_{Ba}=6.7$
氟磷灰石	$Ca_5(PO_4)_3(F,OH)$	Ca^{2+}，PO_4^{3-}	−	pH=6
硫酸铅矿	$PbSO_4$	Pb^{2+}，SO_4^{2-}	+	
天青石	$SrSO_4$	Sr^{2+}，SO_4^{2-}	+	
白钨矿	$CaWO_4$	Ca^{2+}，WO_4^{2-}	−	$p_{Ca}=4.8$

② 等电点：一些表面活性电解质可在矿物表面产生特性吸附，这既可改变电动电位大小，也可改变其符号。电动电位改变符号或电动电位恰好等于零时的电解质活度负对数值称为等电点或电荷转换点(point of zero reversal，简称 PZR)。通常，等电点用 pH 值表示。即在一定的表面活性剂浓度下，改变溶液的 pH 值，当电动电位等于零时，溶液的 pH 值即为在该条件下该矿物的等电点。一种矿物的等电点既和 pH 有关，也和产生特殊吸附的离子浓度有关，因此，说明某矿物的等电点时，应把有关的条件同时加以表述。图 2-25 为金红石在油酸钠溶液中电动电位的变化，金红石的零电点为 pH＝6.7，不同浓度油酸钠溶液中金红石的等电点分别在 pH＝7 至 pH＝3～4。如体系中不存在特殊吸附，当电动电位为零时，电荷密度也为零，对该体系测得电动电位为零时的定位离子活度对数值即为该矿物的零电点。有些矿物的零电点通过电泳法或电渗法进行测定，就是利用了这一原理。

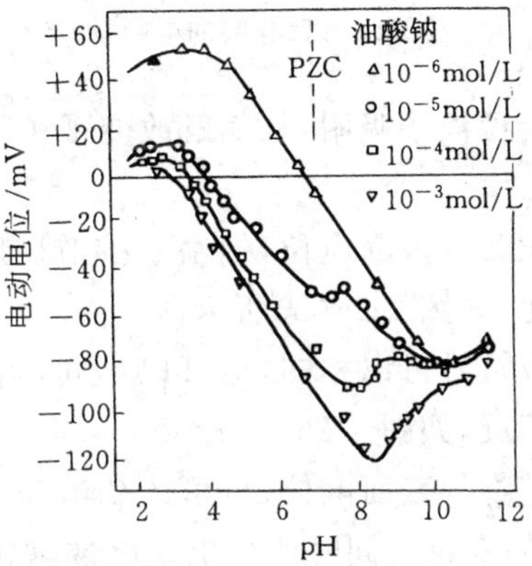

图 2-25　油酸钠溶液 pH 值对金红石电动电位的影响

(4) 双电层的影响因素、电位曲线及调节

① 双电层的影响因素：许多因素，如溶液的 pH 值、水中离子组成、电解质的浓度等都能影响矿物表面双电层，有时可以改变矿物的表面电位和电动电位，有时虽不影响表面电位，但可以影响电动电位。

杂质元素的特性吸附：无机盐类对矿物表面电动电位有明显的影响。如微量的氯化钙对降低煤粒电动电位极其明显，而对矸石的电动电位影响却很微弱。无机电解质对矿物表面电动电位的影响规律如下：阳离子价数越高，其电动电位降低越显著。原因是价数高，离子的静电力场大，压缩双电层的作用也大。当阳离子价数相同时，阳离子的体积大，对电动电位的影响也大。金属阳离子在矿物表面有特性吸附时可导致矿物零电点变化。阴离子在矿物表面特性吸附可使零电点降低。中性电解质和非极性有机分子对零电点和等电点几乎没有影响。极性有机分子可以改变零电点和等电点，但与无机质不同，有机质分子的性质决定了零电点的漂移方向，其浓度决定了漂移的多少。

温度的影响：氧化矿物的零电点随温度增高而降低。这是由于氧化矿物由表面带正电转为表面电荷为零的过程是放热反应。

固液悬浮体中固体含量的影响：试验表明，电动电位随固体含量的增高而增高。

此外，氧化作用对矿物的电动电位也有影响。

② 电位曲线：电位曲线系指双电层内电位随矿物表面的距离变化而变化的关系曲线。

由于矿物表面电位和电动电位受多种因素影响，电位曲线也受到影响，如图 2-26 所示，电位曲线的变化情况如下：

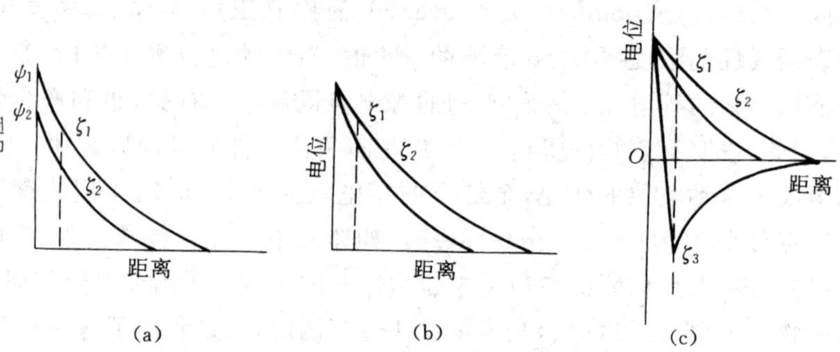

图 2-26　双电层的电位曲线

——双电层内层产生了定位离子吸附，从而既改变了矿物的表面电位，又改变了电动电位，如图 2-26(a)所示。

——溶液中离子的吸附没改变表面电位，但由于扩散层厚度被压缩，使电动电位变化，因而整条电位曲线也发生变化，如图 2-26(b)所示。

——电动电位和表面电位符号可以相同，也可以不同，当反号离子发生过量吸附时，电动电位符号与表面电位符号相反，如图 2-26(c)所示。

吸附定位离子既可改变矿物的表面电位，也可改变电动电位。H^+ 和 OH^- 是许多氧化矿的定位离子，故溶液 pH 值的变化可同时改变电动电位，如图 2-27 所示。

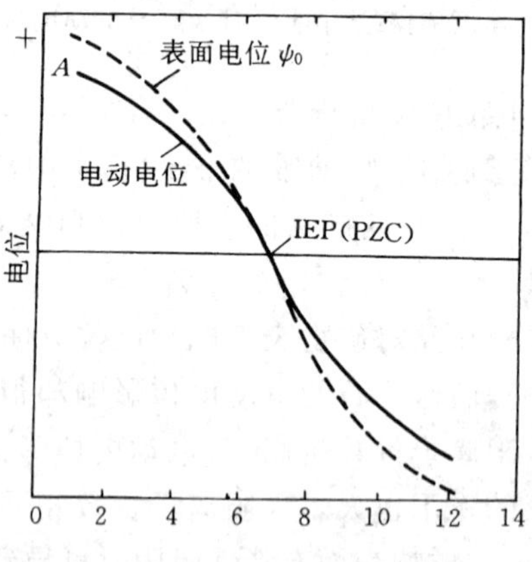

图 2-27　溶液中定位离子对矿物表面电位和电动电位的影响

③ 双电层的调节：双电层的调节也正是利用以上的规律，通过往溶液中添加具有不同特性、可产生不同离子或基因的电解质、表面活性物质及有机分子等，利用它们在溶液中产生的各种阴、阳离子及带电基团等在双电层不同区域的吸附，改变双电层的电位曲线，影响固体表面的电性质。

(5) 双电层的测定

双电层的测定实际上包括矿物的表面电位和电动电位。表面电位或热力学电位主要表现了矿物颗粒表面本身固有的电性特点，而电动电位表示该颗粒在某种条件下所呈现出的特有电性质。

① 表面电位测定：固相在水溶液中能构成一个可逆电极，它的表面电位(ψ_0)可根据不同条件下定位离子的活度，用能斯特公式加以计算。但实际矿物情况比较复杂，不导电的矿物，如一些金属硫化矿，在水溶液中能否构成可逆电极，目前认识不一。浮选理论研究中，将导电的矿物制成电极，置于水溶液中，实际测出矿物电极的电位称为电极电位，有的资料上称为静电位或残余电位(rest potential)，用来表示表面电位。

② 电动电位测定：电动电位对浮选过程影响很大，加上其测定容易，因而在浮选研究中具有重要的意义。现常用三种方法进行测定。

电泳法：是在给定电势梯度的外加静电场中测量电解质溶液内部悬浮带电胶体颗粒的流动性或迁移率后计算得出的。该法所需物料少，装置较完备，测试简单，是浮选研究中应用最广泛的方法。

流动电位法：是通过流体流过一根毛细管或压缩的固体颗粒所构成的多孔柱形塞毛细管组时在两端产生的电位差进行计算的。

电渗法：是通过在外加电势作用下溶液流过一根或一组毛细管系统的数量进行计算的。

2.5.3　矿物表面电性与可浮性

浮选过程中，不同矿物颗粒表面性质的调节是通过不同浮选药剂的不同吸附来实现的，而浮选药剂的吸附常受矿物表面电性的影响。因此，研究和调节矿物表面电性的变化是研究药剂作用机理、判断矿物可浮性、实现不同矿物分离的重要方法。矿物表面双电层在很多方面影响矿物的分选效果，尤其是电动电位的影响。双电层和电动电位对浮选的影响主要表现在以下几个方面。

(1) 影响不同极性(电性)的药剂在矿物表面的吸附

尤其当药剂与矿物表面的吸附主要靠静电力为主的物理吸附时，矿物的表面电性更起决定作用。如果药剂的电性与矿物表面电性相反，且表面电荷的数量越多，则药剂在矿物表面吸附的数量就越多。

图 2-28 是一个典型的例子。针铁矿的零电点 pH＝6.7，当 pH＜6.7 时，矿物表面荷正电，采用阴离子型(负电性)捕收剂十二烷基硫酸钠时药剂大量吸附，浮选效果很好，而采用阳离子型(正电性)十二胺捕收剂时则很难吸附，几乎不能浮选。同样当 pH＞6.7 时，矿物表面带负电，用阳离子型十二胺浮选效果很好，而用阴离子型捕收剂则基本不浮。

石英的零电点为 pH＝2，针铁矿和石英混合物浮选效果见图 2-29。在 pH＝2 时用阴离子型捕收剂有最好的分选效果，用阳离子型捕收剂时则在 pH＝6.7 时效果最好。故在实际浮选时用阳离子型十二醋酸铵浮选氧化矿时最适宜的零电点为 pH＝6～8，用磺酸盐类浮选时推荐 pH＝3～4。

一般地说，化学吸附在浮选中占头等重要地位。但当表面电荷符号与捕收剂离子的电荷符号相同且电荷很高时，静电斥力可以抑制捕收剂离子的化学吸附，若此时仍发生捕收剂的吸附，则表明捕收剂离子已克服静电阻碍作用，发生了特性吸附(化学吸附或半胶束吸附)。

(2) 调节矿物表面电性可影响其抑制或活化作用

以阳离子型捕收剂浮选石英为例，当 pH 值大于零电点时，石英表明荷负电，可用胺类

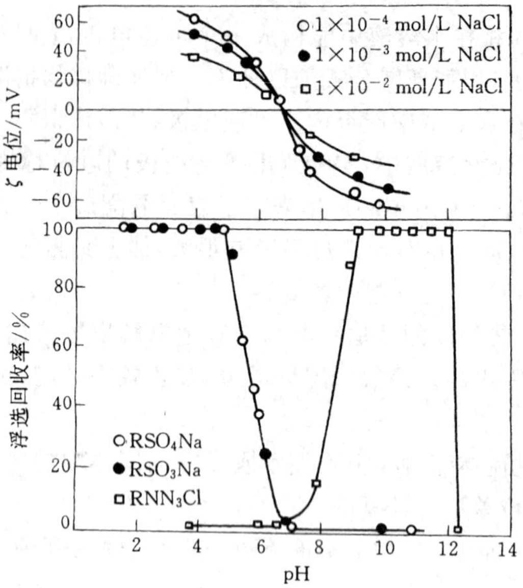

图 2-28　针铁矿的浮选特性与表面电荷的依赖关系

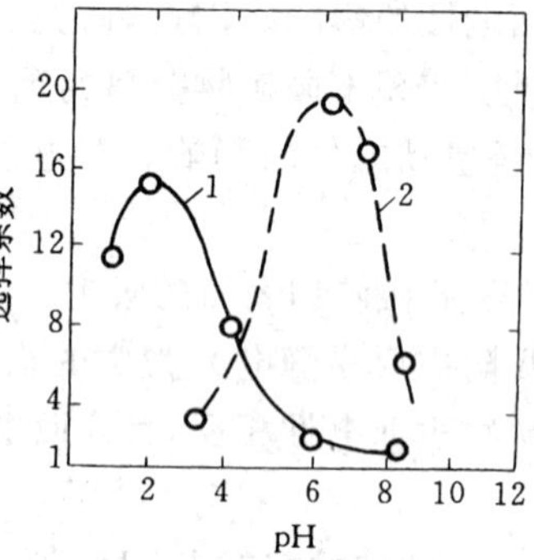

1—$R_{12}OSO_3Na$;2—$R_{12}NH_3Cl$。

图 2-29　针铁矿与石英混合物的分选

进行捕收。如果在加入捕收剂前先加入无机阳离子,可以降低矿物表面电性,从而抑制石英的浮选。当十二胺浓度为 1.5×10^{-4} mol、pH=4.6 时,10^{-2} mol KNO_3 就能完全抑制石英的浮选。随 pH 值的升高,石英表面的负电性增加,所需的 KNO_3 浓度也随之增加。除 K^+ 外,Na^+ 或 Ba^{2+} 等也对石英有抑制作用。

再以刚玉浮选为例说明无机离子的活化作用。刚玉的零电点在 pH=9 左右。当 pH=6 时,刚玉表面荷正电,用胺作捕收剂因电性相同,药剂与矿物互相排斥,不能捕收。如果加入足量 SO_4^{2-},因为 SO_4^{2-} 在刚玉表面有特性吸附,可使电动电位变号,然后再用胺浮选刚玉时,在 pH=6、加入 10^{-2} mol Na_2SO_4、采用 5×10^{-4} mol 的十二胺作捕收剂,刚玉完全可浮。

当前,一种新的浮选工艺——硫化矿物无捕收剂浮选正是利用调节矿浆电位的方法来控制硫化矿表面的氧化还原反应,从而形成不同的亲水疏水物质,改变矿物的可浮性,实现彼此分离。

(3) 影响矿物颗粒絮凝和分散

矿物表面由于存在双电层,故有一定电性。如果这些颗粒表面带有相同的电性,在互相接近的过程中,当达到一定距离以后,就会产生静电斥力,使颗粒分开。如果颗粒所带电荷相反,则可"异性相吸",使它们凝聚。通常,同种矿物在相同溶液中其电性是相同的。它们处于絮凝或分散状态主要取决于其表面电荷的数量大小。

为了使悬浮颗粒絮凝,必须降低其表面电位,减少其间斥力,使其互相接近,最终形成絮团;反之,要使它们分散且处于悬浮状态,必须提高其表面电位。当电动电位增高时,扩散层变厚,颗粒间的斥力增加,颗粒之间保持较大距离,削弱和抵消范德瓦耳斯引力,使颗粒分散体系更稳定。该过程的原理与胶体体系相似,颗粒表面电荷中和会导致胶体体系失稳;而在胶体颗粒上加上同种电荷则会显著增加体系的稳定性。因此,通过向矿浆中添加电解质来改变颗粒表面的双电层电位,可以实现颗粒在溶液中的分散或絮凝状态。通常,所加电解质价数越高,其作用也越大。

在选煤厂煤泥水处理的浓缩或澄清过程中,为得到澄清水供选煤循环使用,需要使煤泥水中的颗粒尽快、尽多地沉淀下来。因此,应使颗粒的电动电位等于或接近于零,以促进其凝聚和加速沉降。实际中煤泥水澄清多在中性或弱碱性条件下进行,此时煤粒表面通常带负电荷,对煤粒的絮凝不利。因此,常要添加一些电解质,以降低电动电位,或加入絮凝剂以促进其絮凝。

而水煤浆恰好与上述相反,水煤浆是要在很高固体浓度下保持其流动性,即颗粒必须处于悬浮分散状态,因而要求较高的电动电位,扩散层越厚越好,以提高其稳定性。

(4) 影响细泥在矿物颗粒表面的吸附和覆盖

通常细泥的表面带负电。如果矿物的电动电位为正,则多数情况下意味着矿物表面荷正电,因此,细泥极易吸附到矿物的表面上。如果矿物表面覆盖了细泥,则会改变矿物表面原来的润湿性,并降低分选过程的选择性。因此,细泥覆盖对浮选有极大的影响。

(5) 电动电位与浮选之间的关系密切

研究表明,可用电动电位来评价矿物与各种药剂作用后浮选活性的变化。电动电位绝对值降低可使浮选效果变好。对煤等矿物的试验表明,在等电点时,矿物表面吸附的捕收剂数量最多,即等电点时矿物的浮选活性最好。因此,可认为随矿物表面电动电位降低,矿物与捕收剂的作用变好,捕收剂在矿物表面的吸附量增多,矿物表面水化作用减弱,水化层变薄,从而提高了矿物表面的疏水性和可浮性。

矿物表面与药剂作用后,可使电动电位降低。一些药剂与矿物表面有特殊亲和力,可作为双电层的定位离子吸附到矿物表面。当它们吸附到双电层内层后,既改变了矿物的表面电位,又改变了矿物的电动电位,使矿物表面电位和电动电位同时降低。结果,一方面可使矿物表面极性降低,减弱其水化作用,提高分选过程中的可浮性;另一方面可改善矿物表面与捕收剂的作用,增加捕收剂在矿物表面的吸附量。此外,还可减少细泥在矿物表面的覆盖。

可见,随矿物电动电位降低,矿物可浮性提高,浮选效果变好。因而可用药剂与矿物作用前后电动电位之差评价矿物浮选活性的改变,电动电位差越大,药剂与矿物的作用越好,浮选活性提高就越大。

2.6 吸附现象与可浮性

2.6.1 吸附与浮选

吸附是液体(或气体)中某种物质在相界面上产生浓度增高或降低的现象。对液体,当将某种溶质加入溶液中时,如果能使溶液表面能降低,表面层溶质的浓度大于溶液内部,则称该溶质为表面活性剂或表面活性物质,这种吸附称为正吸附;反之,加入溶质后,使溶液的表面能升高,表面层溶质的浓度小于溶液内部,则称该溶质为非表面活性剂或非表面活性物质,这种吸附称为负吸附。当吸附达到平衡时,单位面积上所吸附的吸附质的物质的量,称为在该条件下的吸附量,通常用Γ表示。

浮选是在固、气、液三相中进行的过程,因此吸附是浮选过程中不同相界面上经常发生的现象。矿浆中加入药剂时,一些药剂可吸附在固-液界面,另一些药剂则吸附在气-液界面,还有一些药剂可吸附在液-液界面,矿物在矿浆中还可吸附矿浆中的其他分子、离子等。药剂在矿物表面的吸附量有两种表示方法:一种用单位面积上吸附的药剂物质的量,称吸附密度,如mol/cm^2;一种用单位质量矿物吸附的药剂量,如mol/g、mol/mg等,前一种表示方法较好,但需要测定矿物的表面积。

吸附的结果使矿物表面性质改变,矿物的可浮性得到调节,矿浆中气泡的稳定性得到改善,药剂的分散得到提高,所以,研究浮选过程中的吸附现象,对探索浮选理论和指导浮选实践均有重要意义。

2.6.2 吸附的种类

浮选是复杂的物理化学过程,由于矿物表面性质不均匀,所采用药剂各种各样,水的成分也不相同,因此矿浆中溶解的成分性质比较复杂,不同种类药剂和成分可以吸附到不同的相界面上,因而所发生的吸附类型是多种多样的。

(1) 按吸附的本质,可分为物理吸附和化学吸附两类

① 物理吸附:凡是由范德瓦耳斯力(分子键力)引起的吸附都可称物理吸附。其特征是热效应小(一般仅20 kJ/mol左右)、无选择性、吸附快、具有可逆性、易解吸、吸附的分子可在矿物表面形成多层等。

② 化学吸附:凡是由化学键力引起的吸附称化学吸附。该吸附质可在矿物表面之间发生电子转移,并在矿物表面形成难溶性化合物,但不能生成新相。其特征是热效应大(通常在84～840 kJ/mol之间)、吸附牢固、不易解吸、吸附不可逆、通常只有单层吸附、吸附具有很强的选择性、吸附慢。

(2) 按吸附物的形态,可分为分子吸附、离子吸附、半胶束吸附及捕收剂等在矿浆中反应的产物在矿物表面的吸附

① 分子吸附:溶液中被溶解的溶质以分子形式在固-液、气-液等相界面上的吸附称分子吸附。如起泡剂醇类分子在气-液相界面的吸附,中性的烃类油分子在非极性矿物表面的吸附等。分子吸附属物理吸附,其特征是吸附的结果不改变矿物表面的电性。

② 离子吸附:溶液中以离子形态存在的溶质离子(如捕收剂和活化剂离子)在矿物表面

的吸附称离子吸附。浮选药剂在矿浆中多呈离子状态，故研究离子吸附更为重要。离子吸附后常在矿物表面生成不溶性盐类，可改变矿物表面电性，包括电荷数量和符号。故离子吸附多属化学吸附。

③ 半胶束吸附：溶液中长烃链捕收剂浓度较高时，矿物表面吸附捕收剂非极性端，在范德瓦耳斯力的作用下，发生缔合作用，形成类似胶束的结构，称为半胶束吸附。与溶液中形成胶束的情况相比，形成半胶束时溶液中溶质的浓度可比形成胶束时低两个数量级；溶液中形成的胶束结构是三维的，而在矿物表面由药剂吸附形成的半胶束是二维的。图 2-30 为捕收剂阴离子在矿物表面吸附形成半胶束示意图。利用半胶束吸附原理可提高浮选药剂作用效果。如采用胺类时，适当加入一些长链的中性分子，可减少捕收剂离子之间的斥力，降低形成半胶束时的浓度，增加捕收剂在矿物表面的吸附量，对分选有利。中性分子在矿物表面的覆盖，增加了矿物表面的疏水性，减少了捕收剂的用量，可提高分选效果。形成半胶束的药剂浓度与烃基有关，烃基越长，形成半胶束所需浓度越低。

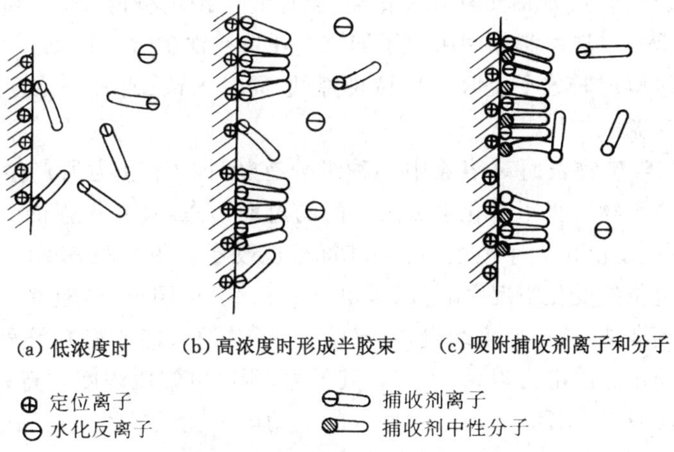

图 2-30　捕收剂阴离子在矿物表面吸附形成半胶束示意图

④ 捕收剂等在矿浆中反应的产物在矿物表面的吸附：捕收剂在矿浆中与其他离子或矿物表面作用时，可能会发生一系列反应，反应中的一些产物会吸附在矿物表面。例如黄药与铅离子反应生成的黄原酸铅在方铅矿表面上的吸附。

(3) 按吸附作用方式和性质，可分为交换吸附、竞争吸附和特性吸附

① 交换吸附：指溶液中某种离子与矿物表面上另一种相同电荷符号的离子发生等当量交换而吸附在矿物表面的现象。参与交换的离子可以是阳离子，也可以是阴离子，吸附可发生在双电层内层或外层。交换吸附在浮选中是常见的。例如，硫化矿物浮选常使用金属离子作为活化剂，如 Cu^{2+}、Ag^{+} 与闪锌矿表面晶格中 Zn^{2+} 进行交换吸附，从而提高闪锌矿的可浮性。

$$Zn(S)+2Ag^{+} = Ag_2(S)+Zn^{2+} \tag{2-9}$$

反应的平衡常数很大，表明 Cu^{2+}、Ag^{+} 从闪锌矿表面交换 Zn^{2+} 的速度是很快的。又如，方铅矿表面在轻度氧化过程中表面的 S^{2-} 会被 OH^{-}、SO_4^{2-}、CO_3^{2-} 等交换。

矿物表面对离子的吸附量与溶液中该离子的浓度成正比。如以 c 代表某种离子在溶液中的浓度，Γ 代表该离子在矿物表面的吸附量，则有 $\Gamma \propto c$ 的关系。对交换吸附，如以 M_1 代

表矿物表面的离子，M_2代表溶液中的某种离子，以 X 表示矿物晶格，则交换吸附可用下式表示：

$$XM_1 + M_2 \Longrightarrow XM_2 + M_1 \tag{2-10}$$

又因 $\Gamma \propto c$，分别以 Γ_1、Γ_2代表 M_1、M_2在矿物表面的吸附量；c_1、c_2代表 M_1、M_2在溶液中的浓度. 则有

$$\frac{\Gamma_1}{\Gamma_2} = K\frac{c_1}{c_2} \tag{2-11}$$

式(2-11)为交换吸附最基本方程，在该方程的基础上可以导出一些其他形式的吸附方程。

② 竞争吸附：当矿浆溶液中存在多种离子时，它们在矿物表面的吸附决定于表面的活性及其在溶液中的浓度，即决定于相互竞争。

物理吸附的捕收剂离子在双电层中起配衡作用，其吸附密度取决于与溶液中任何其他配衡离子的竞争。例如胺类捕收剂浮选石英，当捕收剂浓度低时，Ba^{2+} 和 Na^+ 在石英表面与捕收剂竞争而抑制浮选。又如用阳离子捕收剂浮选针铁矿时，当 $pH > 12$ 浮选终止，是由于阳离子捕收剂水解成胺分子使 RNH_3^+ 浓度降低，同时 Na^+（或 K^+）浓度迅速提高，结果与捕收剂阳离子产生竞争作用。

③ 特性吸附：当矿物表面对溶液中某种组分有特殊的亲和力所产生的吸附称特性吸附。特性吸附是介于物理吸附和化学吸附之间的过渡形态，具有极强的选择性。发生特性吸附时，不仅界面电动电位大小改变，而且其符号也改变。图 2-31 表示不同电解质在刚玉表面吸附时电动电位的变化情况，刚玉的零电点为 9.4。由图可见，随着 NaCl 浓度增高，刚玉表面电动电位逐渐减小，但速度缓慢，且已接近于零，但未能改变其符号。这说明反号离子在刚玉表面的作用除静电力以外，不存在其他力，所以电解质浓度增高只能压缩双电层的扩散层。但在电解质 Na_2SO_4的作用下，刚玉的电动电位变化较大，并可改变符号。这说明了刚玉与 SO_4^{2-}之间除静电力外，还有化学键力的作用。吸附作用不仅发生在扩散层，而且已进入紧密层。该种吸附属于特性吸附。而对于烷基硫酸钠（RSO_4Na），电动电位的改变就更明显。当捕收剂浓度超过 10^{-5} mol/L 时，刚玉表面的电动电位降低得更快，说明 RSO_4^- 阴离子与刚玉表面具有更强的亲和力。因此，十二烷基硫酸钠在刚玉表面的吸附，也属于特性吸附。

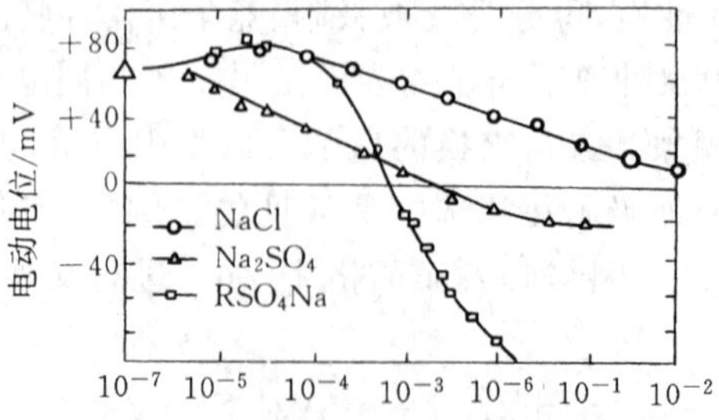

图 2-31　刚玉表面电动电位与电解质浓度的关系（pH＝6.5）

高价阳离子也可以在氧化矿物和硅酸盐矿物的表面发生特性吸附。这些高价阳离子有

Fe^{2+}、Ca^{2+}、Mg^{2+}、Pb^{2+}、Ni^{2+} 和 Cu^{2+} 等，它们在一定的 pH 值范围内，可在水溶液中形成羟基络合物，如 $FeOH^{+}$、$CaOH^{+}$、$MgOH^{+}$、$PbOH^{+}$、$NiOH^{+}$、$CuOH^{+}$ 等。这些络合物可被吸附到负电性矿物的紧密层中，使矿物表面的负电荷逐步被中和。如吸附的阳离子超过矿物表面上的负电荷，会导致矿物的电动电位改变符号。

(4) 按吸附层次，可分为多层吸附和单层吸附

① 多层吸附：物理吸附的吸附力为远程作用力，在空间上作用范围大，会产生多层吸附现象，甚至数十个分子层。

② 单层吸附：化学吸附时，体系相中的吸附质只能和固体表面的活性离子发生化学反应而吸附，所以仅为单层吸附。

(5) 按双电层中吸附的位置，可分为双电层内层吸附和双电层外层吸附

① 双电层内层吸附(又称定位离子吸附)：矿物表面吸附溶液中的晶格离子、晶格类质同象离子和其他双电层定位离子(例如 H^{+} 和 OH^{-})，这些离子吸附到双电层内层，导致矿物表面电位的数值或符号发生改变，这种吸附称定位离子吸附。例如离子型矿物吸附溶液中的组成矿物晶格离子；氧化矿物或硅酸盐矿物吸附 H^{+} 和 OH^{-} 离子；等等。这类吸附具有很高的选择性，离子和矿物表面作用强度大，但需要的活化能不大，且作用速度快，可把矿物周围甚至水化层中的水分子排挤掉。发生这类吸附时，离子与矿物之间的作用力必须与晶格质点之间的相互作用力相匹配，否则吸附不能进行。

② 双电层外层吸附：双电层外层吸附是溶液中溶质分子或电荷符号与矿物表面相反的离子在双电层外层上的吸附。根据双电层外层的结构又可以分为紧密层吸附和扩散层吸附。紧密层吸附的作用力除静电力外，还有范德瓦耳斯力和化学键力；而扩散层吸附则完全由静电力引起。双电层外层吸附往往缺乏选择性，吸附是可逆的。凡与表面电荷相反的离子都可产生这样的吸附，因此在矿浆中原吸附的配衡离子可被其他配衡离子交换。

双电层外层吸附不能改变矿物的表面电位，但可以改变其电动电位。在紧密层的吸附，因同时存在静电力、化学键力、范德瓦耳斯力等，当吸附强烈时，不仅改变电动电位的大小，还可改变电动电位的符号。此时紧密层上所吸附的反号离子电荷密度必须大于固体表面的电荷密度，否则，不能改变电动电位的符号。扩散层的吸附只有静电力，因此，只能改变电动电位的大小，这种吸附常称为静电吸附。惰性电解质，如 NaCl、KNO_3、KCl 等在双电层外层的吸附，只改变电动电位的大小。表面活性物质及含表面活性离子的电解质，则既可在扩散层吸附，又可在紧密层吸附。讨论药剂在双电层中的吸附时，常将静电吸附以外的吸附统称为特性吸附。

2.6.3　浮选相界面吸附

吸附是浮选过程中相界面间一种相互作用的主要形式。如起泡剂主要吸附在气-液界面，捕收剂主要吸附在固-液界面，乳化剂主要吸附在液-液界面，矿浆中离子可吸附在不同界面。吸附的结果导致相界面性质的变化，使浮选过程得以调节和进行。

(1) 气-液界面的吸附

浮选过程用起泡剂的目的是使引入矿浆的空气形成稳定的气泡。起泡剂多为表面活性剂，并以分子形式吸附、定向排列在气-液界面，非极性基朝向气相，极性基朝向水。因此，浮选过程中要研究表面活性物质在气-液界面的吸附。在气-液界面，表面活性物质的平衡浓

度 c 及表面张力 σ 与气-液界面吸附密度 Γ 的变化规律可由吉布斯(Gibbs)等温吸附方程计算：

$$\Gamma=\frac{-c\mathrm{d}\sigma}{RT\mathrm{d}c} \tag{2-12}$$

式中，R 为气体常数；T 为绝对温度；$\frac{\mathrm{d}\sigma}{\mathrm{d}c}$称表面活性。

如吸附质能使吸附剂的表面张力显著降低，即$\frac{\mathrm{d}\sigma}{\mathrm{d}c}$小于零，则 Γ 大于零，即吸附质在表面层的浓度大于体相浓度，则称为正吸附，此吸附质就称为表面活性物质(剂)。例如浮选中常用的长烃链羧酸盐、硫酸酯、磺酸盐及胺类捕收剂等。如果吸附质使表面张力升高，即$\frac{\mathrm{d}\sigma}{\mathrm{d}c}$大于零，则 Γ 小于零，此时吸附质在表面层的浓度小于体相浓度，则称为负吸附，这种吸附质被称为非表面活性物质，如浮选中使用的无机酸、碱、盐调整剂等。

对表面活性物质的同系物而言，每增加一个 CH_2，表面活性约增加三倍，起泡剂的性能与其表面活性密切相关，此关系称为特劳伯法则。

(2) 固-液界面的吸附

浮选体系中固-液界面吸附相当复杂。浮选过程中无论添加何种药剂，绝大多数情况下都在固-液界面发生吸附，从而使界面性质发生变化。因此，研究固-液界面吸附主要是研究不同药剂质点在固-液界面的吸附。

固体的吸附作用同液体的吸附作用类似，只发生在表层而不深入到内部，属于表面现象。如果吸附的物质扩展到固体深处，则称为吸收。被吸附的溶质称吸附物，吸附吸附物的物质称为吸附剂。因为固体表面存在表面能，故也有吸附某种物质降低表面能的倾向，因此，吸附剂总是吸附那些能降低其表面能的物质。溶液中药剂在固-液界面的吸附服从朗缪尔(Langmuir)吸附等温式：

$$\Gamma=\Gamma_{\mathrm{m}}\frac{bc}{1+bc} \tag{2-13}$$

式中，Γ、Γ_{m}、c、b 分别为平衡吸附量、饱和吸附量、吸附质平衡浓度和常数。利用式(2-13)可准确地计算高、低浓度下单分子层的吸附结果。该式同样也适用气体在固体表面的吸附。对朗缪尔吸附等温式的研究表明，常数 b 值等于吸附量为 $0.5\Gamma_{\mathrm{m}}$时的吸附质浓度。

对于固体表面不均匀的多层吸附，可用费兰德利希吸附经验方程来计算：

$$\Gamma=kc^{\frac{1}{n}} \tag{2-14}$$

式中，k 和 n 均为经验常数，可用双对数图的方法获得。水溶液中，捕收剂在矿物表面的吸附常符合此式。此外固-气界面的吸附也可采用此式。

(3) 液-液界面的吸附

泡沫浮选过程中经常使用非极性烃类油作捕收剂，尤其在浮游选煤时烃类油是最主要的药剂。此外，油团、全油或乳化浮选时，也需要采用大量非极性烃类油。但在泡沫浮选时要将油分散在水中形成 O/W(水包油)型乳状液；而对全油浮选等，要将水分散在油中形成 W/O(油包水)型乳状液。

由于液-液界面的界面面积和界面自由能储量极高，系统处于多相热力学不稳定状态，力图向自由能降低的方向发展，以求达到稳定状态，即减少液-液界面面积。故单靠物理作用形成的乳状液只能暂时地增加界面面积，很快会发生破乳（油和水分层），而欲维持此乳状液的稳定，有一个途径就是用表面活性剂降低油-水界面自由能，这种办法可获得分散度适宜和稳定性较高的乳状液。制备这样的乳状液对烃类油浮选剂很有实际应用价值，所以浮选中研究液-液界面吸附主要就是研究油-水界面表面活性物质的分布规律以及对油和水分散性能及形式的影响。

浮选过程中使用大量表面活性物质，绝大多数情况下属正吸附。图 2-32 为三种类型物质的表面张力与浓度的关系曲线。曲线 1 为无机盐类表面惰性物质的 σ-c 曲线，这类物质为负吸附，表面张力稍高于水；曲线 2 为浮选中常用的表面活性物质，多为烃链较短的复极性分子，例如 C_9 以下的醇和羧酸、萜烯醇、醚醇、含氧烷基衍生物及黄原酸盐类等，该类物质在浮选中多为优良的起泡剂和硫化物的捕收剂，故通常称为表面活性物质；曲线 3 多为碳链较长的烷基硫酸盐或磺酸盐类、铵盐、皂类和多元醇类，其特点是在低浓度时就可显著降低表面张力，并以曲线上最低点标志其在溶液中形成的胶束的临界点，而后表面张力随浓度增加又有所回升，此类物质通称为表面活性剂。在浮选中多作为氧化矿物的捕收剂，也作为非极性油类的乳化剂和分散剂。

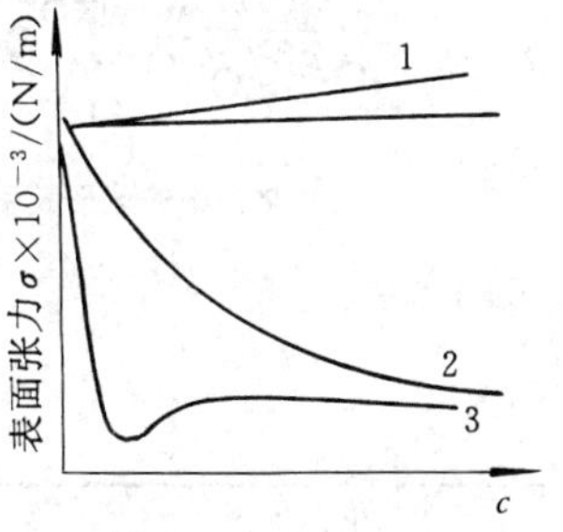

1—无机盐；2—表面活性物质；3—表面活性剂。

图 2-32　不同类型物质的表面张力等温线

当水中加入表面活性物质后，这些长烃链表面活性剂分子的疏水基被水排斥，亲水基被水吸引。由于烃链较长，所以被水排斥的力大于水对极性基的吸引力，因此这样的单个分子在水中处于不稳定状态。为了趋于稳定状态，该类分子只能采取两种存在形态：一是在油-水界面上定向吸附，把亲水基留在水中，疏水基插入油中，如图 2-33 中的(a)和(b)；二是在水中形成胶束，以尽量减少疏水基与水的接触，疏水基之间靠分子内聚力互相紧靠在一起；当水中的表面活性剂浓度很低时，可以形成二或三个分子的聚集体，如图 2-33 中(c)所示。当表面活性剂浓度增高到一定程度，表面张力、电导率会发生突变（图 2-32 中曲线 3），这个转折点的浓度就是形成胶束的临界浓度，称 CMC。此时，由几十个至几百个组成球形、薄叶形、小棒形胶束，见图 2-34，这种胶束的尺寸为几个纳米。

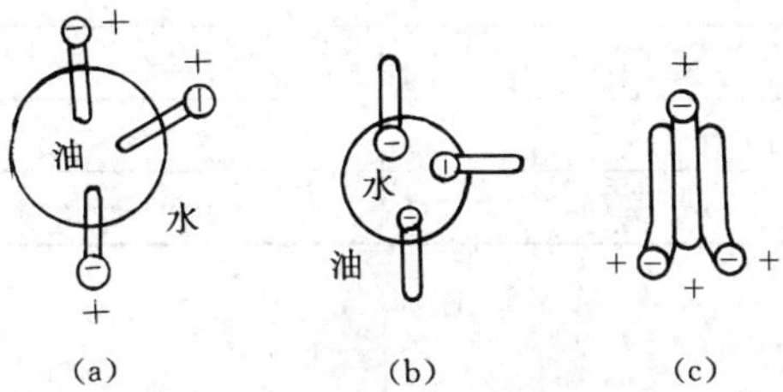

图 2-33　胶束雏形

CMC 表示表面活性剂形成胶束时的浓度。也可作为度量表面活性剂的标志。CMC 越小，表示表面活性剂形成胶束所需的浓度越低，改变界面性质所需的浓度也越低。临界胶束浓度还是表面活性剂溶液性质发生显著变化的一个转折点。一般地说，对于某一同系物，CMC 值随烃链中碳原子数增加而降低，可用下列经验式表示：

$$\lg \mathrm{CMC} = A - B_n \tag{2-15}$$

式中，n 为烃链中—CH_2 基的数目；A 和 B 为常数，由分子类型和温度所决定，见表 2-6。CMC 与烃链长度的关系如图 2-35 所示。

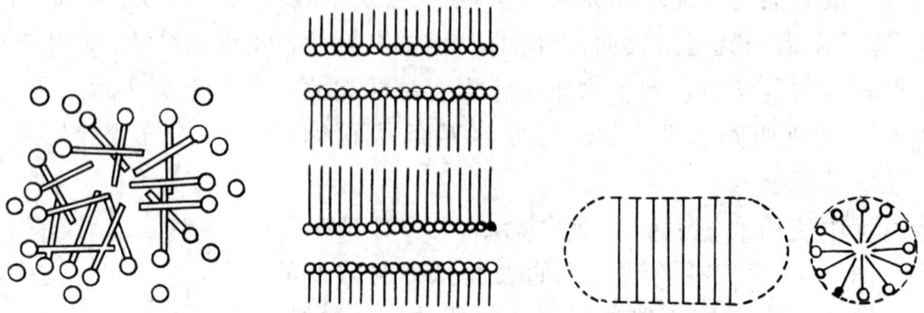

(a) 溶液中的球形胶束　(b) 溶液中的薄叶形胶束　(c) 溶液中的小棒形胶束

图 2-34　溶液中的胶束形状

表 2-6　各种表面活性剂的 *A*、*B* 常数

化合物	*T*/℃	*A*	*B*
RCOOK	25	1.63	0.290
RCOOK	45	1.74	0.292
RSO_3Na	40	1.59	0.294
RSO_3Na	50	1.63	0.294
RSO_4Na	45	1.42	0.295
RNH_2Cl	45	1.79	0.296
$RN(CH_3)Br$	60	1.77	0.292
$RCH(COOK)_2$	25	1.54	0.220
$RCH(COOK)CH(COOK)_2$	25	1.70	0.226
2-烷基苯磺酸钠	55	—	0.292
烷基葡萄糖甙	25	2.64	0.530

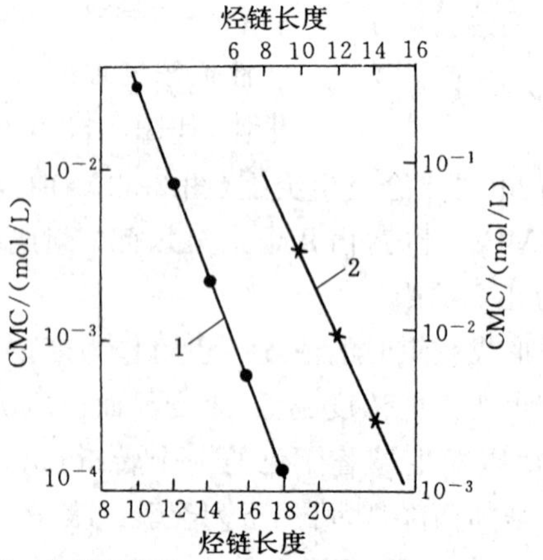

1—烷基硫酸钠(25℃);2—烷基磺酸钠(25℃)。

图 2-35　CMC 与烃链长度的关系

在胶束溶液中加入少量烃类油，它们立即渗入表面活性剂分子的烃链间，构成薄叶胶束的夹层，称为膨松胶束，如图 2-36(a)和(b)所示。其容积较原胶束膨胀了，这种胶束的尺寸可达 50 nm；如果在上述系统中加入助剂，则可以从膨松胶束进一步发展为球形胶束，即微乳状液。其尺寸由 30～80 nm 至 100 nm，如图 2-36(c)和(d)所示。

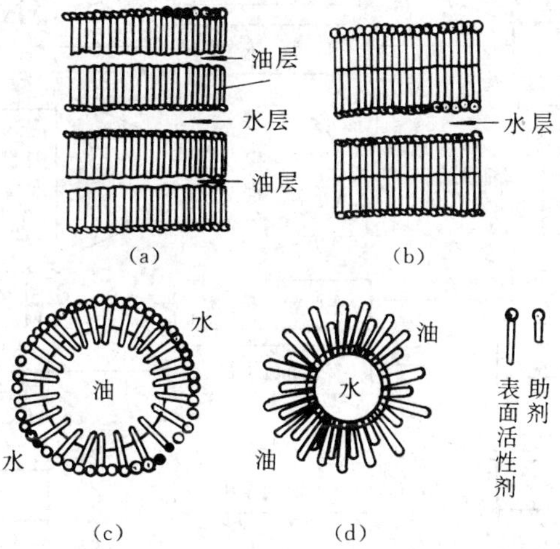

图 2-36　膨松胶束和微乳状液

2.7　气泡矿化

浮选过程中颗粒附着于气泡上的过程称为气泡矿化。在气泡矿化过程中，表面疏水的矿粒优先附着在气泡上，构成气泡-矿粒的联合体；表面亲水的矿粒很难附着到气泡上，即使有可能附着也不牢固。即气泡矿化过程具有选择性。但除了颗粒表面润湿性对气泡矿化有影响外，颗粒的物理性质(如粒度、密度、形状、带电状态等)、气泡的尺寸及浮选槽内流体动力学形态等多种因素均对气泡矿化有影响，如图 2-37 所示。

2.7.1　气泡矿化的影响因素

浮选过程可以分为四个阶段：第一为接触阶段，矿粒在流动矿浆中以一定的速度和气泡接近，并进行碰撞接触；第二为黏着阶段，矿粒与气泡接触后，表面疏水的矿粒和气泡之间的水化层逐渐变薄、破裂、在气、固、液三相之间形成三相接触周边，实现矿粒与气泡的附着；第三阶段为升浮阶段，附着了矿粒的气泡(即矿化气泡)互相之间形成矿粒-气泡的联合体，在气泡上浮力的作用下进入泡沫层；第四为泡沫层形成阶段，最后形成稳定泡沫层，并及时刮出。泡沫浮选过程中，疏水矿粒能否作为精矿上浮，取决于这四个阶段的进展情况。如果每个阶段都处于良好状态，就能得到满意的浮选结果。浮选时，矿粒能否上浮的总概率应由上述四个分过程的分概率来决定，即：

$$P = P_c \cdot P_a \cdot P_n \cdot P_s \tag{2-16}$$

式中，P、P_c、P_a、P_n、P_s分别为矿粒进入泡沫产品的总概率、接触阶段的碰撞概率、黏着阶段的黏着概率、升浮阶段的不脱落概率、泡沫层形成阶段的稳定性概率。

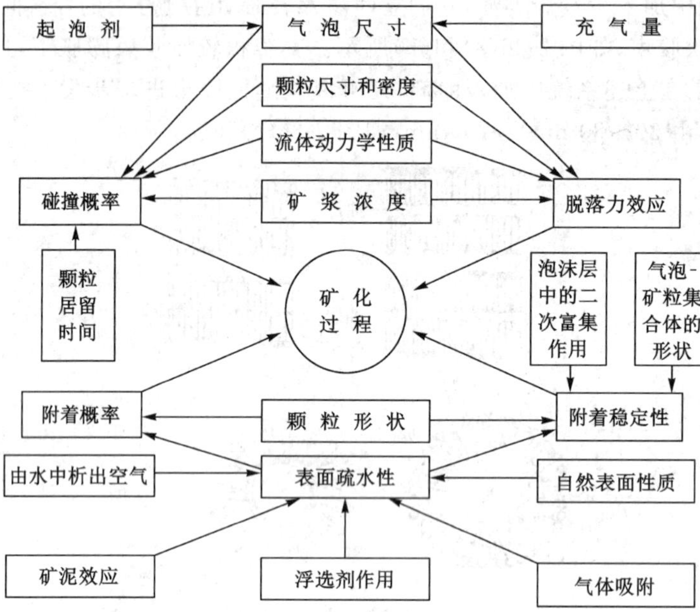

图 2-37　影响气泡矿化过程的各种因素

P_c与气泡直径、矿粒直径、水流运动状态及矿浆浓度等有关；矿粒和气泡能否黏着，即P_a的大小与矿粒表面疏水程度、碰撞速度及气泡与矿粒的碰撞角度等有关；P_n则和气泡与矿粒黏着的牢固程度关系密切，P_n受气泡和矿粒黏着面积、气泡给予矿粒的提升力、矿浆运动速度及其他矿粒对它的干扰程度等因素影响；P_s主要受气泡寿命及气泡与矿粒黏附牢固程度的影响。为提高气泡和矿粒附着的总概率，必须提高四个分过程的分概率，才能有利于浮选过程的进行。

2.7.2　气泡矿化形式

浮选矿浆中气泡的矿化是气泡群和矿粒群之间的群体行为，有别于单一的矿粒和气泡的情况，大半个世纪以来，大量学者通过高速摄影和测定，将现代浮选槽内的气泡矿化现象归纳为三种形式，如图 2-38 所示。

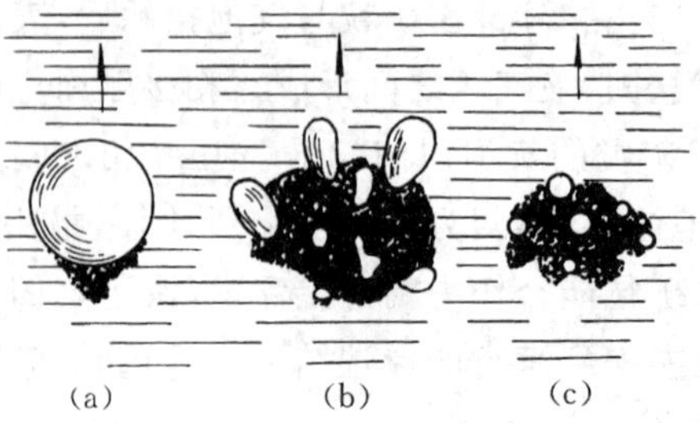

图 2-38　矿化气泡的三种形式

(1) 矿粒附着于由碰撞和搅拌切割而成的气泡上，形成矿化气泡，气泡运动时，黏附的矿粒群往往聚集于气泡尾部，形成所谓矿化尾壳，如图 2-38(a)所示。矿化尾壳占据气泡总表面积的百分比因浮选条件不同而不同，在可浮性好的颗粒多的精选作业中可高达 20%～30%，而低的只有 1%～2%。

(2) 空气在水中由于过饱和而析出在颗粒的疏水性表面，增长和兼并，析出颗粒-微泡联合体，如图 2-38(b)所示。此时许多气泡黏附在一个矿粒上，此种矿化形式对粗粒浮选有重要意义。

(3) 由若干微小气泡和许多细小颗粒构成气絮团，如图 2-38(c)所示，此先决条件是形成疏水絮凝体，此种疏水粒群往往以气絮团浮出。

气泡矿化形式与浮选机类型及充气方式有关。常用的浮选机多是机械搅拌式，属正压充气，气泡矿化基本属于第一种，但在叶轮周围有负压区，可有部分微泡析出，即兼具第二种形式。在减压式浮选机中，主要是溶解在矿浆中的空气大量析出在疏水矿粒的表面，形成微泡，因此以第二种形式为主，也可互相黏附形成气絮团。在喷射、旋流式浮选机中，喷嘴处压力降低，类似减压浮选，因此气泡矿化以第二、三种形式为主。实际上，只要物料中有细小颗粒，又有直径较小的气泡，就有第三种形式。通常，浮选过程中这三种形式的矿化气泡是并存的，只是所占比例不同。虽在理论上已认识到第二种形式具有最高的选择性和捕收能力，但实践中却以第一种形式为主。

2.7.3　气泡矿化热力学及动力学

从热力学观点看矿粒向气泡黏附，必须在外力作用下排开水化层才能实现，并且黏附前后矿粒和气泡体系的自由能要减少才能形成稳定的气泡矿化体系。用热力学方法分析能够确定矿化过程的方向和结果，但不能确定过程的机理和动力学，所以应将二者结合起来。

(1) 黏附功

浮选过程中的最基本行为是气泡矿化，该过程进行的基本依据是矿物润湿性不同。一些矿物可黏附到气泡上，而另一些则不能. 从而实现不同矿物的分离。过程能否自发进行服从热力学第二定律。即在恒温恒压条件下，行为发生后如系统自由能降低则过程自发进行，反之，则不能自发进行。运用热力学分析方法可以将这一体系简化到如图 2-39 所示的状态，(a)表示矿粒附着于气泡之前；(b)表示矿粒附着于气泡之后。若将体系看作是一个等温等压体系，那么矿粒与气泡附着前体系的自由能为 W_1，即

$$W_1 = S_{液气}\sigma_{液气} + S_{固液}\sigma_{固液} \tag{2-17}$$

式中，$S_{液气}$、$S_{固液}$ 表示气泡、矿粒在水中的表面积；$\sigma_{液气}$、$\sigma_{固液}$ 表示水-气、固-水界面表面自由能。

假定我们只讨论附着一个单位表面积，即 $S_{固气}=1$，$\sigma_{固气}$ 为固-气界面表面自由能，且附着后气泡仍保持球形不变，矿粒与气泡附着后的体系自由能为 W_2，即

$$W_2 = (S_{液气} - 1)\sigma_{液气} + (S_{固液} - 1)\sigma_{固液} + \sigma_{固气} \cdot 1 \tag{2-18}$$

附着前后体系自由能的变化为 ΔW，则

$$\Delta W = W_1 - W_2 = \sigma_{液气} + \sigma_{固液} - \sigma_{固气}$$

式中，$\sigma_{固液}$ 和 $\sigma_{固气}$ 目前尚不能直接测定，用杨氏方程代入得

$$\Delta W = \sigma_{液气}(1 - \cos\theta) \tag{2-19}$$

ΔW 为附着一个单位表面积前后体系自由能的变化，浮选上称为可浮性指标或黏附功。

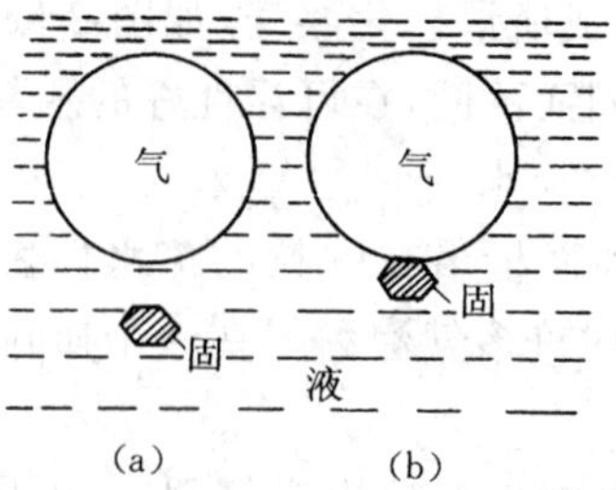

图 2-39　矿粒与气泡固着前后状态

如果 $W_1 > W_2$，则 $\Delta W > 0$，说明黏附过程体系自由能是降低的，按热力学第二定律，此过程可以自发进行。从式(2-19)可见，可浮性指标是气-液界面表面自由能和矿物表面接触角 θ 的函数。对绝对亲水的矿物，$\theta = 0°$，$\Delta W = 0$，矿粒不能自发附着于气泡；$\theta > 0°$，则 $\Delta W > 0$，θ 越大，ΔW 值也越大，故越是疏水的矿粒附着于气泡的自发趋势越显著。疏水性矿粒能附着于气泡而亲水性矿粒则不能附着这一现象在这里得到了初步解释。

(2) 矿粒与气泡碰撞附着

① 水化层薄化

如图 2-40 所示，浮选过程中，矿粒与气泡互相接近，先排除在两者夹缝间的普通水。由于普通水的分子是无序而自由的，所以易被挤走。当矿粒向气泡进一步接近时，矿粒表面的水化膜受气泡的排挤而变薄，水化膜变薄过程的自由能变化与矿物表面的水化特性有关：

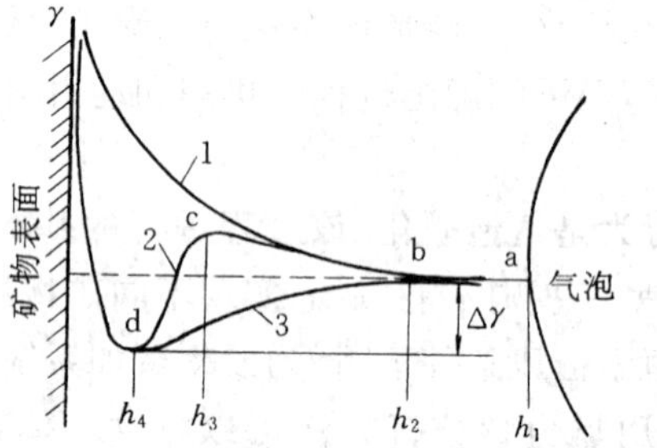

1—强水化性表面；2—中等水化性表面；3—弱水化性表面。

图 2-40　水化膜的厚度与自由能变化

a. 矿物表面水化性强(亲水性表面)，则随着气泡向矿粒逼近，水化膜表面自由能增加，如图 2-40 中曲线 1 所示，当矿粒与气泡不断接近时，其表面能不断升高，除非有外加的大能量，否则水化膜不会自发薄化，水化膜的厚度与自由能的变化表明，表面亲水的矿物不易与气泡接触附着。

b. 中等水化性表面，如图 2-40 中曲线 2 所示，这是浮选常见的情况。

c. 弱水化性表面，即疏水性表面，如图 2-40 中曲线 3 所示，疏水性表面的水化膜比较脆弱，有一部分自发破裂，此时自由能降低。但到很近表面的一层水化层，仍很难排除，曲线 3 在左侧急剧上升说明了此点。

浮选常见的矿物既非完全亲水，也非绝对疏水，往往是中间状态，即图 2-40 中曲线 2 的情况。矿粒向气泡附着的过程，详细可分为 a、b、c、d 四个阶段，相对应的矿粒与气泡间距离分别为h_1、h_2、h_3和h_4。

a 阶段为矿粒与气泡的互相接近，这是由浮选机的充气搅拌、矿浆运动、表面间引力、矿粒和气泡的大小等因素综合造成的。此时自由能变化不多。b 阶段是矿粒与气泡的水化层接触，原来矿粒与气泡间的普通水层，逐步从夹缝中被挤走，直至矿粒表面的水化层与气泡表面水化层相互接触。由于水化层的水分子是在表面键能的作用力场范围内，故水分子偶极是定向排列的，这与普通水分子的无序排列不同。因此，要挤走水化层中的水分子，如曲线 2 由 b 向 c 处推进时，就需要外界向体系做功，才能克服 b 到 c 的能峰。c 阶段是水化膜的变薄或破裂。水化层受外加能的作用变薄到一定程度，成为水化膜，间隔距离为 h_3，相应曲线 2 由 c 到 d。此时水化膜表现出不稳定性，即已越过能峰 c，再逼近，距高 h_3 缩为 h_4，自由能减低，水化膜厚度会自发变薄。据测定，大致间隔为$(1\sim100)\times10^{-9}$ m。此时矿粒与气泡自发靠近。d 阶段是矿粒与气泡接触。从 c 自发进行到 d，此时矿粒与气泡开始接触。接触发生后，如为疏水矿物表面，接触周边可能继续扩展。

根据一些研究，在矿粒与气泡接触面积上，可能有“残余水化膜”，就此膜特性而论，已近于半固体，要除去此膜，需要很大的外加能，如果存在残余水化膜，则矿粒与气泡只是两相接触，即只有固-液和液-气两种界面。于是三相接触的平衡式应改写为两相。

② 碰撞过程及影响因素

矿粒与气泡的碰撞附着过程和影响因素与浮选机中流体的性质、二者相对运动的轨迹、气泡和矿粒的大小等因素有关。而前两者又主要与浮选机的型式有关。当气泡和矿粒的大小在一定范围内时，根据矿浆的运动形式及矿粒和气泡相对运动轨迹，可把碰撞附着分成层流碰撞和湍流碰撞。

a. 层流碰撞：通常将雷诺数小于 10^3 的流动称为层流。在层流情况下，颗粒顺流线运动，流体的惯性可以忽略。根据浮选机的型式不同，在浮选机中产生层流碰撞的区域是不相同的。图 2-41 是传统的机械搅拌式浮选机中不同的分区，通常分为四个区，即泡沫区、分离区、矿化运输区和混合区。而在浮选柱中则和以上分区完全不同，基本没有混合区，主要为分离区。

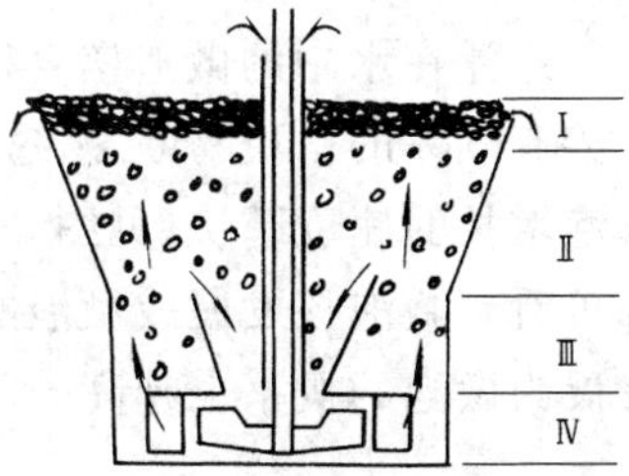

Ⅰ—泡沫区；Ⅱ—分离区；
Ⅲ—矿化运输区；Ⅳ—混合区。

图 2-41　气泡运动示意图

在混合区中气、固、液三相进行激烈混合。气流被切割、分散成气泡，气泡群与悬浮的颗粒群进行大量的碰撞接触。在该区内气泡和矿粒的运动没有一定的方向，不属于层流，其碰撞属于紊流碰撞。在分离区和矿化运输区中，气泡随矿浆流或靠浮力向上运动，矿粒主要靠重力向下运动或随矿浆流向上运动，气泡和矿粒的运动属于层流范围。在该区内的碰撞属于层流碰撞。研究浮选中气泡和矿粒碰撞过程的绝大部分照片都是在这种条件下拍摄的，可以用于层流条件下碰撞过程的分析。

为使整个系统简化，假定有一个矿粒自气泡的上方落下，见图 2-42，矿粒的半径为 R_p，气泡的半径为 R_B。当气泡和水介质之间没有其他相对运动时，在气泡上方，半径为 R_p+R_B 水柱中的矿粒均可借重力沉降与气泡接触。当气泡和水流有相对运动，水掠过气泡时，流线弯曲，位于水中的矿粒受介质黏滞力的影响，其运动轨迹将偏离气泡，则只有半径为 b 的流束管中的矿粒才可能与气泡接触，即 $b<R_p+R_B$。b 的大小取决于矿粒受介质黏滞力作用

及矿粒本身的惯性力。黏滞力使矿粒沿流线弯曲，离开气泡；惯性力使矿粒偏离流线，有可能与气泡接触碰撞。矿粒和气泡发生碰撞的部位在矿粒和气泡相向运动的气泡半球上。

b. 湍流碰撞：通常将雷诺数介于 $10^4 \sim 10^6$ 的流动称为湍流，湍流碰撞发生在浮选机的搅拌混合区，在此区域，矿粒、气泡运动方向不定，碰撞可发生在任何部位，并且湍流的强度对碰撞的效果、上浮的速度和脱落的概率等产生的影响都有一定的随机性。

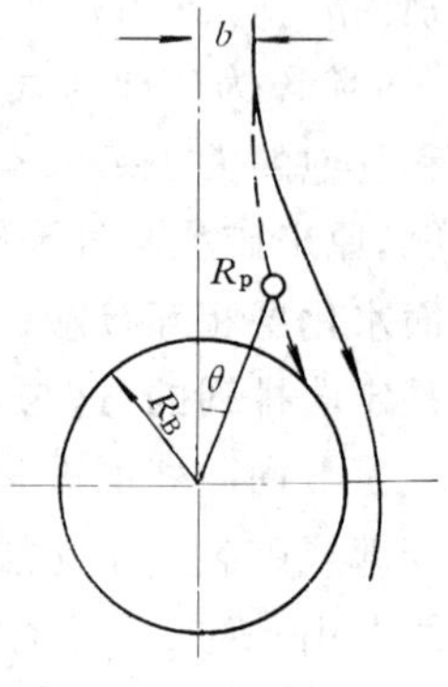

图 2-42　矿粒运动轨迹

湍流中，颗粒和气泡的碰撞概率除受湍流强度影响外，还受矿浆浓度、矿浆中颗粒数目和气泡数量的影响。若湍流强度、矿浆浓度、矿浆中颗粒数目、气泡数量提高，均可使碰撞概率提高。但如上所述，湍流强度提高后，气泡和颗粒之间的脱落力也随之增高。而且粒度越粗、密度越大、颗粒表面亲水性越强，这种湍流的副作用也越显著。因此湍流强度增加后，颗粒的浮出率不一定随湍流强度的增加而提高。在工业条件下，要保证粗颗粒的最大回收率，应选择适宜的湍流强度。为了克服绕流的影响，对细粒物料可选用较高的湍流强度，这对附着有利。且湍流强度提高后，机械搅拌式浮选机可产生更多的小气泡，有助于提高微细颗粒（$-10\ \mu m$）的碰撞概率和浮选速度。

（3）微泡析出附着

在正常情况下，水中都溶解有一定数量的空气，溶解的多少服从亨利定律，随压力和温度的变化，溶解的空气数量也发生变化。如在恒温降压、降压加温或压力不变温度升高的情况下，原来溶解于矿浆中的气体就会以微泡的形式析出。浮选矿浆中析出的微泡均是在恒温降压条件下析出的。

悬浮在水中的微泡核直径的数量级为 $10^{-4}\ \mu m$。理论研究认为，含有这种微泡核的水比溶有气体的水更易断裂，这有利于微泡核在矿粒表面析出及扩大。矿物表面疏水性越强，气泡增长的速度越快，见图 2-43。在任何湍流的旋涡中心（速度中断面和局部降压区），也都可看到微泡核发展成微泡的现象。水中气体的过饱和度越高和大气泡含量越多，微泡核发展为微泡的概率也越高。

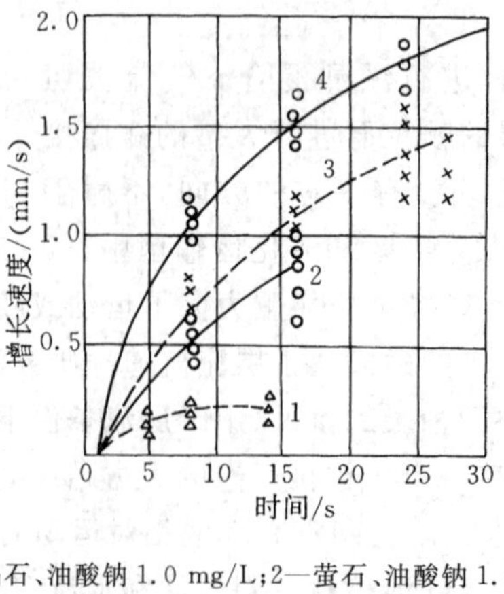

1—重晶石、油酸钠 1.0 mg/L；2—萤石、油酸钠 1.0 mg/L；
3—重晶石、油酸钠 10.0 mg/L；4—萤石、油酸钠 10.0 mg/L。

图 2-43　不同油酸钠浓度，由液相析出气体在重晶石和萤石上成泡后的增长速度

附在微细颗粒表面的微泡可以携带微粒上浮，或微泡和微粒互相形成气絮团，促使它们上浮。前者的上浮速度要比大气泡慢得多，后者可借微泡群的浮力进行有效的浮选。附在粗粒表面的微泡，因浮力不够，不能直接浮选粗粒物料，但微泡可以成为颗粒和大气泡之间附着的桥梁，促使它们之间的附着。颗粒通过微泡和大气泡的附着比一般颗粒和气泡之间的附着更牢固。这是因为它们之间的附着接触面积较大。而且颗粒和微泡之间的附着是没有残余水化层的气固直接接触。

微泡是颗粒表面疏水区的气核，可以提高表面疏水性不均匀颗粒和难浮颗粒的附着概率，特别是提高粗、重颗粒的回收率和浮选速率，并可改善细粒矿物的选择性。克拉辛曾用三种不同充气方法对0.074～0.147 mm、经油酸处理的萤石进行浮选，其浮选效果如图2-44所示，结果证明，微泡和大气泡同时存在时，浮选效果最好。

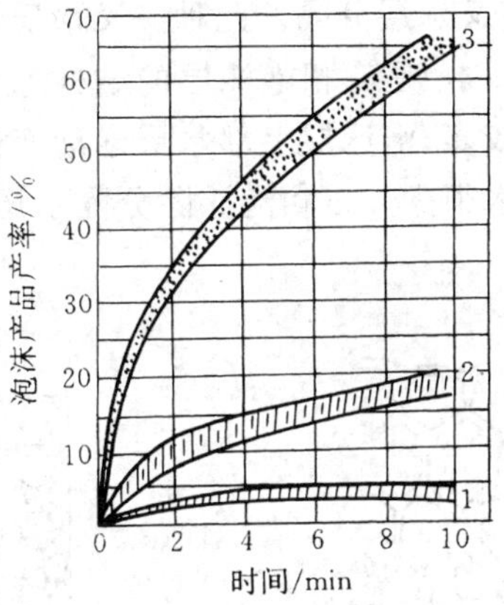

1—由溶液析出气体；2—多孔隔膜充气；3—气体析出与多孔膜充气联合方式。

图2-44　三种充气方式的浮选效果

(4) 诱导时间和接触时间

当矿粒和气泡发生碰撞开始进入附着阶段后，水化层要变薄甚至破裂，即从碰撞到附着，要完成水化层薄化、破裂、三相润湿周边的扩展以及颗粒稳定地黏附于气泡之上四个过程，这段时间称诱导时间，也称感应时间。一个有可能和气泡附着的颗粒，与气泡发生碰撞后，一般会沿着气泡表面向下滑动，一直到下半部或尾部才能和气泡附着。

在颗粒和气泡的附着过程中，颗粒和气泡从开始碰撞到颗粒从气泡上脱落这段时间称为接触时间。一个颗粒要附着到气泡上，其诱导时间必须小于接触时间。即在接触时间内颗粒和气泡应能完成水化层薄化、破裂、三相润湿周边扩展及颗粒稳定地黏附于气泡之上几个过程；反之，诱导时间大于接触时间，在接触时间内不能完成上述几个阶段，颗粒和气泡不能够附着。诱导时间越短，颗粒越容易附着到气泡上。诱导时间短则千分之几秒，长达十分之几秒以上，这取决于颗粒表面的疏水程度，随颗粒表面疏水程度提高而缩短。浮选药剂、矿物颗粒大小等也影响诱导时间。

浮选药剂能改变颗粒表面的疏水性或亲水性，因而影响诱导时间。捕收剂在矿粒表面吸附能增加其疏水性，缩短诱导时间，用量增加可缩短诱导时间；抑制剂在颗粒表面的吸附增加颗粒表面亲水性，故延长了诱导时间。

诱导时间随矿物粒度增大而增加，但当粒度大于 50 μm 后，诱导时间趋于常数。气泡尺寸、颗粒的表面粗糙度、润湿阻滞效应、颗粒形状等都能或多或少影响水化膜的破裂和诱导时间。

2.7.4 泡沫层分析

(1) 两相泡沫

两相泡沫是气相在液相中的一种分布形式，其特点是气相体积远大于液相体积，故液相呈薄层状分割气体。液相中的气泡分散体浮升至液面稳定聚集即成泡沫，没有固相参与的泡沫叫两相泡沫。浮选中形成的含有大量矿粒或其他第三相物质泡沫称三相泡沫。两相泡沫比较简单，在评价及研究起泡剂及泡沫时经常用到。

图 2-45 为两相泡沫的结构。在相邻气泡大小相差不大的情况下，往往形成水层夹角互为 120°的三气泡结构单元，由三叉水层分隔。此种三叉水层结构又称普兰台边界。普兰台边界对泡沫的脱水起作用。图 2-46 是三相泡沫层的结构。在泡沫层的下部以圆球状的小气泡为主，分隔水层很厚，含水较多；泡沫层上部水层逐渐变薄，气泡逐渐变大，主要由多面体的大气泡组成，水层很薄，含水很少。三相泡沫除分隔水层中有大量矿粒外，结构与两相泡沫相似。

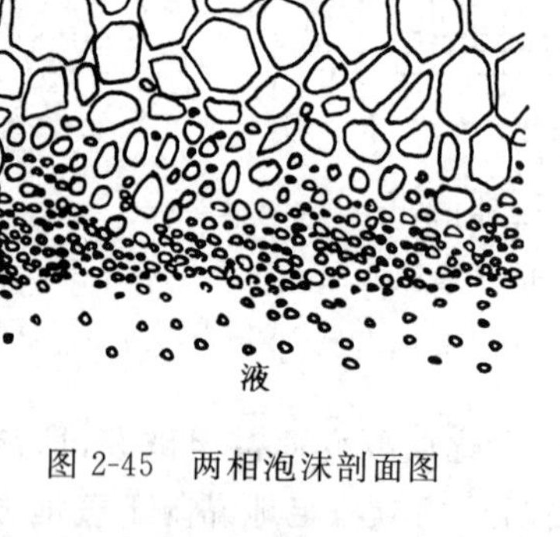

图 2-45　两相泡沫剖面图

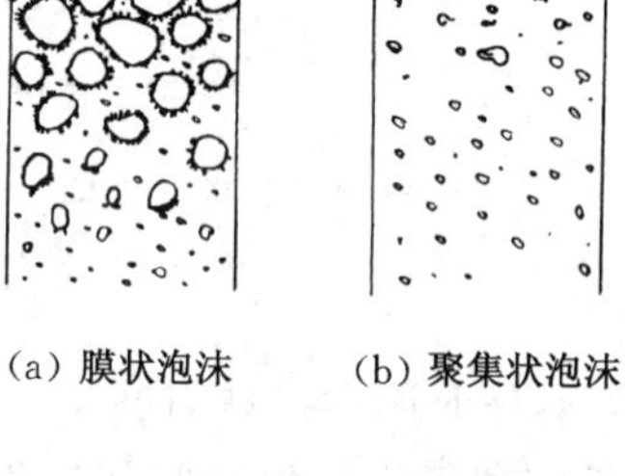

(a) 膜状泡沫　(b) 聚集状泡沫

图 2-46　三相泡沫纵剖面图

同其他的二元分散体系(如乳浊液、气溶胶)一样，泡沫是不稳定体系。泡沫层总是处于表层的老气泡不断破灭及下部不断补充新鲜气泡的动态平衡状态。泡沫层中气泡破灭的主要原因如下：

① 脱水作用：泡沫层中分隔气泡的水层由于受重力、蒸发及表面张力等作用而逐渐变薄。重力作用使泡沫层上部的水向下流动，最终进入液相。在泡沫层表面的水层又因水分不断蒸发而进一步变薄。表面张力的作用如图 2-47 所示。在普兰台边界的交界处(标以 x)形成凹面，按曲面压力公式 $\Delta p=\dfrac{2\gamma}{R}$(液相与气相界面的压力差为 Δp，液面的曲率半径为 R)，凹液面处 Δp 为负值，而平液面 y 处 Δp 为零，故水层在 x 处的压力小于 y 处，使 y 处的水向 x 处汇集，y 处水层变薄。

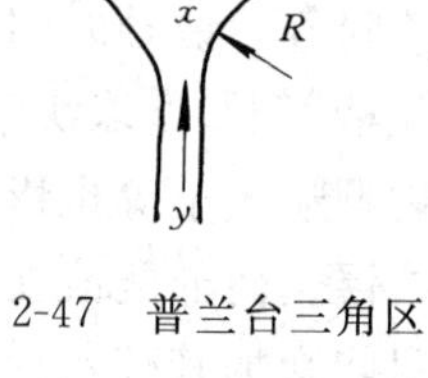

图 2-47　普兰台三角区

② 泡沫层中气泡的兼并：泡沫中相邻气泡直径不同时，气泡内的毛细压力 p 不同 $\left(p=\frac{4\gamma}{R}\right)$，小气泡的毛细压力 p_1 大于大气泡的压力 p_2，压力差为 $p_1-p_2=4\gamma\left(\frac{1}{R_1}-\frac{1}{R_2}\right)$，使得小气泡内的空气透过水层向大气泡扩散，最终导致小气泡被大气泡兼并。

③ 分隔水层的破裂：泡沫层的脱水作用使分隔水层变薄到极限厚度$(1.0\sim1.5)\times10^{-8}$ m，此时的水膜叫黑斑或黑膜。由于两气液面非常靠近，位于界面层的起泡剂分子及水分子以氢键及分子力互相吸引，加之界面双电层的静电斥力作用，使黑膜变得极为稳定，如无外力作用，可持续存在一定时间，一旦受外力和药剂影响，顷刻破裂。

由此可见，两相泡沫层的破灭，可分为分隔水层变薄和黑膜破裂两个阶段。泡沫寿命也由这两个阶段的进展状况而定，往往黑膜的破裂速度起决定性作用。

(2) 三相泡沫：矿化泡沫层

如上所述，含有矿粒或第三相的泡沫就是三相泡沫。三相泡沫有许多与两相泡沫相似之处，如泡沫层中气泡自上而下由大变小，分隔水层自上而下由薄变厚，泡沫层上部的大气泡显著变形等。常见的矿化泡沫层如图 2-46 所示。

浮选过程中理想的三相泡沫是由矿化充分、大小适度的气泡组成的，不发黏，有较好的流动性，除气泡顶端外，其他气泡表面均被矿化。有时在浮选过程中可以观察到由疏水絮凝体和许多小气泡形成的矿化泡沫，这种泡沫含大量的疏水矿粒和少量的水，有较高的稳定性，不易破裂。在扫选过程中经常碰到“水泡”，此种泡沫矿化程度较差，含大量的水，气泡较大且易碎。有时，在泡沫层上出现喷水雾现象，此种现象多半是由于起泡剂用量过多引起的，使气泡变脆，水分增高，这种脆泡往往矿化极差，说明浮选药剂使用不当，浮选过程失调。

泡沫层中的固体颗粒强烈地影响泡沫的稳定性。对于充分矿化的泡沫层，矿粒在气-液界面密集排列，相当于给泡沫“装甲”，气泡兼并时需要消耗额外的能量以使黏附的矿粒脱落，使兼并难以发生；再者，由于在气-液界面有矿粒黏附，分隔水层产生一种毛细作用力，此种力使水层厚度保持一定。当矿粒的接触角介于 $0°\sim90°$时，随着接触角增大，矿粒在气泡上的黏着变得更加牢固，泡沫层的稳定性亦相应增大。但如果矿粒的接触角大于 $90°$，疏水矿粒反而成为沟通水层两边空气的媒介，促使气泡兼并。

矿粒的形状及大小也影响泡沫层稳定。矿粒过粗，稳定作用降低。例如添加 0.1 mm 的方铅矿矿粒可使异戊醇溶液的泡沫层寿命由 17 s 增加到几小时，而 0.3 mm 的方铅矿只能使泡沫层寿命由 17 s 增至 60 s。小于 0.1 μm 的疏水胶粒破坏泡沫的稳定性。矿粒的形状也很重要，一般扁平矿粒产生较稳定的泡沫。

浮选泡沫层的形成和破灭是一个动平衡过程。气泡带着一定厚度的矿浆层上浮，到达泡沫层时逐步密集并互相干扰，并以一定速度继续上升；与此同时，由于泡沫层的脱水作用，进入泡沫层的一部分水挟带未黏着或黏附不牢的矿粒下落并返回矿浆。

泡沫层的脱水、气泡互相兼并使气-液界面减少、气泡壁破裂时的颠动等现象，使黏附于气-液界面的矿粒根据黏附牢固性大小展开竞争。矿粒黏附的牢固性主要取决于其疏水性及形状。疏水性较差的矿粒黏着不牢，首先脱落，随向下流动的水返回液相。于是，泡沫层中矿粒的矿物组成或品位随泡沫层高度而变化，精矿品位随泡沫层高度而提高，脉石矿物则主要聚集在泡沫层下部，如图 2-48 所示。这种目的矿物在泡沫层的富集现象叫二次富集作用。二次富集作用对提高精矿品位有利。为了充分利用此种作用，应注意刮泡方式及刮泡速度，同时应为脉石矿物在泡沫层中下落创造必要条件。如调整药剂制度，减少泡沫黏性，扩大目的矿物与脉石矿物的可浮性差别等，甚至可在泡沫层上适当喷洒清水。但要注意喷水量，过大过小都不好。

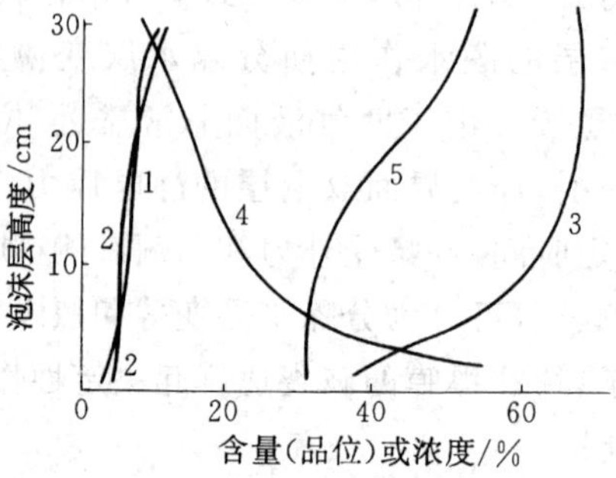

1—黄铜矿含量；2—闪锌矿含量；3—黄铁矿含量；4—脉石含量；5—固体质量百分比。

图 2-48　泡沫层中矿物含量随泡沫层高度的变化

根据对泡沫层结构的分析，近年来国内外的一些研究者设计了一种泡沫分选机。它的原理在于经过充气器和事先在槽内加入适量的起泡剂和捕收剂，致使分选槽的表面形成一层厚厚的已吸附起泡剂和捕收剂的泡沫层。另外，与一般的浮选方法不同之处是浮选入料加入泡沫层的表面，由于各种矿物的疏水性不同，因而泡沫层对各种矿物的选择作用也不同。疏水性好的矿物很容易黏附于泡沫而进入精矿；疏水性差的矿物则由于矿物的重力作用穿透泡沫层而进入矿浆，随尾矿排出。泡沫分选机的分选原理就在于泡沫层与不同疏水性矿物的作用不同。

2.8　浮选动力学

浮选动力学是一个相当复杂的物理化学过程，其研究在各种影响因素下浮选过程随时间的变化规律。浮选动力学的主要任务就是研究浮选速率的规律。

浮选速率也称浮选速度，指浮选过程进行得快慢，即矿物在浮选机中上浮的速度，用单位时间内浮起的矿物数量或浮入泡沫产品中的金属回收率或达到一定回收率所需的时间表示。浮选速率可以反映选矿厂浮选工段的生产率。研究浮选速率的目的在于分析各种因素对浮选过程的影响及评价浮选过程进行的情况，对改进浮选机设计、试验结果放大、改善浮选工艺条件、过程控制最佳化及降低精矿成本均有实际意义。

2.8.1　浮选速率

浮选速率的表示方法有多种，通常用单位时间内目的矿物粒子数在矿浆中的变化来表示：

$$v=-\frac{dC}{dt} \tag{2-20}$$

式中　v——浮选速率，%/min；

　　C——t 时刻粒子数，用矿浆矿物浓度或未浮出的目的金属回收率来表示，%。

实际浮选过程中浮选速率在不同的时间段是不等的，为较准确地反映矿物瞬时浮选速率，就要从影响浮选速率的各种因素入手。

2.8.2　影响浮选速率的因素

浮选是包括许多分过程的复杂过程，这些分过程大体上包括：

(1) 给料的引入，指矿浆和空气的引入。矿浆进入浮选机，同时引入空气，浮选过程开始，在矿浆紊流的作用下空气被分散成合适的气泡，矿物颗粒呈悬浮状态。

(2) 矿粒和气泡附着。气泡与矿物颗粒相互碰撞，这样疏水性矿粒就可能与气泡黏附，形成矿化气泡；同时存在其逆过程，即矿化气泡上的矿粒与气泡脱离过程。

(3) 矿粒在矿浆和泡沫层间的转移。矿化气泡向上浮升进入泡沫层；有的矿粒可能被夹带直接进入泡沫层；泡沫层中有的矿粒在重力水流等作用下会从泡沫层里重新返回矿浆。

(4) 浮选产品的排出。包括泡沫的排出和底流的排出。

浮选是一个复杂的物理化学过程，其中有物理化学因素的影响，还有机械和操作条件的影响，概括起来影响浮选过程的因素有：

(1) 矿石和矿物的性质。入选矿浆中影响浮选过程的因素有多种，主要有矿物种类、成分、矿粒形状、粒度分布、单体解离程度、矿物表面各种性质等。

不同的矿物，其化学性质和物理性质都存在着一定的差别，尤其是表面性质的差别是浮选分离、富集的前提。另外矿物颗粒的粒度特性对矿化气泡的形成也有着重要的影响，如矿物颗粒尺寸，矿粒越大，与气泡的碰撞概率就会越大，但粒度大其脱离气泡的力就相应增大，导致脱离概率增加。

(2) 浮选化学方面诸因素。包括捕收剂的选择性，捕收能力强弱，活化剂、抑制剂、起泡剂的种类与用量，介质的 pH 值，水质等。如起泡剂的种类、用量会直接影响气泡的大小及寿命，而气泡的大小影响其与矿粒的碰撞概率，矿浆中气泡直径与颗粒大小相当时，碰撞概率较大；气泡寿命影响其矿化以后能否在破灭前把矿粒带入泡沫产品中。

(3) 浮选机特性。包括浮选机结构、性能、充气量、气泡尺寸、气泡分布与分散程度、搅拌强度、泡沫层厚度及稳定性、刮泡速度等因素。如搅拌强度的影响，搅拌为空气分散、矿粒悬浮、矿粒与气泡碰撞提供动力，搅拌强度大，对空气分散、矿粒悬浮、矿粒与气泡碰撞有利，但也会造成矿化气泡上的矿粒脱离气泡的概率增加。

(4) 操作控制因素。包括矿浆浓度、分选粒度、给矿量的控制、液面高度、温度、浮选时间等因素。如温度的影响，温度影响浮选药剂的溶解过程。温度高会促进药剂在矿粒表面的化学吸附，但对物理吸附不利。浮选生产中应在保持产品质量的前提下，尽量提高浮选速率，提高浮选机的处理能力，降低生产成本。

2.8.3　浮选速率方程

由于浮选过程是气泡与矿粒间的相互作用，类似于化学反应中质点间的相互作用，所以模拟化学反应动力学中的化学反应速度方程，提出了浮选过程的动力学速率方程。

类似于化学反应的质量作用定律，浮选速率可表示为：

$$v=-\frac{\mathrm{d}C}{\mathrm{d}t}=KC^n \tag{2-21}$$

式中 K——速率常数，min^{-1}；

n——浮选反应级数，一般 $n=1\sim2$ 级。

用产品中目的金属的回收率表示：

$$v=\frac{d\varepsilon}{dt}=K(\varepsilon_{\infty}-\varepsilon)^{n} \tag{2-22}$$

式中 ε_{∞}——无限长浮选时间，目的矿物能达到的最大回收率，%；

ε——浮选产品中目的矿物的回收率，%。

实际浮选中 ε_{∞} 不可能达到100%，为计算方便，将 ε_{∞} 理想化为100%。

对于 $n=1$ 的1级浮选过程，速率常数记为 K_1，则式(2-22)写成：

$$\frac{d\varepsilon}{dt}=K_1(\varepsilon_{\infty}-\varepsilon) \tag{2-23}$$

积分后得：

$$\ln\frac{1}{1-\varepsilon}=K_1 t \tag{2-24}$$

式中，$\ln\frac{1}{1-\varepsilon}$ 也叫作“比浮选速率系数”。

将试验所得系列数据(ε,t)，按 $\ln\frac{1}{1-\varepsilon}$ 对时间 t 作图，得一直线，即表示该过程符合1级反应，直线的斜率即为浮选速率常数 K_1，也可以将每组数据代入式(2-24)中求得对应 K_1 值，若 K_1 值基本相等，即符合1级反应过程。

$n=2$ 时的2级反应速率常数记为 K_2，则式(2-22)变为：

$$\frac{d\varepsilon}{dt}=K_2(\varepsilon_{\infty}-\varepsilon)^2 \tag{2-25}$$

积分后得：

$$\frac{\varepsilon}{1-\varepsilon}=K_2 t \tag{2-26}$$

将试验所得系列数据(ε,t)同样采用图解法或代入法验证该浮选过程是否符合2级反应过程，并求得 K_2 值。

$n\neq1$、2时，为非整数级反应，速率常数记为 K_n，式(2-26)积分后得：

$$\frac{1}{n-1}[(1-\varepsilon)^{1-n}-1]=K_n t \tag{2-27}$$

一般采用试算法来求解，首先假定级数 n 为某值，将试验算得的系列数据(ε,t)采用图解法（是否能得到直线为判据）或代入法以验证该浮选过程是否符合假定的反应级数，并求得 K_n 值。

思 考 题

2-1 什么是浮选及浮选过程？

2-2 简述晶体的分类、结构和性质以及矿物的晶格结构与极性对矿物可浮性的影响。

2-3 什么是接触角？接触角对矿物的浮选特性有何意义？

2-4 试推导杨氏方程。

2-5　试推导气泡与矿物颗粒黏着过程的热力学方程。

2-6　矿物可浮性指标是什么？

2-7　何谓水化膜？不同矿物水化膜有何特点？

2-8　讨论不同矿物水化膜薄化过程的自由能变化。

2-9　矿物表面的不均匀性有哪些？对浮选有何影响？

2-10　基本润湿形式有几种？

2-11　两相泡沫不稳定性及三相泡沫稳定性的原因是什么？

2-12　试述矿物表面荷电的原因。

2-13　画图说明双电层结构及电位。

2-14　何谓零电点、等电点？零电点和等电点对矿物浮选行为有何影响？

2-15　简述吸附类型及浮选中常见的吸附现象。

第3章 浮选药剂

3.1 浮选药剂分类及发展简史

矿物能否浮选取决于矿物表面的疏水性。自然界中的矿物，绝大多数可浮性都很差，若使用浮选法对目的矿物进行富集，就需要用浮选药剂来强化目的矿物的可浮性。而强化可浮性所用药剂必须具有选择性，即使用一种或几种药剂只能加强一种矿物或某几种矿物的可浮性，而对非目的矿物不起作用或起削弱作用。这样，就可以人为地控制矿物的浮选行为。浮选之所以能被广泛应用于矿物加工，重要的原因在于它能通过浮选药剂，灵活、有效地控制浮选过程，扩大目的矿物与非目的矿物的可浮性差异，从而成功地将矿物按人们的要求加以分开，使资源得到综合利用。例如多金属硫化矿石，矿石中经常共生方铅矿、黄铁矿、闪锌矿、黄铜矿等硫化矿物，这些硫化矿物具有相似的物理性质，用重选等选矿方法很难使之分离；而利用它们可浮性相似的特性，采用浮选就可将有用矿物与脉石分离富集，再利用有用矿物表面的细小性质差异，借助于药剂强化这种差异，将其进行逐一分离。浮选法是工业上应用最为成功和普遍的选矿方法。

实践证明，浮选药剂的种类、用量、添加方式对浮选工艺指标起到了决定性的作用。同时新型高效浮选药剂的出现对浮选技术的发展与进步具有很大的促进和推动作用。

浮选药剂种类繁多，迄今为止在浮选工业生产实践中得到广泛应用的药剂已经达到100多种，试验研究过的可以作为浮选药剂的化合物更是多达数千种。它们的用途各不相同，来源、制法或原料也不同，为了系统认识药剂的共性和个性，便于使用、研究，对浮选药剂进行了适当的分类。

对于浮选药剂的分类，从不同的角度有不同的划分方式，从化学性质上看，既有有机化合物，又有无机化合物；既有酸和碱，也有各种盐类；既有溶于水的化合物，也有难溶于水的化合物。按是否在水中电离，还可分为离子型药剂、分子型药剂。目前最为通用的就是按照药剂在浮选过程中的用途来划分。

3.1.1 按在浮选过程中的用途分类

浮选药剂是浮选过程中用来改变固-液界面、液-气界面性质的化学药剂总称。根据浮选药剂在使用过程中所起到的作用不同，可将浮选药剂分为三个大类：捕收剂、起泡剂、调整剂。在每个大类中又据其作用差异有着众多的二级分类。另外还存在着一种药剂在不同的使用场合，由于作用目的不同而归属到不同的分类。具体分类详见表3-1。

表 3-1 浮选药剂的分类及典型实例

浮选药剂的类别					典型实例
捕收剂	离子型	阴离子型	硫代化合物类	黄药类	乙黄药、丁黄药
				黑药类	25号黑药、丁基胺黑药
				硫氮类	乙硫氮
				硫醇及其衍生物	苯并噻唑硫醇
				硫脲及其衍生物	二苯基硫脲(白药)
			烃基含氧酸及其皂类	羧酸及其皂类	油酸、氧化石蜡皂
				烃基硫酸酯类	十六烷基硫酸盐
				烃基磺酸及其盐类	石油磺酸盐
				烃基磷酸类	苯乙烯磷酸
				烃基胂酸类	甲苯胂酸
				羟肟酸类	异羟肟酸钠(铵)
		阳离子型	胺类	脂肪胺类	脂肪胺、月桂胺
				醚胺类	烷氧基正丙基醚胺
			嘧啶盐类		烷基吡啶盐酸盐
		两性捕收剂			氨基酸类、二乙胺乙黄药
	非离子型	异极性	硫代化合物酯类		双黄药、黄药酯类、硫氨酯
		非极性	烃类油		煤油、柴油、焦油、重油等
调整剂	抑制剂	无机物	酸类、碱类、盐类、气体		亚硫酸、石灰、硫酸锌、氰化物、亚硫酸盐、硫代硫酸盐、重铬酸盐、硫化钠、水玻璃、六偏磷酸钠、二氧化硫等
		有机物	单宁类、木素类、淀粉类等		单宁、木素磺酸盐、淀粉、糊精等
	活化剂	无机物	酸类、碱类、盐类		硫酸、硫酸钠、硫酸铜、硫化钠、碱土金属及重金属离子等
	pH 调整剂	无机物	酸类、碱类、盐类		硫酸、石灰、碳酸钠等
	分散剂	无机物	盐类		水玻璃、六偏磷酸钠等
	絮凝剂	无机物	盐类、聚合无机盐		明矾、聚合硫酸铝等
		有机物	高分子聚合物		聚丙烯酰胺、聚丙烯酸、羧甲基纤维素
起泡剂	羟基化合物		脂肪醇、萜烯醇、脂环醇、酚		混合醇、松醇油、樟脑油、甲酚
	醚及醚醇类		脂肪醚、醚醇		三乙氧基丁烷、乙基聚丙醚醇
	吡啶类				重吡啶
	酯类				脂肪酸乙酯、邻苯二甲酸二乙酯
	酮醇类				酮醇油

3.1.1.1 捕收剂

捕收剂(英文名 catching agent)是一种浮选药剂,主要用于改变矿物表面疏水性,使悬浮的矿粒黏附于气泡上。它能够在矿浆中吸附在矿物表面,增加其疏水性,从而使矿粒与气泡结合并随气泡上浮。捕收剂是浮选过程中最主要的一大类药剂,多数属于异极性的有机化合物，如黄药、油酸、脂肪胺等，少数则是非极性有机化合物，如煤油等。

硫化矿浮选常用的捕收剂是硫代化合物类；氧化矿常用烃基酸类；硅酸盐类矿物常用胺类捕收剂；非极性矿物使用烃油类捕收剂。

捕收剂的共同特点是均为有机物，含有疏水烃链，不同的矿物需要选用不同的捕收剂，因此要求具有一定的选择性。

捕收剂在浮选中的作用主要体现在两个方面：一是借助极性基团有选择性地与矿物表面结合，补偿矿物表面不饱和键，进而使捕收剂固着在矿物表面；二是改变固-液界面性质，靠其非极性基——疏水烃链朝外伸展，隔断或削弱矿物表面与水分子的作用，使矿物表面疏水，大大提高其可浮性。

中国对捕收剂命名时，结尾通常带有"药"字，如黄药、黑药等。

捕收剂根据其化合物特性可分为多种类别。根据捕收剂是否在水中解离，分为离子型和非离子型两大类。在离子型捕收剂中，又根据起捕收作用的离子电性，分为阳离子捕收剂和阴离子捕收剂及两性捕收剂。阴离子捕收剂中，按烃基的化学组成可分为硫代化合物类捕收剂和烃基含氧酸类捕收剂等。非离子型捕收剂则可进一步分为非极性捕收剂和异极性捕收剂两类。典型的异极性捕收剂分子由极性基（亲固基）和非极性基（疏水基）两部分组成，而中性的烃油类辅助捕收剂则没有极性基。

3.1.1.2 调整剂

调整剂（英文名 modifier regulator）是用以改变捕收剂或起泡剂在固-液界面或气-液界面的作用，调整矿浆（介质）性质、矿粒聚集状态等，以提高浮选过程选择性的药剂总称。

根据具体用途，调整剂可分为如下几类。

（1）活化剂：是用于与矿物表面相互作用后，增强捕收剂与矿物表面的作用，提高捕收剂吸附强度与吸附量，从而增强矿物可浮性的浮选药剂。

（2）抑制剂：是用于提高捕收剂对目的矿物的选择性，削弱非目的矿物与捕收剂的相互作用，降低捕收剂吸附强度与吸附量，增强非目的矿物表面亲水性的浮选药剂。

（3）介质调整剂：是用于调整矿浆多种性质（如 pH 值、颗粒的分散程度等）药剂的总称。它们包括 pH 值调整剂、凝聚剂、絮凝剂、分散剂等。除此之外，还有一些润湿剂、乳化剂、增溶剂等调整剂。

调整剂大多数属于无机物酸、碱、盐类，少量为有机高分子化合物。

3.1.1.3 起泡剂

起泡剂是用来降低浮选体系中液-气界面表面张力，促使气泡形成，使空气在矿浆中可以分散成大小合适、相对稳定的气泡的药剂。浮选泡沫是浮选过程中矿化气泡浮升到矿浆表面、聚集形成的气-液-固三相气泡。泡沫状态是浮选过程中各种工艺因素的综合表现。气泡具有稳定性的原因，一是固-液附着使之具有固化外壳阻碍气泡膜水分的流动，并增大气泡壁机械强度；二是矿物表面吸附的捕收剂与起泡剂分子相互作用，在矿物表面和气泡表面产生共吸附，增大疏水性和气泡稳定性。

大多数起泡剂属于分子型有机物和表面活性物质，通常为醇类、酯类、醚类等。它们在水中的溶解性较小，但具有较大的机械强度。起泡剂能在气-液界面聚集并显著降低气-液界面表面张力，促进小气泡形成，提高气泡稳定性，增加分选界面；同时，它们不易变形，从而降低气泡在矿浆中的上浮速度，增加矿粒与气泡碰撞的概率。

起泡剂与捕收剂之间存在交互作用，有利于气泡的矿化。通常，起泡剂的中文名称后面会带有“油”字，如松醇油、丁醚油等。

浮选药剂除上述分类外，还有其他多种分类方法，如从药剂的分子结构、药剂的发展过程等方面进行分类。

3.1.2 按药剂分子化学结构及性质分类

按药剂分子化学结构及性质，浮选药剂可分为如下三类。

(1) 非极性分子：这类药剂分子中正负电荷中心几乎重合，且几何中心与电荷中心也基本重合，在矿浆中往往以分子形式存在，不会电离出离子。起泡剂、辅助捕收剂、溶剂等多为此类药剂。

(2) 极性分子：这类药剂分子是以极性键结合的分子，分子中正负电荷中心不重合，从整个分子来看，电荷的分布是不均匀的、不对称的。有机药剂除少数为非极性分子外，大多数是具有极性的，其中有些极性分子的偶极矩比水分子的还大。捕收剂、起泡剂、调整剂中均有这种类型的药剂。

(3) 高分子化合物：这类药剂分子是较大相对分子质量的有机药剂，有较长的烃链。调整剂中的有机絮凝剂、有机抑制剂为此类药剂。

3.1.3 浮选药剂发展史简介

(1) 天然中性油类捕收剂

这类捕收剂用于早期混合油类捕收剂时期。这一时期主要采用少数几种中性油类作为捕收剂，如植物油、柴油等。此类药剂简单，分选效率低，能够分离的矿物种类很少，而且耗油量较大(分选 1 t 矿物，油的用量可达几百千克)。后期采用加工后的焦油，其捕收性能较前期有了很大的提高。这一时期的药剂共同特点是不易溶于水、用量较大、浮选效果差、应用范围小、成本高。

(2) 水溶性人工合成浮选药剂

1909 年发现松油、醇类可以作为起泡剂，1924 年，脂肪酸皂被用于浮选氧化矿，同年黄药也被用作硫化矿的捕收剂，随后相继出现了氰化物、硫酸锌、硫酸铜及酸、碱等调整剂。这些药剂的使用显著提高了浮选效率和浮选精度，而且扩大了浮选分选领域，从原来的硫化矿分选逐渐发展到氧化矿、硅酸盐矿物、盐类矿物及其他非金属矿物。

这一时期的药剂大多采用人工合成，其特点是水溶性较好，有用成分含量高，药剂用量少，分选效率高，应用范围广，成本降低。根据药剂作用的不同，浮选药剂的分类即始于这一时期，由此展开对浮选药剂机理的探索。

(3) 药剂种类及原料扩大筛选时期

近代，随着对浮选药剂作用机理的深入研究，展开了对浮选药剂的大规模搜寻及对各种现有药剂进行合理搭配与组合使用。这一时期开发研制了高效、易溶、无毒(或低毒)、价廉、低耗、原料来源广泛的新型药剂。例如以黄药、黑药类离子型捕收剂为中间体，经过进一步反应制备成新型捕收剂，如黄原酸酯、双黄药、硫氨酯、羟肟酸、二苯硫脲等。这些人工合成药剂具有选择性高、耗量低、易于添加等特点。

3.2 捕收剂

3.2.1 捕收剂的作用

自然界中除煤、石墨、硫黄、滑石和辉钼矿等矿物颗粒表面疏水，具有天然的可浮性外，大多数矿物均是亲水的。如常见的硫化矿物、氧化矿物和硅酸盐矿物绝大多数亲水难浮，加之矿石在开采、储存、运输以及选矿厂的破碎、磨矿等过程中，矿物表面难免受到一定程度的氧化和污染，其可浮性也受到一定的影响。为了有效地进行浮选，必须根据不同类型的矿石采用不同的捕收剂，通过捕收剂改变矿物颗粒的亲水性，使矿物表面疏水化，提高它们的可浮性。概括起来，捕收剂对于矿物主要有两个作用：① 提高矿物表面的疏水性；② 增大矿粒在气泡上的附着力和缩短诱导时间，提高矿粒与气泡黏附的速度。

除烃类油外，捕收剂能使矿物表面疏水化主要是由于浮选所用的捕收剂都是由极性基和非极性基两部分组成的异极性有机化合物，其分子中的极性基（或称极性端）与矿物表面有很好的作用活性，在某种键力作用下，能选择性地、比较牢固地吸附在矿物表面（即极性基亲固），这时矿物表面的部分不饱和键在很大程度上得到补偿而趋于饱和（削弱其与水分子的作用力）；分子中的非极性基的碳—碳键虽有作用很强的共价键力，但由于所有的原子价键都被饱和，因此对外只呈现出极微弱的分子间力，这使得非极性基就像其母体烃（如石蜡、煤油）一样，不易被水润湿（即非极性基疏水亲气）。因此，作为一个整体的捕收剂分子或离子在矿物表面吸附固着时可定向排列，极性亲固基朝向矿物表面，非极性基朝外伸向介质（水）起排水亲气作用，从而使矿物表面疏水化并易于黏附气泡。

当极性基一定时，捕收剂使矿物表面疏水能力的强弱，主要取决于分子中烃基的长度与结构。当捕收剂以整体发生作用时，其分子的非极性基和极性基对矿物表面的疏水化都有重要作用，且相互依存，彼此影响。

一些非极性的烃油类捕收剂以分子聚合体（微细油珠）吸附在某些非极性矿物表面进而兼并成油膜，也可提高矿物表面的疏水性。这些油类捕收剂在水中搅拌后形成均匀分散的油分子聚合体，即小油滴，并与矿粒碰撞后附着在矿物表面，然后沿着矿物表面展开，靠分子间力与非极性矿物作用。对于疏水性强的矿物（如辉钼矿），油滴展开快，并形成较薄的油膜；而对于亲水性较强的矿物，油滴展开有限，仍形成滴状附着于矿物表面。当油滴兼并后，可形成较厚的非极性油膜，附着在矿物表面，从而提高矿物表面的疏水性。

当捕收剂离子（或分子）与矿物表面的结合力大大超过水分子与矿物表面的结合力时，就破坏了原来水分子与矿物表面间的联系，取而代之的是结合力更强、吸附更为牢固的捕收剂离子（或分子）。矿物表面吸附捕收剂后，一方面，表面不饱和键能在很大程度上得到补偿，从而大大削弱了矿物表面的“力场”；另一方面，分布在矿物表面水化层中非极性基的疏水效应，可对水分子产生强烈的排斥作用。所以捕收剂能够破坏矿物表面与偶极水分子间的联系，降低矿物表面水化膜的稳定性，使水化膜厚度变薄。在矿物表面疏水化过程中，首先破坏的是离矿物表面最近、最不牢固的那部分水化膜，同时也将削弱靠近矿物表面联系最牢固的那部分水化膜。当矿物表面的疏水性达到一定程度，即矿物表面水化膜的稳定性和厚度降低到一定程度，水化膜就会出现破裂，或只剩下残余的水化膜，此时矿物与气泡相互接触和碰撞，就会出现三相润湿周边，实现矿粒与气泡的黏附。

捕收剂使矿物表面疏水化后，可使润湿阻滞增大，接触角增大，此时若使矿粒与气泡接触或相互碰撞，可增大矿物在气泡上的附着力，使矿粒在气泡上附着更为牢固，同时矿物向气泡附着所需的时间大为缩短。

3.2.2 捕收剂应具备的基本条件

具有捕收作用的有机化合物较多，广泛应用于工业上的捕收剂只有几十种，具有工业实用价值的优良捕收剂应具有如下基本条件：

(1) 具有较高的选择性和足够的作用活性。泡沫浮选法是使各种共生矿物进行选择性分离的过程，而各种矿物浮选的关键就在于捕收剂对各种矿物的选择性吸附。所以要求捕收剂能比较有效地且有选择性地只在某种或某类特定目的矿物表面发生吸附固着，这样才能使这种目的矿物比较牢固地黏附在气泡表面上，并随同气泡一起在浮选槽内向上升浮成为泡沫产物。

(2) 具有较强的捕收能力以造成矿物表面足够的疏水性。作为捕收矿物的浮选药剂，其基本功能的就是提高矿物表面的疏水性，以便提高目的矿物的可浮性，所以，理想的捕收剂不仅应能有效地和有选择性地与目的矿物表面发生作用，而且应能提高矿物表面的疏水性，这样才能提高目的矿物的可浮性。

(3) 原料丰富，易于制取。作为工业上应用的捕收剂，其原料应容易获得且来源丰富；合成加工比较简单，且价格低廉。

(4) 便于使用。药剂成分要求稳定，不易变质；易溶于水，使用添加方便；无毒（或低毒）无臭，不污染环境。

3.2.3 捕收剂分子的结构特点及其对捕收性能的影响

3.2.3.1 捕收剂分子的结构特点

捕收剂分子少数为非极性有机化合物，多数属于异极性的有机化合物。

非极性捕收剂靠分子聚合体（小油滴，微细油珠）吸附于非极性矿物表面，进而兼并成油膜，从而提高矿物表面的疏水性。

异极性有机化合物由极性基和非极性基两部分组成。图3-1所示为异极性捕收剂分子（黄药）结构及各部分名称，其极性基端电离后能够选择性地和矿物表面发生键合作用，在某种键力作用下吸附于矿物表面，烃链构成的非极性基端指向外侧，使矿物表面疏水性提高，从而可浮。因此电离后的极性基也叫作亲固基，非极性基也叫作疏水（烃）基。

3.2.3.2 捕收剂分子结构对捕收性能的影响

捕收剂使矿物表面疏水能力的强弱，与极性基中的亲固原子有直接关系，极性基一定时，则与其烃基的长度和结构有关。

极性基的组成及结构不仅影响捕收剂的物理性质，如溶解度、解离度、电性等；还影响捕收剂的化学性质，如决定捕收剂与矿物表面作用的键性，决定捕收剂的亲固能力，即捕收剂在矿物表面化学吸附的牢固程度及选择性；另外，极性基的几何空间尺度也影响其与矿物表面的相互作用。

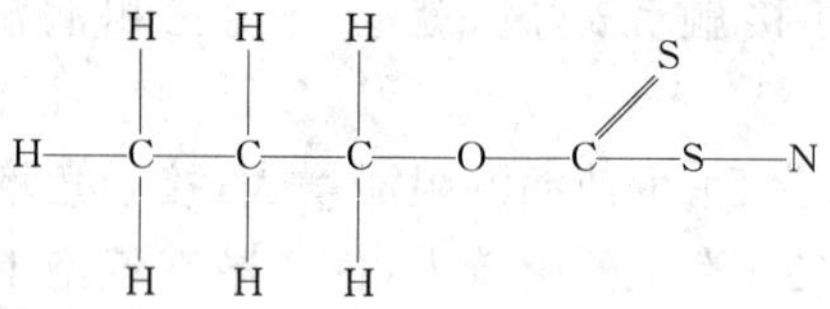

非极性基(烃链)	极性基			
	连接原子	中心核原子	亲固原子	可解离原子
疏水(烃)基	亲水基			解离离子
阴离子(捕收作用离子)				阳离子

图 3-1　异极性捕收剂分子(黄药)结构及各部分名称

非极性烃基决定药剂的疏水性能,对捕收剂性能的影响有两个方面:一是影响捕收剂的水溶性,非极性基一定时,烃基越长其水溶性越差,如有研究表明,正构体烷基每增加一个碳原子,溶解度平均会降低 23.8%;二是烃基的长短及结构影响捕收剂与矿物表面结合的牢固程度及矿物表面疏水的程度,烃链越长,形成的捕收剂——金属盐的溶解度越低,与矿物表面作用越强烈,同时烃链越长矿物表面疏水程度越好;烃基的异构体与正构体比较看,相同碳原子个数时,异构体具有更好的水溶性和亲固能力,但会造成亲固的选择性下降,这种表现跟异构支链的位置还有关系,支链位置越靠近亲固基,上述影响越明显,若距离较远则影响微弱。

3.2.4　捕收剂分类

捕收剂的分类有着多重标准,研究角度不同,对捕收剂的分类存在着不同的方法。依据捕收剂对矿物起捕收作用的部分及结构,可将其分为异极性捕收剂、非极性油类捕收剂和两性捕收剂三类;按分选矿物类型,可将捕收剂分为硫化矿、氧化矿、硅酸盐矿物、非极性矿物和沉积金属等矿物的捕收剂;按有用成分在矿浆中的存在形式,可将捕收剂分为离子型和非离子型两类。

3.2.4.1　*按有用成分在矿浆中的存在形式分类*

(1) 离子型捕收剂

离子型捕收剂在水中易解离,主要以离子形式与矿物表面发生作用,并固着于表面,其非极性基起疏水作用。离子型捕收剂又可根据起捕收作用疏水离子的电性分为阴离子型、阳离子型和两性捕收剂。

如果捕收剂与矿物表面起作用的成分是其阴离子部分,这类捕收剂就叫作阴离子型捕收剂。这类捕收剂的分子电离后,阴离子部分带有烃链,吸附在矿物表面使之疏水性增强而上浮,如黄药类、脂肪酸类捕收剂。按照亲固基的组成和结构,阴离子型捕收剂可进一步分为硫代类(巯基类)和含氧基(烃基酸及其盐类)类捕收剂。

如果捕收剂电离后,起捕收作用的是阳离子部分,这类捕收剂就叫作阳离子型捕收剂。这类捕收剂的分子在矿浆中电离后,阳离子部分带有烃链。如胺类捕收剂,其疏水离子为胺阳离子,在某些情况下胺分子也起捕收作用。阳离子型捕收剂主要用于阴离子型捕收剂效果不明显的硅酸盐、铝硅酸盐和某些氧化矿等浮选过程。

离子型捕收剂还包括既有阳离子基团又有阴离子基团的有机复极性化合物的两性捕收剂,它们的分子结构至少应有一个阳离子基团和一个阴离子基团,一个较短的烃基和一个较长的烃链，随介质条件的变化，两性捕收剂既可呈疏水性的阴离子，也能呈疏水性的阳离子。

阴离子基团和阳离子基团类型较多，常见的阴离子基团主要有羧基（—COOH）、磺酸基（$—SO_3H$）、膦酸基（$—PO_3H_2$）和黄原酸基（—OCSSH）等；阳离子基团主要有氨基（$—NH_2$）。所以，有时两性捕收剂可以看成是将氨基引入羧酸分子、磺酸分子、膦酸分子或黄原酸分子中而得到的一些复极性有机化合物。两性捕收剂对赤铁矿、萤石、镍石等有较好的选择性捕收作用，但因其成本价高，目前尚处于研究阶段。

（2）非离子型捕收剂

这类捕收剂在矿浆中难以电离，以分子形式作用于矿物表面。如双黄药、黄原酸酯、硫胺酯、双黑药、黑药酯等，整个分子具有不对称结构而显示出极性，因此是一种非离子型极性捕收剂。它们常用于捕收硫化矿。一般来说，这类捕收剂的捕收能力较弱，但选择性好，适应性高，主要用于分选重金属硫化矿。

3.2.4.2　按分选矿物类型分类

矿物种类不同，所使用的捕收剂也不同，主要有以下3种。

（1）硫化矿捕收剂（硫代类化合物），捕收重金属硫化矿及自然金属。

（2）非硫化矿捕收剂（长烃链的有机酸或胺及其氧化物和盐类），捕收氧化矿、盐类矿物。

（3）非极性矿捕收剂（烃油类捕收剂），用来捕收天然可浮性好的矿物或作为辅助捕收剂使用。

常用捕收剂的分类详见表3-2。

表3-2　捕收剂分类

<table>
<tr><th colspan="3">捕收剂分子结构特征</th><th>类型</th><th>主要品种</th><th>应用范围</th></tr>
<tr><td rowspan="6">极性捕收剂</td><td rowspan="4">离子型</td><td rowspan="2">阴离子型</td><td>硫代类捕收剂（巯基类捕收剂）</td><td>黄药类
黑药类
硫氮类
硫脲类
烃基硫醇</td><td>捕收重金属硫化矿及自然金属</td></tr>
<tr><td>含氧基捕收剂（烃基酸及其盐类捕收剂）</td><td>羧酸类
磺酸类
硫酸及其酯类
胂酸类
磷酸类及其酯类
羟肟酸类</td><td>捕收金属氧化矿及盐类矿物</td></tr>
<tr><td>阳离子型</td><td>胺类捕收剂</td><td>脂肪胺类
醚胺类</td><td>捕收硅酸盐及可溶性盐类矿物</td></tr>
<tr><td>两性</td><td>氨基酸类捕收剂</td><td>烷基氨基酸类
烷基氨基磺酸类</td><td>捕收氧化铁矿、白钨矿、黑钨矿</td></tr>
<tr><td colspan="2" rowspan="2">非离子型</td><td>酯类捕收剂</td><td>硫胺酸类
黄原酸酯类
硫氮酯类</td><td>捕收金属硫化矿</td></tr>
<tr><td>双硫化物类捕收剂</td><td>双黄药类
双黑药类</td><td>捕收硫化矿及单质金属或离子</td></tr>
<tr><td colspan="3">非极性捕收剂</td><td>中性油类</td><td>烃油类</td><td>非极性矿捕收剂或辅助捕收剂</td></tr>
</table>

3.2.5 捕收剂在矿物表面的吸附形式

（1）分子吸附

药剂以分子的形式吸附于矿物表面，如中性油在非极性矿物（石墨、辉钼矿等）表面的吸附，双黄药在硫化矿表面的吸附，某些起泡剂（如松醇油、脂肪醇等）在气-液界面的吸附。

（2）离子吸附

药剂以离子的形式吸附于矿物表面，如黄药在方铅矿表面的吸附，羧酸类捕收剂在萤石、白钨矿表面的吸附。

（3）离子交换吸附

溶液中某种离子与矿物表面上另一种相同电荷符号的离子发生等量交换吸附在矿物表面上。例如，当用 Cu^{2+} 活化闪锌矿时，Cu^{2+} 从溶液中吸附于闪锌矿表面，而闪锌矿表面的 Zn^{2+} 被交换溶解到溶液中。

（4）静电力的吸附

捕收剂离子与矿物颗粒表面电性相反而相互吸引形成吸附，如十二烷基硫酸盐在针铁矿表面的吸附，十二胺在石英表面的吸附。

（5）半胶束吸附

当溶液中长烃链的捕收剂的质量分数较高时，它们的分子或离子吸附在矿物表面后，在范德瓦耳斯力的作用下，非极性基会互相缔合形成二维聚集体，这种吸附称为半胶束吸附。如十二胺在质量分数较高时，可在石英的表面形成半胶束吸附。在有些情况下，形成半胶束吸附对浮选有利。这是因为捕收剂在矿物表面形成半胶束所产生的疏水性要比单个捕收剂离子或分子产生的疏水性强。但此时如再增加捕收剂质量分数，则有可能在矿物表面形成捕收剂的多层吸附，反而会使表面疏水性下降、回收率降低。

（6）特性吸附

矿物表面对溶液中某种组分有特殊的亲和力而产生的吸附。这种吸附不受矿物表面电性的影响，带电离子也可以靠特性吸附作用于带同符号电荷的矿物表面上。利用这种特性吸附，可以为某些药剂在某些矿物表面产生吸附创造条件。例如，在 $pH=6$ 时，由于刚玉表面带正电（刚玉的零电点为 9.1），不能用胺类阳离子捕收剂捕收。但刚玉表面通过特性吸附了 SO_4^{2-} 后，表面可以由正电改变为负电，便可以用胺类阳离子捕收剂捕收了。

3.3 硫化矿捕收剂

硫化矿浮选常用的捕收剂为硫代类化合物，这类捕收剂的共同特点是分子的亲固基中均含有二价硫原子，疏水基烃链较短。在分选硫化矿时对石英、方解石等氧化物没有捕收作用，可以有效地捕收硫化矿。硫化矿捕收剂多数为离子型捕收剂，电离后阴离子部分对硫化矿具有捕收作用，属于阴离子捕收剂，如黄药、黑药、硫氮等。另外还有一些由上述阴离子类型捕收剂衍生出来的非离子型硫化矿捕收剂，如双黄药、黄原酸酯、双黑药、黑药酯等。

硫化矿捕收剂中最具代表性的药剂有黄药、黑药、氨基硫代甲酸盐、硫醇、硫脲及其酯类。

3.3.1 黄药类捕收剂

黄药(xanthate),学名黄原酸盐,是烃基二硫代碳酸盐,1815年首次合成,结构式如下:

$$R-O-\overset{\overset{\large S}{/\!\!/}}{C}-S-Me \quad \text{简写为:} X-Me$$

式中 R——疏水烃基(2~5个碳原子),也叫烃链;

O——连接原子;

$$-\overset{\overset{\large S}{/\!\!/}}{C}-S \text{ ——亲固基;}$$

S——亲固原子;

Me——金属阳离子,一般为 Na^+、K^+。

3.3.1.1 黄药的命名方式

(1) 根据烃链中的碳原子个数,比如:2个碳原子称为乙(基)黄药;4个碳原子称为丁(基)黄药。烃链中碳原子个数≤2,称为低级黄药;碳原子个数>3,称为高级黄药。

(2) 根据金属阳离子名称,如Na黄药、K黄药。

(3) 根据烃链中是否有支链,称为正黄药和异黄药,如异丁黄药。

3.3.1.2 黄药的制备

黄药由醇、氢氧化钠(或氢氧化钾)及二硫化碳(如烷基黄药配料比为1 mol∶1 mol∶1 mol)制成,其制备过程为放热反应过程,反应式为:

$$ROH + NaOH = RONa + H_2O \tag{3-1}$$

$$RONa + CS_2 = ROCSSNa \tag{3-2}$$

刚制备的黄药中含有水分,需干燥后封存。

3.3.1.3 黄药的性质

(1) 物理性质

黄药是淡黄色粉剂,杂质较多时颜色较深,密度$(1.3 \sim 1.7) \times 10^3\ kg/m^3$,有刺激性气味,中等毒性,短烃链的易溶于水,使用时需根据用量配成1%~5%的水溶液。

(2) 化学性质

① 解离性和水解性

在矿浆中,黄药会电离,电离后产生的黄原酸根阴离子部分能够水解成黄原酸,其反应式如下:

黄药解离:

$$ROCSSNa = ROCSS^- + Na^+ \tag{3-3}$$

黄药阴离子水解:

$$ROCSS^- + H_2O \rightleftharpoons ROCSSH + OH^- \tag{3-4}$$

黄原酸电离:

$$HX = H^+ + X^- \text{(为简化写法用} X^- \text{代表} ROCSS^- \text{,下同)}$$

黄原酸为弱酸,其电离常数为:

$$K_a = [H^+][X^-]/[HX] \approx 10^{-5} \tag{3-5}$$

水解常数为:

$$K_b=[HX][OH^-]/[X^-][H_2O]\approx 10^{-9} \tag{3-6}$$

$$K_b\cdot K_a=([HX][OH^-]/[X^-][H_2O])\cdot([H^+][X^-]/[HX])=[OH^-][H^+]/[H_2O]=10^{-14} \tag{3-7}$$

因此为保证矿浆有效作用成分 $ROCSS^-$ 的浓度，黄药的使用条件应为碱性，避免在酸性条件下使用。高级黄药水解时间较长(30 min 以上)，因此当必须在酸性条件下使用时，应尽量使用高级黄药，且用量较大。

② 分解性

黄药遇光和受热易分解，分解反应如下：

$$6ROCSSNa+3H_2O \rightleftharpoons 6ROH+2Na_2CS_3+Na_2CO_3+3CS_2\uparrow \tag{3-8}$$

如有效含量 79.32%的乙黄药，在 50 ℃放置 40 h，含量会降低到 74.38%，放置 136 h，含量会下降到 60.41%。

水解后分解，尤其温度较高时遇水会分解更快，反应式如下：

$$X^-+H_2O \rightleftharpoons XH+OH^- \tag{3-9}$$

$$ROCSSH \rightleftharpoons ROH+CS_2\uparrow \tag{3-10}$$

③ 黄药的氧化

黄药本身为还原剂，易于氧化。尤其在 O_2 和 CO_2 同时存在时氧化更快。

A. 在 O_2 和 CO_2 作用下氧化：

$$4ROCSSNa+O_2+2CO_2 \rightleftharpoons 2(ROCSS)_2+2Na_2CO_3 \tag{3-11}$$

B. 在过渡元素作用下氧化：

$$4ROCSS^-+2Cu^{2+} \rightleftharpoons (ROCSS)_2+2ROCSSCu\downarrow \tag{3-12}$$

生成物 $(ROCSS)_2$ 叫双黄药，结构式为：

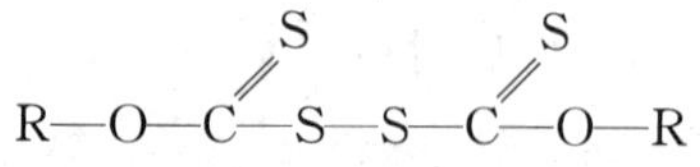

双黄药为黄色油状液体或低熔点固体，难溶于水，在水中呈分子状存在，在高 pH 值下会逐渐分解成黄药。双黄药的分解反应式：

$$2(ROCSS)_2+4OH^- = 4ROCSS^-+O_2+2H_2O \tag{3-13}$$

双黄药也是一种硫化矿的捕收剂，且选择性好于黄药。用于浮选方铅矿时，捕收能力与黄药相当，但对重铬酸盐抑制后的方铅矿捕收能力很差。所以用于铜铅分离时，双黄药的选择性较黄药好。另外双黄药对沉淀铜和自然铜的捕收能力强于黄药。其烃链的长度对捕收能力的影响与黄药规律相同。

选矿厂中储存黄药应在密闭、阴凉环境中，避免接触湿空气和水，注意防火，不暴晒，使用时碱性冷水配置，现用现配。另外高级黄药较低级黄药稳定，钾黄药较钠黄药稳定。

④ 可以和重金属生成难溶化合物

除碱金属、碱土金属元素外，其他重金属、贵重金属的化合物均较难溶于水，溶度积顺序如下：

第一类：汞、铋、金、铜、银、锑、铅、钴、镍(溶度积均小于 10^{-10})；

第二类：锌、铁、锰(溶度积均小于 10^{-2})。

3.3.1.4 黄药的捕收能力

(1) 黄药的捕收能力取决于其烃链的长度，并且与异构体的结构有关。烃链增长(即碳原子数增多)捕收能力增强,黄药分子中碳原子数目和捕收性的关系如图 3-2 所示。

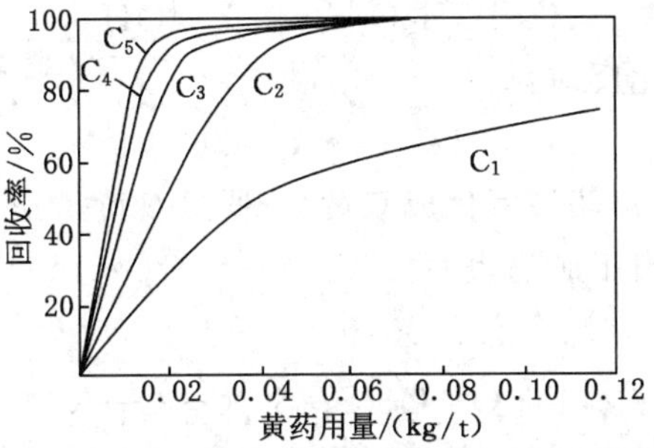

图 3-2 黄药烃链长度对方铅矿浮选的影响

当烃链过长时,其选择性和溶解性能随之下降,因此,烃链过长反而会降低药剂的捕收效果。常用的黄药烃链中碳原子数是 2～5 个,一般正构体不如异构体捕收能力强,但选择性较好。

(2) 黄原酸根与矿物表面重金属离子生成物溶度积越低,其捕收能力越强。

重金属黄原酸盐的溶度积越小,则对该金属捕收作用越强,以此可以粗略评估黄药对重金属硫化矿的捕收作用顺序。

碱土金属(钙、镁、钡等)的黄原酸盐溶解度较大,所以黄药对碱土金属矿物(如萤石、方解石、重晶石)没有捕收能力。因此黄药的应用主要有:

① 捕收硫化矿。如 Cu、Pb、Zn 等硫化矿物。

② 捕收重金属氧化矿。Cu、Pb 等氧化矿物,首先进行硫化(活化),再用高级黄药可以捕收。

黄药对脉石硅酸盐矿物、氧化物及碱土金属盐类矿物的捕收性能较差,故该药剂有良好的选择性。

3.3.1.5 黄药的捕收机理

实践证明黄药可以捕收重金属硫化矿,高级黄药可以捕收硫化后的重金属氧化矿。对其捕收机理的研究在浮选理论研究中开展较早,但迄今为止仍然有较多的问题没有完全解决。能够较好解释浮选实践,广受认可的理论观点有以下两种。

(1) 化学吸附机理

这种理论认为,硫化矿表面的氧化对捕收过程具有重要意义,在硫化矿表面,适当氧化后,黄原酸根离子可能同矿物表面的重金属离子发生化学作用,而吸附于矿物表面,吸附能力(吸附强度、吸附量)取决于黄原酸根离子同金属离子生成物——黄原酸盐的溶度积大小,溶度积越小,则黄药对其捕收能力越强。

常见硫化矿物溶度积排列:

$$Hg^{2+} > Au^{2+} > Ag^{+} > Cu^{2+} > Pb^{2+} > Zn^{2+} > Fe^{2+}$$

这里存在一个例外,实践表明黄药对 Fe^{2+} 的捕收能力较 Zn^{2+} 更好些。电化学吸附机理可以解释这一现象。

(2) 电化学吸附机理

借用电化学腐蚀原理,认为黄药与矿物表面的作用存在着两个电极反应过程:一个是氧的阴极还原反应,一个是黄药离子的阳极氧化反应,黄药被氧化成双黄药后再吸附于矿物表面。

氧的阴极还原反应：

$$O_2+2H_2O+4e^- \longrightarrow 4OH^- \tag{3-14}$$

黄药阴离子的阳极氧化反应：

$$2X^- \longrightarrow X_2+2e^- \tag{3-15}$$

在重金属离子作用下，黄药被氧化成双黄药，通过双黄药分子中的硫原子上的孤对电子与重金属空轨道结合而吸附于矿物表面。

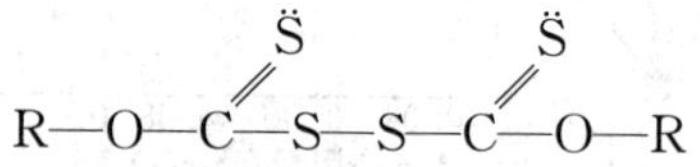

利用溶度积化学吸附机理判断，会得到黄药对锌的捕收能力好于铁的结果。但浮选事实说明情况刚好相反，黄药对黄铁矿的捕收能力较闪锌矿好。

通过红外光谱、流动电位和浮选结果均得到证实，在乙黄药与黄铁矿的作用过程中，乙黄药在有氧条件下首先被氧化成双黄药，双黄药再吸附于黄铁矿表面，且吸附量较大。由此可见，这种吸附并不是由黄原酸沉淀反应引起的，而是由双黄药的电化学吸附机理导致的，因此不符合生成黄原酸盐溶度积大小影响的规律。

不同的矿物与黄药的作用机理不同。一般来说，在方铅矿和黄铁矿之间，有的矿物生成黄原酸盐沉淀吸附，有的生成双黄药吸附，还有的则是黄原酸盐与双黄药共吸附。

进一步的研究成果还表明，黄药与矿物表面的作用不局限于生成黄原酸盐及双黄药，由于药剂性质、浮选条件、矿物晶体性质以及矿物表面的物理不均匀性和化学不均匀性等差异，黄药及其产物与硫化矿物表面的作用比较复杂，实际的吸附产物形式有较多种，一般认为黄药与矿物表面作用形式可能有如图 3-3 所示的五种形式：离子型、桥型、分子型、螯合型、1∶1 络离子(六元螯合)型。在某一具体条件下可能是以其中几种形式为主，也可能是几种形式共存。

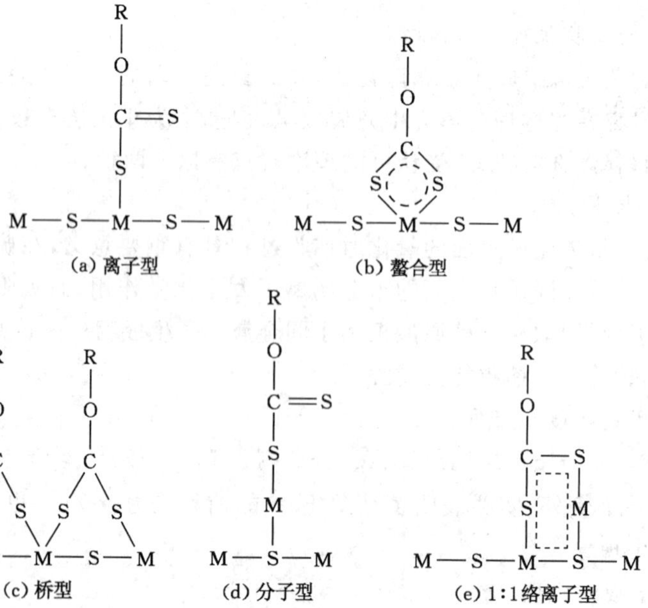

图 3-3　黄药在矿物表面的作用形式示意图

3.3.1.6 黄药的衍生物

除了前面介绍的双黄药外，黄药的衍生物还有黄原酸酯（黄药酯）、硫氨酯、胺醇黄药等。

（1）黄原酸酯

黄原酸酯的化学结构式为：

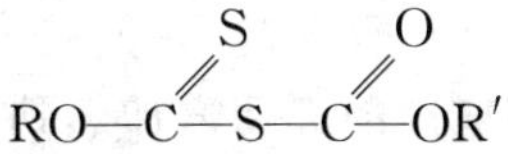

式中，R 为烃基；R′为烃基或烃基的取代物。

这类捕收剂属于非离子型极性捕收剂，它在水中的溶解度都很低，大部分呈油状，对于铜、锌、铅等硫化矿以及沉淀铜、离析铜等的浮选，具有较高的浮选活性，属于高选择性的捕收剂。即使在较低的 pH 值条件下，也能浮选某些硫化矿。黄原酸酯类药剂多和水溶性捕收剂混合使用，以提高药效、降低用量、改善选择性。

常用的黄原酸酯有丁基黄原酸丙烯酯、乙基黄原酸丙腈酯。它们可作为铜、铅、锌和铝的硫化矿捕收剂，对黄铁矿的捕收能力较弱，和黄药混用效果较好。

（2）硫氨酯

硫氨酯为 *O*-烷基-*N*-烷基硫逐氨基甲酸酯，其结构通式如下：

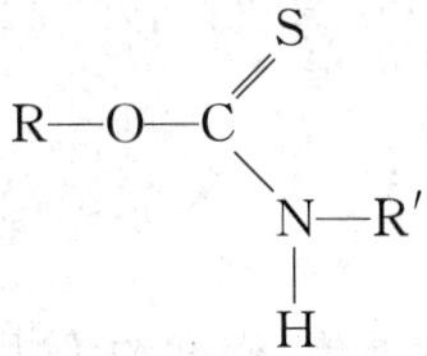

硫氨酯属于非离子型捕收剂，呈油状液体，具有特殊气味，密度略小于水，不易溶于水。

在生产中应用的硫氨酯有丙乙硫氨酯，使用时可直接加入搅拌槽或浮选机中。它是一种选择性能良好的硫化矿捕收剂，它不浮黄铁矿，却对黄铜矿、辉铜矿和活化的闪锌矿的捕收作用较强，所以可作为分选铜、铅、锌等硫化矿的选择性捕收剂，从而降低抑制黄铁矿所需的石灰用量。国外的硫化矿浮选厂用它代替黄药，特别是浮选硫化铜矿的选矿厂，如代号为 Z-200 的药剂，就是“*O*-异丙基-*N*-乙基硫逐氨基甲酸酯”，简称异丙基硫氨酯。

（3）胺醇黄药

胺醇黄药化学通式为：

$$R_1R_2—NR_3OCSS—Me$$

式中，R_1 为烃基；R_2 为烃基或 H；R_3 为$—(CH_2)_n—$，一般 $n=1$ 或 2。

如二乙胺甲醇钠黄药$(CH_3CH_2)_2NCH_2OCSSNa$，对铜、铅、锌、镍捕收能力较好。

3.3.2 黑药类捕收剂

黑药应用的广泛性仅次于黄药，学名为二烃基二硫代磷酸及其盐，1925 年开始使用，早期产品大部分为黑褐色液体，故称为黑药。其结构通式为：

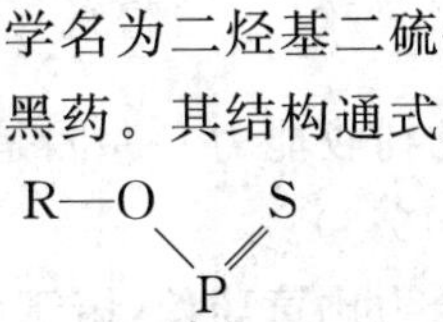

式中 R——疏水烃基，烃链；

O——连接原子；

S——亲固基；

Me——阳离子，如 H^+ 离子、铵离子（酸性黑药用氨中和后成为铵黑药）或金属阳离子。

3.3.2.1 黑药的制备

由醇或酚加五硫化二磷加热制成。酚黑药需加热到 125 ℃左右，醇黑药需加热到 80～85 ℃。我国多采用煤焦油馏分（含各种酚类）为原料合成黑药，其化学反应式为

$$4ROH + P_2S_5 \longrightarrow 2(RO)_2PSSH + H_2S\downarrow \tag{3-16}$$

其酸式产物为油状黑色液体，中和成钠盐或铵盐后可制备成固体产品。

3.3.2.2 黑药的命名方式

(1) 根据烃基碳原子个数命名，如：2 个碳原子称为乙(基)黑药；4 个碳原子称为丁(基)黑药。

(2) 根据烃基类型命名，R 为烷基时为醇黑药；R 为芳基时为酚黑药。

(3) 根据金属阳离子名称命名，如钠黑药、铵黑药等。

(4) 根据制备五硫化二磷占原料的质量百分数命名，如 15 号黑药、25 号黑药。

(5) 其他方式，如丁铵黑药也叫 226 号黑药；25 号黑药中加入 6%白药叫 31 号黑药；异丙基钠黑药也叫 203 号黑药；等等。

3.3.2.3 黑药的性质

(1) 物理性质

甲酚黑药是一种暗黑色黏稠油状液体，密度约为 1.2×10^3 kg/m³，难溶于水，有刺激性 H_2S 气味，对皮肤有腐蚀作用，接触后需用大量水冲洗。

丁铵黑药是一种白至灰白色固体粉末，在空气中易潮解，受潮后为黑色，无味，易溶于水，腐蚀性较小。

(2) 化学性质

① 解离性：

$$(RO)_2PSSH \rightleftharpoons (RO)_2PSS^- + H^+ \tag{3-17}$$

电离常数 $K_a\approx10^{-2}$，烃基不同，电离常数有所变化，一般烃基越短，电离常数 K_a 越大。如乙基黑药 $K_a=2.4\times10^{-2}$，异丁基黑药 $K_a=1.0\times10^{-2}$。

② 黑药的稳定性与氧化性。黑药较黄药稳定，不易分解也不易氧化，可以在酸性条件下使用（pH 值适应范围比黄药大）。在一定条件下可以氧化成双黑药，如在碘分子作用下即可氧化生成结构式为 $(RO)_2PSS—SSP(OR)_2$ 的双黑药。双黑药的选择性较好，在 pH 值较高时（pH≥10）能较快地分解成黑药，但应用不广泛。

③ 可以和重金属离子生成难溶化合物，这一反应是黑药可以作为捕收剂的重要原因。

3.3.2.4 黑药的捕收性能

(1) 黑药的捕收能力小于黄药的捕收能力。原因是生成物溶度积大于对应的黄原酸盐（前者数量级在 10^{-2}，后者数量级在 10^{-5}）。

(2) 黑药的亲固基与金属的键合力比黄药差，由于生成物溶度积较大，因而选择性比黄药好。尤其对 Cu、Pb 的选择性较好，可有效减少抑制剂的用量。在实际生产中，黑药和黄药经常配合使用。

如，在使用石灰抑制剂场合使用黑药可以减少石灰用量；在贵重金属金、银浮选中，黑药和黄药经常配合使用，可提高贵重金属的回收率。

(3) 甲酚黑药较难溶于水，作用速度较黄药慢，药剂作用有效时间长。实践中黑药往往在磨矿阶段就开始添加。

(4) 黑药性质稳定，不易在酸性条件下分解，pH 值适应范围大。这是由于磷酸的酸性比碳酸的强，使黑药在水溶液中比黄药稳定，不易分解失效，故可用于酸性浮选。

(5) 黑药具有起泡性，游离甲酚含量越高起泡性越好，一般不用再补充起泡剂。

(6) 黑药不像黄药那样容易被氧化，但是遇到铜、铁等易还原的高价金属阳离子，或长时间与空气接触，或受热时，部分黑药也会氧化成双黑药。

(7) 黑药捕收 Cu、Pb 硫化矿物，选择性好，但对 Fe、Zn 的硫化矿物捕收能力很弱。

3.3.2.5 常用的黑药种类

(1) 酚黑药

酚黑药的捕收能力一般较醇黑药弱，但选择性较好；其作用速度较慢，常加入球磨机中。

常用甲酚黑药为$(C_6H_4CH_3O)_2PSSH$，如 15 号黑药和 25 号黑药。15 号黑药捕收能力弱，但起泡能力强；25 号黑药比 15 号黑药起泡能力弱，但捕收性较强。此外，31 号黑药是在 25 号黑药中加 6%白药($(C_6H_5NH)_2CS$)制成的，常用于方铅矿及含贵重金属硫化矿的捕收。

(2) 丁铵黑药

丁铵黑药学名二丁基二硫代磷酸铵，分子式为$(C_4H_9O)_2PSSNH_4$。

丁铵黑药起泡能力小，泡沫厚大且较脆，化学性质较酚黑药稳定，是有色金属矿石的优良捕收剂兼起泡剂，对铜、铅、银及活化了的锌的硫化矿以及难选多金属矿有特殊的分选效果。它在弱碱性矿浆中对黄铁矿和磁黄铁矿的捕收能力较弱，而对方铅矿的捕收能力较强。它也可用于镍、锑硫化矿的浮选，特别对难选的硫化镍矿、硫化-氧化镍混合矿以及硫化矿与脉石的中矿较为有效。根据研究，使用丁铵黑药还有利于铂、金、银的回收。

(3) 胺黑药

胺黑药的通式为$(RNH)_2PSSH$。工业上常用的有环乙胺黑药、苯胺黑药，呈白色粉末，有臭味，难溶于水，但选择性好，泡沫不黏，对光和热的稳定性差，易变质失效。

使用时用 1% Na_2CO_3溶液配制成 0.5%的溶液，通常用量较大，一般在 200～240 g/t。

(4) 环烷黑药

环烷黑药由环烷酸与 P_2S_5 制备，不溶于水，但溶于酒精，用于锆英石、锡石的浮选，有起泡性。

(5) 黑药衍生物

黑药衍生物主要有黑药酯、磷胺黑药等。

黑药酯学名为烃基二硫代磷酸硫醚酯，是硫化矿的捕收剂，其结构式为：

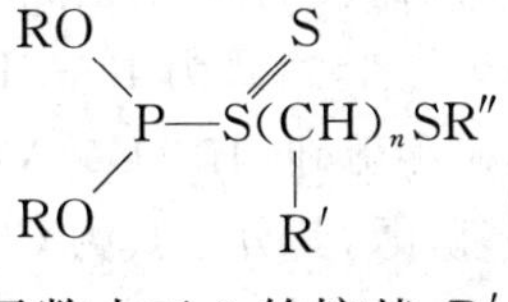

式中，R 通常为乙基或丙基等碳原子数小于 6 的烷基；R′为 H 或甲基；R″为碳原子数较小的

烷基、烯烃基、芳香基；n 为小于 3 的正整数。

黑药酯的特点是在低 pH 值条件下（pH＝5）对硫化矿浮选时仍能保持很好的选择性。相比之下，离子型捕收剂在硫化矿浮选时一般需在 pH 值为 9～11 的条件下进行，对于一些自然 pH 值较低的硫化矿，常需大量消耗石灰。而采用黑药酯时，在不加石灰的情况下也能获得与黄药相似的浮选结果。另外，黑药酯可以在捕收活化后的闪锌矿时，对方铅矿完全不浮。

磷胺黑药属于烃基二硫代氨基磷酸，是矿冶科技集团有限公司采用苯胺或甲苯胺与五硫化二磷合成的一种新型黑药，通式为 R_2-PSSH。

3.3.3 其他硫化矿捕收剂

除黄药类、黑药类捕收剂外，硫化矿捕收剂还有硫氮类捕收剂、硫醇类捕收剂、硫脲及其衍生物、硫氨酯捕收剂等。

（1）硫氮类捕收剂

硫氮类捕收剂为烃基氨基（或胺基）二硫代甲酸盐及其衍生物。其化学名称为 N,N-二烷基二硫代氨基甲酸盐或酯，结构式为：

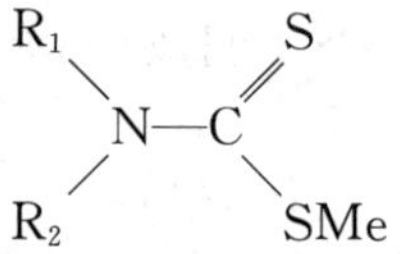

当 Me 为 Na、K 时为硫氮盐，当 Me 为 R_3 时为硫氮酯，R_1、R_2 可以不同也可以相同，可以是烷基、芳基或氢原子等。

硫氮盐最常见的为乙硫氮（二乙基二硫代氨基甲酸钠），其捕收性质与黄药相似，但捕收能力更强，用量较黄药少，浮选速度更快。在铅锌分离时选择性优于黄药，高碱度下可改善 Pb、Zn 分离效果，可不用或少用氰化物作为抑制剂；而且对硫化铜矿捕收性能较好，所以也叫“铜试剂”。

硫氮酯最常用的为酯 105，即二乙基二硫代氨基甲酸丙腈酯，其合成反应与结构式如下：

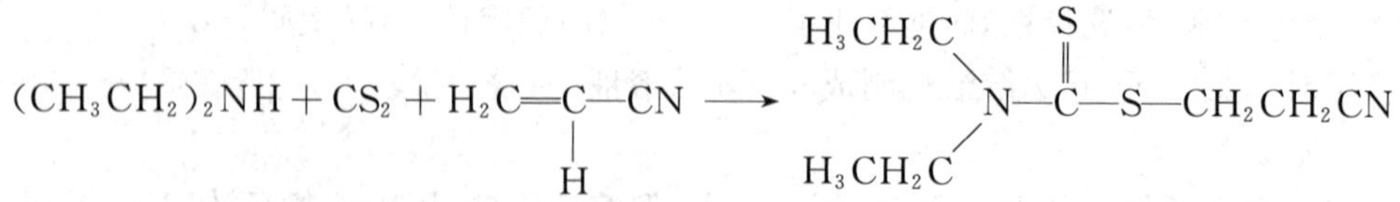

（3-18）

酯 105 有微弱鱼腥味，密度为 1.11×10^3 kg/m^3，难溶于水，捕收能力强，兼具起泡性能，可替代黄药和松醇油，用量比黄药少。

（2）硫醇类（mercaptans）捕收剂和硫脲及其衍生物

该类捕收剂应用不多，常作为其他捕收剂的辅助添加剂，以提高浮选选择性。

硫醇类是含－SH 基最简单的捕收剂，通式为 R—SH，具有恶臭，与金属能形成不溶性化合物，可作为某些钼矿、含金硫化矿和硫砷铜矿（Cu_3AsS_4）的捕收剂。

白药是硫脲衍生物，学名二苯基硫脲，其分子式为 $CS(C_6H_5NH)_2$。适用于金属硫化矿的优先浮选，难溶于水，故多添加于球磨机中，或以苯胺为溶剂配制。因其价格昂贵，使用较少。

(3) 硫氨酯捕收剂

硫氨酯捕收剂化学名为*O*-烷基-*N*-烷基二硫代氨基甲酸酯，其结构式如下：

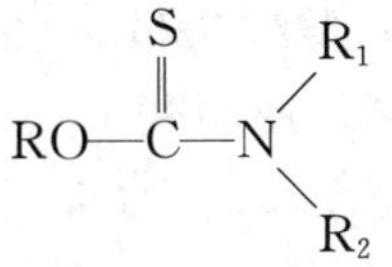

式中，R 与 R_1、R_2 可为不同烃基，R_1 可为—H。最常用的硫氨酯捕收剂为 Z-200 捕收剂，即(异丙基)乙硫氨酯，呈油状液体，具有特殊气味，密度略低于水，在水中溶解度小，选择性极强，在 pH 值为 10 左右可以优先从黄铁矿中浮选出黄铜矿和闪锌矿，从而实现铜、锌优先浮选；由于硫氨酯对黄铁矿的捕收能力弱，所以在铜硫分离时可较大程度降低石灰用量，降低浮选碱度，从而降低浮选过程中高碱度对金、银、钼的抑制。

3.4 非硫化矿捕收剂

非硫化矿捕收剂主要用于浮选各种氧化物、碱土金属成盐矿物、硅酸盐矿物，其天然可浮性弱于硫化矿。这类捕收剂的共同特点是，在其极性基中含有氧、氮等原子，同时由于非硫化矿润湿性强，所以捕收剂烃链较长。

3.4.1 非硫化矿捕收剂分类

一般根据起捕收作用的离子电性，非硫化矿捕收剂分成阴离子捕收剂和阳离子捕收剂两大类。

(1) 阴离子捕收剂：主要包括羧酸类捕收剂(也叫脂肪酸及其皂类)、羟肟酸类、烷基磺酸盐、烷基硫酸盐等，其中羧酸及其皂类应用最广泛。

(2) 阳离子捕收剂：主要是各种胺盐，即胺类捕收剂。

3.4.2 羧酸类捕收剂

3.4.2.1 羧酸类捕收剂结构式

羧酸类捕收剂(脂肪酸及其皂类)结构式如下(浮选中使用一元酸)：

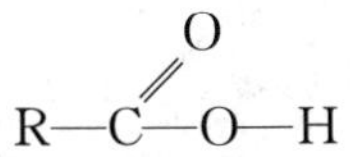

式中，R 为直链饱和或不饱和烃基；COO^- 为亲固基；C 为中心原子；H 被 Na^+、K^+ 离子取代成为皂类。

羧酸类捕收剂主要有油酸、氧化石蜡皂、塔尔油、环烷酸等，以不饱和酸为主，如亚油酸、亚麻酸及蓖麻油酸等。羧酸类捕收剂应用广泛，几乎可浮选所有的矿物。其特点是都带有活泼的羧基功能团，可与多价金属离子如 Mg^{2+}、Ca^{2+}、Ba^{2+}、Fe^{2+}、Mn^{2+}、Pb^{2+}、Zn^{2+} 等形成沉淀。因此，可用于捕收赤铁矿、萤石、白钨矿、黑钨矿、石英、方解石、磷灰石等矿物。羧酸类捕收剂都含有化学性质非常活泼的羧基，主要作为氧化矿物和其他一些非硫化矿物的捕收剂。它们的捕收力较强，但选择性较差，常常与调整剂配合使用来提高选择性。

3.4.2.2 羧酸类捕收剂的分类

(1) 按烃链(C_n)中 C 原子个数 n 的多少分类

① 低级脂肪酸:C 原子个数 $n \leqslant 11$。高级脂肪酸($n \geqslant 12$)。低级脂肪酸只用于捕收天然可浮性好的滑石、镁矿等,如辛酸(C_7)、癸酸(C_9)。

② 高级脂肪酸:C 原子个数 $n \geqslant 12$。脂肪酸中 C 原子个数在 12～20 之间的高级脂肪酸最常用,如油酸(C_{17})。

(2) 按工业来源分类

① 动、植物脂肪酸及工业油酸:由动、植物油脂分解而得,或来自油脂工业的下脚料及其皂类。

② 造纸工业副产品:如塔尔油(或叫妥尔油)、塔尔油皂。这类捕收剂的捕收性能较好,对矿浆温度要求不高。

③ 石油馏分氧化皂:石油馏分氧化得到的羧酸及其皂。如氧化石蜡皂、环烷酸、石油碱渣等。这类捕收剂的成本低、原料来源广,但浮选时需较高的矿浆温度。

④ 石油发酵脂肪酸:这类捕收剂的选择性较高。

3.4.2.3 羧酸类捕收剂的性质

(1) 解离性

脂肪酸是弱酸,在水中存在电离平衡,皂类存在水解平衡,脂肪酸解离常数(K)为 10^{-5} 左右。其解离方程为:

$$RCOOH \rightleftharpoons RCOO^- + H^+ \tag{3-19}$$

$pK = 4.7 \pm 0.5$,如油酸:$pK = 4.7$。在强酸性溶液中脂肪酸以 RCOOH 分子形式存在,如油酸($C_{17}H_{33}COOH$);而在中性或碱性溶液中脂肪酸会电离为阴离子形式,如($C_{17}H_{33}COO^-$),所形成的碱金属皂类在水溶液中具有碱性。

(2) 溶解性

脂肪酸类捕收剂一般都难溶于水。脂肪酸烃基越长,溶解性越差,其与金属离子形成的盐类物质溶解度也越低。另外,不饱和程度(双键含量)越高,溶解度相对越高。

所以高级脂肪酸更难溶于水。提高其溶解度的方法有:增加烃链中不饱和键含量,皂化处理,配制及使用时提高温度,添加助溶剂。

(3) 表面活性

脂肪酸是一种表面活性物质,通常有起泡作用,主要作为捕收剂使用,用量多时,对气泡的稳定性和分散性有影响。

(4) 捕收性

① 可以与碱土金属、重金属的离子形成难溶于水的化合物,对含有上述金属离子的矿物具有很强的捕收能力。由于自然界中一般都是含有上述离子的,所以脂肪酸类捕收剂用途广泛。

② 脂肪酸类捕收剂的选择性较差,捕收作用主要依靠调整剂来调节其选择性。

③ 脂肪酸类捕收剂的烃链长度对捕收性有直接影响,疏水烃链长,捕收能力强,但烃链长,其溶解度下降,分散不好,反而影响捕收能力。一般 C 个数在 12～20 之间,如方解石的回收率与脂肪酸烃链长度的关系如图 3-4 所示。

④ 烃链中原子的不饱和程度大,疏水能力差,捕收能力下降,但溶解度增加,分散好,反

而使捕收能力增强。

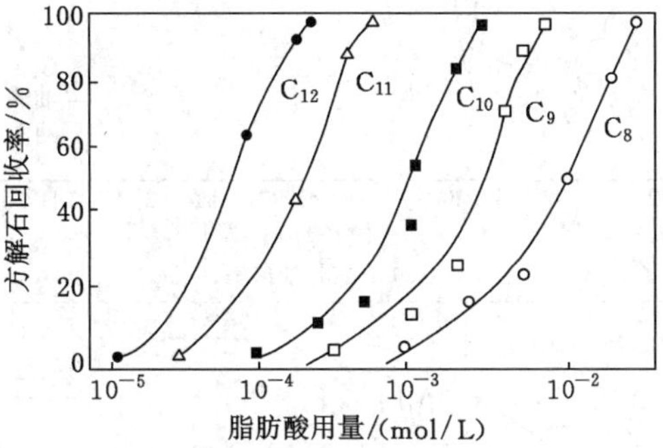

图 3-4 方解石的回收率与脂肪酸烃链长度的关系

3.4.2.4 羧酸类捕收剂的应用

羧酸类捕收剂烃链较长，具有较强的捕收能力，常用于捕收天然可浮性较差的氧化矿及盐类矿物，主要类型有：

(1) 捕收黑色和稀有金属氧化矿，如赤铁矿、钛铁矿、软锰矿、锡石、黑钨矿等。

(2) 捕收碱土金属的盐类矿物，如方解石、菱镁矿、萤石、重晶石等。

(3) 捕收石英和硅酸盐类矿物，如锆英石、绿柱石、石榴子石等。

(4) 捕收重金属氧化矿，如孔雀石、硅孔雀石、硅锌矿等。

使用中应注意的问题：

(1) 羧酸类捕收剂均为表面活性物质，具有强烈起泡性，一般无须再添加起泡剂。

(2) 要严格控制用量，用量越多，捕收能力越强，过量使用会使羧酸类捕收剂失去选择性。

(3) 使用羧酸类捕收剂浮选时需要调整剂配合来提高其选择性。

(4) 矿浆温度影响较大，一方面影响羧酸类捕收剂的溶解分散特性，另一方面对化学吸附也有影响作用。为促进羧酸类捕收剂浮选效果，一般矿浆温度要求控制在 30 ℃以上。

3.4.2.5 羧酸类捕收剂的捕收机理

脂肪酸类捕收剂在矿物表面既可以发生物理吸附，也可以发生化学吸附。通常，吸附于紧密层的为单层吸附，属于化学吸附；吸附于紧密层外层的为物理吸附，呈多层吸附状态。

物理吸附以静电力、范德瓦耳斯力作用(疏水烃链间的缔合)而吸附；化学吸附则依靠脂肪酸阴离子同矿物表面金属阳离子的化学键作用而吸附。两种吸附经常共存。

图 3-5、图 3-6 所示为油酸与萤石表面作用的红外光谱及浮选行为曲线以及月桂酸浮选铬铁矿时的行为曲线。从中可以看出，油酸作用后的萤石表面既有油酸分子的谱线又有油酸钙的谱线，表明化学吸附与物理吸附同时存在。当 pH 值较低时，矿物表面带有正电荷，脂肪酸类捕收剂分子和少量电离出来的阴离子共同发生物理吸附。随着 pH 值的上升，矿物表面的正电性逐渐降低，物理吸附呈下降趋势。与此同时，电离出来的脂肪酸阴离子的有效作用浓度增大，化学吸附逐渐占主导地位。在较高 pH 值时，脂肪酸类捕收剂的阴离子也会因为矿物表面带有较强负电性而被排斥，化学吸附亦会受到影响，导致浮选回收率逐渐降低。

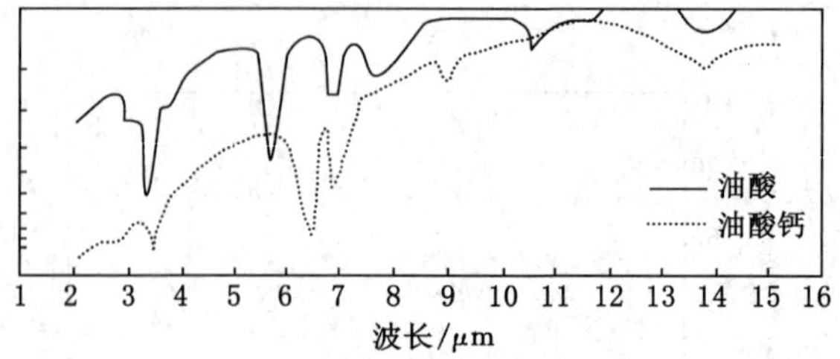

(a) 油酸和油酸钙

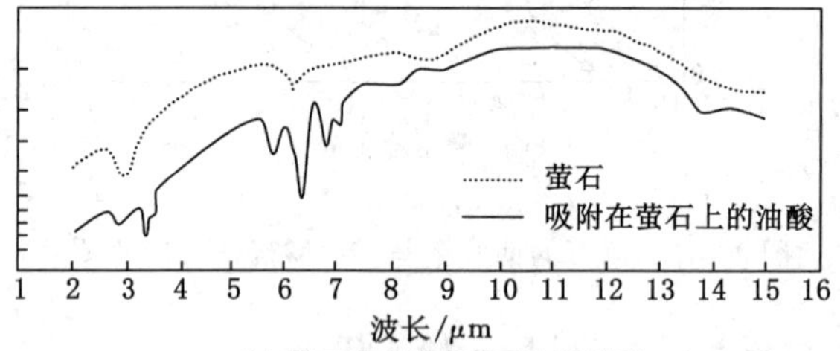

(b) 萤石和吸附在萤石上的油酸

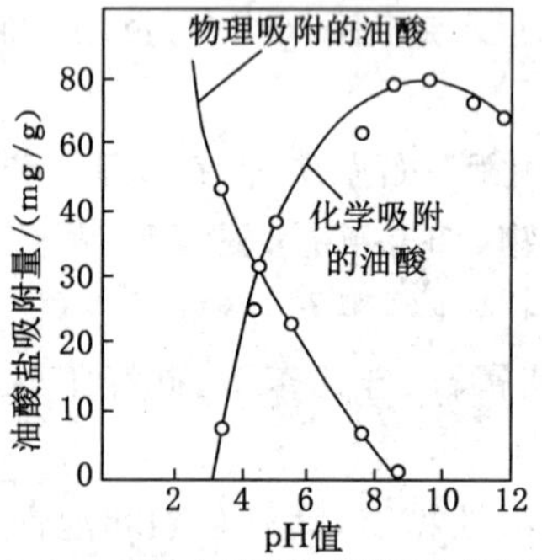

(c) 在 5.8 μm和 6.4 μm谱带上油酸盐在萤石上的吸附形态与pH值关系

图 3-5　红外线光谱及浮选行为曲线

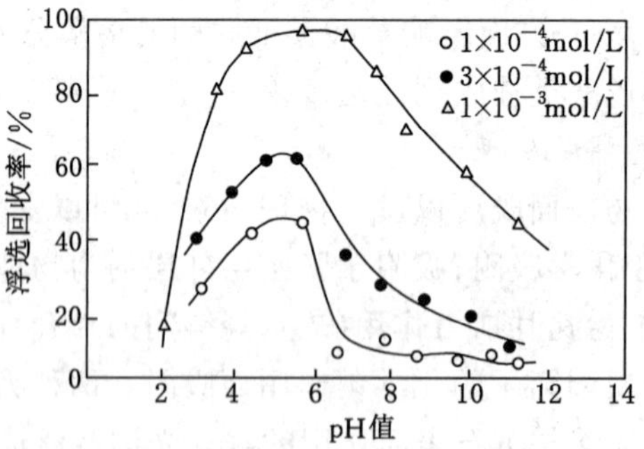

图 3-6　加入不同量的月桂酸时，铬铁矿浮选回收率与 pH 值的关系

3.4.2.6　常用羧酸类捕收剂

(1) 油酸、油酸钠

油酸学名为十八烯(9)酸，含一个双键，其结构式为：

$$CH_3(CH_2)_7CH=CH(CH_2)_7COOH$$

油酸为天然不饱和羧酸，由动植物油脂水解获得，工业用油酸往往为多种脂肪酸的混合物，含量以油酸为主，并含有一定量的亚油酸、亚麻酸等不饱和酸及其他多种饱和酸。油酸易氧化变成黄色，不易溶解和分散，主要用于浮选碱土金属的碳酸盐、金属氧化物、重晶石和萤石等矿物，选择性较差，需配合多种调整剂使用改善选择性。

油酸在不同 pH 值溶液中以多种形式存在，各组分浓度与 pH 值关系如图 3-7 所示。

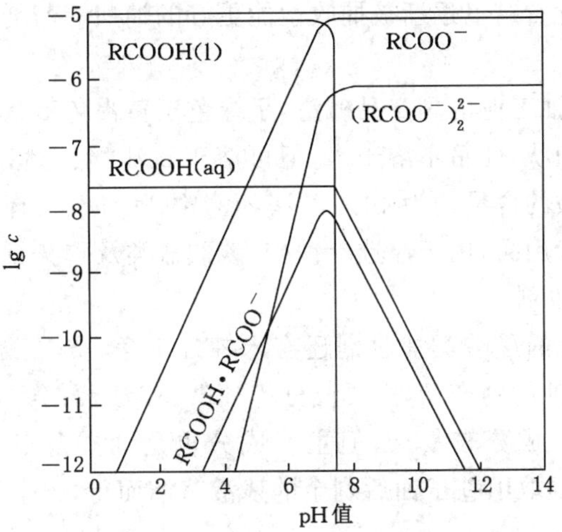

图 3-7 不同 pH 值油酸的存在形式与浓度关系

图中显示在 pH 值大于 7.5 时，油酸阴离子浓度处于较高水平，但 pH 值过高时，OH^- 离子会与油酸阴离子在矿物表面形成较强烈的竞争吸附，导致油酸阴离子吸附量下降。

使用时注意事项：

① 油酸难溶于水，使用时需进行皂化处理，或用煤油等溶剂溶解，或制成乳液。

② 油酸对温度敏感，油酸熔点为 14 ℃，使用时矿浆温度一般应控制在 30 ℃以上，这样浮选效果较好；温度过低会使浮选回收率指标急剧下降。

③ 油酸选择性较差，对硬水的适应性也不强，所以使用时，常常用氢氧化钠、碳酸钠及水玻璃等调整剂配合，以消除水中的难免离子，改善其选择性。

④ 油酸属于表面活性物质，一般不用再添加起泡剂。

⑤ 油酸用量较大，一般在 0.1～1.0 kg/t，建议采用分批加药的方式。

(2) 塔尔油

塔尔油由松木碱法造纸的纸浆废液酸化得到，主要成分为脂肪酸、松脂酸，其中不饱和脂肪酸（油酸、亚油酸）一般占 40%左右，松香油含量为 10%～50%。塔尔油呈油状，杂质多，起泡性强。其优点是价格便宜，但缺点是选择性不好，泡沫多而黏，浮选操作困难。为改善其不足并提高选择性，常与其他药剂配合使用，如氧化石蜡皂。另外，精制塔尔油或经过氧化、硫酸化处理可以克服其起泡性强的不足，并提高其捕收能力。

(3) 氧化石蜡皂

氧化石蜡皂是石油炼制过程中的副产品，由石蜡催化氧化后皂化制得，主要成分为 C_{10}～C_{22} 的脂肪酸混合物，其中饱和羧酸占 80%，烃基酸占 5%～10%。氧化石蜡皂熔点较高，捕收能力差，起泡性弱。它常与塔尔油合用（比例为 3∶1～4∶1），但对温度的适应性差，因此使用时需加热矿浆到 30 ℃以上。氧化石蜡皂主要用于浮选氧化铁矿、磷酸盐矿、萤石及一些稀有金属矿石。在1990年以前，氧化石蜡皂与塔尔油的配合使用成功取代了大豆脂肪酸，浮选赤铁矿时表现良好。由于粗塔尔油起泡力强，二者混合使用可互相取长补短，取得较好的效果。与油酸相比，氧化石蜡皂价格便宜，是目前工业上大量应用的一种药剂。其主要缺点是温度较低时，浮选效果不好，因此常温下使用时需要乳化。近年来，随着对精矿品位要求的提高，氧化石蜡皂逐渐被捕收性能更好的油酸等药剂所取代。

(4) 环烷酸

浮选用环烷酸是石油工业的副产品碱渣，呈绿色至黄褐色膏状物，来源广泛。有些环烷酸呈液态油状，有些为固状，几乎不溶于水，但可溶于石油醚、乙醇、苯和烃类等。其性质与脂肪酸类似，一般环烷酸的含量约为40%，不皂化物约为15%。环烷酸捕收能力较强，但选择性差，可作为油酸的代用品，用于浮选赤铁矿、碳酸盐类及磷灰石等矿物。

(5) 其他羧酸类捕收剂

除上述药剂外，常见的羧酸类捕收剂还有米糠油皂角、癸二酸下脚料、山苍子油酸等。米糠油皂角是精制米糠油的副产品，主要成分为油酸、亚油酸；癸二酸下脚料是裂解蓖麻油制造癸二酸时的副产品，成分较复杂，但主要成分也是油酸及亚油酸，起泡性强，熔点低(10 ℃)；山苍子油酸是提取山苍子油后剩余的残液蒸馏而得，含十二烯酸，曾用于浮选萤石及钴土矿。

3.4.3 烃基磺酸类和烷基硫酸类

(1) 烃基磺酸盐

烃基磺酸盐的结构式如下：

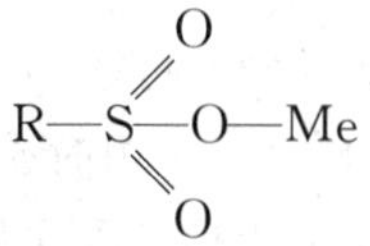

其中，R为烷基、环烷基、烷基芳香基。

烃基磺酸盐是通过石油精炼副产物磺化制得的，这类药剂工业上称为石油磺酸盐，主要为烷基磺酸盐、烷基芳香基磺酸盐的混合物。煤油经过磺化得到的烃基磺酸盐，称为磺化煤油。

烷基磺酸盐是洗涤剂的主要成分。如烷基磺酸钠，其烃基中碳原子个数为12～18，平均在15。碳原子个数多时，其捕收能力强；碳原子个数少时，其起泡性强。日用洗衣粉中烃基较短，因此起泡能力强但捕收能力弱，可用作起泡剂。相比之下，烷基芳香基磺酸盐相对分子质量较大，水溶性较差，一般在400～600之间，但浮选性能较好，芳香基通常为苯环或萘环。这类磺酸盐能溶于非极性油中，捕收能力强，主要用作非硫化矿的浮选，特别是氧化铁矿和非金属矿。

和脂肪酸比，磺酸盐的水溶性好，耐低温性能和抗硬水性能好，起泡性能较强，其捕收能力和相同碳原子数的脂肪酸比稍低，但选择性稍好。

(2) 烷基硫酸类

这类药剂包括烃基硫酸酯和硫酸化脂肪酸(皂)等。

烃基硫酸酯的结构式如下：

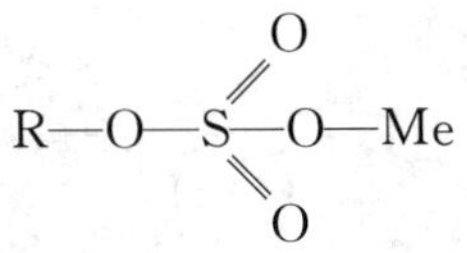

其中，R 为烷基。

烷基硫酸酯是烃类油和浓硫酸的反应产物，如磺化煤油等。当烃链中 C 原子大于 12 时，具有捕收作用，一般碳链长度为 12～20 个碳原子。

这类药剂均为强电解质，是典型的表面活性剂，具有很好的起泡作用。

其性质与脂肪酸及其皂相似，能与重金属离子形成难溶化合物，同碳链长度对比，捕收能力弱于脂肪酸，但选择性较好，耐硬水，对温度的影响小，并且在酸性介质中具有较好的可浮性。使用时常配合油酸类药剂，以改善后者的选择性。

工业上常用烷基磺酸钠、烷基芳香基磺酸钠和烷基硫酸钠，均为白色粉末，易溶于水，毒性很低。磺酸盐的性质稳定，不易分解，而硫酸盐在放置一段时间后或加热时能水解成醇和硫酸盐。

硫酸盐由脂肪醇经硫酸酯化及中和制得，容易水解成醇和硫酸氢钠，因此硫酸盐溶液不宜放置过久，否则会水解降低捕收能力。水解反应为：

$$R—O—SO_3Na + H_2O \longrightarrow ROH + NaHSO_4 \tag{3-20}$$

其主要代表产品为十六烷基硫酸钠，呈白色结晶，易溶于水，有起泡性，可作为黑钨矿、锡石、重晶石、钾石盐等的捕收剂，亦可作为黄铜矿的选择性捕收剂，对黄铁矿的捕收能力弱。硫酸化脂肪酸(皂)是不饱和脂肪酸经浓硫酸作用再皂化的产物。其结构式为：

$$CH_3(CH_2)_7CH_2C[OSO_3Na]H(CH_2)_7COONa$$

该药剂具有两个极性基：羧基和硫酸基。既有脂肪酸的强捕收能力，又有烃基硫酸盐的耐酸、耐硬水及选择性良好的优点。与油酸类相比，在铁矿石反浮选中可以提高浮选的选择性，提高铁矿的回收率。

这类捕收剂主要作为重晶石($BaSO_4$)、天青石($SrSO_4$)、钾盐镁矾($KCl \cdot MgSO_4 \cdot 3H_2O$)、石膏($CaSO_4 \cdot H_2O$)及硬石膏($CaSO_4$)等含硫氧化矿物捕收剂。由于烷基硫酸盐具有乳化作用，所以可以与羧酸类捕收剂混合使用以增强脂肪酸或塔尔油在矿浆中的分散作用，从而增强其捕收能力，并防止泡沫过量。

3.4.4 其他非硫化矿捕收剂

(1) 胂酸类

砷酸的衍生物有烷基胂酸、混合甲苯胂酸(邻甲苯、对甲苯两种异构体混合物)。烷基胂酸一般为无色针状晶体，具有毒性，能与许多重金属阳离子作用生成难溶盐，但对钙镁离子不敏感；混合甲苯胂酸为白色或浅黄色粉末，易溶于热水或碱性溶液，难溶于冷水，对黑钨矿、锡石、金红石、稀土矿等有捕收作用，但工业品中含有砒霜，有毒，现已基本被膦酸或羟肟酸取代。

(2) 磷酸类及其酯类

磷酸类及其酯类的主要代表性药剂为苯乙烯磷酸。该药剂没有起泡作用，溶解度随温度升高而变大，是锡石、黑钨矿的捕收剂。

苯乙烯磷酸的结构式为：

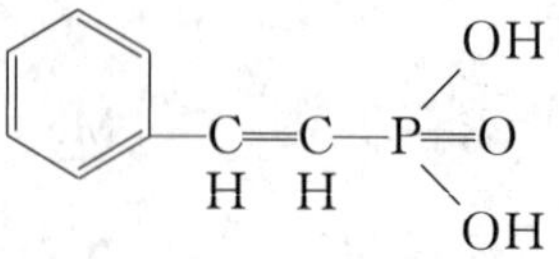

磷酸在水溶液中的溶解度随 pH 值改变而改变，一般在碱性介质中溶解度好，实际上是生成碱金属盐而溶解。磷酸与 Ca^{2+}、Fe^{2+}、Fe^{3+}、Sn^{2+} 等金属离子生成难溶盐，因而能捕收钽铌矿物。用双磷酸捕收铌铁金红石的研究表明，在矿浆 pH 值为 2～4 时，双磷酸是铌铁金红石良好的捕收剂，其回收率达到 90.87%～91.70%；同时认为双磷酸在铌铁金红石表面被吸附，吸附形式主要为化学吸附。

磷酸酯类由磷酸单酯和双酯组成，分子的非极性基与极性基通过氧桥连接，非极性碳氢基可能为脂肪烃或芳香烃，其结构式如下：

二烷基磷酸　　　　烷基磷酸

这类捕收剂捕收能力较强，在碱性介质中可用来捕收磷灰石[$Ca_5(PO_4)_3F$]和白钨矿($CaWO_3$)，在酸性介质中可用来捕收含钛矿物[钛铁矿、金红石和钙钛矿($CaTiO_3$)]。Mechanobre 用 25%的五价磷和 75%的环烷酸合成环烷磷酯，可在 pH 值为 4～6 时浮选锆石($ZrSiO_4$)、锡石和烧绿石。

(3) 羟肟酸类

烷基羟肟酸是一种弱酸，具有两种互变异构体，属于螯合剂，能与多种金属生成螯合物，是氧化铜矿、锡石、氧化铁矿、黑钨矿、白钨矿、白铅矿、铌铁矿及稀土矿的捕收剂，应用时要注意其选择性和矿浆温度及 pH 值。

羟肟酸及其盐早期用于浮选孔雀石和赤铁矿，其后用于浮选各种稀有金属矿。萘羟肟酸对黑钨矿有良好的选择捕收性能，而对石英和萤石的捕收能力极弱。

国内外曾经采用辛基羟肟酸钾、C_5～C_9 烷基羟肟酸等对赤铁矿、蔷薇辉石、硅孔雀石、萤石、黑钨矿、重晶石、方解石、氟碳铈矿、石英及氧化铅锌矿等进行浮选试验，发现羟肟酸是用途广泛的捕收剂。有报道指出，羟肟酸和丁基黄药混合使用可以代替单一的丁基黄药用于浮选铜，在回收率基本相近的情况下，精矿品位有明显提高，同时浮选速度加快，泡沫性质得到改善，药剂用量大幅度降低。

3.4.5　阳离子捕收剂(胺类捕收剂)

胺类捕收剂是指分子结构中含有负三价氮原子的一些有机异极性化合物，可看作无机氨(NH_3)中的 H 被烃基 R 取代而形成的有机衍生物。这类捕收剂解离后会产生带有疏水烃基的阳离子，故又称为阳离子捕收剂，是有色金属氧化矿、石英、长石、云母等硅酸盐、铝硅酸盐和钾盐的捕收剂。我国一般采用十二胺、十八胺、混合胺和醚胺，国外一般用酰胺、醚胺、多胺、缩合胺及其盐等。

脂肪胺的合成方法很多，有工业生产意义的主要有两种：一是卤代烷与氨作用直接生成胺；二是用脂肪酸在催化剂作用下与氨作用生成腈，再还原成胺。

3.4.5.1 胺类捕收剂的分类

(1) 以氨(NH_3)的 H 被烃基(R)取代个数分为伯胺(RNH_2)、仲胺(R_1R_2NH)、叔胺($R_1R_2R_3N$)、季铵盐($R_1R_2R_3R_4NCl$)。

季铵盐由叔胺制得：

$$R_1R_2R_3N + R_4Cl = R_1R_2R_3R_4N^+ + Cl^- \tag{3-21}$$

(2) 以烃基(R)类型分为脂肪胺、芳香胺和醚胺等。

作为捕收剂使用的多为一元脂肪胺，如十二烷基伯胺，通常叫十二胺，其分子式为 $C_{12}H_{25}NH_2$。伯胺的烃基结构依所用原料而定，碳链长度在 10～18 之间。工业上多采用 C_{12}～C_{18} 的脂肪酸为原料制备，因此也称为混合脂肪胺。

仲胺、叔胺、季铵盐等在实践中应用较少，其中季铵盐属强碱性物质，烃链较短，在水溶液中溶解度较高，解离性能较好，主要用于浮选可溶性钾盐。

醚胺是指胺分子中的非极性基中含有醚基[—O—]，即烃基为 ROR′—(烷氧基)的有机胺类化合物。因 R′通常为丙基，故醚胺也常作为烷基丙基醚胺(或 3-烷氧基-正丙基胺)系列的简称，其化学式为 $R—O—CH_2CH_2CH_2NH_2$，其中 R 为 C_8～C_{18} 的烷基。我国产的醚胺烃基类型有 C_7～C_9、C_{10}～C_{13}、C_{13}～C_{16} 三种。

与脂肪烷胺相比，醚胺只不过是在脂肪胺的烷基上引入一个醚基，因此二者具有相似的浮选性质和捕收性能；但烃链较长的脂肪烷胺(如 C_{12} 以上的混合胺)在常温下都是固体，难溶于水，在矿浆中分散不好；而醚胺由于烷氧基中氧原子的极性(即非极性基与偶极水分子间的氢键结合能力)，使其熔点降低，溶解性能改善，能在矿浆中更好地分散，从而改善了浮选效果。

醚胺对高岭石、叶蜡石的浮选试验结果表明，烷氧基丙胺($R—O—CH_2CH_2CH_2NH_2$)对高岭石、叶蜡石和伊利石的选择性强，综合捕收性能比十二烷胺好。需指出的是，醚胺的浮选性能总的来说优于脂肪烷胺，但捕收能力比烃基碳原子数相同的脂肪烷胺要弱。

3.4.5.2 胺类捕收剂的性质

与醇相似，低级胺也能与水形成氢键，故易溶于水；高级胺难溶或不溶于水，用作捕收剂时与盐酸或醋酸作用生成铵盐后易溶于水。

以十二胺为例，常温下为淡黄色蜡状体，有刺激性气味，不溶于水，溶于酸性溶液或有机溶剂中。

(1) 溶解性

以 $RNH_2(s)$ 表示固态胺分子，$RNH_2(l)$ 表示溶解在水中的胺分子，则溶解过程为：

$$RNH_2(s) = RNH_2(l),\ K_{sl} = [RNH_2(l)] = 2\times10^{-5} \tag{3-22}$$

溶解度较小，属于难溶药剂。使用时增加溶解度的方法有中和法、乳化法和加温法。一般使用时和盐酸按(1～1.5)∶1 比例混合进行中和配制，加热溶化后用水稀释成浓度为 0.1%～1% 的水溶液。

(2) 解离性

其反应式为：

$$RNH_2(l) + H_2O = RNH_3^+ + OH^- \tag{3-23}$$

其平衡常数为：

$$K_b = [RNH_3^+][OH^-]/[RNH_2] = 4.3\times10^{-4} \tag{3-24}$$

伯胺的盐酸溶液按以下反应式进行解离和水解：

$$RNH_2+HCl=\!=\!=RNH_2\cdot HCl \tag{3-25}$$

$$RNH_2\cdot HCl=\!=\!=RNH_3^++Cl^- \tag{3-26}$$

$$RNH_3^+=\!=\!=RNH_2+H^+ \tag{3-27}$$

所以酸性条件有利于解离。矿浆中 RNH_2(l)、RNH_3^+ 和 RNH_2 的存在与其各自的浓度、pH 值有密切关系。十二胺在溶液中的组分浓度与 pH 值关系如图 3-8 所示。

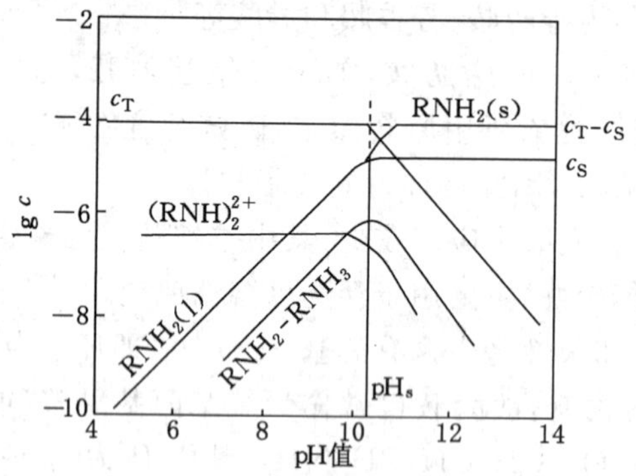

图 3-8　十二胺(1×10^{-4} mol/L)在溶液中各组分的浓度与 pH 值的关系

由图 3-8 可以得到如下结论：

① 当 pH＝10.65 时，RNH_2(l)与[RNH_3^+]相等，此时[OH^-]＝4.3×10^{-4}。

② 当 pH＜10.65 时，以[RNH_3^+]为主；当 pH＞10.65 时，以 RNH_2(l,s)为主；当 pH 进一步增加，固体胺析出，[RNH_3^+]急降为零，临界 pH 值为 10.3。

③ 当 pH 在 10～11 之间时，[RNH_3^+]与 RNH_2(l)共吸附，此时浮选效果最好。当 pH＞11.5 时，其捕收能力会急剧下降。

(3) 胺可以和重金属离子形成络合物

胺类捕收剂中的 N 原子电子云 sp^3 杂化，存在孤对电子，可以同过渡金属离子形成络合物，属于化学吸附捕收机理。

(4) 胺类捕收剂具有起泡性

胺具有很强的起泡性，尤其低级胺、芳香胺，常常起泡过量。

(5) 胺类捕收剂的捕收能力

随着 C 链的增长，胺类捕收剂的捕收能力提高，选择性提高。C 原子数大于 12 为高级胺。

3.4.5.3　胺类捕收剂的应用

(1) 捕收石英、硅酸盐类矿物。以石英为脉石的赤铁矿常用胺反浮选石英而得到合格铁精矿。浮选石英时最好的 pH 值是 5～6，在酸性介质中，胺主要以 RHN_3^+ 阳离子形式存在，当介质 pH 值大于石英的等电点时，石英表面吸附介质中的 OH^- 离子，外层又吸引 H^+ 离子形成双电层，RNH_3^+ 与双电层外层的 H^+ 发生交换吸附，导致石英上浮。

(2) 捕收含过渡金属离子的矿物(多用辛胺 $C_8H_{17}NH_2$)。

(3) 分选可溶性盐类矿物，用于 KCl、NaCl 分离。胺类捕收剂可以从钾石盐中使氯化钾与氯化钠分离，或从光卤石中浮出氯化钾。

(4) 捕收不溶性盐类。如菱锌矿，用十八胺盐酸盐浮选可获得较好指标。

3.4.5.4 胺类捕收剂的捕收机理

属于弱电解质的胺类是浮选石英等硅酸盐矿物的典型捕收剂，在水溶液中，既存在部分离子状态的胺(RNH_3^+)，又存在部分分子状态的胺(RNH_2)，胺分子与胺阳离子的比例受介质 pH 值所支配，并直接影响其在双电层中的吸附能力及其与矿物表面的作用机理。

胺类捕收剂与矿物的作用形式也比较多样化，对硅酸盐矿物主要以胺离子或二聚物形式起捕收作用，且可浮的矿物种类也较多；胺还可以络合捕收剂或 RNH_3Cl 形式起捕收作用，但这些作用形式在实践中只适用于一些特定场合，如浮选硫化效果较差的菱锌矿或在氯化物饱和溶液中浮选钾石盐等。

胺类捕收硅酸盐矿物的机理主要是物理吸附，包括静电力吸附和半胶束吸附。在大多数情况下，胺类与硅酸盐矿物表面相互作用，在矿物表面形成双电层。阳离子 RNH_3^+ 或 $RNH_3^+ \cdot RNH_2$ 依靠静电力吸附在荷负电的矿物表面，这种吸附形式不牢固，易脱落，故胺类应保持足够浓度。在适宜的浓度下，胺类可在矿物表面形成半胶束吸附，此时除静电引力吸附外，烃链间的范德瓦耳斯力亦起重要作用。

胺离子 RNH_3^+ 与胺分子 RNH_2 之间的非极性基还易于发生相互缔合作用，并能在矿物表面产生共吸附，或形成胺分子与离子二聚体 $RNH_3^+ \cdot RNH_2$ 的半胶束吸附。

(1) 对石英及硅酸盐类的静电吸附机理。通过静电力，烃链间的缔合力共同吸附于石英表面。属于物理吸附。

(2) 对含过渡金属离子矿物的络合作用机理。符合化学吸附机理，胺类捕收剂中的 N 原子电子云 sp^3 杂化，存在孤对电子，可以同过渡金属离子形成络合物。

(3) 对可溶性盐类的嵌合作用机理。通过嵌合作用实现。胺离子[RNH_3^+]半径与 K^+、Ca^+ 离子相似，而远远大于 Na^+、Mg^{+2}、Al^{3+} 离子，所以可以替代 K^+、Ca^+ 离子进入晶格，吸附于矿物表面，属于交换吸附。

(4) 对不溶性盐类(联合作用)，既有通过静电力、烃链间缔合力的共同吸附，又有嵌合作用的交换吸附。图 3-9 所示为十二胺分选菱镁矿与白云石回收率与 pH 值关系，白云石与菱镁矿的零电点(PZC)在 pH 值 8.5 左右，零电点(PZC)之前由于胺类捕收剂可以与白云石中的 Ca^{2+} 离子发生交换吸附而嵌合在白云石表面，因此白云石捕收率明显高于菱镁矿，零电点(PZC)之后则为静电力吸附，因而菱镁矿与白云石的回收率接近。

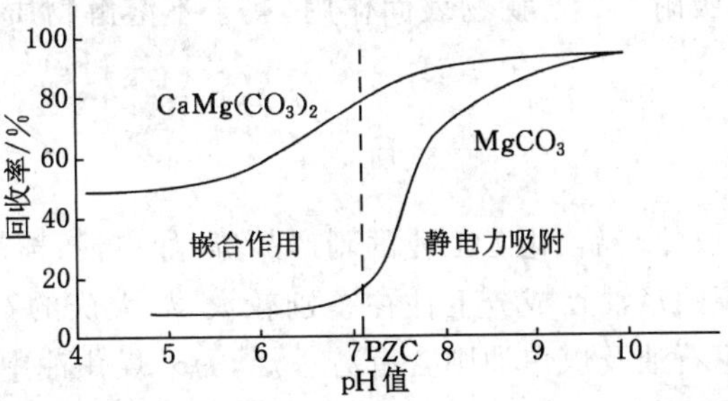

图 3-9 十二胺分选菱镁矿与白云石回收率与 pH 值关系

3.4.5.5 胺类捕收剂使用注意事项

(1) 避免与阴离子捕收剂混用，生成不溶性盐。但也有例外，有时反而改善浮选过程，这可能与有利于形成半胶束或发生共吸附有关。如单独使用油酸时金红石精矿品位只有23.5%,但先加油酸再加仲环己胺联合使用时,金红石的精矿品位可达47.3%。单独使用油酸并且要求达到较高的回收率时,油酸的用量必须增大,但精矿品位相应下降,与仲环己胺一起使用时,无论回收率还是精矿品位都可以保持较高水平。

(2) 胺类捕收剂具有起泡性,对水硬度有适应性,但注意调整水的硬度,过硬水会造成用量增大。另外胺类捕收剂产生的泡沫黏度较大,必要时要进行消泡处理。

(3) 胺对矿泥有优先吸附作用,导致选择性下降,因此要注意浮选前的脱泥。

(4) 使用前应溶于醋酸或盐酸中形成铵盐,以提高药剂溶解特性。

(5) 胺可与中性油类使用,可以降低其用量并改善选择性。如与煤油共用浮选石英。

(6) 胺类捕收剂的有效药剂浓度与pH值关系密切,所以应注意调整介质pH值。

如菱锌矿浮选时要求矿浆的pH=11;铁矿石反浮选时,用胺捕收石英,要求矿浆pH=8~9。因此,在用胺类捕收剂时,一定要针对不同的矿物确定不同的pH值范围,才能起到好的捕收效果。

(7) 配制胺的醋酸盐溶液后,不宜久置,否则伯胺或仲胺与醋酸作用成为酰胺,降低有效成分,其反应式为:

$$RNH_2 + CH_3COOH \longrightarrow RNH_3OOCCH_3 \longrightarrow RNHCOCH_3 + H_2O \qquad (3\text{-}28)$$

3.5 烃油类捕收剂(中性油)

烃油类捕收剂主要指脂肪烃、脂环烃和芳香烃等非极性有机物,其基本特点是分子的碳原子通过共价键结合,化学活性低,与水分子基本不发生作用,有明显的疏水和不溶特性,也不会解离成离子,因此也叫作中性油类捕收剂。

这类捕收剂如煤油、焦油、变压器油等,整个分子是非极性的,结构是均匀的,化学通式为R—H。它们的分子不含极性基团,且碳氢原子间都是通过共价键结合而成的饱和化合物,致使在水溶液中不与偶极水分子作用而呈现出疏水性和难溶性。

烃油作为主要捕收剂始于浮选初期的全油浮选,但因分子结构既无极性官能团,本身又无极性,化学活性很低,故与矿物表面作用不可能发生化学吸附或表面化学反应,只能通过范德瓦耳斯力依靠物理吸附方式与矿物表面作用,属于不溶解物质在矿物表面附着的一种形式。

3.5.1 烃油的来源

烃油来源于石油工业的产品、化工工业的副产品等,如煤油、柴油、变压器油、太阳油、煤焦油、重蜡等。不同来源的烃油在成分上往往差别较大,如大庆的石油主要成分为烷烃,玉门石油含有环烷烃,印尼石油及煤焦油则含有芳香烃,另外煤焦油中还含有少量的酚、醇、有机酸和有机碱等极性化合物。

3.5.2 烃油的性质

烃油类捕收剂没有极性基,碳链长度在12~18之间,沸点较高,常温下为液态,不易挥发,难溶于水,不能在水中解离,在矿浆中受到强烈的搅拌作用可以分散成细小的油滴。

研究表明，烃油的捕收性能与其组成及化学结构有关。如在捕收辉钼矿时，双环芳烃的捕收能力要好于单环芳烃，但弱于煤油；三环芳烃则优于煤油，可见烃油中含有相对分子质量大的芳烃有利于捕收辉钼矿。另外烃油黏度高和表面活性物质含量多的捕收能力较强，对浮选精矿回收率有好处；反之精矿品位较好。

3.5.3 烃油类捕收剂的应用和作用机理

在浮选中，烃油类捕收剂有两个方面的作用：一是作为独立使用的捕收剂捕收天然可浮性好的矿物；二是作为极性捕收剂的辅助捕收剂或溶剂使用，起到节约极性捕收剂或助溶的作用，用量较大时有一定的消泡作用。

作为独立使用的捕收剂，在分子间作用力下吸附于矿物表面，起始于浮选发展初期的“全油浮选”，用于捕收硫化矿。单独使用烃油进行浮选，用药量大，常需要 0.2～1.0 kg/t 或更高，选择性差，后被黄药等药剂取代。

烃油对外表现为弱的分子键，因而容易附着于表面同样呈弱分子键的非极性矿物。矿物表面的疏水性越强，亲油性越大，烃油在矿物表面的吸附越容易，吸附量也越多，吸附速度也越快。因此，对不同矿物而言，烃油的捕收作用能呈现出一定的选择性，尤其是在分离非极性矿物与极性矿物时，可获得较好的分离效果。但烃油类捕收剂能有效分选的矿物种类不多，特别是在现代浮选药剂种类多样化、矿石又趋于“贫、细、杂”的情况下，单独使用烃油只适于分选某些天然可浮性很好的所谓非极性矿物，如辉钼矿、石墨、天然硫、滑石、煤、辉锑矿、镁矿以及雄黄等。这些矿物碎磨后的解离面主要呈分子键力，表面有一定的天然疏水性，浮选时不需要用很强的捕收剂，通常烃油即可很好地浮选。烃油类捕收剂在搅拌作用下被分散成微细的油滴，油滴与矿物表面接触碰撞过程中会在范德瓦耳斯力作用下吸附于矿物表面，由于矿物表面疏水性较好，因而显示出一定的亲油性，使油滴逐渐铺展开，最后在矿物表面形成一层疏水性油膜，使矿物疏水性增强。在三相接触时，矿物表面的油膜会浓集于三相周边，提高矿粒与气泡的黏附程度，大大提高矿物的可浮性。烃油在矿物表面的吸附和形成的矿化气泡形式如图 3-10 所示。

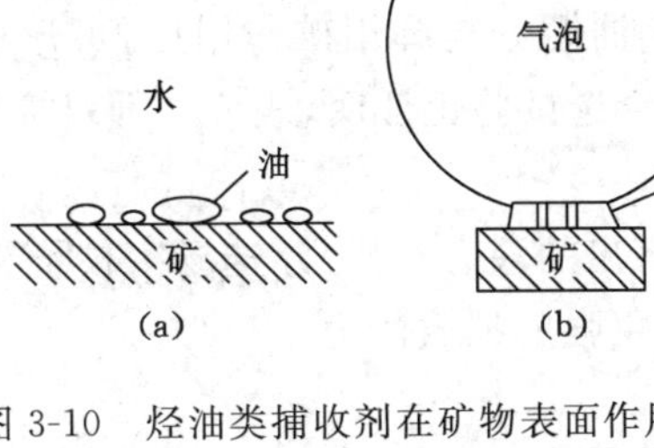

(a) (b)

图 3-10 烃油类捕收剂在矿物表面作用示意图

对于天然可浮性不强的矿物，除了少数亲水性很强的矿物外，大多数极性矿物也会吸附一定量的油滴，但油滴吸附以后不会铺展开，而是逐渐兼并矿浆中其他的微细油滴，使油滴不断变大形成油团，若干不连续的油团在矿物表面吸附，会使矿物疏水性得到提高，提高气泡与矿物的黏附强度，但一般不会形成足够的疏水性而与气泡牢固结合。

作为辅助捕收剂或溶剂，烃油通常与脂肪酸类捕收剂、脂肪胺类捕收剂混合使用，以捕收强极性表面的矿物。这种混合可以增强极性捕收剂在矿物表面的吸附强度，提高矿物表面的疏水性。同时，烃油与主捕收剂通过缔合作用共同吸附，可以增加极性捕收剂的浮选粒度上限，降低极性捕收剂用量，同时改善主捕收剂的选择性和消泡效果。例如，用脂肪酸皂和煤油混合剂作为捕收剂浮选磷灰石，或用脂肪酸与燃料油混合浮选氧化铁矿，以及在石英浮选中将脂肪胺与煤油混用，这些方法不仅能提高指标，而且还节省胺的用量。

浮选实践表明，很多情况下，将阴离子型捕收剂或阳离子型捕收剂与适量烃油混合使用，常可增强极性捕收剂的捕收能力，提高矿物的浮选粒度上限，有助于粗粒和连生体颗粒的浮选。此外，这种混合使用还能降低极性捕收剂的用量，获得良好的浮选效果。因此，烃油尤其是燃料油、煤油和柴油等，已广泛用作离子型捕收剂的辅助捕收剂。如 1975 年美国全年浮选剂的消耗中，烃油（主要是燃料油，其次是煤油）几乎占一半。

3.5.4 常用烃油类捕收剂

（1）煤油

国内石油沸程为 180～310 ℃的馏分煤油，主要是烷烃、环烷烃、芳香烃的混合物。我国常使用灯用煤油和拖拉机煤油作为浮选捕收剂，前者主要成分是正构烷烃，后者为芳香烃。煤油中不同沸程馏分的捕收性能不同，以辉钼矿为例。将辉钼矿单矿物分别置于煤油不同馏分的乳浊液中，所测得的接触角数值见表 3-3。

表 3-3 辉钼矿在煤油各馏分乳浊液中的接触角

药剂名称	接触角/(°)
蒸馏水	59.5
初级煤油	60.3
150 ℃馏分煤油	63.1
150～180 ℃馏分煤油	73.2
180～220 ℃馏分煤油	76.0
高于 220 ℃馏分煤油	84.5

由表 3-3 可知，沸程较高的煤油馏分与辉钼矿作用后，可形成较大的接触角，其中高于 220 ℃的馏分可使接触角最大。浮选试验也证明，表 3-3 所列接触角越大的煤油馏分，其浮选效果也越好。

用重蜡（尿素与煤油作用所产出的液态石蜡）浮选杨家杖子钼矿的小型选场的试验结果表明正构烷烃比煤油对辉钼矿有更强的捕收能力。

（2）柴油

一般使用轻质柴油，按凝点、黏度、十六烷值的高低分为不同型号。在浮选过程中，可以根据矿物类型和具体区域的需要，选择适合的柴油型号。

（3）焦油

焦油可分为煤焦油（如高温焦油、低温焦油）、页岩油及木焦油等，它们分别是由干馏煤、页岩及木材所得的产品，成分一般都比较复杂，且随干馏原料及温度的不同而存在较大的差别，除含各种烃类化合物外，尚有酚、醇、有机酸及有机碱等复极性物质，所以成分不稳定。

煤焦油的分馏产物多数可作为煤的捕收剂，其中轻油捕收能力较弱，但具有较强的起泡性能，用量一般为200～2 000 g/t，亦可与煤油及太阳油混合使用；重油是煤的捕收-起泡剂，但起泡性能比中油低，用量亦稍大。重油可作黄药代用品浮选硫化铜矿，甚至可浮选多金属硫化矿。重油与黄药合并使用可获得较好的指标，并降低黄药用量。蒽油产量大，价格低廉，用途较少，它也可以在浮选多金属硫化矿中代替部分黄药；蒽油与硫黄共煮，得到硫化蒽油可作黄药的代用品，但浮选指标稍低。中油可用作提取酚类起泡剂的原料。

页岩油用于浮选白铅矿、辉锑矿和煤等，可获得良好的效果。

焦油在浮选工艺发展的初期曾用作硫化矿的捕收剂，其中所含的极性物质是浮选的有效成分，烃类油仅起辅助性捕收作用。由于有效的极性物质只有小部分，而大部分是烃类油，所以其用量很大(500～5 000 g/t)。随着化学合成捕收剂(如黄药)的应用，焦油逐渐被代替。现在焦油是重要的化工原料，不再直接用于浮选工业，而是将其馏分分为不同的产品并加以综合利用，只有价值不大的馏分才用作浮选药剂。由于焦油中含有大量的酚类，毒性较大且易污染环境，所以现在已很少使用。

3.6　浮选泡沫及起泡剂

矿物的润湿性是浮选的前提和基础，但分离过程则靠气-液界面实现，因此在浮选中得到性质适当的气泡和泡沫是十分重要的。

矿浆中的气泡起着疏水矿粒在气-液界面富集及运载的作用，要求提供给疏水矿粒充分而又方便的气-液界面。纯水表面张力较大，在与空气一起搅拌过程中尽管会产生一定的气泡，但气泡的大小、生存时间及浮升到液面以后的状态均不符合浮选要求，所以研究既能获得大小、寿命、分散程度均适合于浮选，又能保证顺利排矿的气泡，以及使气泡有利于提高精矿富集程度，是浮选的又一课题。

3.6.1　浮选对气泡及泡沫的要求

普通气泡是指里面充满气体、外面覆盖着一层水膜的单个气泡，主要由液相和气相构成。当气泡与矿物颗粒黏附后，形成由气、固、液三相构成的气泡，称为矿化气泡或三相气泡。

泡沫是气泡的集合体，分为两相泡沫、三相泡沫，前者是普通的气泡集合体，后者是矿化气泡集合体。

在普通水中，引入空气，形成气泡会很快上升到水面，并立即破灭，无法形成稳定的泡沫。

泡沫浮选在动力学上大致可分为4个过程：① 在湍流运动的矿浆中，矿粒与气泡以一定速度相互碰撞接触；② 疏水矿粒在气泡上黏附，形成矿化气泡(即固、气、液三相结合体)；③ 矿化气泡浮升并进入泡沫层；④ 泡沫层精矿排出。

从这4个过程中可以看出，浮选过程首先要形成气泡。浮选时通过向矿浆中引入空气，就可以产生气泡。在动力作用下，气泡会以一定速度在矿浆中运动，但是否会形成矿化气泡，矿物具有一定的疏水性是前提；同时要求气泡能够与矿粒相互碰撞接触。从概率学角度研究表明，气泡的分散程度越高，气泡的尺寸越小，则碰撞概率越大。因此浮选中尽量产生较小的气泡。一旦形成矿化气泡，还要求气泡足够大，有足够的升力，能带动黏附的矿粒一起上升到液面；同时在上升过程中气泡不能破灭，必须在泡沫层中稳定存在，直到排出为止。所以浮选要求气泡具有良好的分散性、适当的大小和相对的稳定性。

（1）大小合适的必要性。一是矿浆中有足够的气-液界面面积，增加碰撞概率（气泡要大小合适）；二是产生足够上浮力，实现浮选过程（气泡要足够大）。

（2）稳定性的必要性。能形成稳定的泡沫层，便于二次富集和及时排出。所谓的二次富集作用是指由于机械掺杂，带入泡沫层中的非疏水性矿物，在一定厚度的泡沫层中易于在重力作用下回到矿浆中，从而使泡沫产品质量进一步提高。所以浮选中要求泡沫层要具有一定的厚度。

3.6.2 泡沫破灭机理

气泡在纯净的液体中形成后，立即有破灭的趋向以减少总表面积，从而降低体系自由能总量，这种破灭是由气泡与空气或相互间的兼并引起的。

气泡形成后，其表面由于张力的存在，会形成指向曲面中心的压强，称为附加压强 p_s，其大小与表面的弯曲程度、表面张力的大小相关，关系式如下：

$$p_s=\sigma\left(\frac{1}{r_1}+\frac{1}{r_2}\right) \tag{3-29}$$

（1）与空气兼并。当气泡刚到达水面时，顶部液面上突，其水层中的水由于重力作用、液面表面张力作用、蒸发作用而减少，气泡壁变薄，最终破裂。

（2）气泡间相互兼并。气泡内部具有一定压强，与气-液界面性质及气泡大小有关，空气中气泡内部压强公式如下：

$$p=\frac{2\delta}{r} \tag{3-30}$$

式中 p——气泡内部压强；

δ——气-液界面表面张力；

r——气泡的半径。

所以小气泡压强较大，更能保持较圆的形状，当大小两气泡接触时，由于小气泡气压高于大气泡，两气泡接触处会向大气泡一侧凸出，小气泡有冲入大气泡的趋势，从而发生兼并，形成更大的气泡。如图 3-11 所示。

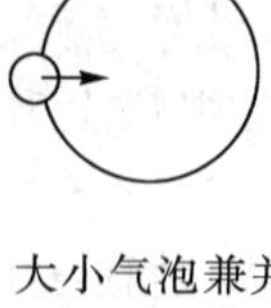

图 3-11 大小气泡兼并示意图

3.6.3 起泡剂

为避免气泡破灭，形成大小合适、相对稳定的气泡，在浮选中可采用加入化学药剂的方法来实现。

这种用来降低浮选体系中液-气表面张力，促使气泡形成，使空气在矿浆中可分散为大小合适、相对稳定气泡的浮选药剂就叫作起泡剂。

有研究显示，无起泡剂时，清水中气泡直径范围在4.5～8.0 mm，使用20 mg/L松油起泡剂时，气泡平均直径只有0.38 mm。

3.6.3.1 对起泡剂的要求

对起泡剂的要求为：

(1) 满足浮选要求，形成的气泡大小合适、寿命适当(即稳定)、分布均匀；

(2) 耗量少，价格便宜，来源稳定；

(3) 药剂具有水溶性，形成的泡沫流动性好；

(4) 不具有捕收性，不影响捕收剂的选择性；

(5) 无毒、无异味。

3.6.3.2 起泡剂的组成与结构

浮选中常用的起泡剂是异极性表面活性物质，分子一端具有极性基，另一端为非极性基，如图3-12所示。

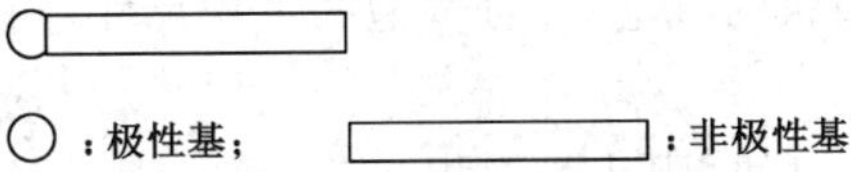

图3-12 异极性表面活性有机物示意图

极性基多数含有含氧亲水基团，常见的有—OH，—COOH，$—SO_3^-$，$—OSO_3^-$，$—NH_2^-$等。非极性基为疏水烃链。

起泡剂按是否电离，可分为两类：

(1) 非离子型(分子型)起泡剂，极性基为—OH，不电离。

(2) 离子型起泡剂，极性基可以电离。离子型起泡剂又分为酸碱两种，酸性起泡剂的极性基为—COOH，$—SO_3^-$，$—OSO_3^-$；碱性起泡剂的极性基为$—NH_2^-$。

使用时多数选择非离子型起泡剂，如各种醇类、酚类起泡剂，它们带有不能电离的—OH。

3.6.3.3 起泡剂结构对其性能的影响

非极性基长短影响溶解度和表面活性。随着烃链的增加，起泡能力增强，但溶解度降低；反之烃链短，溶解度增加，气泡能力下降。

同一系列有机表面活性物质，其表面活性按“三分之一”规律递增，即“特劳贝定则”，起泡剂烃链每增加一个碳原子，其表面活性增加3倍，或用量降为1/3。浮选起泡剂的碳原子个数一般在6～8之间。

相同碳原子个数的起泡剂，起泡能力脂肪烃类大于芳香烃类。

起泡剂在使用中要兼顾溶解度与表面活性的关系，溶解度大则快速分散，头几个浮选槽大量泡沫被刮出，后面则气泡能力不足；溶解度小，则分散速度慢，形成气泡速度缓慢，气泡存活时间较长等会造成工艺控制困难。

在烃基相同时，若极性基水化作用强则起泡能力弱，但溶解度增加。

在浮选使用范围内，随着起泡剂浓度的增加，起泡能力会增强，但有一定的使用浓度范围。浓度过大，当达到临界胶束浓度时，会导致起泡剂分子或其与捕收剂分子生成胶束或胶团，反而降低了气-液界面的起泡剂浓度，使起泡能力下降。

3.6.3.4　起泡剂的作用及机理

浮选矿浆中加入起泡剂后，浮选机械中引入的空气被打散时就会形成适合于浮选要求的气泡及泡沫。这里起泡剂起到了如下几种作用：

(1) 降低浮选体系中气-液界面表面张力，使空气在矿浆中分散成大小合适、相对稳定的、分散较好的气泡。

起泡剂属于表面活性物质，加入后，气-液界面的自由能即表面张力会显著下降，与没有起泡剂时对比，在形成气-液界面时体系自由能更低，因此形成的气泡及泡沫更稳定。

在机械搅拌式浮选机内，当有起泡剂存在时，气泡的尺寸大致在 0.05～1.5 mm 之间，其中约 80％的气泡尺寸为 0.5～1.2 mm；不加起泡剂的情况则显著不同，在气泡的粒度分布曲线上出现两个极大值，即直径为 0.4 mm 的小气泡及直径为 2.4～2.6 mm 的大气泡，气泡在浮升过程有明显的兼并现象发生。在某些充气式浮选机内，当有起泡剂存在时，气泡的大小为 2.5～3.0 mm；在具有旋流与喷射充气器的浮选机内，其气泡分散度更高，可以获得从 0.5 mm 到更小的乳滴状的气泡；并且气泡的平均尺寸，随矿浆中起泡剂浓度的增加而减小。

(2) 阻止气泡水分流失过快，阻止气泡相互兼并。

(3) 增大气泡的机械强度，降低气泡变形及变形后破裂的概率，提高气泡的稳定性。

(4) 降低气泡在矿浆中的升浮速度，有利于矿化气泡的稳定。

另外起泡剂在气-液界面的吸附，使气泡更富有弹性，增强了气泡的机械强度，在受外界挤压时具有较强的抵抗能力。

在矿浆中起泡剂分子以一定的取向吸附于气-液界面上，非极性基朝向空气，即指向气泡内部；极性基朝向水，并吸引着水分子(极性端被水化)。所以起泡剂分子能够降低泡壁间水层流动速度及蒸发速度，这样就防止了泡壁的快速破裂。

起泡剂分子在气泡表面定向排列以后，当两个气泡接触碰撞时，中间隔着两层起泡剂分子及它们极性基的水化层，因此气泡较难兼并，小气泡容易保存下来，而小气泡比大气泡更能经受外力的振动，其稳定性更强。

起泡剂可使气泡稳定的另一个主要原因是起泡剂使气泡表面具有弹性，如同具有弹性的橡皮薄膜一样。当气泡受到振动或受到外力作用时，气泡突然变形，如果气泡表面没有起泡剂分子，就会使气泡壁减薄以致破裂。但是，当气泡表面有起泡剂分子时，由于起泡剂分子的定向排列降低了表面张力，当气泡受到外力作用变形时，泡壁界面也增大，就会引起气泡表面层起泡剂分子浓度降低(图 3-13)。气-液界面变形，导致气-液界面的表面张力显著增大。这种表面张力的增大，一方面有利于约束气泡内气体分子向外冲出，另一方面使气泡产生较大的收缩力，克服了使气泡发生破裂的外力。

气泡变形情况如图 3-14 所示。图 3-14(a)为变形前，图 3-14(b)为变形后。变形后，局部起泡剂分子距离加大，即起泡剂分子浓度变小，导致气-液界面自由能升高，所以有自发降低表面自由能的趋势，使气泡自发恢复为原来的球形。

通过快速摄影法看到，纯水中气泡直径多数大于 0.5 mm，在浮升过程中变形为椭球形，受冲击后剧烈变形并产生振动。添加起泡剂后，几乎所有气泡小于 2.5 mm，气泡都呈现圆球形，受到冲击引起变形会在几毫秒内复原。

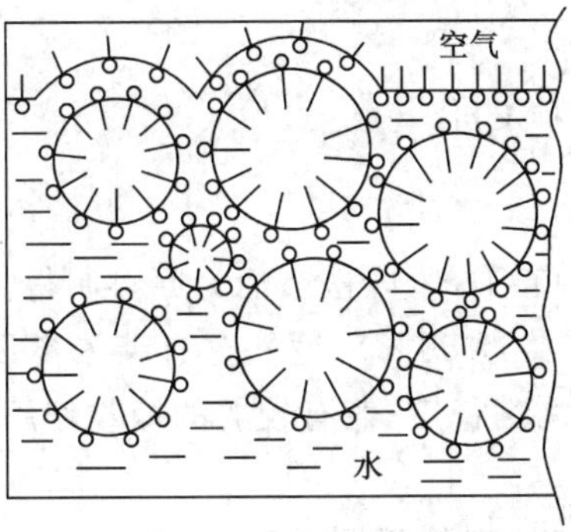

图 3-13 起泡剂在气-液界面的定向排列

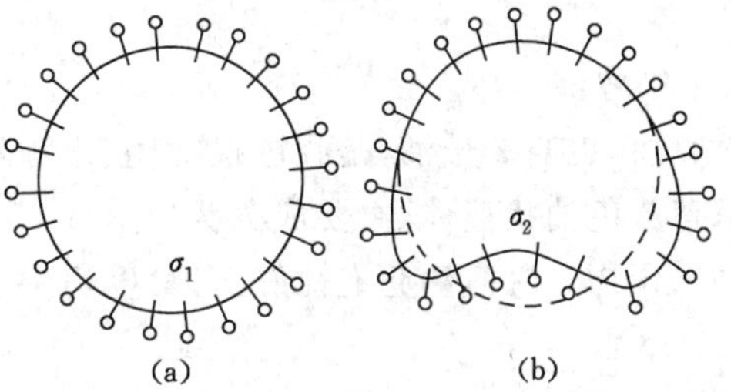

图 3-14 起泡剂在气泡变形过程中的作用示意图

气泡因吸附起泡剂分子而具有弹性的大小，取决于起泡剂分子的活性、溶解度及浓度。当溶液浓度与气-液界面浓度由于界面扩大而发生不平衡时，分子由溶液吸附到界面的速度太快或太慢都会使气泡的弹性减弱。因此要选用活性和溶解度适当的起泡剂，尤其用量要适当控制。

由上述可知，起泡剂的作用有助于气泡的形成并增强了泡沫的稳定性。

另外在浮选过程中，由于矿粒向气泡附着，使气泡形成矿化泡沫。两相泡沫经矿化后形成的三相泡沫会更加稳定。这是因为矿粒在气泡上附着有如下作用：① 因为矿粒吸附在气泡上形成吸水的毛细管，可以降低泡沫中水层流动速度。② 矿粒吸附在泡壁上，阻碍了气泡的互相兼并。③ 与矿粒表面的捕收剂相互作用，可以进一步增加气泡的机械强度。

泡沫的稳定性还与其他因素有关，一般说来矿泥含量较多时也会使泡沫变得更加稳定。此外，矿浆 pH 值、可溶性盐类含量等对泡沫的稳定性亦有影响。

3.6.3.5 起泡剂与捕收剂的相互作用

起泡剂和捕收剂均为有机药剂，在矿浆中会发生烃链间的共吸附，相互之间有一定的影响。

(1) 捕收剂兼有起泡性则效果叠加。起泡剂和捕收剂共吸附于矿粒表面，起到协同作用。

(2) 捕收剂无起泡性但会与起泡剂相互作用改变起泡作用。一般会通过共吸附作用增强起泡效果。

(3) 起泡剂影响捕收剂的溶解和临界胶束浓度。起泡剂乳化捕收剂可加速捕收剂溶解，也可与捕收剂共吸附于胶束中，影响捕收剂的临界胶束浓度。

3.6.3.6 工业上常用的起泡剂

(1) 松油

松油，又称天然松树油，由松根、松木、松枝、松明、松脂等经干馏或蒸馏得到。松油呈淡黄色至棕色液体，主要成分为 α-萜烯醇(55%～65%)，其次为 α-峰醇、萜醇等，用量为 10～60 g/t。松油的起泡性能很好，但黏性大，由于含有杂质较多而具有一定的捕收性能，可以单独捕收天然可浮性好的分子晶体矿物。松油曾经得到广泛应用，后由于来源有限，目前已不再使用。目前以工业合成起泡剂为主。

α-萜烯醇分子式为：$C_{10}H_{17}OH$，其结构式为：

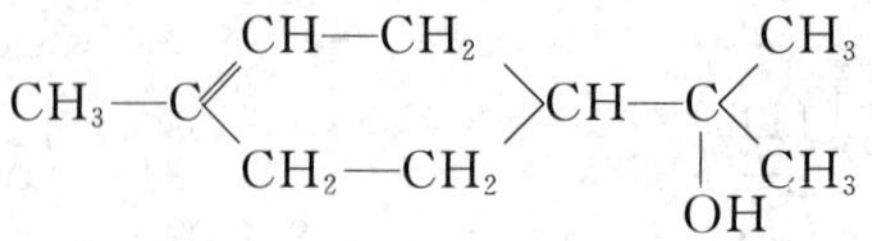

(2) 松醇油

松醇油，也叫2号油，是我国最常用、来源最广的一种起泡剂，以松节油为原料制得。松醇油呈亮黄色油状液体，主要成分为α、β、γ三种萜烯醇（接近50%），另外含有萜二醇及其他烃类化合物。松醇油起泡性好，且黏度适中，气泡大小均匀稳定，兼有较弱的捕收作用。

(3) 樟油

樟油由樟树根、叶、枝干馏制得。不同温度干馏得到的产物不同，170～220 ℃得到白油，性质类似松油；220～270 ℃得到红油，气泡黏度大；270 ℃以上为蓝油（兼有捕收性），多用于选煤或同其他类起泡剂配合使用。

(4) 甲酚酸

甲酚酸是炼焦工业副产品，是由酚（C_6H_5OH）、甲酚（$CH_3C_6H_4OH$）、二甲酚[$(HC_3)_2C_6H_3OH$]组成的混合物。甲酚酸的气泡脆，选择性好，但有毒、易燃，实际中应用不多。

(5) 重吡啶

重吡啶是从煤焦油中提炼出来的碱性有机混合物，呈褐色油状液体，主要成分为吡啶、喹啉、芳香胺等，有毒和臭味。重吡啶的起泡性能介于松油、甲酚酸之间。

(6) 脂肪醇类

国内常用C_5～C_6，国外常用高级脂肪醇C_8～C_{12}。

C_5～C_6混合脂肪酸乙酯和C_5～C_9混合脂肪酸乙酯分别称为56号和59号起泡剂。C_5～C_6混合脂肪酸乙酯为淡黄色透明液体，微溶于水，可溶于醇、醚等有机溶剂，具有水果香味，有良好的起泡性能，浮选硫化铅锌矿和黄铁矿时可代替部分松醇油，对提高硫的回收率有显著的效果；用于浮选硫化铜矿可以代替重吡啶，工业试验表明，可获得和重吡啶同样的指标，且气味较好，易于操作，铜的回收率较重吡啶高。

(7) 醚醇类

醚醇类泡沫不黏，消泡快，用量少。醚醇油（聚丙二醇烷基醚）结构式为：

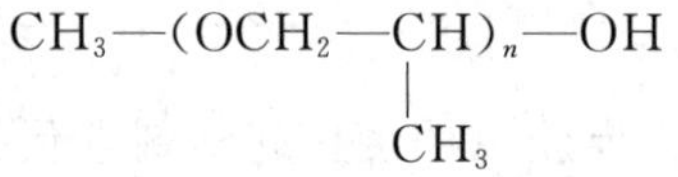

$n=1,2,3,\cdots$

醚醇与苯乙酯油是近年来使用的新型起泡剂。甘苄油、新松醇油、丁醚油（4号油）是正在推广使用的新型起泡剂。甲基戊醇则是目前国外应用极广的起泡剂。

3.7 调整剂

调整剂是用来改变捕收剂或起泡剂在固-液界面或气-液界面的作用，调整矿浆性质，改变矿石可浮性及浮选效率的药剂，包括多种无机化合物和有机化合物。

矿石中常常多种矿物共生在一起，有些可浮性相似，而捕收剂也往往可以同时作用于几种矿物，所以还必须使用调整剂来提高浮选过程的选择性。调整剂在浮选过程中的主要作用如下：

(1) 影响捕收剂的作用。一是影响捕收剂本身的状态。捕收剂性质不同，在矿浆中的溶解、电离、氧化、分解等行为就不同，所以捕收剂有效作用成分的浓度就要通过调整矿浆状态来保证。二是通过调整剂的作用，使矿物表面性质发生转变，使之与捕收剂的作用加强或削弱。

(2) 消除或减弱难免离子的影响。当矿浆中的难免离子产生改变矿物表面性质或与捕收剂发生反应而造成捕收剂失效等情况时，就要考虑消除难免离子，如采用硫化物沉淀、氢氧化物沉淀等化学方法。

(3) 调整合适的 pH 值。矿浆的酸碱程度的影响有多种，如矿物表面电性，药剂的溶解、电离、水解，难免离子含量，颗粒的分散聚集等。

(4) 调整矿浆中矿粒的聚集状态。矿物颗粒的相互吸附会影响浮选分离效果，矿泥的超大比表面积会对药剂有更强的吸附能力，所以颗粒状态对浮选过程影响也不能忽视。

根据在浮选中所起的作用，调整剂可分为以下五类。

(1) 抑制剂：提高矿物的亲水性和阻止矿物同捕收剂作用，使其可浮性受到抑制。如使用石灰抑制黄铁矿，用硫酸锌和氰化物抑制闪锌矿，用水玻璃抑制硅酸盐脉石矿物等，利用淀粉、栲胶(单宁)等有机物作抑制剂可达到多金属分离浮选的目的。

(2) 活化剂：能增强矿物同捕收剂的作用能力，使难浮矿物受到活化而浮起。如使用硫化钠活化含金的铅铜氧化矿，再用黄药等捕收剂浮选。

(3) pH 值调整剂：用来调节矿浆的酸碱度，用以控制矿物表面特性、矿浆化学组成以及其他各种药剂的作用条件，从而改善浮选效果。常用的有石灰、碳酸钠、氢氧化钠和硫酸等

(4) 絮凝剂：使矿物细颗粒聚集成大颗粒絮状物，加快其在水中的沉降速度；利用选择性絮凝进行絮凝-脱泥及絮凝-浮选。常用的絮凝剂有聚丙烯酰胺和淀粉等。

(5) 分散剂：阻止细矿粒聚集，使其处于单体状态，其作用与絮凝剂恰恰相反，如 pH 调整剂、水玻璃、磷酸盐(常用六偏磷酸钠)、单宁、木质素类。

需要注意的是一种药剂在不同场合可以有不同的作用，如 CaO、Na_2S 等药剂，具有调整 pH 值、抑制某些矿物、活化某些矿物的多重作用。

3.7.1 抑制剂

抑制剂是用来削弱矿物与捕收剂的相互作用、降低捕收剂吸附强度与吸附量、增强矿物表面亲水性的浮选药剂。其通过在矿物表面形成亲水膜、胶粒，或与捕收剂在矿物表面发生竞争吸附，相互排挤，使捕收剂从矿物表面解吸或阻碍捕收剂的吸附作用，实现抑制矿物的效果。

一般要求抑制剂具备良好的选择性，能有效阻止目的矿物上浮；对于后期工艺中需要活化的矿物，要选择易于消除抑制作用的药剂；同时，要求不与捕收剂、起泡剂发生化学反应，不影响这些药剂的效果；从使用便利角度考虑，抑制剂应价廉易得，经济实用，无毒，低毒，不污染环境。

3.7.1.1 *石灰*

石灰(CaO)具有强烈的吸水性，与水作用生成消石灰($Ca(OH)_2$)，难溶于水，是一种强碱，由石灰石煅烧获得：

$$CaCO_3 \xlongequal{} CaO + CO_2 \text{（800 ℃，加热煅烧）} \tag{3-31}$$

在矿浆中有如下反应：

$$CaO + H_2O \longrightarrow Ca(OH)_2 \tag{3-32}$$

$$Ca(OH)_2 \rightleftharpoons CaOH^+ + OH^- \tag{3-33}$$

$$CaOH^+ \rightleftharpoons Ca^{2+} + OH^- \tag{3-34}$$

使用时常加入球磨机中，以提高矿浆 pH 值。在硫化矿浮选过程中，它对抑制含 Fe 矿物（如黄铁矿、含铁闪锌矿）效果较好。

对比研究表明，石灰的抑制效果不仅仅来自其高 pH 值，还由于石灰溶于水后生成的 $Ca(OH)_2$ 和 OH^- 共同发挥作用，产生抑制效果。其中 $Ca(OH)_2$ 以亲水胶粒形态吸附于黄铁矿表面，使表面亲水性增强；而 OH^- 则与阴离子捕收剂产生竞争吸附，如 $Fe(OH)_2$ 的溶度积（1.0×10^{-15}）较黄原酸亚铁（$Fe(ROCSS)_2$）溶度积（7.0×10^{-8}）要低得多。所以，当矿浆中 OH^- 离子达到一定程度时，就会使黄药阴离子失去和矿物表面作用的机会。这种竞争不仅存在于黄铁矿，其他硫化矿也类似，所以作为 pH 值调整剂时需控制好用量。活化被石灰抑制的黄铁矿，可以用碳酸钠和硫酸铜，也可以加入硫酸将矿浆 pH 值降低至 6～7 后加丁基黄药浮选黄铁矿。

使用石灰的注意事项：

(1) 石灰本身是一种凝结剂，会使矿浆中的微细颗粒凝结，导致泡沫保持一定的黏度，用量较大时会使泡沫黏结膨胀，影响浮选过程及操作，降低浮选精度。

石灰对起泡剂的起泡能力有一定的影响，随着 pH 值的升高，松醇油类起泡剂的起泡能力增强，酚类起泡剂的起泡能力会降低。

(2) 石灰易与有机酸生成钙盐沉淀，当使用有机酸时慎用石灰来调整 pH 值。

(3) 石灰对方铅矿有抑制作用，在浮选方铅矿时不能使用，必要时严格控制用量。

(4) 石灰有腐蚀作用，注意不要伤人，误入口、眼等处应立即清水洗涤，并就医。

(5) 石灰能与矿浆中 CO_2 作用而生成沉淀，所以应避免长时间存放，注意管道结垢问题。

3.7.1.2 氰化物

常用的氰化物为 NaCN、KCN、氰溶物（含 $Ca(CN)_2$），是有色金属的有效抑制剂。它呈无色立方晶体，易溶于水，有剧毒。应用时要注意含氰废水的净化处理。

氰化钾属于强碱弱酸盐，电离后易于水解：

$$KCN \longrightarrow K^+ + CN^- \tag{3-35}$$

$$CN^- + H_2O \rightleftharpoons HCN + OH^- \tag{3-36}$$

$$K_{水解} = \frac{[HCN][OH^-]}{[CN^-]} \approx 2.1\times10^{-5} \tag{3-37}$$

生成的 HCN 是剧毒挥发物，所以使用氰化物时必须严格控制在碱性条件下，并注意防止中毒事件。

氰化物可溶解贵重金属 Au、Ag（化学选矿中作为浸出剂使用），还可与重金属作用生成沉淀物或络合物。所以，对伴生金银的矿物，最好不使用氰化物，以免导致贵金属流失。

氰化物还可用于抑制重金属硫化矿物上浮，或解吸矿物表面已经吸附的药剂。对常见硫化矿（FeS、ZnS、CuS）有强烈的抑制作用，但对 PbS 矿无抑制作用。其抑制顺序为 FeS＞ZnS＞CuS，使用时可通过严格控制用量来达到分级抑制的效果。

氰化物的抑制机理如下：

(1) CN^-在矿物表面上竞争吸附，占据了阳离子活性中心，从而增强表面亲水性。

研究表明，其竞争力是黄药离子的100倍。即$[CN^-]>[X^-]/100$时，CN^-优先吸附。如闪锌矿的抑制过程为：

$$ZnS|ZnS+2CN^- = ZnS|Zn(CN^-)_2+S^{2-} \quad (3\text{-}38)$$

(2) 氰化物可溶解捕收剂薄膜或硫化物薄膜，使捕收剂或活化剂解吸。

如对黄铁矿表面吸附的黄药解吸：

$$Fe(C_2H_5OCSS)_2+6CN^- = Fe(CN)_6^{4-}+2C_2H_5COSS^- \quad (3\text{-}39)$$

反应平衡常数$K=100^{30}$，反应很彻底。所以能有效解析矿物表面吸附的黄药。

除对乙基黄原酸铅解吸无效，氰化物对低级黄药的解吸效果都较好。高级黄药的各种金属黄原酸盐与氰化物的交换反应平衡常数较低，故氰化物对高级黄药的黄原酸盐解吸效果较差。

(3) 消除难免离子或矿浆中的活化离子，可以通过络合反应来实现。

$$Cu^{2+}+2CN^- = Cu(CN)_2 \quad (3\text{-}40)$$

$$2Cu(CN)_2 = Cu_2(CN)_2+(CN)_2 \quad (3\text{-}41)$$

$$ZnS|CuS+4CN^- = ZnS|+Cu(CN)_4^{2-}+S^{2-} \quad (3\text{-}42)$$

所以矿浆中难免离子较多时，会造成氰化物的大量消耗而影响其抑制效果。

氰化物对金属矿的抑制效果如下：

(1) 对铅(Pb)、铋(Bi)、锡(Sn)、锑(Sb)及铊(Tl)矿物无抑制作用。

(2) 对汞(Hg)、镉(Cd)、银(Ag)、铜(Cu)及铂(Pt)矿物较高浓度起抑制作用。

(3) 对锌(Zn)、铁(Fe)、镍(Ni)、金(Au)及钯(Pd)抑制作用强烈。

(4) 因为矿浆中存在大量的Cu^{2+}，使氰化物对次生铜矿物抑制效果不好，可用氰化物络合盐替代，如赤血盐($K_3Fe(CN)_6$)、黄血盐($K_4Fe(CN)_6$)。

当多金属矿床采用优先浮选工艺流程时，使用氰化钠抑制黄铁矿、闪锌矿、黄铜矿等硫化矿物，氰化钠与硫酸锌混合使用对闪锌矿的抑制效果良好，当氰化钠用量较少时就能抑制黄铁矿，用量稍多时便能抑制闪锌矿，用量加大时能抑制各种硫化铜矿物。

在生产实践中，由于氰化钠有毒性，而且能溶解贵重金属，造成贵重金属回收率下降，现已经逐渐停止使用，常用其他抑制剂或几种抑制剂的配合使用来替代。如采用二氧化硫或亚硫酸钠代替。二氧化硫、亚硫酸钠比氰化钠抑制效果弱，但由于毒性小、不易被空气氧化、不造成贵重金属损失、浮选废水容易处理而常被使用；另外的优点是被二氧化硫、亚硫酸钠抑制过的矿物较容易被硫酸铜活化，而被氰化钠抑制过的矿物较难活化。

氰化物是剧毒药剂，多年来一直在进行无氰或少氰抑制剂的研究。氰化物的替代药剂及配伍主要有以下几种：

(1) 亚硫酸(H_2SO_3)、亚硫酸钠(Na_2SO_3)、偏硅酸钠(Na_2SiO_3)组合。用来抑制闪锌矿、黄铁矿和磁黄铁矿。

(2) 硫酸锌($ZnSO_4$)、碳酸钠(Na_2CO_3)、硫化钠(Na_2S)组合。具有抑制闪锌矿、黄铁矿和磁黄铁矿的作用。

(3) 诺克斯(Nokes)试剂(P_2S_5+NaOH或Al_2O_3+NaOH)。在pH值8～11时对铜、铅、锌及铁的硫化矿均有较好的抑制作用，用于钼精矿中去除铅等硫化矿，其抑制方铅矿的效果优于重铬酸盐。

(4) 高锰酸钾(K_2MnO_4)、锰酸钾($KMnO_4$)。在 pH 值 7.5～9 时对黄铁矿抑制效果好。

(5) 次氯酸钠(NaClO)。可抑制锌、铁硫化矿。

3.7.1.3 硫化钠

硫化钠是浅褐色晶体,具有腐蚀性。其制取是以煤、木炭等燃烧作为还原性气体来还原硫酸钠而得。

硫化钠是一种强碱弱酸盐类强电解质,易溶于水并具有水解性:

$$Na_2S = 2Na^+ + S^{2-} \tag{3-43}$$

$$S^{2-} + H_2O \rightleftharpoons HS^- + OH^- \quad (K=10^{-7}) \tag{3-44}$$

$$HS^- + H_2O \rightleftharpoons H_2S\uparrow + OH^- \quad (K=10^{-15}) \tag{3-45}$$

在碱性条件下使用时,较高浓度的硫化钠对大多数硫化矿的抑制作用较强。生成的 S^{2-}、HS^- 可以同重金属离子发生作用,生成不溶物。

S^{2-} 易被氧化生成自然硫。

$$2S^{2-} + O_2 + 2H_2O \rightleftharpoons 2S + 4OH^- \tag{3-46}$$

其抑制作用,一方面是由于 HS^- 离子吸附在矿物表面,增强了矿物的亲水性;另一方面,当 HS^- 离子达到一定浓度后,会与黄药阴离子在矿物表面发生优势竞争吸附,排挤已经吸附的黄药离子,从而抑制矿物上浮。

除 MoS_2 外,在较高浓度下,硫化钠对大多数硫化矿均有不同程度的抑制作用,但不同用量会导致不同的抑制效果。由于用量不好控制,常使抑制效果不稳定,因此实际应用时常配合其他抑制剂使用。如配合硫酸锌($ZnSO_4$)抑制闪锌矿、黄铁矿,配合重铬酸盐($Cr_2O_7^{2-}$)抑制方铅矿。

硫化钠抑制能力顺序为:方铅矿>闪锌矿>黄铜矿>黄铁矿>斑铜矿>铜蓝>辉铜矿。

硫化钠常用场合为:

(1) 混合精矿的脱药。用于分离硫化矿混合精矿时脱药,常配合浓缩、过滤、洗涤等作业,通过解析作用,恢复矿物天然疏水性。

(2) 用于 MoS_2 矿的浮选分离时抑制其他硫化矿。

(3) 用于铜铅硫化矿混合精矿分离。配合 $K_2Cr_2O_7$ 对方铅矿脱药,而浮选铜矿物。

(4) 消除难免离子,即用硫化物沉淀法去除金属离子。

3.7.1.4 水玻璃

水玻璃是一种无色的无机胶体,主要由偏硅酸钠(Na_2SiO_3)、二硅酸钠($Na_2Si_2O_3$)、硅酸钠(Na_2SiO_4)混合而成。工业上用通式:$Na_2O \cdot nSiO_2$(n 为模数)表示。在浮选过程中,模数在 2.5 左右效果最好。模数大抑制强,但水溶性差;反之,抑制弱,但水溶性好。水玻璃对石英、硅酸盐等脉石矿物有着良好的抑制作用,同时也是一种良好的分散剂。

水玻璃属于强碱弱酸盐,在水中强烈水解,溶液呈碱性。模数为 1 的偏硅酸按式(3-47)、式(3-48)解离:

$$Na_2SiO_3 \rightleftharpoons 2Na^+ + SiO_3^{2-} \tag{3-47}$$

$$SiO_3^{2-} + 2H_2O \rightleftharpoons H_2SiO_3\downarrow + 2OH^- \tag{3-48}$$

水玻璃水解很完全,碱性很强,生成的偏硅酸 H_2SiO_3 难溶于水。所以为防止 H_2SiO_3 析出，要求在强碱性条件下使用，一般控制 pH>13。

水玻璃可以和 CO_2 作用生成偏硅酸

$$SiO_3^{2-}+CO_2+H_2O=H_2SiO_3\downarrow+CO_3^{2-} \tag{3-49}$$

所以水玻璃使用时应现用现配，防止时间长变质失效。

一般认为水玻璃起抑制作用的有效成分是 H_2SiO_3（偏硅酸）和 $HSiO_3^-$（硅酸氢根）及胶态的 SiO_2，它们吸附在矿物表面可增强矿物的亲水性。

为了改善水玻璃的抑制性能，常将水玻璃与高价金属阳离子配合使用，生成盐化水玻璃。如将水玻璃分别与硫酸铝、硫酸铬、硫酸锌、硫酸铜等配合，可提高水玻璃对碱土金属矿物抑制的选择性。其作用机理目前研究得尚不充分。有人认为，水玻璃在水解过程中生成的 OH^- 与高价金属离子结合形成胶态氢氧化物，并促进水玻璃水解形成更多的硅酸胶粒。这使得金属氢氧化物胶粒与硅酸胶粒交杂在一起，并同时与矿物作用，从而提高水玻璃抑制作用的选择性。

水玻璃的应用如下：

(1) 在使用有机酸类捕收剂时，水玻璃作为石英、硅酸盐类矿物的抑制剂。

胶态硅酸和硅酸氢根（$HSiO_3^-$）离子与硅酸盐类矿物具有相同的酸根，容易吸附在这些矿物表面并且吸附牢固，所以水玻璃对石英、硅酸盐类、铝硅酸盐等常见脉石矿物具有良好的抑制作用。

(2) 在盐类浮选中，水玻璃用于抑制方解石。

研究表明，硅酸胶粒和硅酸氢根（$HSiO_3^-$）离子在方解石、重晶石、天青石表面吸附量较大且吸附强度高，而在萤石、白钨矿、磷灰石矿物表面吸附量少且易脱落，所以水玻璃有助于这些矿物的分离。

(3) 水玻璃还常与其他药剂联合使用，以提高其作用效果或选择性。如与重铬酸盐使用抑制方铅矿；与金属盐（如碳酸钠）使用加强抑制效果的选择性；另外，加温也可以提高水玻璃的作用效果。

(4) 水玻璃还兼有分散矿泥的作用，硅酸根离子（SiO_3^{2-}）和硅酸氢根离子（$HSiO_3^-$）在矿泥表面吸附，使其带有负电荷，形成亲水性薄膜。通过静电相斥作用和亲水薄膜的阻碍作用使微细颗粒难以凝聚。

实践中，水玻璃的用量变化范围较大。作为抑制剂使用时，通常为 0.2～2 kg/t，作为白钨矿的脱药剂时可达 8～15 kg/t，作为矿泥分散剂时用量较小，为 1.0 kg/t 以下。

3.7.1.5 硫酸锌

硫酸锌（$ZnSO_4\cdot7H_2O$）俗称皓矾，纯白色晶体，易溶于水，在碱性条件下可抑制闪锌矿，pH 值越高抑制效果越好。在水中有如下水解过程：

$$Zn^{2+}+2H_2O=Zn(OH)_2(\text{或写成 } H_2ZnO_2)+2H^+ \tag{3-50}$$

$$Zn(OH)_2+OH^-=HZnO_2^-+H_2O \tag{3-51}$$

$$HZnO_2^-+OH^-=ZnO_2^{2-}+H_2O \tag{3-52}$$

其水解产物 $Zn(OH)_2$ 是两性化合物，呈亲水性胶粒形式存在，碱性介质中得到的 $HZnO_2^-$、ZnO_2^{2-} 通过胶体吸附、竞争吸附增强了矿物的亲水性，阻碍闪锌矿表面与捕收剂的相互作用，达到抑制作用。

硫酸锌单独使用时，其抑制效果较差，通常与氰化物、硫化钠、盐酸盐或硫代硫酸盐、碳酸钠等药剂配合使用。与氰化物配合(氰化物∶硫酸锌＝1∶2～1∶5)使用,生成胶体 $Zn(CN)_2$,对黄铁矿、黄铜矿、白铁矿、斑铜矿、黝铜矿、铜蓝、辉铜矿等矿物均具有抑制效果,使用时需控制好用量,用量过大,以上矿物都可能被抑制。

3.7.1.6 亚硫酸、亚硫酸盐及硫代硫酸盐等

这类药剂包括二氧化硫气体(SO_2)、亚硫酸(H_2SO_3)、亚硫酸钠(Na_2SO_3)和硫代硫酸钠($Na_2S_2O_3\cdot 5H_2O$)等,对大部分硫化矿均有抑制作用。

二氧化硫溶于水生成亚硫酸,其溶解度随温度升高而降低。生成的亚硫酸具有较强的还原性,能和很多金属离子作用形成酸式盐(亚硫酸氢盐)或正盐(亚硫酸盐)。

亚硫酸在水中分两步解离,随 pH 值不同,溶液中 H_2SO_3、HSO_3^-、SO_3^{2-} 的浓度不同,在 pH 值 5～7 范围内,抑制效果较好,此时起抑制作用的主要成分为 HSO_3^-。

二氧化硫及亚硫酸(盐)主要用于抑制黄铁矿和闪锌矿。通过溶解有二氧化硫的石灰,可以形成弱酸性矿浆(pH 值＝5～7),或者将二氧化硫与硫酸锌、硫酸亚铁、硫酸铁等联合作为抑制剂。在这种情况下,方铅矿、黄铁矿、闪锌矿会受到抑制,而黄铜矿不但不受抑制,反而得到活化。为了加强对方铅矿的抑制,可与铬酸盐或淀粉配合使用,而被抑制的闪锌矿则使用少量硫酸铜即可活化。

还可以用硫代硫酸钠、焦亚硫酸钠($Na_2S_2O_3$)代替亚硫酸(盐)来抑制闪锌矿和黄铁矿。对于被铜离子强烈活化的闪锌矿,只用亚硫酸盐的抑制效果较差,此时,如果同时添加硫酸锌、硫化钠或氰化物,则能增强抑制效果。

需要注意的是,亚硫酸盐在矿浆中易于氧化失效,因而,其抑制有时间性,为使过程稳定,通常采用分段加药的方法。

3.7.1.7 重铬酸盐

重铬酸盐($MeCr_2O_7$或 $MeCrO_4$)在酸性介质中属于强氧化剂,在弱碱性介质中生成铬酸离子(CrO_4^{2-}),是方铅矿和重晶石的有效抑制剂,对黄铁矿亦有抑制作用。其作用机理是电离及水解产物与矿物表面金属阳离子结合,通过氧化作用生成亲水性薄膜。该过程的反应速度较慢,通常需较长时间(30 min 以上)的搅拌才能充分发挥抑制效果。

在多金属硫化矿分离浮选时,重铬酸盐抑制铅矿物,浮选铜矿物,是分离铜、铅混合精矿的常用方法之一。

需要注意的是,重铬酸盐对方铅矿的抑制作用很强,抑制以后难以活化。活化时需用大量的亚硫酸盐、盐酸或硫酸亚铁等还原剂,而且被活化的矿物又难以重新抑制。

除重铬酸钾之外,高锰酸钾和双氧水在浮选研究中也常常用作具有氧化作用的抑制剂,作为氧化剂对毒砂、黄铁矿,甚至黄铜矿和闪锌矿进行抑制。

3.7.1.8 有机抑制剂

许多有机化合物也是很好的抑制剂,具有选择性好、毒性低等特点,常与无机抑制剂组合使用,作用互补,发挥协同效应,也用于替代有毒的无机抑制剂。

有机抑制剂按相对分子质量大小可分为低分子有机抑制剂和高分子有机抑制剂两类。

(1) 低分子有机抑制剂主要有草酸、丁二酸、天冬氨酸、柠檬酸及其钠盐、水杨酸钠、酒石酸和硫基乙酸(钠)等,是硅酸盐类脉石、石英、白云石和长石等的抑制剂。

(2) 高分子有机抑制剂相对分子质量大(10^5～10^6),长长的分子链上带有很多活性基团,如—OH、$—SO_3^-$、$—OSO_3^-$、$—NH_2$、—COOH,通过这些活性基团与矿物表面阳离子活

性中心作用,使矿物受到抑制。实践应用较多,常进行一定的改性处理来提高它的作用效果。高分子有机抑制剂除具有较好的抑制作用外,还有分散和絮凝作用。

有机抑制剂有天然和人工合成两类。天然有机抑制剂可分为多糖类和多酚类两类。多糖类主要有古尔胶、淀粉、纤维素衍生物等;多酚类主要有单宁(栲胶)、木质素及其衍生物等。

(1) 淀粉:植物中谷类含量较多,如玉米、水稻等,由葡萄糖单元聚合构成,分子式为$(C_6H_{10}O_5)_n$,相对分子质量在10 000~100 000,具有—O—、—OH极性基和a-甙单元非极性基。有两种结构,一种是直链淀粉,约占25%;另一种是支链胶淀粉,约占75%。直链淀粉相对分子质量较小,支链胶淀粉相对分子质量相对较大,前者易溶于热水,后者只能在水中膨润。

淀粉主要用于反浮选脉石时抑制赤铁矿、辉钼矿等有用矿物,也可以作为细粒赤铁矿的絮凝剂。

淀粉经过化学处理,生成的各种淀粉衍生物(变性淀粉)能改善淀粉的溶解特性和抑制选择性,如用无机酸或有机酸加热处理可获得可溶性淀粉;与苛性钠加热作用可得到可溶性苛性淀粉;或引入各种官能团,进行改性和变性处理。如季铵盐盐酸作用后的阳离子淀粉能抑制硅酸盐类脉石;氯乙酸和氢氧化钠作用得到阴离子淀粉能较好地抑制赤铁矿。

糊精是淀粉加热到200 ℃时的水解产物(单糖),是一种胶状物质,可溶于冷水,也是一种重要的有机抑制剂,用于抑制石英、滑石、云母等脉石矿物。

(2) 单宁:又称植物鞣质,是从植物中提取的一种高分子无定形物质,是多种成分的混合物,相对分子质量为600~2 000。多数情况下呈胶态,可溶于水。粗制单宁也叫栲胶,常用来抑制含Ca、Mg的矿物,如方解石、白云石等。除天然单宁外,还有人工合成的单宁,固态物质,其结构与天然单宁不相似,作用类似单宁,是方解石、白云石、石英的抑制剂。

(3) 纤维素:纤维素在自然资源中十分丰富,棉、麻、植物秸秆、木材中都有。纤维素不溶于水,经化学处理后可生成水溶性的衍生物,如羟甲基纤维素、羟乙基纤维素。

羟甲基纤维素(1号纤维素)在纺织、陶瓷、石油钻井和日用化学品等方面应用广泛。原料不同性能具有差异,如芦苇制得的羟甲基纤维素主要用于硫化镍矿浮选,可抑制方解石、白云石、萤石等含钙、镁矿物。稻草制备的羟甲基纤维素可抑制赤铁矿、磁铁矿、方解石及被钙镁离子活化后的石英、钠辉石等硅酸盐类矿物。

羟乙基纤维素(3号纤维素)是赤铁矿的选择性絮凝剂,是含钙镁离子碱性脉石的抑制剂,又是绿泥石、透闪石、阳起石和带有共生矿物绢云母、黝帘石、白云母的变质长石的有效抑制剂。

此外,磷酸纤维素还是阳离子交换剂,可从独居石(磷铈镧矿)中分离钍。

(4) 木质素及其衍生物:是一种存在于木材、芦苇等天然植物中的高相对分子质量聚合物。木质素经过磺化、硫化、氯化、碱处理等加工后,可以得到水溶性的磺化木素、氯化木素、碱木素等产品。在碱法造纸废水中也存在大量的碱木素。

木质素抑制剂的主要用途是抑制硅酸盐类矿物及稀土矿物。木质素磺酸盐可作为铁矿物的抑制剂。浮选钾矿时,木质素可作为脱泥剂,脱除不溶解的矿泥。

(5) 腐植酸钠(铵):腐植酸是一种高相对分子质量的聚电解质化合物。作为浮选药剂,腐植酸钠是通过褐煤用氢氧化钠处理后得到的溶液。在浮选褐铁矿、赤铁矿、碳酸铁的铁矿石时，通常使用石灰、氢氧化钠和粗硫酸盐皂等药剂浮选石英，而腐植酸钠则用于抑制铁矿物。

3.7.1.9　磷酸盐

用作浮选调整剂的磷酸盐有磷酸三钠、磷酸钾(钠)、焦磷酸钠和偏磷酸钠等。

(1) 磷酸三钠($Na_3PO_4\cdot 12H_2O$)：多金属硫化矿分选时可用于抑制方铅矿，如用硫酸铜活化闪锌矿，配合磷酸三钠来抑制方铅矿，可进行锌精矿的脱铅。

(2) 磷酸钾(钠)($K_3PO_4\cdot 12H_2O$)：硫化铜矿物和硫化铁矿物(黄铁矿、雌黄铁矿)分离时，可在石灰介质中用磷酸钾(钠)加强对硫化铁矿物的抑制作用。

(3) 焦磷酸钠($Na_4P_2O_7$)：浮选氧化铅矿时用焦磷酸钠来抑制方解石、磷灰石、重晶石。浮选含重晶石的复杂硫化矿时，用其抑制重晶石，并消除硅酸盐类脉石的影响。

(4) 偏磷酸钠$(NaPO_3)_n$：常用的是六偏磷酸钠$(NaPO_3)_6$，它能够和Ca^{2+}、Mg^{+2}及其他多价金属离子生成络合物(如$NaCaP_6O_{13}$等)，从而使含有这些离子的矿物得到抑制。此外，这类药剂常用作分散剂，用来分散矿泥，消除Ca^{2+}、Mg^{2+}离子的影响。

3.7.1.10　含氟化合物

浮选中使用的氟化物有氢氟酸、氟化钠、氟化铵及硅氟酸钠等。

(1) 氢氟酸(HF)：一种吸水性很强的无色液体，在空气中能发烟，其蒸气具有强烈的腐蚀性和毒性。氢氟酸是硅酸盐类矿物的抑制剂，是含铬、铌矿物的活化剂，也可抑制绝榴石。

(2) 氟化钠(NaF)：能溶于水，水溶液呈碱性。用阳离子捕收剂浮选长石时，氟化钠可作为长石的活化剂，以及石英和硅酸盐类矿物的抑制剂。

(3) 氟硅酸钠(Na_2SiF_6)：白色晶体，微溶于水，与强碱作用分解为硅酸和氟化钠，若碱过量则生成硅酸盐。氟硅酸钠可用来抑制石英、长石、蛇纹石、电气石等硅酸盐类矿物。在硫化矿浮选时，硅氟酸钠能活化被氧化钙抑制过的黄铁矿，还可以作为磷灰石的抑制剂。

3.7.1.11　其他抑制剂

(1) 巯基乙酸钠：用于钼精选作业，钼精矿含铜比较高时加入巯基乙酸钠可抑制铜，可以将钼精矿含铜由0.5%降至0.17%以下。

(2) 草酸：是一种饱和的二元酸，也称乙二酸，是一种有机抑制剂。草酸是重晶石和石榴子石的有效抑制剂。在萤石浮选过程中，常用草酸来抑制脉石矿物，以保证含CaF_2的萤石精矿品位达到95%。

(3) 漂白粉和次氯酸钾(KClO)：氯的氧化物都是强氧化剂，二氧化氯(ClO_2)、三氧化二氯(Cl_2O_3)、七氧化二氯(Cl_2O_7)、高氯酸($HClO_4$)的氧化性都很强。漂白粉($CaCl_2\cdot Ca(ClO)_2\cdot H_2O$)的主要成分是次氯酸钙，是选矿中较常用的氧化剂。一些工厂在锌硫分离中加漂白粉来抑制黄铁矿浮闪锌矿，同时也会使方铅矿因过氧化而被抑制，从而降低锌精矿中的铅硫品位，提高锌精矿品位。

(4) 双氧水(H_2O_2)：双氧水也是一种氧化剂类型的药剂，可用于提高矿浆电位，提高因矿浆电位过低而不能浮游的矿物的可浮性。用双氧水也可以抑制容易氧化的矿物。

3.7.2　活化剂

用来增强捕收剂与矿物表面的作用，提高捕收剂吸附强度与吸附量，增强矿物可浮性的浮选药剂称为活化剂。活化剂能改变矿物表面的成分和电性，除去矿物表面的抑制性薄膜或减少矿浆中的有害离子，改善矿物天然可浮性，增强矿物表面与捕收剂间的静电作用，或起到连接矿物表面与捕收剂的媒介作用。活化剂按化学性质可分为以下几类。

(1) 各种金属离子：用黄药类捕收剂时，能与黄原酸形成难溶性盐的金属离子，如Cu^{2+}、Ag^{+}、Pb^{+}等。使用的药剂有硫酸铜、硝酸银、硝酸铅等。

用脂肪酸类捕收剂时，活化剂能与羧酸形成难溶性盐的碱土金属及重金属离子，如Cu^{2+}、Mg^{2+}、Ba^{2+}、Pb^{2+}、Fe^{3+}、Ca^{2+}等。这些离子具有活化石英及硅酸盐类矿物的作用，其水解产物$CuOH^{+}$、$MgOH^{+}$、$Fe(OH)_2^{+}$、$CaOH^{+}$可在石英及硅酸盐类矿物表面静电吸附，改变其表面电性，增强这类矿物与阴离子捕收剂的静电吸附作用。由于与矿浆中难免离子作用相同，所以浮选时要注意控制难免离子。使用的药剂如石灰、氯化钙、氯化钡等。

(2) 无机酸、碱、盐：主要用于清洗欲浮矿物表面的氧化物污染膜或黏附的矿泥，如盐酸、硫酸、氢氟酸、氢氧化钠、硫化钠等。

(3) 有机活化剂：有机活化剂尚处于理论探索阶段，应用不太普遍。

① 草酸(HOOC—COOH)：工业草酸用于活化被石灰抑制的黄铁矿和雌黄铁矿。

② 乙二胺磷酸盐：用于活化氧化铜矿，在氧化铜矿浮选时能够改善泡沫状况，并降低硫化钠和丁黄药的用量。

③ 聚乙烯二醇或醚：可用作脉石的活化剂，在多金属硫化矿浮选时，将其与起泡剂一起添加，可先浮出大量脉石，然后再进行铜铅锌的混合浮选。

3.7.2.1 硫酸铜

硫酸铜($CuSO_4\cdot 5H_2O$)俗称胆矾，天蓝色晶体，易溶于水，属于强酸弱碱盐，水解使溶液呈酸性。

水解反应式：

$$CuSO_4 = Cu^{2+} + SO_4^{2-} \tag{3-53}$$

$$Cu^{2+} + H_2O \rightleftharpoons CuOH^{+} + H^{+} \tag{3-54}$$

$$CuOH^{+} + H_2O \rightleftharpoons Cu(OH)_2 + H^{+} \tag{3-55}$$

硫酸铜具有氧化性，可置换活性较铜强的金属，如

$$Cu^{2+} + Fe = Cu + Fe^{2+} \tag{3-56}$$

使用黄药或黑药做捕收剂时，用来活化闪锌矿、黄铁矿、磁黄铁矿及辉钼矿。

对闪锌矿、黄铁矿等，Cu^{2+}离子与矿物表面Zn^{2+}、Fe^{2+}离子交换吸附，使矿物表面呈CuS状态，形成黄原酸根的活化中心(Cu^{2+})，从而提高矿物疏水性。

如与闪锌矿表面的置换反应：

$$ZnS|ZnS + Cu^{2+} = ZnS|CuS + Zn^{2+} \tag{3-57}$$

CuS的溶度积$K_{CuS}=10^{-36}$，ZnS的溶度积$K_{ZnS}=10^{-24}$，所以置换过程能顺利进行。

另外，Cu^{2+}离子还能消除CN^{-}、SO_3^{2-}离子所抑制的矿物表面抑制膜，并能与矿浆中CN^{-}、SO_3^{2-}作用发生沉淀或生成络合物，起到消除抑制剂的作用。

使用硫酸铜的注意事项：

(1) 用量要适当。因其价格较高，且需要考虑后期抑制的问题。

(2) 为防止水解，应在酸性矿浆中使用。

(3) 要充分搅拌，以提高活化效果。

(4) 注意加药顺序，先活化后捕收。

3.7.2.2 硫化钠

硫化钠($Na_2S\cdot H_2O$)是一种具有双重性质的药剂，既可以作为硫化矿抑制剂，也可以作为重金属氧化矿物的活化剂。同样效果的药剂还有 CaS、NaHS 等。作为活化剂使用时，硫化钠也被称为硫化剂。

硫化钠主要用来活化重金属氧化物，特别是针对 Cu、Pb 氧化矿。

硫化钠的水解产物 HS^- 和 S^{2-} 与重金属离子作用，生成硫化矿物沉淀薄膜，可改善氧化矿表面的可浮性，从而有利于黄药等捕收，因此称为硫化剂。如活化菱铅矿、孔雀石：

$$PbCO_3 \mid PbCO_3 + S^{2-} \xlongequal{\quad} PbCO_3 \mid PbS + CO_3^{2-} \tag{3-58}$$

$$CuCO_3\cdot Cu(OH)_2 \mid CuCO_3\cdot Cu(OH)_2 + NaS \longrightarrow CuCO_3\cdot Cu(OH)_2 \mid CuS + NaOH + Na_2CO_3 \tag{3-59}$$

使用硫化钠时注意事项：

(1) 在碱性介质中使用，以防止水解造成 H_2S 挥发。

(2) 由于大多数重金属硫化物易形成沉淀，所以应注意避免管路出现堵塞。

(3) 颗粒之间的摩擦会使其表面硫化物薄膜脱落，所以搅拌不宜太强烈和时间过长。

(4) 加温有利于硫化，如菱锌矿($ZnCO_3$)在 70 ℃才会硫化。

3.7.3 介质 pH 值调整剂

介质 pH 值调整剂主要用来调整矿浆酸碱度，形成有利于浮选分离的介质条件，改善矿物表面状况和矿浆离子组成。

这类药剂常与抑制剂或活化剂交叉，难以分清。常用的介质 pH 调整剂有酸、碱、硫化钠、水玻璃。在浮选实践中，为提高矿浆的碱度常用石灰或碳酸钠，或苛性钠、硫化钠；为提高矿浆酸度常用硫酸；为消除矿浆中有害离子的影响，常用苏打、硫化钠；为消除矿泥的团聚现象，常用水玻璃、碳酸钠或硫化钠等。

介质 pH 值调整剂的作用如下：

(1) 调整矿浆中难免离子的浓度。使氢氧化物溶度积较低的金属离子形成沉淀而降低其浓度，减少对浮选过程的不利影响。

(2) 影响浮选药剂的赋存状态。介质 pH 值不仅影响药剂的分散状态，对于易于电离和水解的浮选药剂，介质 pH 值还会影响这类药剂在矿浆中的离子组成和有效作用浓度，从而影响药剂作用效果。

(3) 影响矿物表面的荷电性质。对以 H^+ 和 OH^- 离子为定位离子的矿物，介质 pH 值调整剂直接影响矿物表面电位大小。

(4) 改变起泡剂的存在状态及分散程度，从而影响其起泡能力及泡沫的稳定性。起泡剂活性与其存在形式有关，分子形式的活性大于离子形式。介质的 pH 值对分子型起泡剂影响较小，但会影响离子型起泡剂的电离程度，使起泡剂有效作用浓度发生变化。酸性离子型起泡剂随 pH 值降低起泡能力增加，碱性离子型起泡剂则相反。

3.7.3.1 碳酸钠

碳酸钠(Na_2CO_3)俗称苏打，白色晶体，属于碱性调整剂，水解后矿浆呈碱性，是浮选中常用的碱性 pH 值调整剂，可控制 pH 值范围 8～10。在浮选方铅矿时，由于石灰具有抑制作用，多采用碳酸钠来调节矿浆 pH 值。

使用碳酸钠还能以碳酸盐沉淀形式消除矿浆中部分难免离子，如 Ca^{2+}、Mg^{2+} 等有害离子。碳酸钠对矿浆的 pH 值有缓冲作用，可用它来活化被石灰抑制的黄铁矿。碳酸钠对矿泥有分散作用，其电离和水解出来的 CO_3^{2-}、HCO_3^- 和 OH^- 等离子会吸附在矿泥表面，使矿泥表面电荷处于同性相斥状态。

3.7.3.2 氢氧化钠

氢氧化钠（NaOH）又称苛性钠或烧碱，是一种强碱性 pH 值调整剂，通常配成 5%溶液使用。它可调整的 pH 值范围大，但因其价格贵，通常在其他调整剂不能满足要求时选用。如在赤铁矿和褐铁矿进行正、反浮选时常用它调整 pH 值，以防 Ca^{2+} 的干扰。使用时注意强腐蚀性对设备、管路的影响。

3.7.3.3 硫酸

硫酸（H_2SO_4）是常用的酸性 pH 值调整剂。黄铁矿在受石灰抑制以后，可加入硫酸使矿浆的 pH 值降到 7 以下，并溶去表面的氢氧化铁，将黄铁矿复活。在浮选锆英石、金红石、烧绿石等稀有金属矿物时，或处理老矿时，常预先用硫酸擦洗矿物表面，除去抑制性的薄膜。一般配成 1%溶液使用。

3.7.4 分散剂、凝聚剂和絮凝剂

分散剂、凝聚剂和絮凝剂均是用来调整矿浆中矿粒的聚集状态的药剂。

3.7.4.1 分散剂

为避免不同矿物颗粒间相互黏附，影响分选过程，可加入分散剂使矿浆中矿粒处于悬浮、不沉降的分散状态。

分散剂通过分散剂中离子在矿物表面吸附，增大矿物的表面电动电位，使矿粒间静电斥力增强而分散。

分散剂有无机、有机和有机聚合物三种。无机分散剂主要有氢氧化钠、水玻璃、偏铝酸、三聚磷酸钠、六偏磷酸钠、焦磷酸钠、氟化钠、碳酸钠、硼酸钠和铝酸钠等。有机分散剂有柠檬酸钠、草酸钠、酒石酸钠、抗坏血酸钠、葡萄糖酸钠、氨基醇类、磷酸盐类和磺酸盐类等。聚合物分散剂是一类水溶性有机聚合物，有天然和人工合成两种，天然产品包括其衍生物，如海藻酸、明胶、阿拉伯胶、木素及纤维素磺酸盐、各种降解聚糖等；人工合成物典型的有聚丙烯酸（钠）、丙烯酸、富马酸等。

常用的分散剂包括水玻璃、碳酸钠和六偏磷酸钠。水玻璃用于分散石英和硅酸盐矿物；碳酸钠通过调节 pH 值实现分散；六偏磷酸钠常作为调整剂，被广泛应用于各种氧化矿的浮选过程。它与许多金属矿物和非金属矿物表面有强烈的相互作用，能够以多种形式吸附在矿物表面。六偏磷酸钠电离出的活性强的 $Na_4P_6O_{18}^{2-}$ 离子与矿浆中的 Ca^{2+}、Fe^{3+}、Mg^{2+} 等反应，生成亲水而稳定的络合物，对晶格中含有这些金属阳离子的矿物产生抑制作用。如它与方解石和白云石表面的 Ca^{2+} 形成可溶性络合物而产生抑制作用。另外六偏磷酸钠吸附在矿物表面后，还能增加表面的负电性，使矿物与荷负电的其他矿物在静电斥力的作用下相互分离；也可以使带负电的矿泥处于悬浮分散状态，避免影响其他矿物的可浮性。同时，六偏磷酸钠也是常用的硫化矿分散剂。

3.7.4.2 凝聚剂、絮凝剂（也叫混凝剂）

凝聚剂、絮凝剂是指用于使不稳定的胶体微粒（或者凝结过程中形成的微粒）聚合成集

合体的药剂。

凝聚形成的聚集体通常较为密实，絮凝形成的聚集体较为松散。浮选中常用的絮凝剂为有机絮凝剂，属于有机高分子化合物，其分子上带有大量活性基团，通过桥键作用吸附矿粒，使之絮凝。根据絮凝作用的选择性，可分成非选择性絮凝和选择性絮凝两种方式。非选择性絮凝一般用于选矿厂产品脱水前的准备作业，以加速矿粒沉降；选择性絮凝用于分选过程。

无机凝聚剂主要有铝系、铁系两种，其中铝系适宜 pH 值范围为 5.5～8，如硫酸铝、明矾；铁系适宜 pH 值范围为 5～11，其腐蚀性较强，如三氯化铁、硫酸亚铁、硫酸铁等。它们的高分子聚合物，即是无机高分子絮凝剂，聚合度约为 10^4，相对分子质量可达 10^6，如聚合氯化铝（PAC）、聚合硫酸铝（PAS）、聚合硫酸铁（PFS）和聚合氯化铁（PFC）等，无机絮凝剂较多用于水处理等领域。

有机高分子絮凝剂种类繁多，目前有 200～300 种。按来源可分为天然和合成两类；按离子类型可分为阳离子型、阴离子型、非离子型、两性型四类。

天然的有机高分子絮凝剂主要有淀粉、动物胶、树胶、甲壳素及微生物等，如石青粉、白胶粉、芭蕉芋淀粉等。

合成的有机高分子絮凝剂主要有阳离子型的含氨基、亚氨基的聚合物；阴离子型的水解聚丙烯酰胺；非离子型的聚丙烯酰胺（PAM）、聚氧化乙烯；两性型的氨基酸、甜菜碱等，使用极少。

3.7.5 消泡剂

消泡剂，也叫反起泡剂。在化工领域消泡剂的应用范围广泛，有许多消泡剂，如活性炭、疏水性石英粉、硅酸铝粉、水玻璃、三聚磷酸钠、六偏磷酸钠、有机硅氧烷聚合物、植物油、动物油、2-乙基己醇、二异丁基甲醇、松醇油、脂肪酸及其皂、脂肪酸酯、乳酸烷基酯、磺化塔尔油、磺化油、聚酰类、聚醚、聚氧烷类、聚环氧丙烷、聚胺类、*N*-烷基酰胺、聚丁烯、高聚乙二醇，但适用于浮选厂的不多见。浮选过程中泡沫过多出现“跑槽”时，常使用煤油、松油消泡，一般难以及时见效。

思 考 题

3-1 浮选药剂有哪几种不同的分类方式？

3-2 浮选药剂的发展经过哪几个阶段？

3-3 捕收剂的作用及应具备的条件是什么？

3-4 捕收剂分子结构对捕收性能有怎样的影响？

3-5 捕收剂的分类方式有哪些？

3-6 硫化矿捕收剂中常用的药剂有哪些？

3-7 常用的非硫化矿捕收剂有哪些？

3-8 简述羧酸类捕收剂的捕收性能及捕收机理。

3-9 简述烃油类捕收剂的作用及作用机理。

3-10 气泡与泡沫是一样的吗？说明它们的区别。

3-11 泡沫浮选在动力学上大致可分为哪几个过程?

3-12 起泡剂的结构对其性能有何影响?

3-13 简述起泡剂的作用及作用机理。

3-14 常用的调整剂有哪几种?试说明它们各自的特性。

3-15 消泡剂种类繁多,请通过互联网查找选矿过程中使用的消泡剂相关信息。

第4章 浮选设备

4.1 浮选机的功能分区、基本要求及评价

浮选设备主要是浮选机以及为实现浮选工艺的其他设备。其中浮选机是直接实现浮选过程的主要设备，一般多台(槽)串联使用。随着矿物加工业的发展，低品位、粒度细、矿物组成复杂的难选矿石日趋增多，浮选方法已经发展为世界上分选矿物原料最主要的方法，浮选机也就成为矿物浮选分离过程广泛使用的分选设备。

除浮选机外浮选设备还包括搅拌槽、给药机、风机、砂泵等辅助设备。随着社会和科学技术的进步，浮选设备的应用领域在不断扩大，不仅用于分选矿物，还用于冶金、造纸、农业、食品、医药、微生物、环保等行业的许多原料、产品或废弃物的回收、分离、提纯。

浮选时，矿浆与浮选药剂调和后，送入浮选机，在其中经搅拌和充气，使欲浮目的矿物附着于气泡，形成矿化气泡，浮到矿浆表面，便形成矿化泡沫层。泡沫用刮板(或以自溢的方式)刮出，即得泡沫产品，而非泡沫产品自槽底排出。浮选技术经济指标的好坏与所用浮选机的性能密切相关。

4.1.1 浮选机的功能分区

浮选机可分为三个基本功能区，如图 4-1 所示。第一区是充气搅拌区。此区的主要作用是引入空气，并对矿浆空气混合物进行激烈搅拌，粉碎气流，使气体弥散，提供分选界面和运载工具；避免矿粒沉淀；增加矿粒和气泡的接触机会，提供气泡与矿粒的有效碰撞动力等。在充气搅拌区，气泡跟随叶轮甩出的矿浆流做紊乱运动，所以，气泡升浮运动的速度较慢。

第二区是分选区，在此区间内气泡在浆流中上浮，疏水性矿物颗粒与气泡附着，成为矿化气泡(指三相气泡，即吸附了矿粒的气泡)，实现亲水性矿物颗粒与疏水性矿物颗粒的分离，同时疏水性矿物颗粒在气泡带动下上浮。随着静水压力的减小，矿化气泡升浮速度也逐渐加大。

第三区是泡沫区，带有矿粒的矿化气泡上升至此区形成泡沫层，并在此区域排出泡沫产品。在泡沫层中，由于大量气泡的聚集，气泡升浮速度减慢，泡沫层中的气泡会不断自发兼并，使夹杂在泡沫中的亲水性颗粒在泡沫间水流的作用下返回分选区，产生“二次富集”作用。

4.1.2 对浮选机的要求

对浮选机的要求为：

(1) 具有良好的充气作用。在泡沫浮选过程中，气泡既是选择性分离的分选界面，又是

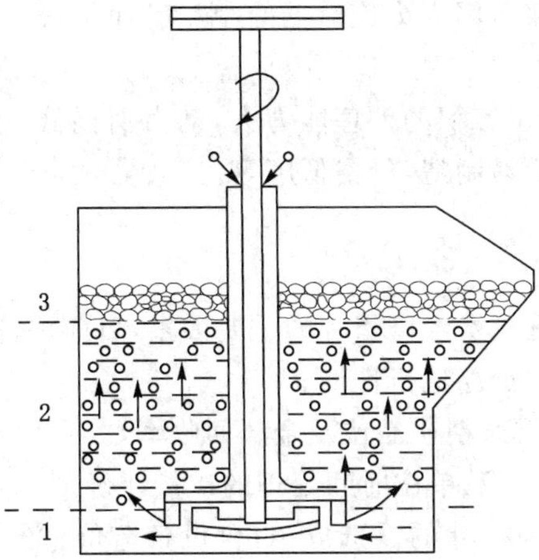

1—充气搅拌区；2—分选区；3—泡沫区。

图 4-1 浮选机功能分区示意图

疏水性矿物上浮的运载工具。为了增加矿粒与气泡接触碰撞的机会，造成有利于附着的条件，并能将疏水性矿粒及时运载到矿浆表面，在浮选机内必须具有足够大的气泡表面积，气泡亦应有适宜的升浮速度。为此，浮选机必须保证能向矿浆中吸入(或压入)足量的空气，并使这些空气在矿浆中充分地弥散，以便形成大量大小适中的气泡，同时这些弥散的气泡又能均匀地在浮选槽内分布。

不同的矿石及不同的浮选作业各有合适的充气量，因此浮选机的充气量要便于调节。

(2) 具有充分的搅拌作用。矿粒在浮选机内的悬浮效率是影响矿粒向气泡附着的另一个重要因素。为使矿粒能与气泡充分接触，应该使全部矿粒都处于悬浮状态。搅拌作用除了造成矿粒悬浮外，应能使矿粒在浮选槽内均匀分布，从而创造矿粒和气泡充分接触和碰撞的良好条件。此外，搅拌作用还应可以促进某些难溶性药剂的溶解和分散。

(3) 可形成相对稳定的泡沫区。在矿浆表面应保证能够形成比较平稳的泡沫区，以使矿化气泡形成一定厚度的矿化泡沫层。在泡沫区中，矿化泡沫层既能滞留目的矿物，又能使一部分夹杂的脉石从泡沫中脱落，以利于进行“二次富集”作用。要注意搅拌强度，不能干扰到泡沫区。

(4) 应能连续工作，便于调节维护。工业生产上使用的浮选机，应能连续给矿和排矿，以适应矿浆流在整个浮选生产过程连续性的特点。为此，浮选机上应有相应的受矿、刮泡和排矿机构。为了调节矿浆水平面、泡沫层厚度以及矿浆流动的速度，亦应有相应的调节机构，且便于调节和控制。

现代浮选机的发展还有如下一些新的要求：

(1) 能较好地适应选矿厂自动化的要求。选矿厂的自动化要求浮选机工作可靠，零部件使用寿命长；便于操作、调节和自动控制，其操纵装置应能程序模拟和远距离控制。

(2) 能较好地适应日益趋向“贫、细、杂”的入选原矿。入选原矿品位低、处理量大、选矿厂规模日益扩大，要求高效的大型化的浮选机与之相适应；有用矿物嵌布粒度细、共生关系复杂，需要细磨才能单体解离，要求浮选机能适应微细矿粒的浮选。

(3) 能适应粗粒矿物的浮选。近代许多选矿厂在磨矿分级作业中广泛采用水力旋流器代替机械分级机。浮选矿浆常因水力旋流器的"喘气"而带进一些粗粒矿物,因而要求浮选机能适应粗粒矿物的浮选。

此外,还要求浮选机单位容积的处理能力大,动力消耗低,运转可靠,零部件耐磨性好,操作维修容易,结构简单,容易制造,价格低廉等。

4.1.3 浮选机评价的判据

浮选机性能是影响浮选技术经济指标的重要因素,目前评价浮选机性能尚无统一标准,一般参考下列各项指标来评价浮选机性能。

(1) 充气性能和浮选指标(精矿品位及金属回收率)。

(2) 处理效率:按单位体积、单位时间处理的矿量评价。

(3) 处理成本:按单位原矿计的浮选成本,含设备造价、安装、操作、维修等费用来综合评价。

(4) 能耗:按单位原矿计的浮选机动力消耗。

4.2 浮选矿浆的充气搅拌

对矿浆进行充气搅拌是浮选机的主要作用,也是浮选机工作的基础,其过程是很复杂的。下面从气泡的形成及矿化作用、气泡的相互兼并、气泡的升浮运动和矿浆的充气程度四个方面介绍浮选矿浆充气搅拌的原理。

4.2.1 矿浆中气泡的形成及矿化作用

吸入或由风机压入浮选机内的空气流或溶于矿浆中的空气,可通过不同方式形成单个的小气泡。常见的主要有机械搅拌使空气流分割成气泡,空气流通过多孔介质形成气泡,从矿浆中析出气泡以及采用电解水产生大量微泡的"电解起泡法"。

4.2.1.1 机械搅拌使空气流分割成气泡

机械搅拌式浮选机气泡生成主要通过此法。此时,形状不同的转子或叶轮对矿浆进行激烈搅拌,使矿浆产生强烈的旋涡运动。由于旋涡的剪切作用,吸入浮选机的空气被分散成直径不等的气泡。矿浆和气泡相对速度越大,紊流程度越高,气-液界面张力越低,气流被矿浆的旋涡剪切分割成的气泡直径越小,数量越多。但搅拌过强,能耗大,液面不稳,气泡直径太小时,对矿粒浮出也不利。

机械搅拌式浮选机的关键部件是转子和定子。转子即叶轮,它的工作部件是类似水泵叶轮形状的涡轮、带直立叶片的水平圆盘、混合式叶轮等,也可以是垂直排列成笼形的棒或辐射状的板。转子转动时,叶片后方形成空穴,吸入空气。绕过叶片的矿浆形成两列相向旋转的涡旋(卡门涡旋),空气被这些涡旋吸至涡心,形成气泡。已形成的气泡在湍流脉动速度产生的动压力和剪切力作用下可能分裂成更小的气泡。离开叶片越远,气泡分裂得越小。

图 4-2 是叶轮将空气分散成气泡的情况。实验表明,转子分散空气的能力是有限度的,叶轮自吸式浮选机吸入空气的能力取决于转子的分散能力,不会超过这个限度。增加叶片数量或提高叶片转速可增大充气量,但动力消耗及磨损会加大,液面也可能不稳,对粗粒分选不利。

4.2.1.2 空气流通过多孔介质形成气泡

压入式浮选机(如浮选柱等)的气泡生成采用此法。压入的空气通过带有细小孔眼的多孔介质,如微孔陶瓷、帆布等特别的充气器后便会产生细小气泡,如图 4-3 所示。但空气的压力要适当:太小时不利于空气透过,气泡数量少;过大时又易形成喷射气流而不成泡,并造成液面不稳。压力大小由充气器决定。此外,充气器上孔的大小及间隔也影响气泡生成,孔的大小影响空气通过的阻力;间隔太小时相邻孔眼形成的气泡易相遇而兼并,间隔太大充气量过小。

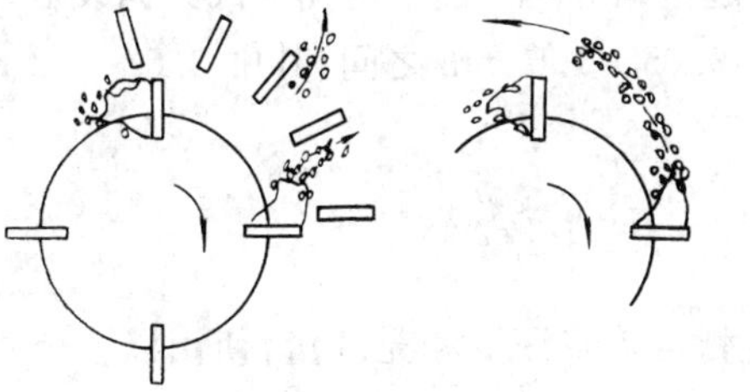

(a) 有定子的情况　　(b) 没有定子的情况

图 4-2 叶轮转动时叶片后方的空气穴与气泡生成

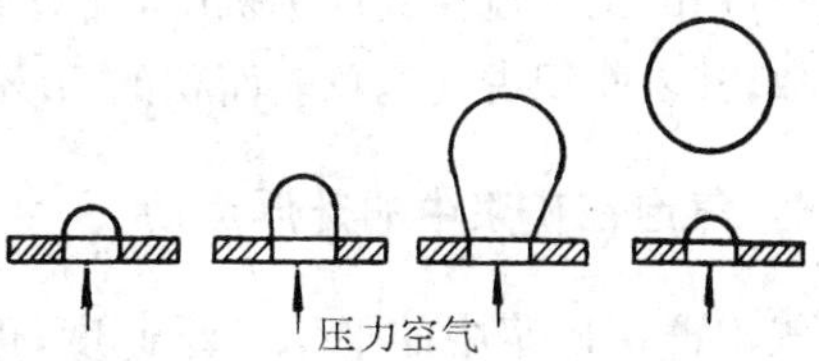

图 4-3 空气通过细孔形成气泡示意图

4.2.1.3 从矿浆中析出气泡

在标准状态下,空气在水中的溶解度约为 2%,当压力降低,溶解的气体便会以微小气泡的形式从溶液中析出。析出的微泡具有直径小、分散度高、气-液界面大、有选择地优先在疏水性较高的表面析出等特点,因而被称为活性微泡。近代浮选机设计时很注意确保大量微泡并以此强化浮选过程。微泡在矿粒表面的析出有利于突破矿粒与气泡之间的水化层。当粗粒表面有微泡时,其他气泡可通过微泡附着到矿粒上,形成无残余水化膜的附着,或许多微泡附着到粗粒矿物上构成气泡絮凝体而上浮,加强了粗粒的浮选。

影响微泡析出的主要因素有:

(1) 开始时矿浆中空气的饱和程度,即空气的溶解度。矿浆在空气中有许多溶解机会,如搅拌、泵送等都可促进矿浆的溶解。为加大溶解度,对矿浆加压是重要措施,这也是近代喷射式浮选机等采用压力矿浆的依据。

(2) 随后矿浆的降压程度。矿浆降压的原因很多,如压力矿浆的喷射、矿浆由槽底向槽顶移动、叶轮叶片后缘压力的降低、叶轮甩出矿浆时造成瞬间的压力波动和降低等。

(3) 是否具有微泡析出的"核心"。当有"核心"(如矿物的疏水性表面)时,微泡可优先在这些"核心"析出。疏水性表面越多,越有利于微泡的析出,特别是疏水性矿粒表面的微孔、裂纹和缺口等处若被气体分子填补(称气体幼芽),它们便成了微泡析出的"核心"。因此矿浆中疏水性矿粒的存在改善了微泡析出的条件,而微泡的析出又强化了疏水性矿粒的浮选。

不同结构的浮选机微泡析出数量是不同的。增加矿浆初始压力(如搅拌,加压)和降压程度(如喷射等)既增大了气泡析出前后的压力差,也是获得大量微泡的有效措施。

上述三种气泡生成方法中第一种应用最多。在一种浮选机中,也可同时采用两种以上的气泡生成方法。

4.2.2 矿浆中气泡的相互兼并作用

矿浆最终充气程度不仅取决于充气和分散过程，还取决于已生成气泡的兼并和溶解过程。气泡兼并使其直径变大、不稳定和易于破灭、气泡量减少、气泡总面积减少、对矿化不利。气泡的溶解使气泡消失，但影响不像兼并那样明显。一般气泡越小，液相中气体饱和程度越低，则溶解度越大。但溶解后在降压时还会以微泡析出，故主要应控制气泡的兼并。加入起泡剂可提高气泡稳定性，减缓气泡的兼并。浮选机中气泡的生成和消失是两个相反的过程，并很快达到动态平衡。提高搅拌强度、加入起泡剂等均可使平衡朝生成方向发展。据测定，在常用的机械搅拌式浮选机中，气泡直径介于 0.05～1.5 mm 之间，其中 0.5～1.2 mm 的占多数，其表面积占气泡总表面积的 80%左右。

4.2.3 气泡在矿浆中的升浮运动

气泡群在矿浆中的平均升浮速度，可以通过测定矿浆深度和充气量，使用以下公式进行计算：

$$v_{平均}=\frac{H}{T}=H\,\frac{q}{Q_0 M} \tag{4-1}$$

式中 $v_{平均}$——气泡群在矿浆中的平均升浮速度，cm/s；

H——浮选槽中矿浆的深度(高度)，cm；

T——气泡在矿浆中的停留时间，s；

q——进入矿浆中的空气量(即单位时间内充入的空气量)，L/s；

Q_0——被充气矿浆的体积(即浮选槽有效容积)，L；

M——矿浆中空气的含量(按体积计，或称矿浆中气泡的体积浓度)，%。

气泡群在矿浆中的升浮速度受到下列因素的影响。

(1) 矿浆涡流特性的影响

气泡的升浮速度主要取决于气泡的几何尺寸，但也与矿浆的运动状态有关。例如，在机械搅拌式浮选机内，由于搅拌等原因矿浆在浮选槽体内的运动具有极不规则的涡流特性，不同点的矿浆流速和方向都在变化，且常与气泡的升浮方向不一致，因而影响与延长气泡的运动路程，显著地降低气泡的升浮速度。观测表明，气泡在矿浆内的运动呈曲折轨迹升浮，且不规则。可见，气泡在矿浆中的升浮运动深受浮选机的类型、槽体几何形状、矿浆循环方式以及矿浆流运动特性的影响。

(2) 矿浆浓度的影响

利用式(4-1)测得在带有辐射叶轮的机械搅拌式浮选机内，在不同矿浆浓度下气泡群的平均升浮速度等于 3～4 cm/s，结果如表 4-1 所示。而单个气泡在静止清水中的升浮速度则可达 20～30 cm/s。

表 4-1 气泡群在矿浆中的平均升浮速度

矿浆浓度/%	气泡群的平均升浮速度/(cm/s)	矿浆浓度/%	气泡群的平均升浮速度/(cm/s)
0	4.05	35	2.88
15	3.39	50	3.70

由表4-1可知，在一定浓度范围内，随着矿浆浓度的增大，气泡升浮受阻，平均速度变慢，但如矿浆过浓，因空气弥散不好，常呈大气泡存在，这时气泡的升浮速度又会变快。

(3) 矿物负载的影响

矿化气泡的升浮速度还受气泡荷载矿粒数量及密度的影响，只有当矿化气泡的升浮力大于气泡所负载矿粒的重力和矿浆对它的阻力，矿化气泡才有可能升浮。

当气泡负载的矿粒较多时，由于浮力与重力的差值较小，矿化气泡的升浮速度变慢；特别是当小气泡负载矿粒过多时，由于浮力略高于或等于，甚至或小于重力，这时气泡升浮速度极慢或悬浮在某一水平面上或不能浮起，并随矿浆流再度被吸入叶轮搅拌区使矿化气泡遭到破坏丢失矿粒负载，或随同矿浆流进入后一浮选槽。可见，当矿粒很粗而气泡又很小时，浮选过程常不能顺利进行。对于粗粒物料的浮选，多个小气泡与粗粒物料形成的“聚合体”的升浮速度将取决于聚合体在矿浆中的密度。

此外，气泡表面吸附有表面活性物质(如起泡剂)时，升浮速度亦会显著降低。

4.2.4 矿浆的充气程度

矿浆的充气程度(或称充气性)，是指在充气过程中单位体积矿浆内所含空气的数量(体积含量)、空气在矿浆中的弥散程度以及气泡在矿浆中分布的均匀程度。矿浆的充气程度直接影响气泡的矿化过程、浮选速度、浮选药剂的用量和工艺指标等。强化矿浆充气程度可加快浮选速度，缩短浮选时间，提高浮选机的生产能力，同时可降低药剂特别是起泡剂的用量。所以在浮选实践中人们常用充气性来评定浮选机的工作效率，或作为评定浮选机性能好坏的重要标志。

4.2.4.1 充气量

就国内外使用的三大类浮选机而言，充气式浮选机充气量最大，机械搅拌式最小，充气搅拌式居中。以使用最广泛的机械搅拌式浮选机为例，充气搅拌机构在工作时类似于离心式水泵，充气量大小取决于叶轮在矿浆中的浸没深度和转速，即甩出矿浆时在叶轮中产生的真空度大小。真空度越大，可吸入的空气就越多。所以，叶轮旋转时产生的真空度 h_0(Pa)、叶轮旋转圆周线速度 v(m/s)和叶轮出口处矿浆静压头 H(m)之间有如下关系式：

$$h_0 = \frac{3v^2}{2g} - H \tag{4-2}$$

从式(4-2)可见，当 H(叶轮浸水深度)一定时，叶轮转速越快，甩出的矿浆速度越快，叶轮所形成的工作压头(动能)越大，h_0就越大，吸入空气也越多，且叶轮线速度和工作压头间为2次方关系。但转速增大时，叶片所受阻力也与叶轮圆周线速度平方成正比，所以必然导致功耗增大及搅拌装置磨损。故机械搅拌式浮选机的叶轮线速度一般不超过10 m/s。

减少浮选槽深度或叶轮浸水深度可提高充气量，因为此时叶轮旋转所形成的工作压头和槽内矿浆对叶轮的静压头差值增大，矿浆甩出速度增大，h_0增大，充气量也因此增加。降低槽深还能降低电耗。所以，在保证浮选机正常工作前提下(保持液面平稳)，应尽可能降低槽深。浅槽是浮选机发展的重要趋势。

此外，充气器的结构参数，如叶轮直径、形状、叶片高度和数目、叶轮距槽底距离、定子叶片形状、倾角、叶轮的间隙等均会影响充气量和气泡分散。机械搅拌式浮选机在充气量良好时，其空气的平均体积为20%～30%，充气量再提高会显著增加气泡兼并；过分充气还会将大量矿粒夹带到泡沫中，降低精矿质量，同时造成矿浆液面不稳，能耗增加，尤其对机械搅拌式浮选机还会加剧叶轮磨损和矿物泥化等。

充气量的测定可用量筒法或充气量测量仪，计算出单位时间、单位浮选机面积或单位浮选机体积所吸进空气量即可。

(1) 量筒法

测定时将一容积为 500 mL 的量筒装满清水，倒置于浮选机中，浮选机液面溢出的空气进入量筒将清水排出，记录空气将清水排出的时间，用下式计算：

$$Q_i = 0.6H/t \tag{4-3}$$

式中，Q_i、H 和 t 分别为被测点充气量，$m^3/(m^2 \cdot min)$；量筒排出清水的高度，cm；量筒内一定体积清水排出所用的时间，s。该法简单，但误差较大。

(2) 充气量测量仪

充气量测量仪如图 4-4 所示，由测量筒和指示仪两部分组成。测量筒直径为 50 mm，为测量不同深度的充气量，配有不同长度的加长副筒。管内有 A、B、C、D 四个电极，电极 A 与 B 和 A 与 C 之间的电容差为已知数。指示仪由秒表、表头、变压器、继电器及其他元件组成。测量时将测量筒插入浮选机内，筒内的空气即从小孔 f 排出，煤浆注满筒内，再用大拇指将小孔堵住，由于空气进入测量筒将筒内煤浆排出，当液面下降到离开电极 A 下端面的瞬间，表头指示满刻度，液面离开电极 B 下端面的瞬间，表头返回零点，记录时间，用式(4-3)计算其充气量。

在一般情况下，浮选机的充气量也可由泡沫情况粗略判断。

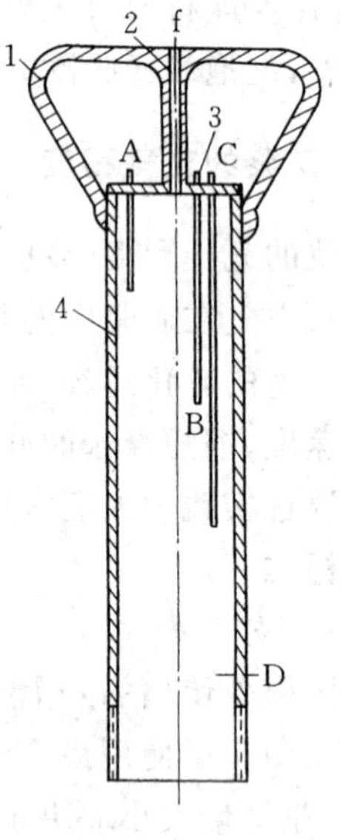

1—手把；2—排气孔；
3—不锈钢电极；4—主筒。

图 4-4 充气量测量仪

4.2.4.2 空气在矿浆中的弥散程度

充气量表示充气数量，而空气弥漫程度是指一定充气量时空气分散成气泡的程度，表示充气质量。弥漫程度越高，生成的气泡越小，气泡数量越多，所提供的气泡总面积越大，因此矿粒与气泡碰撞黏附机会也越大。但气泡过小时升浮速度减慢，不利于携带矿粒上浮。添加起泡剂可改善气泡弥漫程度：一定程度内，起泡剂用量增大，气泡直径减少。如纯水中添加 20 mg/L 松油后气泡平均直径由 4.5～8 mm 降至 0.38 mm。增加搅拌程度也可提高弥漫程度。

4.2.4.3 气泡在矿浆中分布的均匀程度

气泡在矿浆中分布的均匀程度也用于表示充气质量。浮选机内不同部位充气量是不同的，随浮选机结构类型不同，气泡分布的均匀程度差别很大。气泡在矿浆中分布的均匀程度影响着浮选机槽体的“有效容积”或“充气容积”。并不是浮选机所有容积都存在气泡，只有存在气泡的那部分容积才能实现矿粒和气泡的碰撞和附着，故含有气泡的那部分容积称“有效容积”或“充气容积”。提高搅拌强度可改善气泡分布的均匀程度。气泡分布的均匀程度可用“充气均匀度”K 衡量，其计算公式为：

$$K = 100 - \frac{\sum_{i=1}^{n} | Q_i - Q_m |}{nQ_m} \times 100\% \tag{4-4}$$

式中 Q_i——被测点充气量,$m^3/(m^2 \cdot min)$;

Q_m——各测点充气量的算术平均值;

n——测量点数。

此式可较准确表示浮选机的充气均匀程度,但此式是以从槽液面测得的充气量来计算的,由此要求测量点数要足够,测量间距应小于 300 mm。

气泡分布的均匀程度也可通过测量矿浆液面不同深处的充气量后用"充气容积利用系数"F 来衡量,F 比 K 更准确,其计算公式为:

$$F=\frac{n-n'}{n}\times 100\% \tag{4-5}$$

式中 n 和 n'——分别为充气量测定的总点数和充气量小于 $0.1\ m^3/(m^2 \cdot min)$的点数。

气泡在矿浆中分布的均匀程度直接影响浮选机工作效率,充气均匀程度或充气容积利用系数越大,按单位槽体衡量的浮选机生产能力越大。

4.3 浮选机的分类

4.3.1 浮选机的分类

当前国内外使用的浮选机种类繁多,其差别主要在于如下几个方面:① 充气方式不同;② 搅拌方式不同;③ 转子和定子结构不同;④ 槽体形状和深度不同;⑤ 矿浆在槽体内的运动方式、循环方式以及由前一个浮选槽进入后一个浮选槽的方式不同;⑥ 泡沫产品的排出方式不同。因此,对浮选机的分类方式有多种。但实际生产中使用的浮选机通常按充气和搅拌方式不同进行分类,大致可以分为四种基本类型,如表 4-2 所示。

表 4-2 浮选机的分类

搅拌方式	充气方式	国内	国外	特点
机械搅拌式	自吸式	XJ 型(A)、JJF 型、XJQ 型、SF 型、棒形及环射浮选机等	FW 型(法连瓦尔德)、WEMCO 型(维姆科)、ΦMP 型(米哈诺布尔)、WN 型(瓦尔曼)、丹佛-M 型等	优点:自吸空气和矿浆,不需外加空气装置;中矿返回时易实现自流,易配置和操作等 缺点:充气量小、能耗高、磨损较大等
	压气式	CHF-X14m³ 型、XJC 型、XJCQ 型、LCH-X 型、KYF 型、JX 型等	AG 型(阿基泰尔)、MX 型(马克思韦尔)、丹佛 DR 型、BFP(萨拉)等	优点:充气量大,充气量可调节,磨损小、电耗低 缺点:无吸气和吸浆能力,配置不方便,需增加压风机和矿浆返回泵

表 4-2(续)

搅拌方式	充气方式			国　内	国　外	特　点
无机械搅拌式	充气式	单纯压入式		浮选柱	CALLOW 型(卡洛)、MACLNTOSH 型(马格伦托什)等	优点:结构简单,易制作,能耗低,单位容积处理量大 缺点:充气易结垢,不利于空气弥散;设有搅拌器,浮选指标受到一定影响
		气升式			SW 型(浅槽气升)、EKOF 型(埃可夫)等	
	气体析出式	真空式			ELMORE 型(埃尔摩)、COPPE 型(卡皮)等	充气量大,浮选速度快,处理量大,能耗低,占地面积小
		矿浆加压式	吸气式	XPM 喷射旋流式	喷射吸气式、旋涡式等	
			压气式		WEDAG 气升旋流式(维达格)、HUMBOLT 旋流式(洪堡尔特)等	

(1) 自吸式机械搅拌浮选机

这类浮选机是靠机械搅拌器(转子和定子)来实现对矿浆的充气和搅拌的,属于外气自吸式浮选机,一般是下部气体吸入式,即在浮选槽下部的机械搅拌装置附近吸入空气。

(2) 压气式机械搅拌浮选机

这类浮选机的机械搅拌装置一般只起到搅拌矿浆和分散气流的作用,空气主要靠外部风机压入。矿浆充气和搅拌是分开的。

(3) 充气式浮选机

这类浮选机的特点是既没有机械搅拌器也没有传动机构,它是靠外部风源送入压缩空气对矿浆进行充气和搅拌的。可细分为单纯压入式和气升式两类。浮选柱即属于这种类型的浮选机。

(4) 气体析出式(变压式)浮选机

这类浮选机通过改变矿浆内的气体压力,使气体从矿浆中析出大量微泡,并搅拌矿浆。可细分为真空式和矿浆加压式两类。

另外对于浮选机的类型,按其槽体结构,可分深槽式浮选机和浅槽式浮选机;按泡沫产品的排出方式又可分为刮板式浮选机和自溢式浮选机。

4.3.2 基本选型原则

(1) 根据可选性、入选粒度、密度、品位、矿浆 pH 值等矿石的性质,选用适当形式的浮选机。例如,在矿石较易选、要求充气量不大的情况下,可选用机械搅拌式浮选机;反之,可考虑选用无机械搅拌式浮选机;入选矿石粒度较粗时,可选用适合较粗粒的 KYF 型、BS-K 型等粗粒浮选机;在矿石较易选、入选粒度细、品位较高、pH 较低时,可选用富集比高的浮选柱。

(2) 根据选矿厂的规模选用相应规格的浮选机。一般来说,大型选矿厂应选用大规格浮选机,中小型选矿厂应选用中等和小规格的浮选机,可通过技术经济比较来确定浮选机的规格和数量。

(3) 精选作业主要是提高精矿品位,浮选泡沫层应薄一些,以便分离出脉石,不宜采用充气量大的浮选机,故精选作业用浮选机应与粗、扫选作业用浮选机有所区别。

4.4 机械搅拌式浮选机

机械搅拌式浮选机发展最早,应用最广,研究也比较深入。其规格齐全,发展较快,在国内、外的浮选生产实践中得到大量使用。在我国浮选厂中,使用的机械搅拌式浮选机有XJK型浮选机、米哈诺布尔型浮选机(A型)、棒形浮选机等。

4.4.1 机械搅拌式浮选机的特点

机械搅拌式浮选机分自吸式和压气式两类。

(1) 自吸式具有如下特点:

① 搅拌力强,可保证密度、粒度较大的矿粒悬浮,并可促进难溶药剂的分散与乳化。

② 对分选多金属矿的复杂流程,自吸式可依靠叶轮的吸浆作用实现中矿返回,省去大量砂泵。

③ 对难选和复杂矿石或希望得到高品位精矿时,可保证得到较好的稳定指标。

④ 运动部件转速高,能耗大,磨损严重,维修量大。

(2) 压气式通过压入空气完成充气,故具有以下特点:

① 充气量大,便于调节,对提高产量和调整工艺有利。

② 搅拌不起充气作用,故转速低,磨损小,能耗低,维修量小。

③ 液面稳定,矿物泥化少,分选指标好,但需压气系统和管路。

4.4.2 机械搅拌式浮选机的结构

(1) 转子-定子系统

浮选机的充气搅拌机构实际上采用的是转子-定子结构,转子和电机相连,高速旋转;定子和机体连接固定。转子-定子的结构不同形成了不同的浮选机系列,决定了各自的充气搅拌性能。

图4-5描述了得到广泛应用并有广阔发展前景的几种型号浮选机的转子-定子系统结构。其中,丹佛DR型[图4-5(c)]、阿基泰尔型[图4-5(d)]、OK型[图4-5(g)]、维姆科1+1型[图4-5(i)]在世界各国占领了市场。前三种属压气式,而后一种属自吸式。以上四种浮选机不能自吸浆,需阶梯配置。我国使用量最大的是XJK型(或XJM型),有良好的性质,有利于在投产后改变浮选流程。

充气搅拌机构转子叶轮可分为两大类:叶片状离心叶轮和棒条叶轮。

叶片状离心叶轮大致分为四种:第一种是单面(层)叶轮,叶片放射状布置,仅位于圆盘上表面。第二种是双面(层)叶轮,圆盘上、下两面均有叶片,搅拌能力较强。第三种是离心泵叶轮,叶片为弯曲状,位于上、下两个圆盘中间,形成封闭通道。槽外矿浆从下圆盘中心的吸入口进入叶轮。上圆盘上面的副叶片与叶轮外罩组成真空室,吸入空气,或者在叶轮顶部开孔,加罩,空气吸入叶轮内部,如我国的XJM型。第四种是混流泵叶轮,如图4-6所示。

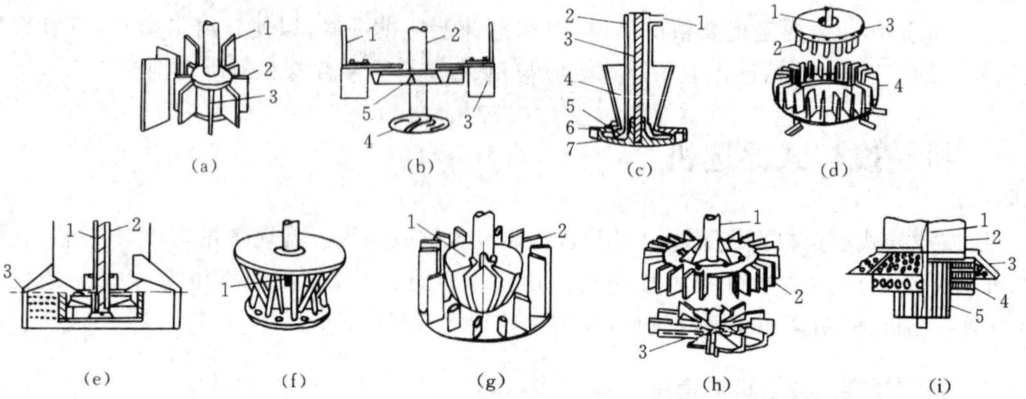

(a) 艾克型：1—扩散片；2—叶轮；3—进气孔；

(b) 布思型：1—立管；2—轴；3—扩散片；4—搅拌叶轮；5—充气叶轮；

(c) 丹佛 DR 型：1—进气孔；2—立管；3—轴；4—矿浆循环管；5—空气通道；6—扩散片；7—叶轮；

(d) 阿基泰尔型：1—矿浆进入孔；2—棒条；3—Pispsa 叶轮；4—扩散片；

(e) 维达克型：1—轴；2—立管；3—稳定器；(f) Minemet BCS 型：1—进气孔；

(g) OK 型：1—叶轮；2—扩散片；(h) 萨拉 BFP 型：1—立管；2—扩散片；3—叶轮；

(i) 维姆科 1+1 型：1—轴；2—立管；3—分散器罩；4—分散器；5—转子。

图 4-5　各种型号的浮选机的转子-定子系统

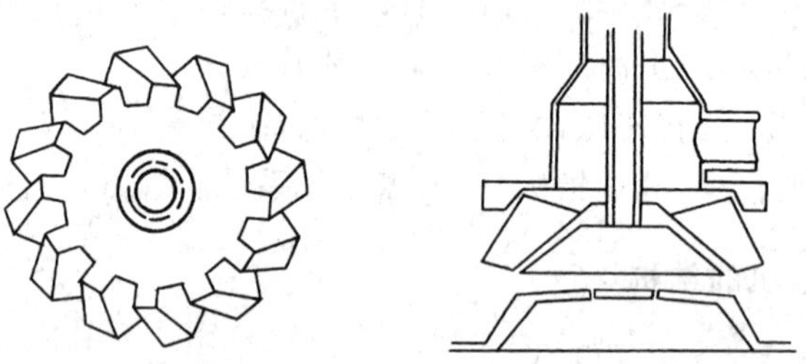

(a) 叶轮俯视图　　(b) 进浆罩，凸台与叶轮的相对位置

图 4-6　HCC 型环射式浮选机的叶轮

其叶片位于圆锥形底盘上，且叶片与圆锥面的母线呈较大夹角。叶轮的下方必须要有一固定的起导流作用的圆锥台。叶轮转动时，叶轮罩内为负压区，空气被矿浆裹挟带入（一次充气作用）。

当矿浆沿锥面射向槽底时，空气从叶轮背面经叶轮外缘与圆锥台之间的缝隙被吸入（二次充气作用），亦即叶轮正面和背面均能形成负压区。这种叶轮用于浅槽浮选机时可采用自吸式，但若用于深槽时可改为压气式，将低压空气自中空轴引入叶轮背面，同时仍可保持自吸浆状态。棒条叶轮（转子）用圆形棒条作为搅拌和充气工具，这些棒条有规则地固定在一个或两个圆盘上，与泵的叶轮毫无共同之处，故常被称为转子。转子可归纳为两类：一类是棒条安装在圆盘的下方，如阿基泰尔型；另一类是棒条位于上、下两个圆盘之间，如法格古伦型。棒条转子的直径与高度之比远大于离心叶轮，已近于 1，其原因是运动时棒条所受阻力远低于高度相等的宽叶片。棒条转子充气量大，用电量小。

新型浮选机叶轮设计已突破传统的叶片状离心叶轮与棒条形叶轮的界限。如维姆科1+1 型的星形叶轮既有棒条叶轮充气量大、又有离心叶轮矿浆流通量大的特点。OK 型转子像半个椭圆球[图 4-5(g)]，按叶片与圆盘的相对位置看，属单面叶轮，但叶片高度大，与直径比达 0.61。此特征又接近于棒条转子。再如布思型，一根轴上安装两个叶轮[图 4-5(b)]，既有充气叶轮，又有搅拌叶轮或者循环叶轮。这种分开的双叶轮结构适合于大型浮选机和粗粒物料的浮选。

转子设计是决定浮选机工艺性能的主要方面，但定子及稳流板的作用也不可忽视。离心叶轮的外围均设置定子，棒条形叶轮的外围也有定子，而伞形及环射式叶轮用槽底稳流板代替定子。通常定子是由固定在叶轮盖板上的径向或与径向成一定角度的导向叶片或在浮选机槽底安装的径向或弯曲的叶片组成。这两类叶片亦被称为扩散片。定子的作用和稳流板一样，主要是消除矿浆自旋，保证液面平稳。当叶轮甩出的矿浆与定子叶片撞击时，产生新的旋涡，有利于卷吸(分割)空气和气泡分裂。因此，定子设计的优劣会影响泡沫层的稳定性和充气量。

(2) 槽体

浮选机断面形状多为矩形，其下部也可为圆形。传动部件直接支撑在槽体上。槽体的几何特征可用槽深(溢流堰与槽底之距离)与槽宽之比(简称深宽比)表示。浮选机的叶轮切线速度与叶轮直径同槽宽比(简称径宽比)有关。槽体深度由浮选机内的三个作用区(图 4-1)所必需的高度决定，一般介于 1～2 m 之间。容积特别大的(>16 m^3)，高度要超过此数。通常，容积越大，深宽比越小。浅槽型与深槽型可按深宽比划分，但没有明确界限。习惯上将深宽比大于或接近 1 的称为深槽型，而将深宽比小于 1 的称为浅槽型。径宽比由转子-定子设计决定。就同一型式浮选机而言，径宽比变化不大。图 4-7 是当前常用浮选槽剖面的几何形状。

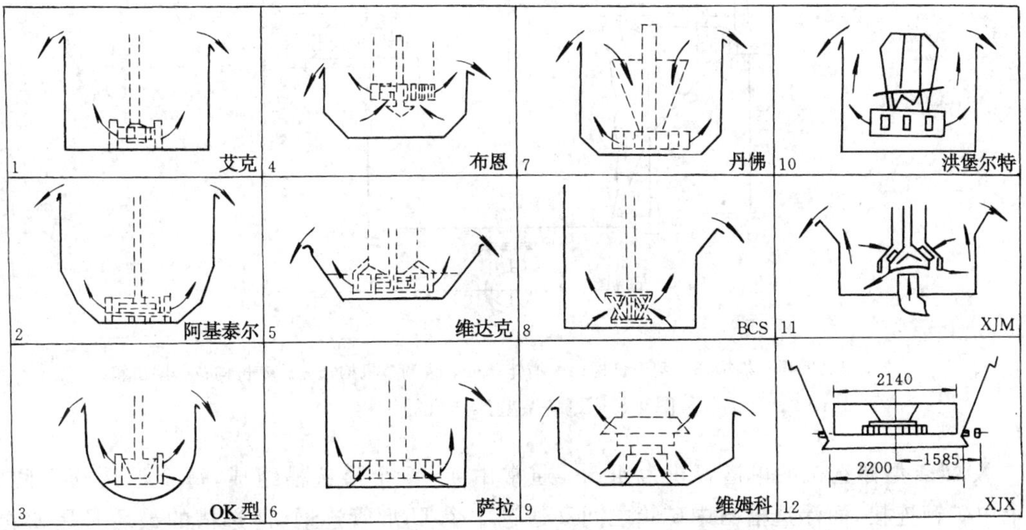

图 4-7　常用浮选槽剖面的几何形状

4.4.3 常用机械搅拌式浮选机

4.4.3.1 XJM-4 型浮选机

(1) 结构

XJM-4 型浮选机是我国自行设计、自行研制，并在国内中小型选煤厂使用最广泛的一种煤用浮选机，其结构见图 4-8。

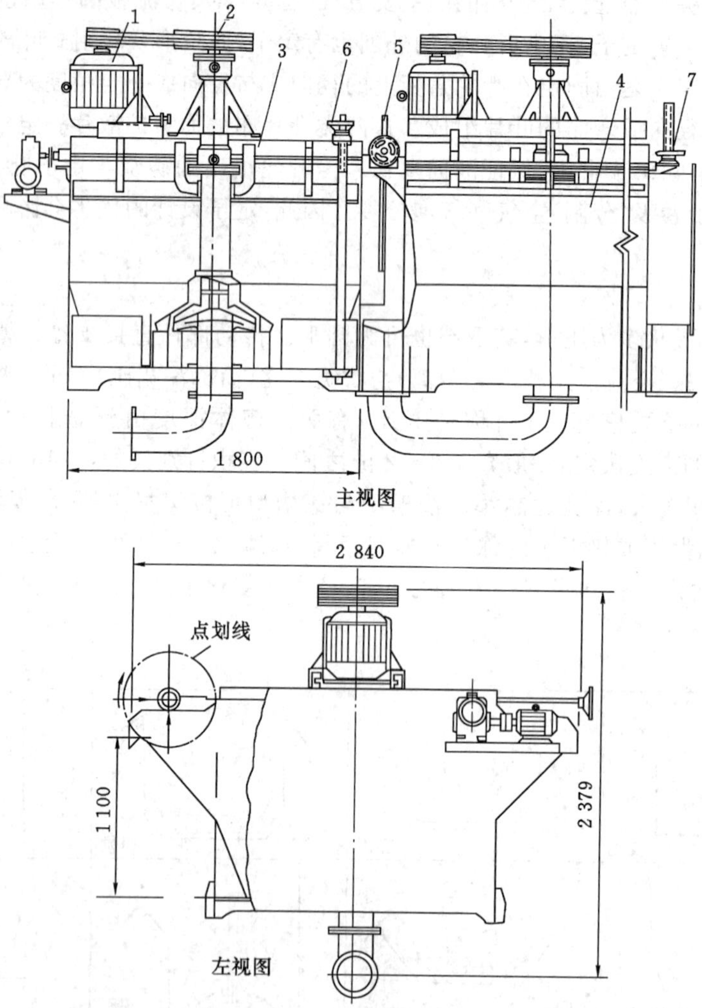

1—电动机；2—搅拌机构；3—刮泡机构；4—槽体；5—煤浆调整机构；6—放矿机构；7—尾矿箱。

图 4-8 XJM-4 型浮选机的结构

XJM-4 型浮选机的单槽容积为 4 m^3，通常由 4～6 个浮选槽组成，每个浮选槽之间由 1 个中矿箱连接，而浮选槽与中矿箱之间又通过 1 个 U 形管连通，浮选槽的最后是尾矿箱，用以排出最终尾矿。在中矿箱和尾矿箱均设有闸板机构，用来调节矿浆的液面高度；在每个浮选槽中有 1 个搅拌和放矿机构，分别用来对矿浆充气搅拌和检修时排放浮选槽中的矿浆。该浮选机采用吸入式给料、双面刮泡方式。

① 槽体

XJM-4 型浮选机的槽体属于浅槽型，深宽比为 0.61，见图 4-9。其下部为方形，上部为倒梯形，尺寸分别为 1 800 mm×1 800 mm、1 800 mm×2 960 mm。该浮选机槽体底部焊有 16 块高为 300 mm 的带孔弯曲导向板，并与定子周围的 16 块导流叶片相对应，见图 4-10。这样从叶轮中甩出的矿浆经导流叶片的导流作用，沿径向均匀分散到槽体中，碰到导向板后，矿浆流向被改变，使矿浆的旋转降低到最低程度，保证了矿浆分布均匀和液面的稳定。

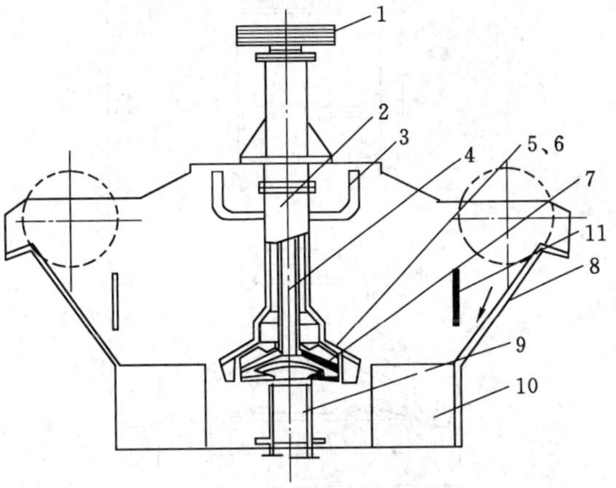

1—皮带轮；2—套筒；3—进气管；4—空心轴；5—定子；6—刮泡器；
7—叶轮；8—槽体；9—进浆管；10—稳流板；11—隔板。

图 4-9 XJM-4 型浮选机剖面结构示意图

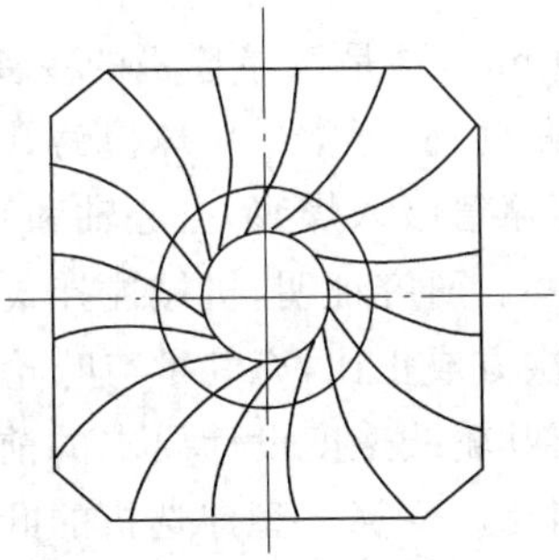

图 4-10 XJM-4 型浮选机定子导向叶片和导向板的配置

② 充气搅拌机构

充气搅拌机构是 XJM-4 型浮选机的“心脏”，由固定部分和转动部分组成，固定部分又称定子，转动部分又称转子。整个充气搅拌机构由 4 个螺栓固定在浮选机槽的两根角钢上，见图 4-11。

A. 转子

转子部分由伞形叶轮、空心轴和皮带轮组成。伞形叶轮分为上、中、下三层。第一层为 6 块斜直叶片，它与定子组成循环室；中间层为直径 350 mm 的伞形隔板，隔板与空心轴及第一层组成吸气室，从空心轴进气，隔板与第三层之间构成吸浆室，从叶轮底部的吸浆管中吸入新鲜煤浆；吸气室与吸浆室的外沿汇合处空间称为混合室，吸浆室中的新鲜空气在此接

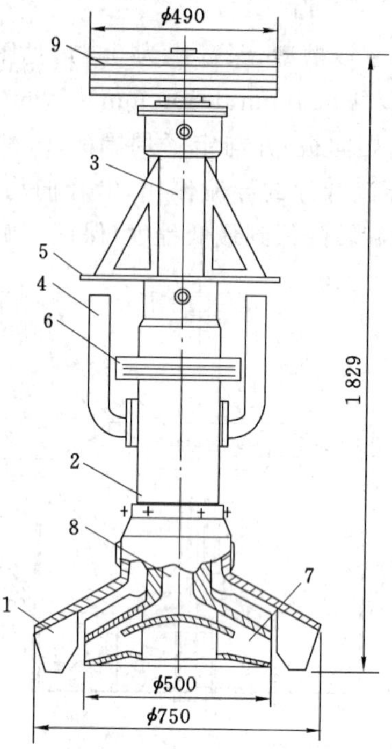

1—伞形定子;2—套筒;3—轴承座;4—进气管;5—调节盖;6—调节垫片;7—叶轮;8—空心轴;9—皮带轮

图 4-11 XJM-4 型浮选机充气搅拌机构示意图

触混合。

整个叶轮的外围直径为 500 mm,这是该浮选机的主要结构参数。由于 XJM-4 型浮选机叶轮的转速较高,为了提高其耐磨性,通常采用球墨铸铁 QT50-15 铸造。

叶轮的作用是在旋转时从吸浆管吸入煤浆,空心轴和套筒吸入空气,使空气与煤浆充分接触,完成对煤浆的充气搅拌作用。研究证明,机械搅拌式浮选机的功率消耗大约与叶轮直径的 5 次方和叶轮转速的 2～3 次方成正比,充气量与叶轮转速的 1～2 次方成正比。因此,近些年来新研制的浮选机在保证叶轮线速度设计要求的前提下,大都采用高转速小直径叶轮,以提高其充气量,降低功率消耗。XJM-4 型浮选机的叶轮直径为 500 mm,经过计算,其转速为 390 r/min。

B. 固定部分

固定部分由套筒、伞形定子和轴承座等组成。定子的直径为 750 mm,用球墨铸铁铸造,其锥角为 120°,整个定子固定在套筒上。

定子由圆柱面、圆锥面和导流叶片组成,处于叶轮的上方。其圆柱面和圆锥面上分别开有 6 个直径为 65 mm 和 16 个直径为 25 mm 的循环孔,圆柱面上的循环孔称为套筒循环孔,圆锥面上的循环孔则称为定子循环孔,都用于循环煤浆。定子的周围设有 16 块与径向呈 60°的导流叶片,其倾斜方向与叶轮的旋转方向相同,见图 4-12。

定子中导流叶片的主要作用是导流。由于导流叶片的倾斜方向与叶轮的旋转方向一致,叶轮中矿浆能平稳被甩出,并均匀扩散,减少了水力损失,降低了叶轮周围形成的涡流,从而提高了叶轮与定子之间形成的真空度,提高了吸气吸浆能力。另一方面,导流叶片使气

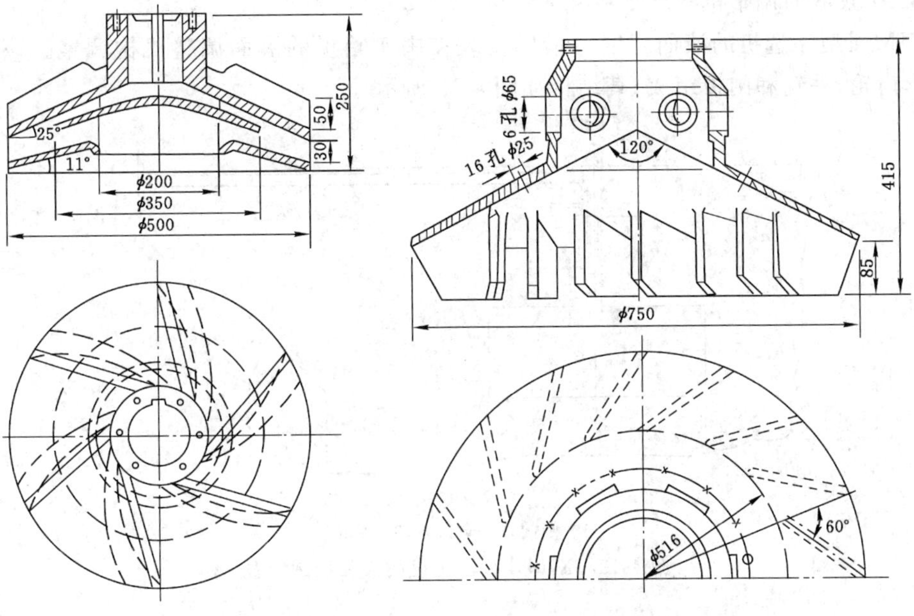

(a) 叶轮　　(b) 定子

图 4-12　XJM-4 型浮选机叶轮、定子结构示意图

体受到冲击剪切，变大气泡为小气泡，提高了气体的弥散程度。

定子中的圆锥面又称为盖板，盖板与叶轮组成的空间称循环室，用来循环煤浆。当浮选机停机时，盖板可防止煤浆压死叶轮，保证开机的顺利进行，同时也起到一定的稳流作用。

C. 进气量及间隙的调节装置

空气通过空心轴和套筒进入叶轮。空心轴中的进气量通过上端的调节装置来调节，根据进气量大小的需要，在空心轴上端安装不同孔径的垫圈，便于调节、改变空心轴的进气量。套筒中的进气量通过进气管上的调节盖调节，套筒上装有两个对称分布的进气管，进气管上端有一可旋转的调节盖，改变调节盖的位置，便可调节套筒中的进气量。

叶轮上缘与定子间存在一个轴向间隙，这一间隙的大小对浮选机的充气量及功率消耗有较大的影响，通过调节套筒与轴承座间的调节垫片，便可调节轴向间隙。叶轮周边与定子间存在一个径向间隙，当该间隙过大时，只能通过更换叶轮来调节。XJM-4 型浮选机的轴向、径向间隙应为(8±1) mm。

叶轮吸浆口与吸浆管之间的距离直接影响叶轮的真空度和吸浆量，调节槽体上吸浆法兰盘与槽体间的垫片，便可调节内轮吸浆口与吸浆管(给料管)之间的间隙。

③ 其他结构

XJM-4 型浮选机除槽体和导向板、充气搅拌机构外，还有矿浆液面调整机构、刮泡机构及放矿机构。

A. 刮泡机构

选煤时，精煤量大，泡沫层厚，为使泡沫产品及时刮出，XJM-4 型浮选机采用四叶片回转式刮泡机构，并采用左右两边刮泡。多年生产实践证明，XJM-4 型浮选机的刮泡机构运转平稳可靠，拆装方便。

B. 矿浆液面调整机构

XJM-4 型浮选机的液面高度可借助安装在中矿箱里的液面调整机构调整。该机构由一对伞齿轮、手轮和闸板组成，其结构如图 4-13 所示。

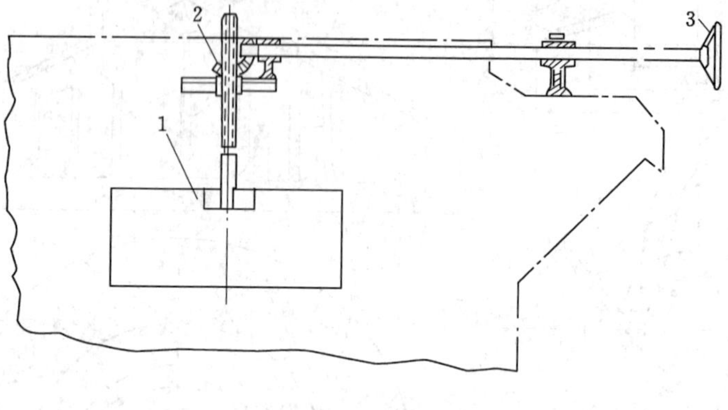

1—闸门；2—伞齿轮；3—手轮。

图 4-13　XJM-4 型浮选机的液面控制装置

C. 放矿机构

XJM-4 型浮选机的每个浮选槽内均安装有瓶塞式放矿机构，结构如图 4-14 所示。该机构结构简单，操作方便，在检修或长期停车时，只要转动手轮即能将浮选槽内的矿浆放出。

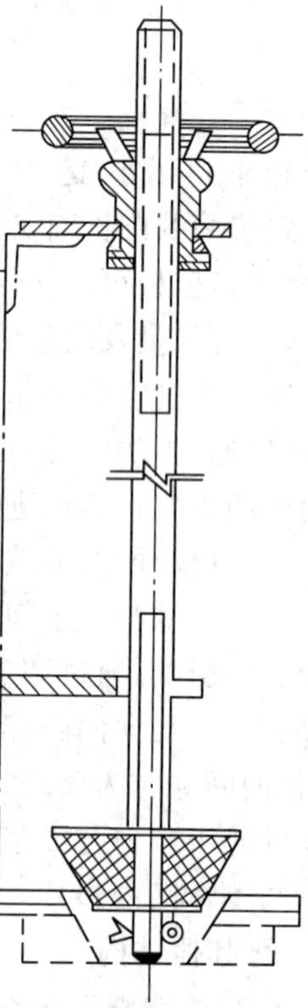

图 4-14　放矿机构

(2) 工作原理

浮选机工作时，电动机带动叶轮旋转，由于离心力的作用，叶轮内部形成一定的真空度，于是外部空气从空心轴和套筒分别进入吸气室和循环室，新鲜矿浆通过吸浆管从叶轮底部被叶轮吸入吸浆室。吸气室的气体与新鲜矿浆在混合室相遇，充分接触混合；循环室中的气体与从循环孔进入的循环矿浆相遇。由于离心运动，与气体接触过的新鲜矿浆和循环矿浆沿各自的锥面向外甩出，并在叶轮出口处交叉相遇，进一步充分接触混合。被甩出的矿浆碰到槽底及槽底导向板，气泡进一步被粉碎，部分矿浆向上折回，在槽底形成 W 形矿浆流，于是被矿化的气泡不断上升到液面，形成泡沫层，被刮泡机构刮出后成为泡沫精煤；未被充分浮选的煤浆通过中矿箱被下一槽的叶轮吸入，继续进行浮选，不能与气泡黏附的矸石及其他杂物则留在槽中，通过尾矿箱排出，成为尾矿。这样实现了有用矿物和无用矿物的分离，完成了整个浮选过程。

(3) 特点

① 采用了三层伞形叶轮

三层伞形叶轮定子组互不干扰，又同时完成吸气、吸浆和循环矿浆的任务；空心轴和套筒双系统进气，分别进入吸气室和循环室，进气量大，便于调节，伞形叶轮的上下锥角不同，使下层甩出的新鲜矿浆与上层甩出的循环矿浆交叉相遇，有利于矿粒与气泡的混合及气泡的矿化;甩出的矿浆碰到槽底再折回,使槽内产生 W 形矿浆流,避免了槽底煤泥的沉积,促使气泡碎成小气泡,同时降低了甩出矿浆的动能。这样减小了不必要的功率消耗,并保证了搅拌的均匀程度和矿浆液面的稳定。

② 采用小直径高转速叶轮

由于机械搅拌式浮选机的功率消耗与叶轮直径的 5 次方和叶轮转速的 2～3 次方成正比;充气量与叶轮离心转速的 1～2 次方成正比;经研究计算,XJM-4 型浮选机的叶轮采用小直径,其直径为 500 mm,高转速,其转速为 390 r/min。因此,降低了功率消耗,同时保证了叶轮的充气搅拌能力,提高了充气量。

③ 采用浅槽及双面刮泡

该浮选机槽深只有 1.1 m,减小了叶轮的浸水深度和矿浆对叶轮的静压头 H,从而提高了叶轮内部真空度,提高了吸气和吸浆能力,并降低了功率消耗。

双面刮泡可以使泡沫精煤能及时刮出,从而保证了矿化气泡的顺利上浮,加快了浮选速度,提高了浮选机的处理能力。

4.4.3.2 XJX-Z8 型浮选机

XJX-Z8 型浮选机也叫 XJM-8 型浮选机,其单槽容积为 8 m^3。该机是在德国洪堡尔特型浮选机的基础上,吸取其他浮选机的优点设计制造的。它采用了双偏摆叶轮,槽内设有倒锥循环筒,采用气溶胶加药方式,双面刮泡,是一种结构新颖的大型浮选机。该机自 20 世纪 80 年代起在国内选煤厂得到了广泛的应用。其技术规格见表 4-3,其结构如图 4-15 所示。

表 4-3 XJX-Z8 型及 XJX-T12 型浮选机技术规格

项目		型号	
		XJX-Z8	XJX-T12
处理能力/[t/(台·h)]		48	48～72(一次选) 30～44(二次选)
单位处理能力/[t/(m^3·h)]		0.7～1.2	0.8～1.2
矿浆通过量/[m^3/(台·h)]		320～500	500～700(一次选) 300～400(二次选)
浮选效率/%		80(难选煤) 90(易选煤)	>85(难选煤) >95(易选煤)
槽体尺寸	深/mm	1 400	1 600
	上部/mm	3 300×2 200	3 600×2 600
	下部/mm	2 200×2 200	2 500×2 600
槽数/个		4～6	5
叶轮直径/mm		660	760
叶轮圆周速度/(r/min)		8.6	8.6
刮板转速/(r/min)		33.3	33.3
搅拌电机功率/kW		22	37
浮选机外形尺寸/mm		14 828×3 685×2 945	15 878×3 840×3 500
浮选机质量/kg		2 700	31 000

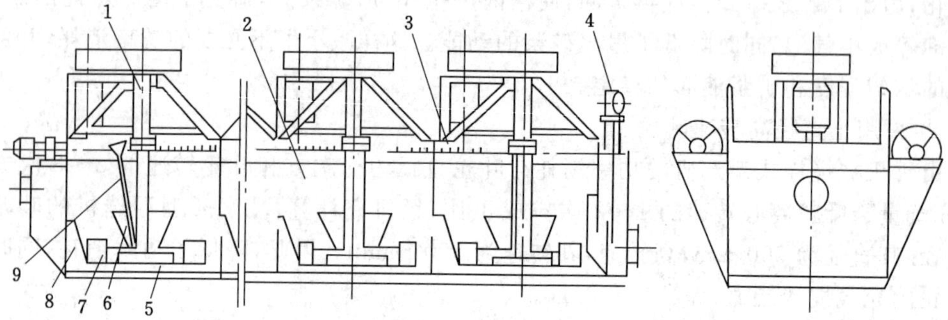

1—搅拌机构；2—槽体；3—刮泡机构；4—液面自动控制机构；5—叶轮；
6—倒锥循环筒；7—稳流板；8—直流给料通道；9—气溶胶加药装置。

图 4-15　XJX-Z8 型浮选机

（1）结构

该浮选机由充气搅拌机构、槽体、液面自动控制机构、刮泡机构、倒锥循环筒及入料箱、尾矿箱等组成。矿浆从入料箱通过直流通道，依次进入各浮选槽，最终尾矿从尾矿箱中排出。

① 充气搅拌机构

该浮选机的充气搅拌机构采用双偏摆叶轮，下开式定子，其详细结构如图 4-16 所示。在空心轴下连接双偏摆叶轮，叶轮的外围有下开式定子，与套筒相连；在套筒的上端分布有两个对称的进气管；定子的上面设有倒锥形循环筒，用以循环矿浆。

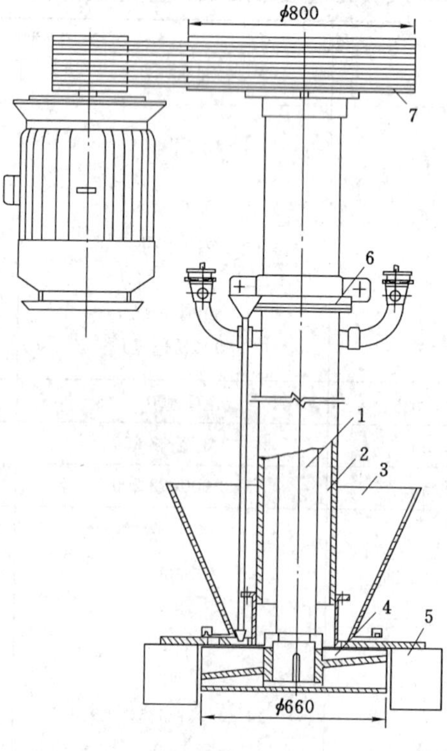

1—空心轴；2—套筒；3—倒锥循环筒；4—双偏摆叶轮；5—导流叶片；6—轴承座；7—三角皮带轮

图 4-16　XJX-Z8 型浮选机的充气搅拌机构

A. 双偏摆叶轮

XJX-Z8 型浮选机的叶轮分上、下两层，由一个与水平呈 7°夹角的倾斜圆盘隔开。在倾斜圆盘的上、下两面分别有 6 块高度不同的呈辐射状排列的直叶片。

为了减小叶轮与定子下盖板之间造成的涡流，减小叶轮的功率消耗，提高真空度，XJX-Z8 型浮选机将洪堡尔特型浮选机的定子下盖板覆盖在叶轮上，其上还开有循环孔，因而使定子成为下开式定子，如图 4-17 所示。

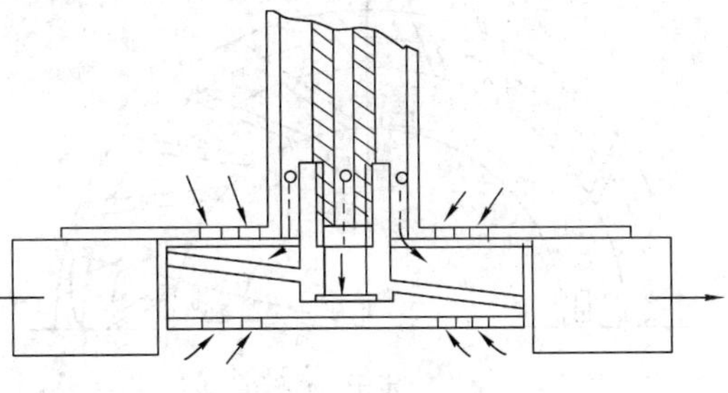

图 4-17 XJX-Z8 型浮选机的双偏摆叶轮

由于叶轮下盖循环孔的开孔形状及开孔面积的不同，构成了 XJX-Z8 型浮选机的 A 型和 B 型叶轮，如图 4-18 所示。

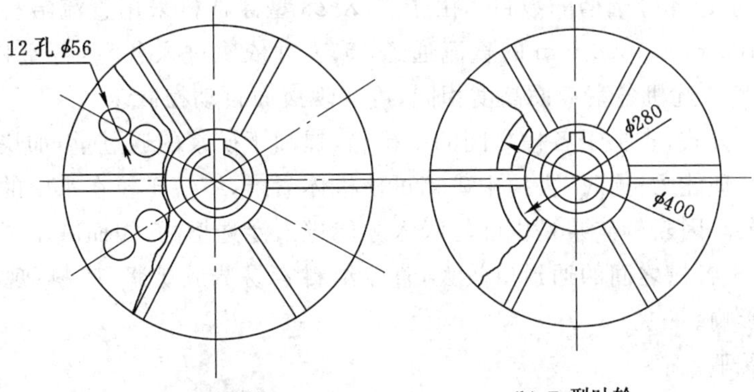

(a) A 型叶轮　　(b) B 型叶轮

图 4-18 A 型和 B 型叶轮

A 型叶轮下盖板上，内外两圈各有 6 个直径为 56 mm 的圆孔，为了降低电耗，圆孔开在叶轮下盖板的中部。

B 型叶轮下盖板上的循环孔为面积 640 cm^2 的环形孔。

A 型叶轮浮选机的充气量较小，适应于难选煤；B 型叶轮的充气量较大，适应于易选煤。

B. 定子

该浮选机的定子为下开式定子，与套筒相连，见图 4-19。在定子的上盖板开有两圈循环孔，倒锥循环筒处于其间；内圈的循环孔用于循环槽内上部矿浆，外圈的循环孔用于循环槽内下部矿浆。在上盖板周围铸有 24 块与径向呈 45°的导流叶片。

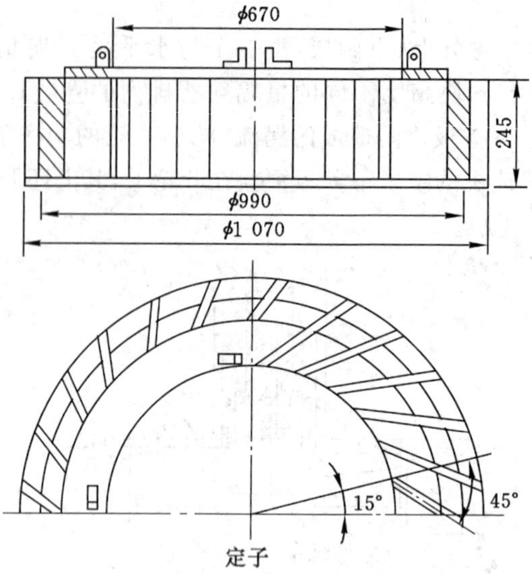

图 4-19 XJX-Z8 型浮选机的定子

② 槽体

XJX-Z8 型浮选机的槽体呈倒梯形。每个浮选槽都是独立的单元，槽与槽之间用螺栓连接，可按工艺要求选择分选槽的数目。由于 XJX-Z8 型浮选机采用直流给料方式，故槽体的侧壁上开有 2 100 mm×500 mm 的直流通道，矿浆可依次进入各室，各室相当于一个连通器，故 XJX-Z8 型浮选机各室液面高度相同，可实现液面自动控制。

直流给料的方式，省去了各槽之间的中矿箱，提高了矿浆的通过量，加快了浮选速度，提高了浮选机的处理能力；同时，去掉中矿箱可使机体紧凑，缩短矿粒在水中的浸泡时间，减轻泥化和氧化现象。因新鲜矿浆是由叶轮吸入才能进入浮选槽的，因而减小了叶轮的负担，降低了电耗；但由于各槽之间的通道口较大，直流给料容易造成矿浆"串料"现象，故对分选过程产生一定的影响。

（2）工作原理

XJX-Z8 型浮选机的电机带动叶轮旋转，由于离心力的作用，叶轮将矿浆向四周甩出，因而在叶轮内部产生负压，于是外部空气从空心轴和套筒进入，药剂在叶轮的搅拌下，不断地被碾压和扩散，充分混合后被叶轮甩出；与气泡黏附的矿粒随气泡上升到矿浆液面，形成泡沫层，被刮泡机构刮出后成为泡沫产品；被矿化的矿浆可通过循环孔重新进入叶轮，再次与空气接触混合，于是在槽体内的上中下部分形成一个立体循环；不能与气泡黏附的矸石杂物留在槽内，从尾矿箱中排出，最终成为尾矿。

（3）特点

① 采用双偏摆叶轮

XJX-Z8 型浮选机的叶轮旋转时圆盘由 7°→0°→7°→0°→7°变化，使得叶轮在旋转时，矿浆不断受到交替挤压和扩散作用，圆盘发生偏摆，所以叫作双偏摆叶轮。在旋转过程中，圆盘和叶片的高度及与定子组成的空间每一瞬时都发生变化。当圆盘与定子组成的空间缩小时，矿浆受到扩散，压力降低，原来溶于矿浆中的气体便以微泡的形式析出。碾压和扩散作用,加快了气泡的矿化过程,并且由于甩出的矿浆呈正弦曲线状,使矿浆受到了较强的搅拌作用,减小了功耗。

叶轮对充气过程产生了较大的影响,当空气由套筒和空心轴吸入时,是一股气流。双偏摆叶轮旋转时,在叶片后面将产生大量涡流,而倾斜叶轮的叶片高度瞬时发生的变化,造成叶片后面产生的涡流频率比一般叶轮大,矿浆的紊流程度高,保证了气体的充分分散和气泡的均匀分布,并为析出微泡创造条件。

② 矿浆进行立体循环

XJX-Z8 型浮选机设置了高度为 800 mm 的倒锥循环筒和假底,使槽内上部未被矿化的矿浆能通过循环筒重新进入叶轮,底部的矿浆通过假底和下盖板进入叶轮,进行立体循环,这种立体循环有利于加速气泡的矿化过程,尤其有利于粗粒物料的分选,防止物料的沉积。倒锥循环筒不仅造成了槽内矿浆的立体循环,而且还克服了套筒循环孔使浮选机充气量下降和功率消耗增大等不利因素。

③ 采用气溶胶加药

XJX-Z8 型浮选机的每个浮选槽内都设有加药漏斗,当采用分段加药时,药剂可由空心轴和定子循环孔直接进入叶轮腔内。从定子循环孔进入的药剂给入叶轮上层,药剂通过喷嘴被进入叶轮的矿浆和空气两相射流"卷裹"形成雾状;从空心轴加入的药剂被气流冲成雾状,形成气溶胶。由于药剂的分散度极高,增加了矿粒、气泡与药剂的接触概率,大大提高了浮选速度、浮选的处理能力及分选精度。

④ 采用直流式给料

XJX-Z8 型浮选机采用直流式给料,增加了矿浆的通过量,降低了能量消耗,并使浮选槽内矿粒与气泡呈垂直运动方式,有利于气泡的矿化,同时,直流给料方式使浮选机各室液面高度始终相同,有利于实现液面自动控制。

由上不难看出:XJX-Z8 型浮选机具有结构紧凑、处理量大、电耗小、占地面积小、维修工作量少、操作方便、液面可自动控制等优点。该机在对不同的煤泥浮选时,其处理能力可达 0.7～1.2 t/(m^3·h),煤浆处理量可达 250～500 m^3/h,对易选煤及中等易选煤效果较好。

4.4.3.3 XJX-T12 型浮选机

该浮选机是在 XJX-Z8 型浮选机的基础上研制出来的,单槽容积为 12 m^3,其结构如图 4-20 所示。充气搅拌机构如图 4-21 所示。

XJX-T12 型浮选机与 XJX-Z8 型浮选机相比,有以下特点:

(1) 中心入料方式

XJX-T12 型浮选机的矿浆进入浮选槽的方式为吸入式,吸入式又分为中心入料和下吸式。国外大型浮选机及国内 XJX-Z8 型浮选机均采用直流式,但直流式容易造成矿浆短路,矿浆不能全部进入叶轮区,只有部分新鲜矿浆进入叶轮,而吸入式的新鲜矿浆则能全部进入叶轮,与空气、药剂接触良好,有利于提高选择性,适应于难浮煤的分选。因此,XJX-T12 型浮选机采用了中心吸入式入料方式,它用一个直径为 350 mm 的水平管将新鲜矿浆或上一槽的矿浆导入倒锥循环筒外壁的下部定子盖板上,截面为三角形的腔室内,通过定子盖板外圈上对称分布的 6 个长腰形循环孔将矿浆吸入。由于全部新鲜矿浆进入叶轮,与下吸式类似,虽然矿浆的通过能力比直流式相应有所减少,动力消耗相应有所增加,但通过试验发现,中心入料式吸浆能力较下吸式强,并且选择性较好,结果表明,叶轮的吸浆量为槽体容积的

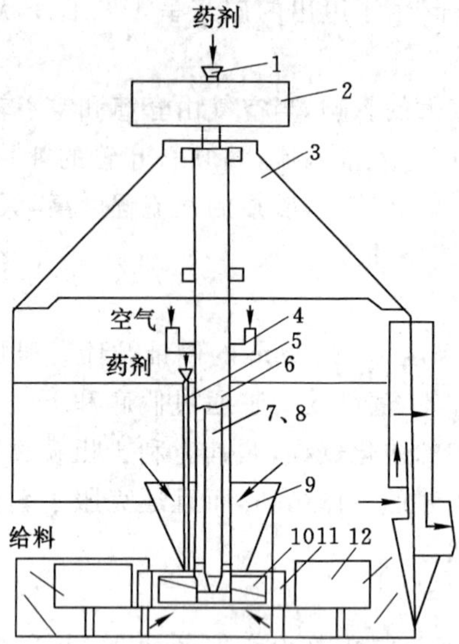

1—中空轴加药漏斗；2—大皮带轮；3—机架；4—进气孔；5—定子加药漏斗；6—套筒；7—中空轴；8—槽体(包括中矿箱)；9—入料循环筒；10—叶轮；11—定子；12—稳流板。

图 4-20　XJX-T12 型浮选机

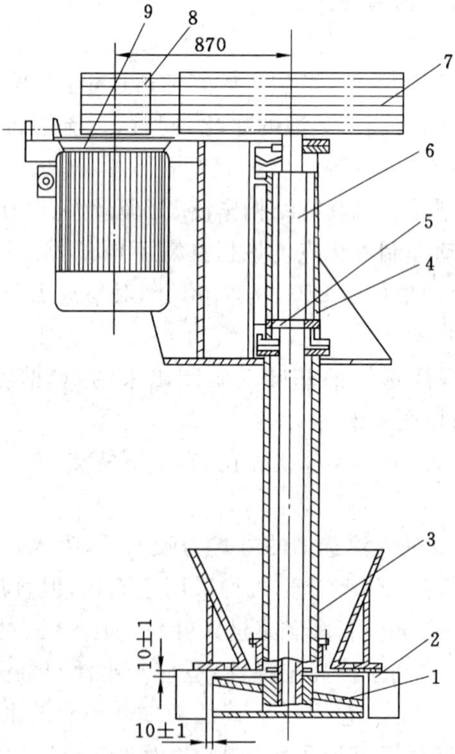

1—叶轮；2—定子；3—套筒；4—轴承座；5—圆锥滚子轴承；6—空心轴；7—大皮带轮；8—小皮带轮；9—电动机。

图 4-21　XJX-T12 型浮选机的充气搅拌机构

3～5 倍，叶轮上部吸浆能力能够满足中心入料矿浆的流量。

采用中心入料这种方式，使新鲜矿浆能很好地与空气和药剂接触，提高了气泡矿化的选择性，降低了精煤灰分，提高了分选效果，加快了浮选速度，所以解决了我国煤泥难浮这个难题。

(2) 设置假底

浮选机中的矿粒必须全部处于悬浮状态，因此，矿浆在槽底的任何一空间位置必须在叶轮的搅拌范围之内或在叶轮下部吸进循环矿浆流的范围之内。

在叶轮的下盖板上开设循环孔，可加强槽底煤浆循环，防止煤泥沉积，提高分选效果。为了进一步加强槽底煤浆循环，在 XJX-T12 型浮选机的槽底安装一块假底。该假底距槽底为 200 mm，假底边长为 2.2 m，形状为正方形，中央有一直径为 780 mm 的圆孔，比叶轮直径 760 mm 稍大，这样，减缓了分选区的紊流状态，有利于粗粒物料的分选。增设假底后，充气均匀系数提高了 16%，虽然动力消耗略有增加，但是，在精煤质量相同的情况下，产率可提高 3%。

假底的循环矿浆量是由叶轮下盖板开孔面积的大小来决定的。循环量增大，浮选速度随之增大，但选择性变差。为了保证产品质量，应选择较小的循环量，循环量和槽体容积的比值约为 1∶1。矿浆循环量按下式计算：

$$Q=60fS\sqrt{2gh} \tag{4-6}$$

式中　Q——矿浆循环量，m^3/min；

S——循环孔总面积，m^3；

f——流量系数（试验经验数据，取 $f=0.61$）；

h——循环孔上的静压头，m。

(3) 新型中矿箱

为了适应我国煤泥可浮性变化大的特点，XJX-T12 型浮选机采用 5 个槽为一组，并在第 3、4 槽之间设置了灵活机动、便于操作的新型中矿箱，这样可以根据需要，在一组浮选机中实现粗选和精选。中矿箱结构见图 4-22。

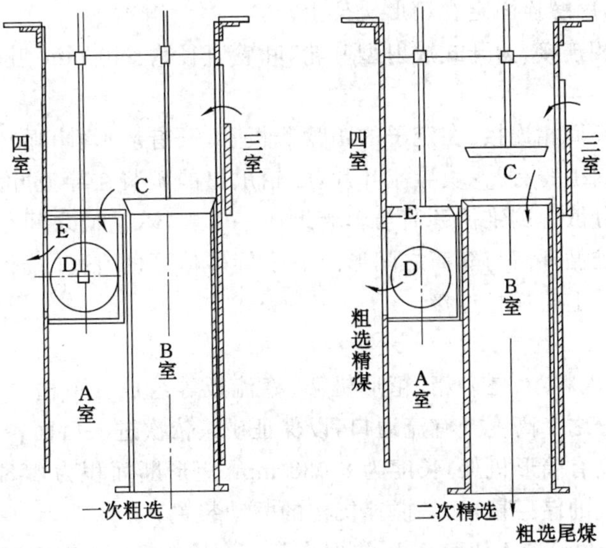

图 4-22　新型中矿箱结构及工作示意图

中矿箱由隔板分成 A、B 两室，A 室中有一通道 D 与浮选精矿槽相连通，A、B 室上面各有一锥塞 E 和 C。

采用一次粗选时，关闭通道 D 和锥塞 C，打开锥塞 E，第三室的矿浆通过通道，按箭头所指方向进入第四室。如一次粗选的精矿质量不合格，需进行精选时，则关闭锥塞 E 打开通道 D 和锥塞 C，前 3 室的粗选精矿进入第四室再选，第三室的尾矿经 C 对应的流通口进入 B 室直接排走。XJX-T12 型浮选机采用这一中矿箱后，浮选流程灵活，操作方便，对煤质变化的适应性较强，也可以分选出多种产品。

4.4.3.4　XJQM-14 型浮选机

XJQM-14 型浮选机是在消化、吸收美国丹佛 DR500 型浮选机优点的基础上，制造的一种深槽充气式浮选机。

(1) 结构

XJQM-14 型浮选机由浮选槽、搅拌机构、刮泡机构、空气控制机构、液面自动控制机构等组成，每个组成部分均为独立型。XJQM-14 型浮选机技术规格见表 4-4，结构见图 4-23。

表 4-4　XJQM-14 型浮选机技术规格

项目	规格	项目	规格
特征	深槽充气式	叶轮线速度/(m/s)	7.39
单槽容积/m^3	14.2	给料方式	上部给料，自流式
槽数/个	3	充气量/[m^3/(m^2 · min)]	0.45～1.02
单位处理能力/[t/(m^3 · h)]^1	0.7～1.0	泡沫总面积/m^2	21.16
叶轮直径/mm	840	单槽尺寸(长×宽×高)/mm	2 692×2 692×2 057
叶轮转速/(r/min)	168	机器总质量/t	15.657

① 搅拌机构

搅拌机构由电机、传动轴、叶轮、定子、套筒、倒锥循环筒等组成，见图 4-24。该机的每一室均设搅拌机构，用螺栓固定在箱形机架上。

叶轮与传动轴相连接，为开式放射型叶轮，叶轮直径为 840 mm，叶轮上有 12 块呈放射状排列的直叶片。

定子与倒锥循环筒相连接，在定子的圆盘盖板上，开有环形孔，循环矿浆通过环形孔进入叶轮。在盖板的周围铸有 24 块导流叶片，叶轮甩出的矿浆在导流叶片的作用下，沿径向均匀地向槽内四周分散。倒锥循环筒与套筒组成一个整体，它们之间用 4 块竖立的筋板相连接，这样，保证倒锥循环筒与套筒之间形成一个旋转体形的空间，确保矿浆的循环。倒锥循环筒的下端与定子上盖板相连接。

② 槽体

槽体由浮选槽、入料箱、尾矿箱、箱形机架、稳流板等组成。单槽容积为 14.2 m^3；每室之间的隔板上部三分之二高度开有流通口，以保证矿浆依次进入后面各室。

浮选槽上部安设有箱形机架，长度为 8 038 mm，矩形断面积为 458 mm×306 mm。箱形机架既是低压空气的储存箱，又是搅拌机构的驱动装置。

浮选槽下部四个角设置 4 块稳流板，同时在每一个槽的底板设有 1 500 mm×1 500 mm×6 mm 的耐磨板。

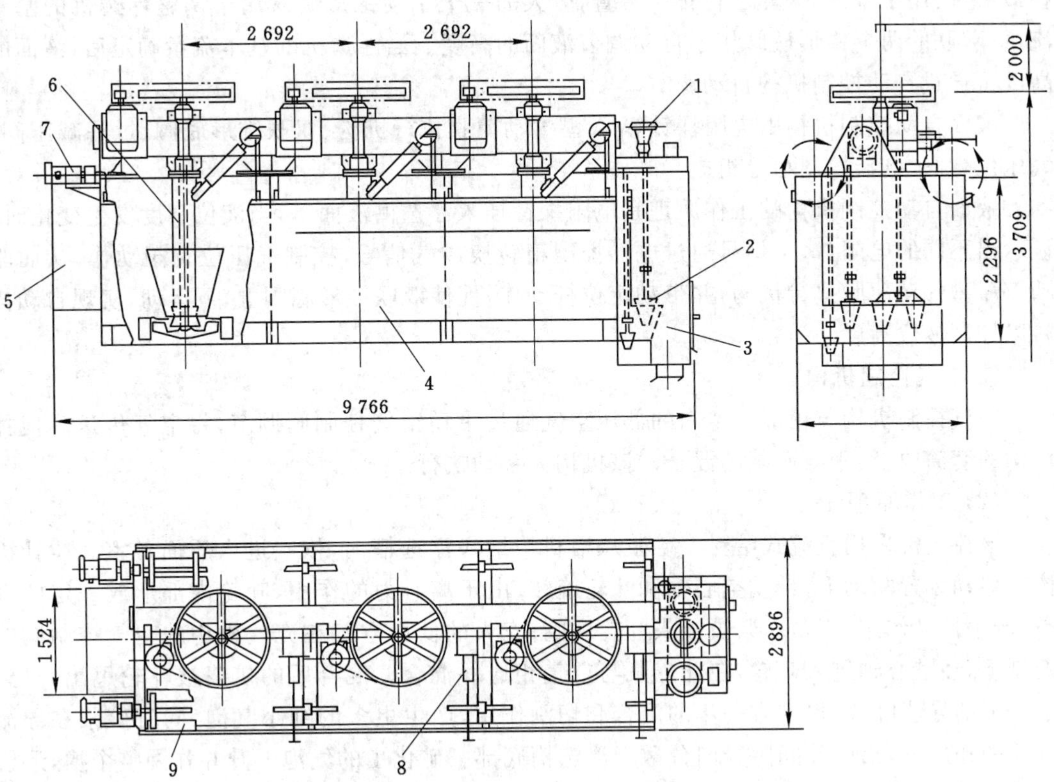

1—液面自动控制机构；2—锥阀装置；3—排料箱；4—浮选槽；5—入料箱；
6—搅拌机构；7—刮泡器驱动机构；8—空气控制阀；9—刮泡机构。

图 4-23　XJQM-14 型浮选机结构

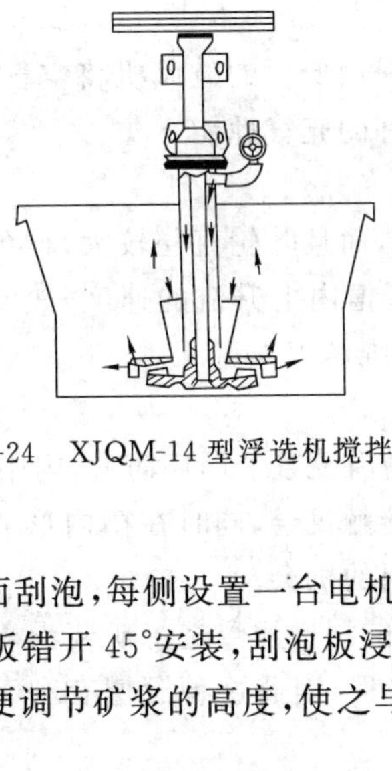

图 4-24　XJQM-14 型浮选机搅拌机构

③ 刮泡机构

XJQM-14 型浮选机采用双面刮泡，每侧设置一台电机，驱动三槽共用的刮泡器运行，其转速为 29 r/min；槽与槽的刮泡板错开 45°安装，刮泡板浸入矿浆的深度可以调节。同时在浮选槽的两侧还设有溢流堰，以便调节矿浆的高度，使之与刮泡器协调工作，控制泡沫层的厚度和高度。

④ 液面自动控制机构

锥阀装置和液面自动控制机构设在尾矿箱中，有 4 个锥形底阀，其中较小的锥形底阀设在最底部,用于排砂,因此也称排矿装置;较大的一个手动锥形底阀用于调整浮选机的基本流量,双联的两个锥形底阀用于自动调节液面的高度。当浮选机的基本流量确定后,液面的高度可通过自动控制机构自动调节。

液面自动控制机构由电阻探针、VA型气动薄膜执行机构、双联锥形底阀、过滤减压阀、气压位置阀、电器控制箱等组成。

液面自动控制机构的工作原理是电阻探针插入浮选槽液面下,当液位高度发生变化时,显示出不同的电阻,这一信号通过电器控制箱转换成气信号,控制气压位置阀动作,从而驱动VA型气动薄膜执行机构,并带动定位杆动作,促使双联锥形底阀上、下运动,实现自动排料以控制液位高度。

⑤ 空气控制机构

空气控制机构与箱形机架内的低压空气通过手动空气控制阀调节,将空气传送到搅拌机构的套筒内,实现与矿浆的混合。该机构为手动执行。

(2) 工作原理

该浮选机采用直流式给料。矿浆从给料箱给入浮选槽内,依次进入后面各室。搅拌机构在传动装置驱动下,带动空心轴和叶轮旋转,由于离心力的作用,叶轮内部形成一定的真空,产生抽吸作用,于是矿浆被吸入叶轮内腔;充入的低压空气在充气机构的空气控制阀的控制下,经空心轴进入叶轮,在此煤浆与空气相遇并混合。混合后的矿浆被叶轮甩出,碰到定子上的导流叶片,得到进一步的混合和切割作用,产生更多的细小气泡,同时矿浆在导流叶片的作用下,沿叶片间隙径向分散于浮选槽底部。矿化了的气泡上升并弥漫整个槽,形成上升流,大部分矿化气泡上升到液面形成泡沫层,经刮泡机构刮出,成为泡沫精矿。未被矿化的及刮泡时落下的矿粒经倒锥循环筒再次进入叶轮与空气混合,形成槽内的立体循环矿浆流,不能被浮起的矸石及杂物成为尾矿,从尾矿箱中排出。

(3) 特点

① 充气性能好

该浮选机为充气式浮选机,采用低压的鼓风机将空气送入浮选机的套筒。进气量可根据需要由手轮灵活调节,具有良好的充气性能。

② 叶轮线速度低

由于矿浆的充气与搅拌分开,而且叶轮直径较大,槽内又设置有倒锥循环筒,形成立体循环,保证了矿粒的悬浮,增加了槽内上升流的速度,故叶轮的转速较低,不但减小功率消耗,而且增加其使用寿命,降低了维修工作量。

③ 矿浆立体循环

XJQM-14型浮选机在浮选槽内设置了循环筒,槽内中上部未被矿化的矿浆可通过循环筒再次进入叶轮,增大了与空气接触机会,同时在槽内形成了矿浆的立体循环,避免了粗颗粒在槽底的沉积,减少了浮选跑粗的机会。

矿浆的立体循环实现了矿浆的深槽浅浮选。矿浆沿着立体循环路线,矿化气泡在随矿浆流上升的过程经过了较长的路程,因此这种深槽有利于提高浮选的选择性,改善浮选指标,对于难选煤及易选煤均适应。

④ 矿浆流动方式好

各浮选槽以直流口相通,矿浆流动畅通,并且矿浆流动方向与气体流动方向相垂直,提高了浮选速度和浮选机的处理量。

4.4.3.5 XJM-S16 型浮选机

由于 XJM-4 型浮选机单槽容积小，部分结构不太完善。我国的科研工作者在改进 XJM-4 型浮选机的过程中，吸取国外浮选机的优点，设计出结构合理、浮选效果好、运转可靠、操作维修方便而且能耗低的 XJM-S 型浮选机。在研制成功单槽容积为 12 m^3 和 16 m^3 两种机型的基础上现已形成整个系列。该类浮选机的共同特点是槽体容积有很大增加，但占地面积却增加不多。一台四槽的 XJM-S12 型浮选机比四槽的 XJM-12 型浮选机在长度上减少了 2.003 m，而其占地面积少了 25%。现以 XJM-S16 型机械搅拌式浮选机为例叙述该系列浮选机。

(1) 结构

XJM-S 型浮选机结构如图 4-25 所示，搅拌机构见图 4-26。浮选机由槽体、搅拌机构、传动机构、刮泡机构及液位调整机构等部分组成。槽底上设有假底，假底上有稳流板、吸料管及定子导向叶片，相邻两槽间设有中矿箱，位于前一槽的槽箱内，而在第一槽的前面增设入料箱。

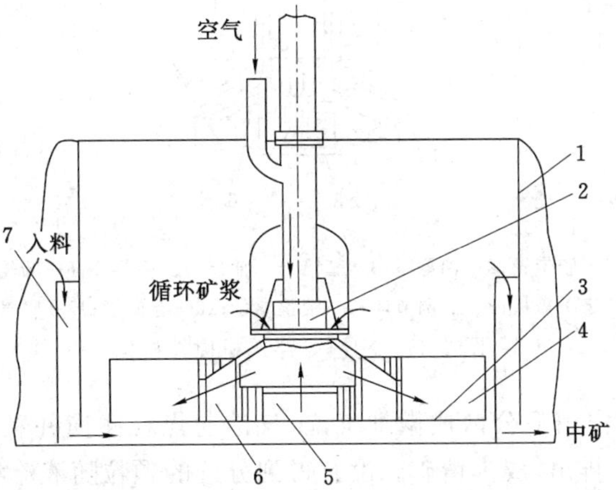

1—槽体；2—搅拌机构；3—假底；4—稳流板；5—吸料管；6—定子导向叶片；7—中矿箱。

图 4-25 XJM-S 型系列浮选机结构示意图

搅拌机构由传动机构、套筒、定子盖板、叶轮、锁紧螺母、导向管及吸气管等组成。在导向管与定子盖板间有调节环，用于调节矿浆的循环量。

XJM-S 型浮选机的叶轮用锁紧螺母固定在轴上，定子由盖板和导向板两部分组成，盖板通过法兰盘与套筒连接，盖板压在固定于假底上的定子导向板上，这样定子导向板不仅用于分配矿浆，而且成为搅拌机构的支座，保证了叶轮运转时的稳定性。这样减小了定子的直径，有利于搅拌机构的起吊及叶轮的拆装。进气量的调节用吸气管上的气量调节阀来调节。

(2) 工作原理

矿浆从浮选机的入料箱进入假底的下面，然后经吸浆管进入叶轮的下层腔内，同时进入叶轮下腔的还有一部分槽内的循环矿浆，循环矿浆及部分从假底周边泄出的新鲜矿浆一起从叶轮上部的搅拌区进入叶轮的上层，在离心力的作用下，矿浆被甩出进入槽箱。当矿浆被甩出时，叶轮中心产生负压，空气通过吸气管和套筒被吸入，空气和矿浆在叶轮腔内混合，并

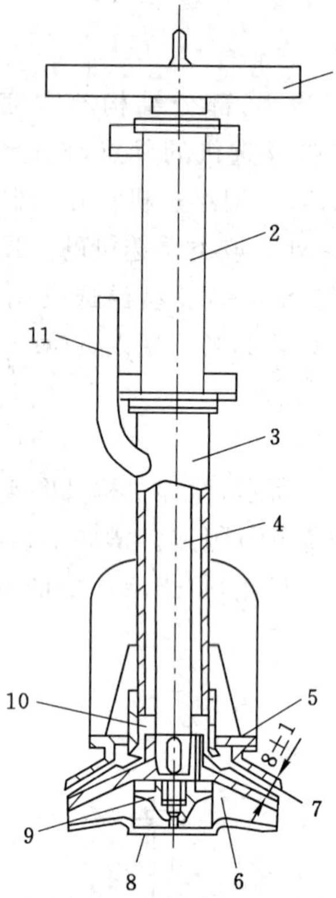

1—胶带轮；2—轴承座；3—套筒；4—轴；5—上调节环；6—叶轮；
7—定子盖板；8—下调节环；9—锁紧螺母；10—导向管；11—吸气管。

图 4-26　XJM-S 浮选机搅拌机构

在叶片和液流的剪切作用下分散成微细气泡，气泡与煤粒碰撞并黏附在一起，生成矿化泡沫，上升至液面被刮板排出，成为精矿。没有得到分选的颗粒随液流经中矿箱进入下一浮选槽，重复上述过程，直至最后一槽排出尾矿，完成浮选过程。固体颗粒在槽内多次与气泡接触和循环，有利于较粗颗粒和难浮煤泥的浮选，并有利于提高浮选速度。

(3) 特点

① 槽体断面形状

我国常用的几种浮选机的槽体断面形状，基本上有如图 4-27 所示的 4 种形式。其中 OK 型浮选机采用的形式为 U 形槽体，见图 4-27(a)；XJX 和 Hum-boldt 浮选机采用的形式为梯形槽体，见图 4-27(b)；原 XJM 浮选机采用的形式为 Y 形槽体，见图 4-27(c)；丹佛 DR 型浮选机所采用的形式为矩形槽体，见图 4-27(d)。

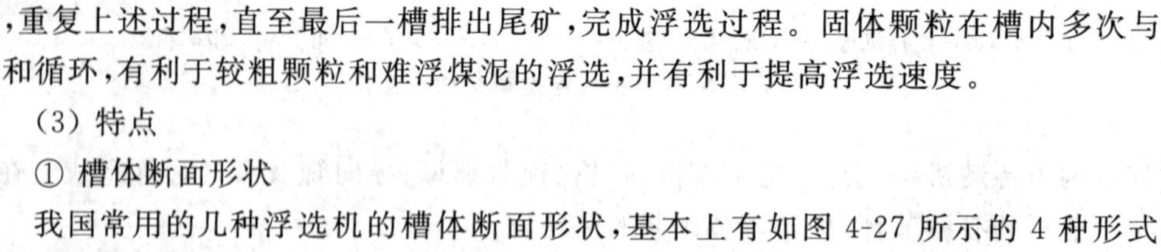

图 4-27　常用的浮选机槽体形状

槽体断面形状对浮选机的影响主要体现在两个方面：一方面，槽体形状会影响槽箱内的矿浆流动状态，最佳的矿浆流态能够保证较高的气泡矿化速度，同时不降低浮选的选择性，从而影响浮选机的浮选效果；另一方面，槽体形状也会影响到设备的占地面积。

通过对这几种槽体断面的比较可以看出，当断面的宽度和高度相同时，矩形断面的面积最大。也就是说在占地面积相同的条件下，矩形断面得到的槽体容积最大，这就有可能改善浮选机的经济性能。因此 XJM-S 型浮选机采用图 4-27(d)所示的矩形槽体较为合理。

② 充气方式

机械搅拌式浮选机有自吸式和充气式两种充气方式。

小型浮选机一般采用自吸式充气方式，浮选所需要的空气量靠搅拌机构吸入就能满足工艺要求。大型浮选机需要的充气量较大，尤其是当槽体深度大时，为了吸取足够的空气量往往要耗费很大的功率。因此，所以一部分大型浮选机除了靠搅拌机构吸入空气外，还另设有鼓风机，通过管道向叶轮充入空气，这样使系统复杂化，同时总功耗增加；另一部分大型浮选机则继续采用自吸式，通过合理降低叶轮埋入深度，以在能耗增加不多的情况下满足浮选所需的充气量。XJM-S 型浮选机采用的就是将叶轮埋入深度适当降低的自吸充气方式。

③ 叶轮形式

叶轮是机械搅拌式浮选机最关键的部件，常用的有伞状和涡轮式两种叶轮。叶轮的结构是否合理对浮选机的经济技术性能有很大影响。

改进后的伞状叶轮在矿浆通过能力和充气量上均有很大提高，能够达到 1.44 $m^3/(m^2 \cdot min)$，已能满足浮选要求。该叶轮的优点是能耗低，尤其是一些机型的伞状叶轮经改进后成为双层叶轮，采用特制的螺母将叶轮与中心轴连接，既保持了原三层叶轮对槽底新鲜矿浆和槽内循环矿浆的吸取能力，又便于加工、维修和安装。涡轮式叶轮则具有强大的粉碎气泡的能力，气泡分散和分布的均匀程度较高，充气量大，但能耗较高。通过对比认为，XJM-S 型浮选机采用伞状叶轮更为有利。

④ 入料方式

浮选机有吸入式和直流式两种入料方式。

吸入式入料又可分为上吸入料和底吸入料两种，其共同点是新鲜矿浆通过叶轮和空气搅拌后进入浮选槽，矿浆和空气充分接触，但矿浆的通过量受叶轮的吸浆能力限制。上吸入料的浮选槽内有一给料管，对矿浆的流态有一定的影响。直流式入料方式的特点是矿浆通过量大，能耗低，因此为许多大型浮选机所采用；但它的缺点是矿浆在直流给入过程中，浮选槽内液体的横向流在一定程度上也会影响槽内矿浆的正常流态，而且部分矿浆可能因不通过叶轮而不能和空气充分接触，直接串入下室造成“短路”。

XJM-S 型浮选机采用了吸入式和直流式两种混合的入料方式。新鲜矿浆从假底下部给入，大部分从设在假底中心的吸浆管吸入叶轮底部，余下的部分从假底周边与槽壁的间隙上升，进入搅拌区。这种给料方式比一种入料方式给料具有更大的矿浆通过量，可以保持正常的矿浆流态，还能避免“短路”现象的发生。

⑤ 进气方式

XJM-S 型浮选机设有一个进气管，管口有气量控制阀，可以在机器运转过程中随时调节充气量，吸入的空气经套筒分别进入叶轮的上下两层。达到向叶轮上、下层供气的目的。

⑥ 功耗

浮选机的功率消耗随叶轮转速和循环孔面积增加呈线性增长，说明功率主要消耗在矿浆的循环上，矿浆循环量增加，功率也增加。而充气量随叶轮转速呈线性增长，但随循环孔面积并不呈线性增长，循环孔面积在达到某一临界值时，充气量达到最大值，再增大循环孔的面积，充气量反而减小。因此在满足浮选工艺要求的充气量的条件下，正确选择叶轮转速可以得到最合理的功率消耗。XJM-S16 型浮选机选用了 37 kW 电机，但实际功率消耗为 23.7 kW，比 XJX-T12 型浮选机的功率消耗还低约 10%，与 XJX-Z8 型的功率消耗相当。

⑦ 液位控制系统

XJM-S 型浮选机采用了液位控制系统，使槽内液位始终保持在最佳高度，不致因液位过高而刮出未二次富集的矿浆，增加精煤灰分；也不致因液位过低刮不出泡沫而减少精煤的产率。液位控制系统的控制框图见图 4-28。

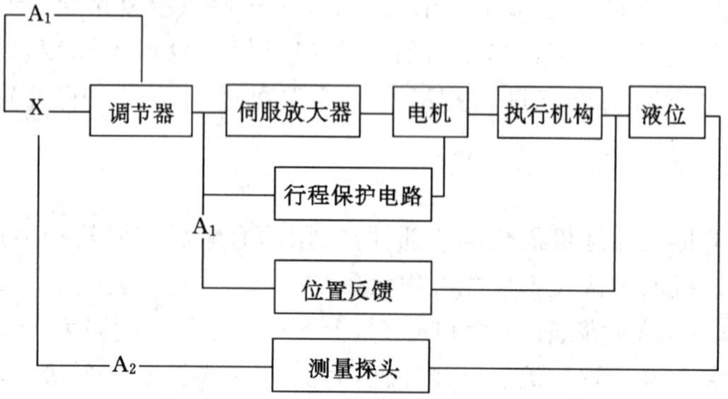

图 4-28　液位控制框图

XJM-S 型浮选机槽内液位控制系统的工作过程：通过单管压差计测量液位高度后，将测量值转变为与之相对应的电信号，经过 PID 调节器，使测量值与给定的最佳液位高度进行比较，得出的偏差信号给伺服放大器，伺服放大器根据正、负偏差信号使电机正、反转，执行机构就改变浮选机尾矿闸板的高度，调整其液位。

同时，该系统中还设有行程保护电路，若通电后电机不转，保护电路发出灯光信号，切断电源，保证控制系统的安全运行。系统发生故障时，可改用人工电动或直接由手工操作，确保生产的正常进行。

4.5　充(压)气式浮选机

4.5.1　充(压)气式浮选机特点

这类浮选机的结构特点是无机械搅拌器和传动部件，矿浆的充气靠外部压入空气，因此称为充(压)气式浮选机。最典型的例子是浮选柱，压入的空气通过特制的、浸没在矿浆中的充气器(亦称气泡发生器)形成细小气泡。因浮选柱属单纯的压气式浮选机，对矿浆没有机械搅拌或搅拌较弱，为使矿粒能与气泡得到充分碰撞接触，通常矿浆从浮选柱上部给入，产生的气泡则从下部上升，利用这种逆流原理实现气泡矿化。与机械搅拌式浮选机相比，浮选柱具有结构简单、制造容易、占地小、维修方便、操作容易、节省动力、对微细颗粒分选效果好等优点，适用于组分简单、品位较高的易选矿石的粗、扫选作业。在选煤厂中，浮选柱在脱除细粒灰分和黄铁矿方面表现出优于常规浮选机的效果。但由于气泡发生器容易堵塞、运转不稳定等问题，浮选柱未能得到更广泛应用。20世纪80年代后，这些问题基本解决，再次掀起了浮选柱的研究与应用高潮，出现了一批各具特色的浮选柱，如加拿大的CFCC，德国的KHD，美国的Flotair浮选柱、VPI微泡浮选柱、MTU充填介质浮选柱、Wemco利兹浮选柱，澳大利亚的詹姆森及全泡沫浮选柱，印度的电浮选柱和磁浮选柱以及我国大量推广的旋流浮选柱等。其中一些取得了较大的成功，尤其在处理极细粒物料时有常规浮选机所不可比拟的分选效果。

4.5.2 浮选柱的类型及结构

在众多浮选柱中，最引人注目的有短体自由喷射式浮选柱和高柱体的逆流式浮选柱，后者被认为是效果最佳的，它有两种形式：一是充填介质式——柱内充满某种结构的材料以粉碎气泡和创造良好的浮选环境；另一是无充填式（开式）——柱内无充填，以其他方法创造必要的分选条件。逆流式浮选柱有以下几个特点：

（1）比常规机械搅拌式浮选机和短体自由喷射式浮选柱有更大的矿化区。前者的矿化区仅在转子周围的高剪切区，后者的也仅在射流所及的范围内，而逆流式浮选柱从给料口到气泡入口的整个捕集区都是矿化带，所以容积利用率高，单位容积的处理能力也大。

（2）矿物颗粒与气泡的碰撞及黏附概率大。机械搅拌式和喷射式浮选机的矿物颗粒和气泡高速甩出时运动方向基本一致，依靠紊流中两者间的速度差碰撞并实现黏附。但紊流不仅可使两者黏附，也可使两者脱离，且为了产生紊流要消耗很大的能量。逆流式浮选柱内颗粒和气泡的运动总体上是相向的，虽然运动的绝对速度较小，但相对速度却不小。由于紊流程度低、能耗低，颗粒和气泡的脱离概率也低。

（3）产生的气泡分散度高、微细气泡多，因而同样的充气量可产生更大的气-液界面，与矿物颗粒就有更多的碰撞机会，而且可产生多个气泡黏附于一个颗粒的气-固絮团，降低了气泡和颗粒的脱落概率。此外大量微细气泡上升速度较慢，基本处于层流状态，创造了和颗粒碰撞的有利条件，也提高了浮选的速率和回收率。

（4）减少了高灰细泥的污染。机械搅拌式浮选机的泡沫精煤中常夹带高灰细泥，而逆流式浮选柱的湍流程度低，顶部又有冲洗水，迫使泡沫间夹带的入料水和高灰细泥排出，有利于生产低灰精煤和浮选脱硫。许多采用机械搅拌式浮选机的选煤厂，为提高精煤质量，或采用精选、扫选等复杂的流程，或以降低重选精煤的灰分来平衡全厂的精煤灰分，若采用逆流式浮选柱处理细泥，提高其分选效果，则有可能以简单的浮选工艺取得全厂的最高精煤产率。

由于浮选柱的发展和应用时间较短，对其原理、结构和操作因素的影响还了解得不够，加上气泡发生器易堵塞和操作不便等问题仍未彻底解决，因此，对浮选柱有必要进行更深入的研究，不断改进，才能使它的长处充分发挥。

4.5.3 传统浮选柱

（1）结构

传统浮选柱的结构由竖管充气器、下体、上体、中间圆筒、风室、给矿器、尾矿管等组成，见图4-29。

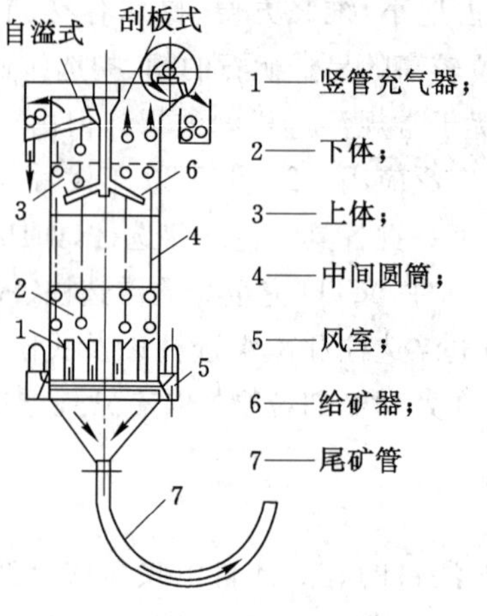

图 4-29　浮选柱结构示意图

（2）工作原理

在高 6～7 m 的圆柱体的上部设有给矿分配器，底部装有一组微孔材料制成的充气器，给矿分配器给入的矿浆均匀分布在柱体的横断面上，缓缓下降，在颗粒下降过程中与上升的气泡碰撞，实现矿化。浮选柱内浮选区的高度远大于其他浮选机，因此矿粒与气泡碰撞和黏着的概率大。浮选区内矿浆气流的湍流强度较低，黏附在气泡上的疏水性矿粒不易脱落。浮选柱的泡沫层可达数十厘米，并且可从上部向泡沫层淋水，强化了二次富集作用，往往一次粗选便可获得高质量最终精矿。

（3）浮选柱的工作特点

① 分选选择性较高。这是因为在分选过程中，矿粒和气泡呈对流运动，削弱了脉石附着到气泡上和在气泡中央夹带的机会；由于本身没有运动部件，浮选柱内湍流程度比较低，泡沫层比较厚，而泡沫层中气泡的兼并有利于二次富集作用的发挥。

② 适于浮选细粒和微细粒物料，浮选柱中气泡是由压缩空气通过微孔的充气器形成的。其直径小，根据微细粒物料和气泡的非惯性碰撞矿化机理，对微细粒物料分选有利。

③ 节省药剂用量，特别是起泡剂。浮选柱中泡沫层厚，实际上是泡沫柱。气泡不如在机械搅拌式浮选机中密实。起泡剂主要用于控制气泡的大小，因此用量可以小些。

④ 构造简单，制造容易，占地面积小，维修方便，操作容易，节省动力。

⑤ 矿浆的运动状态，总体来说是矿浆和气泡做逆向运动。实际上矿浆在柱内上下翻腾，运动状态比较复杂。如果控制不好，则操作极不稳定，对浮选效果有一定影响。

⑥ 充气器的孔径极小，容易堵塞和失效。堵塞后使气泡在浮选柱中的均匀度降低，影响分选效果。

⑦ 粗粒物料回收率较低，特别是＋28 网目的物料。一般情况下，用浮选柱分选时，精煤产率较低，但精煤的质量较好。

4.5.4　新型浮选柱

近年来，国内外对浮选柱进行了深入而广泛的研究。其中，最引人注目的有静态浮选柱、微泡浮选柱和旋流微泡浮选柱。

(1) 静态浮选柱

静态浮选柱是美国于1986年研制的，如图4-30所示。其特点是在柱中充填波纹板，形成众多孔道。当空气通过众多孔道时被粉碎成气泡。两层波纹板在堆放时呈直角相交，而同一层中相邻两块板的波纹又是交叉的，这样可使浆气混合物均匀地分布在整个断面上，延长了矿粒和气泡的停留时间。上升的气泡被强制地与矿粒接触，增加了矿化概率。顶部给入的淋洗水顺着孔道向下流，不断带走脉石，尾矿从底部阀门排出。断面为0.61 m×0.61 m、高为6 m的静态浮选柱每小时可处理煤泥0.25 t，效果很好。

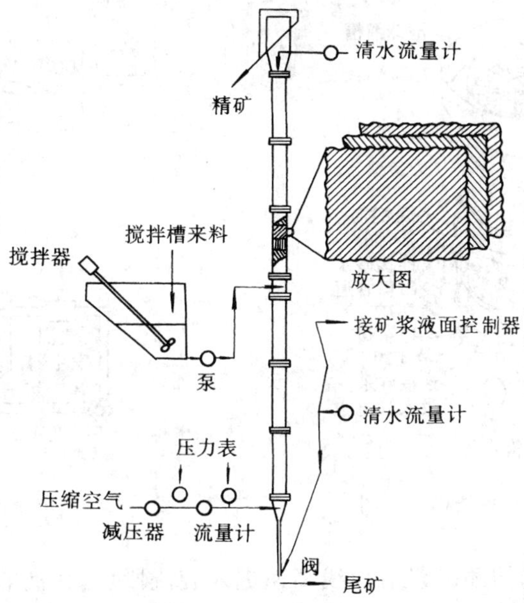

图4-30 静态浮选柱

(2) 微泡浮选柱

图4-31是微泡浮选柱的结构示意图。其特点是采用新型的微泡发生器。这种多孔管微泡发生器在压力管道上设一微孔材质的喉管。喉管通过密封的套管同压缩空气相连。当矿浆快速经过喉管时，压缩空气经过套管从多孔材质的喉管的壁进入矿浆，形成微泡，并立即被流动的矿浆带走。微泡浮选柱的高度与直径比值在10～15之间，由所需的浮选时间而定。煤浆由上部柱高2/3处给入。泡沫层厚度为0.6～0.8 m，与柱高和直径无关。淋洗水加入泡沫中间(可由试验确定)，且水量按断面计算时约为20 $cm^3/(cm^2 \cdot min)$。直径为2.4 m的浮选柱用于处理高灰(60%)、细粒(小于150网目)、低浓度(3%～6%固体)，曾经用大型浮选机处理但得不到合格指标的煤泥水时，一次分选便达到灰分为10%、可燃体回收率为60%的好指标。

(3) 旋流微泡浮选柱

① FCMC型旋流微泡浮选柱的结构和工作原理

这是我国研制的适合中国煤泥的浮选柱。1992年投入工业应用以来已形成直径1 m、1.5 m、2 m、3 m的系列规格。旋流微泡浮选柱的结构和原理如图4-32所示，包括浮选段、旋流段和气泡发生器三部分。浮选段又分两个区，即旋流段和入料点之间的捕集区(又称矿化区)及入料点和溢流口之间的泡沫区(又称精选区)。在浮选段顶部设有冲水装置和泡沫精煤收集槽。给矿管位于柱顶约1/3处。最终尾矿从旋流器的底流口排出。气泡发生器位于柱体外部,沿切线方向与旋流段相衔接。气泡发生器上设有空气入管和起泡剂添加管。气泡发生器在循环矿浆加压喷射的同时吸入空气与起泡剂,进行混合并粉碎气泡,通过降低压力释放、析出大量微泡,然后沿切线方向进入旋流段。气泡发生器在产生合适气泡的同时,也为旋流段提供旋流力场。

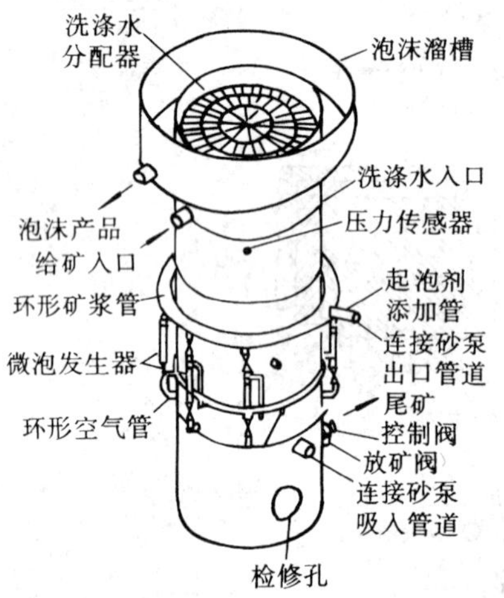

图4-31　微泡浮选柱结构示意图

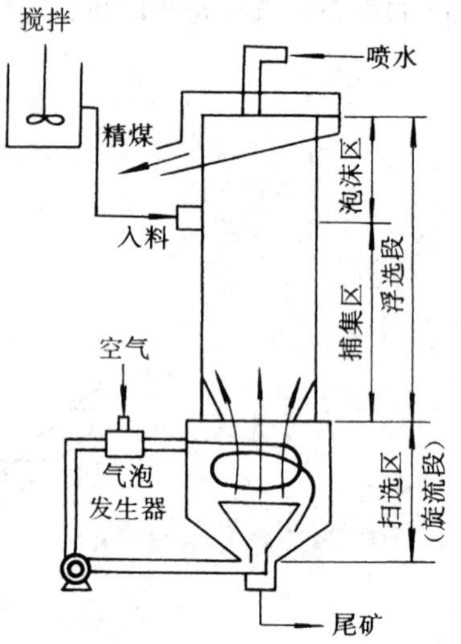

图4-32　旋流微泡浮选柱结构原理图

含气、固、液三相的循环矿浆沿切线高速进入旋流段后,在离心力作用下做旋流运动。气泡和已矿化的气-固絮团向旋流中心运动,并迅速进入浮选段。气泡与从上部给入的矿浆反向运动、碰撞并矿化实现分选。旋流段的作用是对在浮选段未分选的煤粒进行扫选,以提高精煤产率。矿化气泡在柱体内上升到柱体上部较厚的泡沫层中,由于冲洗水的喷淋作用,上升的泡沫不断受到清洗,清除夹带的高灰杂质,使精矿的品位进一步提高。

② 旋流微泡浮选柱的特点

旋流微泡浮选柱除具有逆流浮选柱的特点外,还具有集浮选与重选于一体、强化分选的优点。该浮选柱实质上是在旋流器上方安一逆流式浮选柱,既利用泡沫浮选,又与旋流力场中的重选相结合。工作时旋流器的给料是浮选柱的中矿,用循环泵加压后经气泡发生器给入水介质旋流器,进行再次分(扫)选。旋流器内产生的气团和气泡进入浮选段精选,而最终尾矿由底流口排出。由于气团与矸石及黄铁矿的密度悬殊,在旋流力场中可得到强化分选。由于利用浮选段保证选择性,利用重选旋流强化回收,故不仅处理量大、精煤产率高、灰分低,且可降低柱体高度。

该类浮选柱还采用了数个外置自吸式微泡发生器,见图4-33。微泡发生器的充气量与其工作压力、长径比、面积比有很大关系。由泵送来的矿浆(压力在0.16～0.20 MPa)从喷嘴高速喷出。矿浆的部分动能转变成为势能,使吸气室产生负压,吸入空气及起泡剂。喷嘴通过吸气室与喉管相连接。喷嘴喷出的矿浆和吸入的空气、起泡剂一起进入喉管,在此发生能量交换。气、固、液三相强烈混合后,部分空气被搅拌粉碎,形成气泡,在与颗粒碰撞中产生矿化气泡，而另一部分空气则溶入高速液流中。当液流从喉管进入扩散管时，混合液流速度突然减小，压力陡然降低，使在喉管内溶入矿浆的空气随压力降低而重新析出，成为一种具有活性的微泡。这种微泡特别有利于微细颗粒的浮选。这就是微泡浮选具有良好的浮选选择性及较高精煤产率的原因。区别于一般浮选柱普遍采用的，以微孔材料制作的气泡发生器，可从根本上解决气泡发生器容易结垢和堵塞的问题。总之，利用高速矿浆自吸空气无须压风，充气量大，气泡质量好，不堵塞，易调节，工作稳定，维修更换方便，同时还节能。浮选柱的浮选段的下部为中矿出口，中矿浆由此被泵抽出，加压后通过微泡发生器充气混合，从旋流段的上部切向给入。其重产品沿旋流段锥壁下降经尾矿口排出。气、固、液混合液流作为旋流器溢流上升进入浮选段的捕集区，未与气泡黏附的颗粒则随中矿流向下运动，到旋流段进行再循环。在这里，旋流段的上升流和浮选段的下降流相撞，使捕集区内液流严重混杂，干扰了旋流段中段流力场的分选作用，在浮选段下部与旋流段交界处加上稳流板后，理顺了上升流与下降流的流向，使捕集区的液流变成“柱塞”状的有序流态，各种物料流互不干扰，保证了浮选效果的进一步改善。此外，柱体结构合理，可随时开、停机而无须放矿，也不会产生沉积堵塞现象。

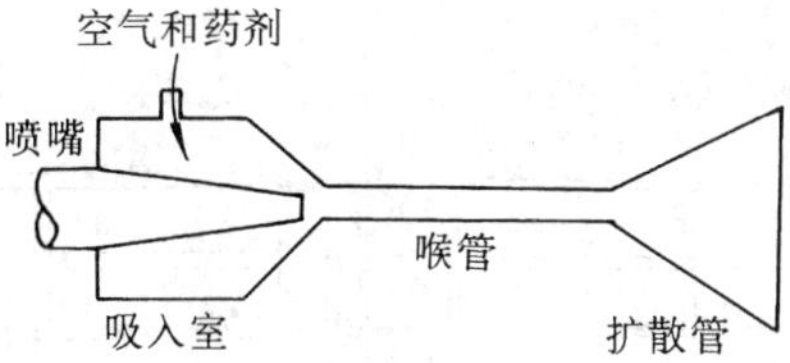

图4-33　微泡发生器结构示意图

③ 浮选柱工作参数的选择

一是充气量。单位时间内每平方米浮选面积充入的空气量，是达到浮选柱最佳化控制各参数中最灵活、最敏感的一个因素。它对浮选产品的数量和质量有着直接的影响。随着充气量的增加，精煤产率和灰分同时增加，但当充气量超过一定值后，精煤产率反而下降。此外，充气速度较低时，充气量对精煤灰分的影响较小；反之，则影响较大。根据试验结果，充气速度以1～3 cm/s为好。

二是泡沫层厚度。增加泡沫层厚度可以提高精煤质量，但过厚的泡沫层不仅因质量过大，致使泡沫不能自溢，而且会减少捕集区的高度，使矿浆滞留时间增加，捕集区回收率减少，反而使尾煤灰分降低。适宜的泡沫层厚度应以刚好能排净泡沫间夹带的矿物杂质为宜。这与泡沫的溢出速度、泡沫层的含水情况以及冲洗水的位置与速度有关。

三是冲洗水用量。浮选柱使用冲洗水的目的在于迫使泡沫间的杂质随水流向下运动进入尾矿。这是提高浮选柱选择性的一项重要措施。冲洗水的流速一般要求获得所谓的“正偏流”，即从尾矿排出的水量大于给矿进入水量。工业性试验的结果表明，微泡浮选柱在降灰和降硫方面均有较好的选择性和分选效果，能获得比机械式浮选机更优异的质量和数量指标，细粒和较细粒的分选效果明显优于机械式浮选机。

4.6 空气析出式浮选机

这是一类能从矿浆中析出大量微泡为特征的浮选机，故称之为空气析出式浮选机，或降压式浮选机。属于这类浮选机的有喷射式、旋流式和真空式。它们都无机械搅拌器，无传动部件。这类浮选机进一步又可分为吸气式和真空减压式，而矿浆加压式可再细分为吸气式和压气式两类。

20 世纪初就出现了利用喷射原理制作的浮选机，但一直没有得到重视，直到 20 世纪 50 年代，喷射式浮选机才得到真正的应用。我国科研工作者从 20 世纪 60 年代末以来，自行设计开发研制了 XPM 型系列喷射、旋流式浮选机，型号分别为 XPM-4 和 XPM-8、XPM-16。

XPM 型浮选机属于空气析出式无机械搅拌浮选机，该浮选机没有机械传动机构，矿浆的充气和搅拌依靠喷射器和旋流器或伞形分散器组成的充气搅拌装置来完成。

4.6.1 XPM-4 型浮选机

(1) 结构

XPM-4 型浮选机的结构见图 4-34。

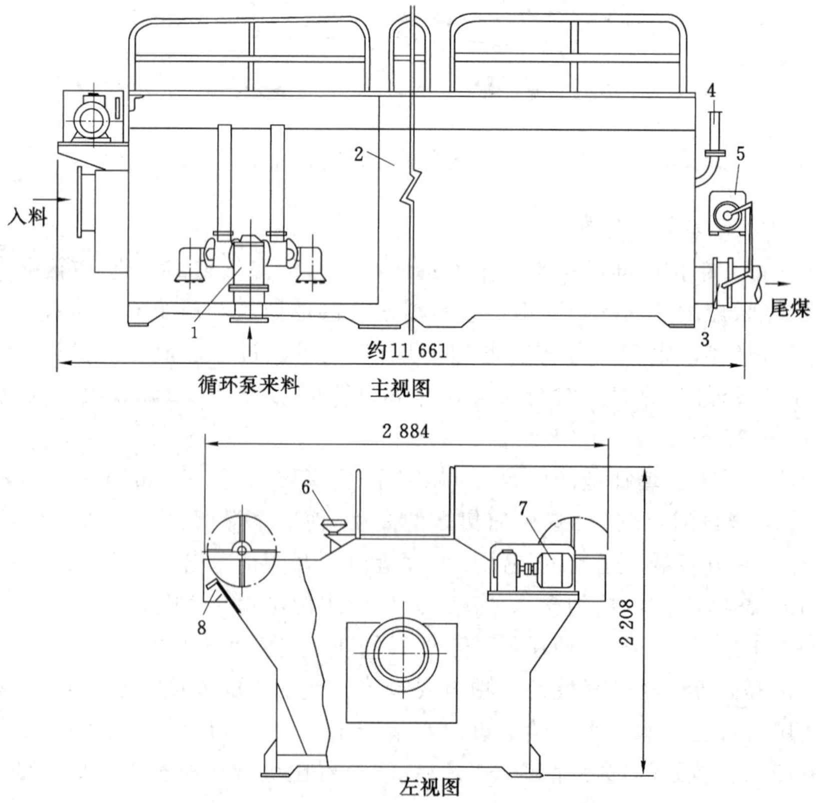

1—充气搅拌机构；2—槽体；3—蝶阀；4—液面传感器；
5—电动执行器；6—放矿机构；7—刮泡机构；8—泡沫溢流堰。

图 4-34 XPM-4 型浮选机结构

① 充气搅拌装置

该浮选机的充气搅拌装置由喷射器和旋流器组成，喷射器又由进气管、喷嘴、混合室等组成，见图4-35。

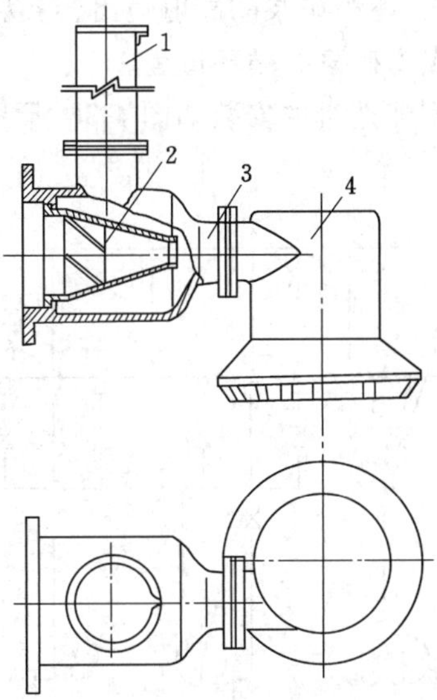

1—进气管；2—喷嘴；3—混合室；4—旋流器。

图4-35 XPM-4型浮选机的充气搅拌装置

喷射器喷嘴的锥体部分呈35°锥角，喷嘴直径为26 mm。喷嘴的锥体部分设有旋转角为90°的导流叶片，其作用是使煤浆呈旋流扩散状态喷出，从而增加煤浆与空气的接触面积，提高煤浆夹带空气的能力。喷嘴锥体部分若不安设导流叶片，不但充气量小，而且煤浆只能以柱状形式喷出，矿浆的搅拌及充气作用减弱。

旋流器直径为150 mm，圆柱部分高150 mm，圆台部分高50 mm，在圆台的底部，设有8块与径向呈60°的导流叶片。导流叶片将垂直做螺旋运动的煤浆分成8小股，均匀地分散于槽内。旋流器与喷射器连接，旋流器的轴线与喷射器的轴线垂直，煤浆和空气从喷射器到旋流器的过程中，煤浆和空气的运动方向随之改变，两者在旋流器中得到进一步的混合。

② 槽体

该浮选机由6个浮选槽组成，每个浮选槽内对称安设4个充气搅拌装置。槽体形状是上部为倒梯形，下部为矩形，两侧设有泡沫溢流堰，双面刮泡(图4-34)。

③ 放矿机构

XPM-4型浮选机在浮选槽底部设有放矿机构，目的是检修方便及长时间停机能放出槽内的煤浆。通过手动轮控制锥阀的运动，便可实现手动放矿。

④ 液面自动控制机构

XPM-4型浮选机液面可进行自动控制。在浮选机的末端设有液面传感器，当液面高度发生变化时，传感器发出信号，使电动执行机构动作，控制闸板的上、下运动，从而实现液面高度的自动调节。

⑤ 矿浆的循环

该浮选机中矿浆的循环不在槽内进行，而是循环泵在槽外完成矿浆的循环。浮选机工作时，从槽内抽出部分矿浆，在循环泵内进行加压，然后使加压的矿浆从喷嘴高速喷出。因此，循环泵不仅对矿浆进行加压，还为矿浆的高射喷出、完成充气搅拌过程做准备，而且从槽内抽出及加压的过程中，已完成了矿浆的循环过程。

循环泵的配备及 XPM-4 型浮选机的安装如图 4-36 所示。

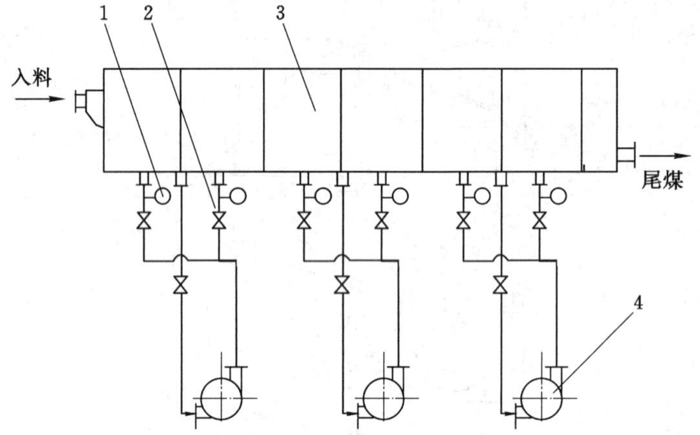

1—压力表；2—阀门；3—浮选槽；4—循环泵。

图 4-36　XPM-4 型浮选机的安装及循环泵的配备

(2) 工作原理

矿浆自流到浮选槽内，并依次通过各室。从浮选槽中抽出部分矿浆，经循环泵加压后给入充气搅拌装置，矿浆以 15～20 m/s 的速度从喷嘴高速喷出。矿浆的高速喷出，导致在混合室内造成了负压，产生抽吸作用。因此，空气从进气管被吸入混合室，与矿浆混合，并在高速射流的卷裹下沿切线进入旋流器。进入的矿浆和空气混合物在旋流器中高速旋转，再一次得到搅拌混合，最后以伞状形式从旋流器底部甩出。甩出的矿浆碰到槽底，进一步得到混合，整个过程中，气泡被粉碎。矿化气泡上升到液面形成泡沫层，被刮泡机构刮出成为泡沫精矿。未被刮出的矿浆一部分进入了下一浮选槽，另一部分则被循环泵抽出，经加压后再一次送入充气搅拌装置。浮选过程中不能形成矿化泡沫层的矸石杂物则从浮选机末端排出，成为尾矿。

矿浆在循环泵中加压，因其压力升高，部分气体溶于矿浆中。在矿浆高速喷出后，由于压力的突然降低，原来溶于矿浆中的气泡便以微泡的形式析出。因此，在矿浆从喷嘴高速喷出时，高速射流冲击切割从进气管进入的气体，使大气泡粉碎成细小的气泡，同时还有大量的微泡析出。这一过程，使矿浆和空气得到充分混合，并且加速了气泡的矿化过程，有利于提高浮选速度及粗粒煤的浮起，降低精煤“跑粗”的机会。

4.6.2　XPM-8 型浮选机

XPM-8 浮选机是我国于 1981 年研制成的另一种 XPM 型浮选机，其单槽容积为8 m^3，结构见图 4-37。

XPM-8 型浮选机与 XPM-4 型浮选机的区别在于充气搅拌装置，见图 4-38。

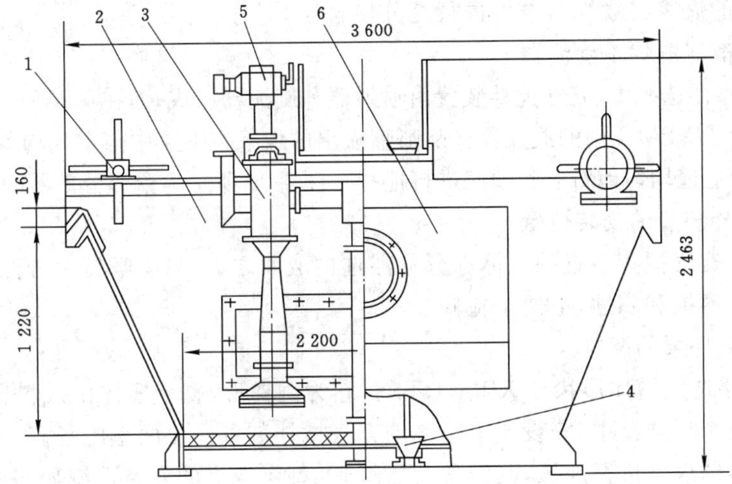

1—刮泡器;2—浮选槽;3—充气搅拌装置;4—放矿机构;5—液面自动控制机构;6—入料箱。

图 4-37 XPM-8 型浮选机构造

(1) 结构

XPM-8 型浮选机由充气搅拌装置、浮选槽、入料箱、尾矿箱、液面自动控制机构、刮泡机构、放矿机构等组成。

① 充气搅拌装置

该浮选机的充气搅拌装置由喷射器、伞形分散器组成,其中喷射器由进气管、喷嘴、混合室组成,见图 4-38。

XPM-8 型浮选机与 XPM-4 型浮选机的充气搅拌装置相比,具有以下特点:

A. 采用摆线柱面线型导流叶片

在 XPM-4 型浮选机的喷嘴中安设有锥面螺旋线型的、旋转角为 90°的导流叶片,导流叶片的作用是使煤浆呈螺旋扩大状喷出,从而增加煤浆与空气的接触面积;而在 XPM-8 型浮选机的喷嘴中,则采用了摆线柱面线型导流叶片,这种喷嘴不但线型简单、制造方便,而且使浮选机的充气量提高,加速了气泡的矿化过程。

B. 喉管较长

在 XPM-4 型浮选机中,从喷嘴高速喷出的煤浆进入混合室,并在混合室与空气相遇;而 XPM-8 型浮选机则在喷嘴前安装了长度为 925 mm 的喉管,喉管轴线与喷嘴轴线方向相

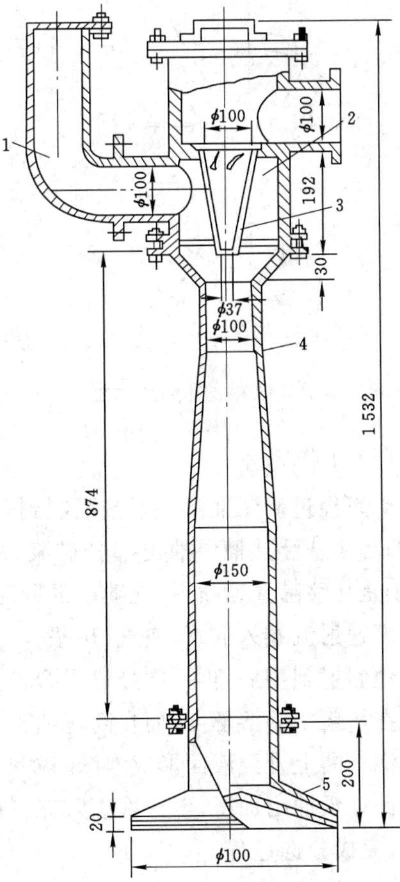

1—吸气管;2—混合室;3—喷嘴;4—喉管;5—伞形器。

图 4-38 XPM-8 型浮选机的充气搅拌装置

同,从喷嘴喷出的煤浆在喉管与空气进行充分接触混合。

C. 伞形分散器取代了旋流器

在 XPM-4 型浮选机中,充气搅拌装置由喷射器和旋流器组成;而在 XPM-8 型浮选机中用伞形分散器取代了 XPM-4 中的旋流器。从喷嘴喷出的煤浆在喉管中与空气均匀混合后,由伞形分散器的 6 个通道均匀地斜射到槽底进行搅拌。图 4-39 所示为伞形分散器的底部通道。

D. 充气搅拌装置的安装位置

该浮选机的充气搅拌装置的主体部分在浮选槽液面之上,只有喉管及分散器在液面下,减小了不必要的磨损和腐蚀,也便于检修。

② 槽体及循环泵的配置

XPM-8 型浮选机槽体形状与 XPM-4 不同,它为倒梯形,整个槽体由入料箱、浮选槽、尾矿箱组成。在每个浮选槽中,安设 4 个对称的充气搅拌装置。每两室配备有一台循环泵,是对浮选室中抽出的煤浆进行加压,其配备及 XPM-8 型浮选机的安装系统如图 4-40 所示。

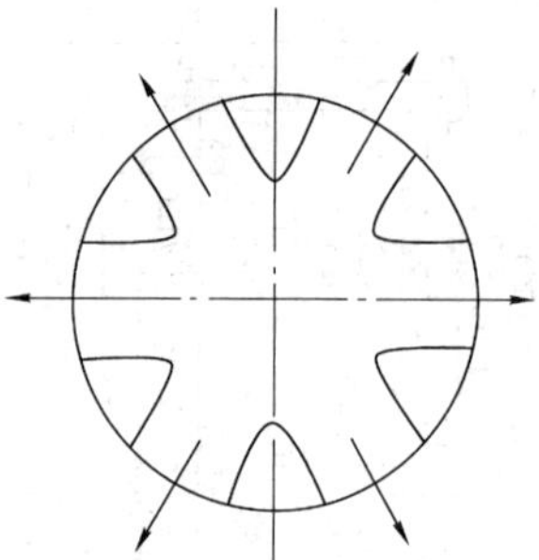

图 4-39 伞形分散器底部通道示意图

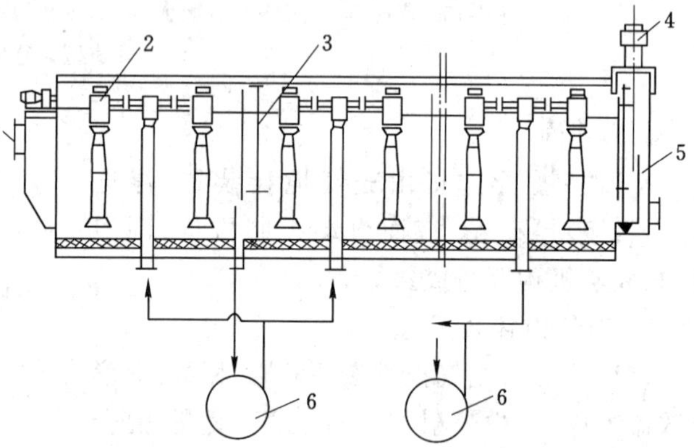

1—入料箱;2—搅拌机构;3—放矿机构;
4—液面自动控制机构;5—尾矿箱;6—循环泵。

图 4-40 XPM-8 型浮选机安装及循环泵的配备

(2) 工作原理

矿浆经过矿浆准备装置被配制到合适浓度,与药剂充分接触送入入料箱,并依次进入各室;循环泵从浮选槽中抽出部分矿浆,加压后送入充气搅拌装置。由于矿浆具有一定的压力,于是从喷嘴高速喷出,在喷出的同时,喷嘴周围产生负压和抽吸作用,空气从进气管进入并被高速射流卷入喉管,空气、矿浆、药剂三者在喉管中经过混合,最后从分散器的 6 个通道均匀地斜射到槽底,再一次经过混合搅拌,完成充气搅拌过程。矿浆经循环泵加压时能增加气体在矿浆中的溶解度,而在高速喷出的时候,由于压力的降低,形成大量的微泡。被矿化的气泡不断上升到液面形成泡沫,被刮出后成为精矿;未被矿化的矿浆部分进入下一室,部分被循环泵抽出加压,再一次送入充气搅拌装置进行分选,不能被浮起的尾矿最后从尾矿箱排出,完成分选过程。

4.6.3 XPM-16 型浮选机

XPM-16 型浮选机是在 XPM-8 型浮选机的基础上,由鹤岗南山选煤有限公司自主研发的喷射式浮选机。

(1) 结构

XPM-16 型浮选机在结构上的突出特点是采用了假底，这样有利于煤浆进入充气搅拌装置实现矿化以及改善循环煤浆在槽体内的流动状态。因此，在保持一定的分选指标的情况下，XPM-16 型浮选机的处理量(煤浆)可以达到 1 000 m^3/h，其单位处理能力为 12.5 $m^3/(m^3 \cdot h)$。南山选煤厂在年处理 300 万 t 的原煤时，仅使用了一组五槽的 XPM-16 型喷射式浮选机就能满足生产需要。XPM-16 型喷射式浮选机的结构见图 4-41。

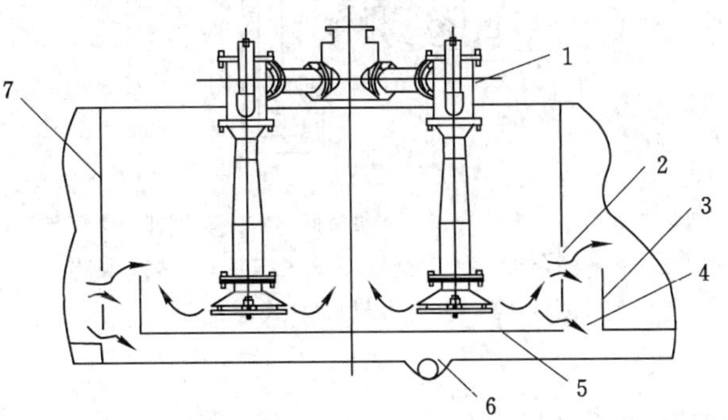

1—充气搅拌装置；2—流通孔；3—挡料板；4—排粗孔；5—假底；6—循环料斗；7—槽体。

图 4-41　XPM-16 型喷射式浮选机结构示意图

(2) 工作原理

经矿浆预处理器准备好的矿浆进入浮选机，部分经假底被循环泵加压后，从浮选机的充气搅拌装置的喷嘴中高速喷出，形成高速射流，在混合室中产生负压，空气经进气管进入混合室，完成了浮选机的充气过程，从喷嘴喷出的高速煤浆在喉管内进行比较充分的动能转换后，通过伞形器甩向浮选槽，加压过程中溶解在煤浆中的空气在混合室的负压区从矿浆中析出，形成微泡，选择性地在煤粒表面析出，大大地增加了煤粒向气泡附着速度和附着力，强化了气泡的矿化过程。其余矿浆则进入下一室，与从伞形器喷出的矿浆进行矿化，完成浮选过程，矿化的气泡上浮，被刮出成为精煤产品，未被矿化的煤浆则直接进入下一浮选槽，如此周而复始至最后一室，尾煤则排出，完成浮选过程。

4.6.4　达夫可勒(喷射-压气)式浮选机

达夫可勒式浮选机是澳大利亚研制的矿浆加压、空气强制吹入的喷射式浮选机，其结构如图 4-42 所示。该机结构简单，主要是一个带有旋流喷嘴的槽体，喷嘴数量的多少可根据槽体大小选择。工作时加压矿浆从螺旋喷嘴沿切线方向进入，并沿喷嘴内壁旋转后从喷嘴孔喷入槽内。压缩空气由安装在喷嘴中心的空气导管压入。空气导管与喷嘴在同一中心线上。空气导管的管口靠近喷嘴出口，但稍后于喷口，当空气喷出时形成一股中心空气束(区)。由于快速运动的空气束和周围慢速旋转矿浆的相互作用，空气和矿浆得到充分混合，空气被分散成小气泡。当矿浆从喷嘴喷出时，由于压力的降低会析出大量活性微泡。喷嘴射出的浆气流射向一块挡板，以保证中心空气束完全分散。射入槽内的浆气流撞击挡板后消耗了喷射能，并沿喷入流体周围旋转折回。这一方面可保证空气的分散，另一方面可使水平喷射运动转成垂直运动，保证了附着矿粒的气泡平稳上升，形成泡沫层。尾矿从挡板后的排矿管排出。矿浆液面由尾矿排出管控制。该机浮选速度快，处理量大，动力消耗小，适用于单槽浮选，如磨矿循环中浮出已解离的可浮矿粒，以减少过磨。

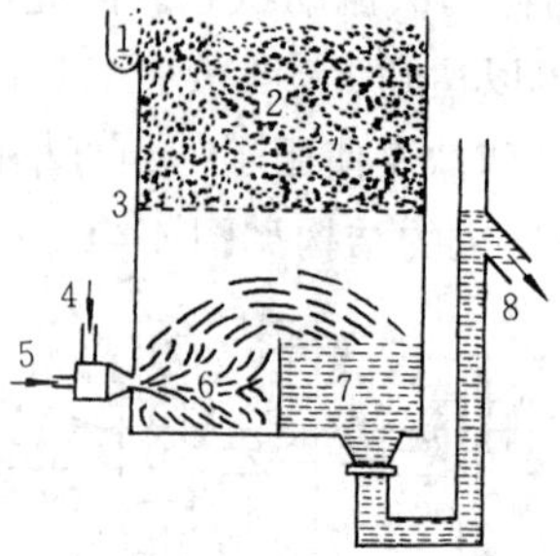

1—泡沫溢流槽；2—泡沫层；3—矿浆液面；4—给矿管；5—空气导管；
6—空气弥散混合与气泡矿化带；7—外充气区；8—尾矿排出管。

图 4-42　达夫可勒喷射式浮选机

4.6.5　FJC 系列煤用喷射式浮选机

（1）特点

① 喷射式浮选机的充气搅拌能够产生大量的微泡。这些微泡增加了气、液、固三相接触的黏着力，有利于煤粒分选。

② 充气搅拌装置是喷射式浮选机的核心部件。矿浆经过渣浆泵加压后，以较快的速度从喷嘴中喷出，在混合室内产生负压。空气通过进气孔进入混合室，同时由于导流叶片的作用，流体从喷嘴中呈伞状螺旋喷出。螺旋状的高速液流把空气卷裹其中，并把它切割成微泡；同时，参与分选的矿浆中含有不易溶于水的浮选药剂，经过充气搅拌之后，浮选药剂被乳化成微细液滴，提高了浮选效果。

③ 喷射式浮选机是兼备直流与上升流于一体的分选设备。进入入料箱后的矿浆一部分直流，另一部分经过充气搅拌装置后含有大量的微泡，而微泡随射流一起被甩到假底后形成大量的垂直上升的气泡群。槽箱内煤流方向与微泡群运动的方向呈垂直相交关系，增加了它们的碰撞概率。

④ FJC 系列煤用喷射式浮选机的喷嘴采用耐磨材料制作。整个装置没有运动部件，能量耗费小，设备使用寿命长，工作环境好。

⑤ FJC 系列煤用喷射式浮选机喷嘴内安装有导流叶片。根据流体力学原理，矿化的气泡将向刮泡机构方向运动，能够及时地刮出泡沫群，防止浮选气泡“发死”现象的产生。

⑥ FJC 系列煤用喷射式浮选机的充气均匀系数和充气容积利用系数都很高，工作性能稳定。

（2）类型

截至目前，已形成单槽容积 4 m^3、8 m^3、12 m^3、16 m^3、20 m^3系列产品。其中，FJC20 是目前我国单机处理能力最大的煤用浮选机。每种规格可以依据入料量、可浮性等级选用 3～6 个槽的箱组。

(3) 优点

① 处理能力大,分选选择性好,浮选药剂消耗量和电耗小。

② 适用于各种牌号、不同可浮性等级煤泥的浮选。

(4) 结构

它由充气搅拌装置、浮选槽箱、刮泡、放矿、液面调整等机构以及配套的煤浆循环泵等组成(图 4-43 和图 4-44)。

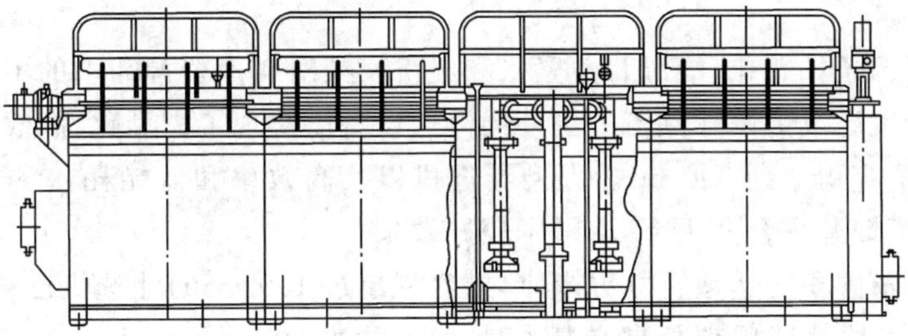

图 4-43 FJC 型喷射式浮选机结构示意图

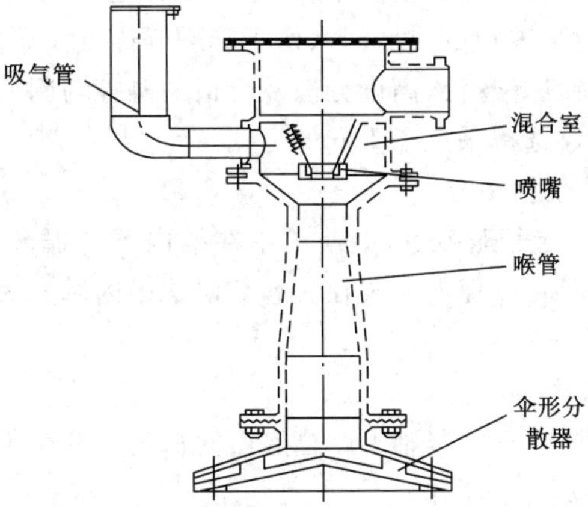

图 4-44 FJC 型喷射式浮选机的充气搅拌装置

(5) 工作原理

浮选入料经头槽箱的入料箱一部分以直流方式进入头槽箱,另一部分经假底下部的循环管进入煤浆循环泵。循环泵将煤浆加压到 0.22 MPa 后,将其送入充气搅拌装置,并以约 17 m/s 的速度从喷嘴呈螺旋扩大状喷出,使混合室产生负压,于是空气经进气管进入混合室,实现煤浆充气。高速旋转喷射流的剪切使空气分散并与煤浆一并经喉管、伞形分散器均匀弥散于浮选槽箱,另一部分经假底下部的循环管再次进入煤浆循环泵。矿化泡沫经刮泡板刮出,尾矿由尾矿箱排出,从而完成浮选过程。

4.7 浮选机的发展趋势和研究动态

浮选机的发展一直处于竞争状态,20 世纪 60 年代后,为适应选矿厂和选煤厂的大型化、自动化和节能的需要,进行了大量的研究,生产出了许多跨学科技术创新、大型、高效节能、低操作成本、低污染的浮选机,并用于生产。浮选机发展侧重于两方面:一是适用于粗粒浮选的浮选机;二是浮选机的大型化。此外,适用于细泥浮选的浮选机也逐渐引起重视,煤用浮选机和适用于专门原料浮选的专门浮选机系列得到发展,由此而形成了当代浮选机的发展趋势和研究动态。这些发展和进步主要与转子-定子结构的改进和更新密切相关,同时也与其他有关学科的技术发展息息相关。

4.7.1 浮选机大型化

随着矿产资源条件恶化、能源日益紧张和经济发展对矿产资源需求的不断增长,大型浮选设备的研究开发已成为国际潮流。国外的浮选设备已实现了大型化、高效化、多样化和自动化,浮选机单槽容积达到 300 m^3。大型浮选机以其高效率和低能耗,在国外得到广泛应用,极大地提高了资源综合利用率,取得了较好效果。

现浮选机单槽容积已达数百立方米,单槽容积超过 100 m^3 的浮选机已被广泛应用。我国 KYF 系列充气搅拌式浮选机的单槽最大容积已达 200 m^3,世界上单槽最大容积已达 300 m^3,最大规格的浮选柱容积达 220 m^3。大型浮选机的发展源于近年来金属、非金属矿开采量的剧增,特别是低品位矿石数量的增加,这要求浮选机与之相适应。此外,以及大型浮选机还具有的节能、降耗、占地少、投资省、便于管理等优点。研制大型浮选机的关键是解决矿粒及气泡在槽内保持良好悬浮、高度分散及合适的碰撞与附着,但又要避免矿浆液面过分扰动。为此,各种大型浮选机采用了不同的方式。

(1) 采用某些不同矿浆循环方式

如维姆科型采用星形转子配假底,促使矿浆在槽内下部循环;CHF-X14 型及丹佛 DR 型采用喇叭形或垂直循环筒,以促使矿浆在大容积浮选槽内垂直大循环,克服了矿浆分层和沉淀。

(2) 采用串联式双机构

如大型布思型及丹佛-M 型在竖轴上距槽底不同深度设两个不同转子,上部大转子主要用于充气,下部小转子主要用于搅拌。

(3) 采用并列的"双机构"或"多机构"

如 CHF-14 型充气搅拌式浮选机的两槽背靠背连接并安装 2 个相同转子;阿基泰尔 No. 120 型浮选机在一个槽内并列安装了 4 个搅拌器。研究认为,多个并列小转子比一个大转子效果好,空气弥散、气泡分布及搅拌程度均能得到改善。

4.7.2 矿浆直流化给料

矿浆在浮选机内从一个浮选槽流向下一个浮选槽的方式分为两种:一种是两槽之间用中间室和调节液面装置隔开,矿浆经中间室溢流堰经管路流向后一槽底部,再由叶轮吸入,称为吸入(槽)式。另一种在浮选槽之间仅开一矩形孔,矿浆从前一槽可自由畅通流往后一槽,习惯上称为自流式或直流式结构。吸入槽式可调性好,便于根据矿石性质的变化进行调节,工艺灵活,适合于精选作业或多矿物混合的优先浮选作业。但当槽数多时,调节、操作、维修麻烦,不便于实现自动化。直流式结构由于有足够的开口断面让矿浆迅速通过,可适应矿浆流量大及快速浮选的要求,如粗选、扫选、混合浮选等。同时直流式便于操作、管理和控制,又节省吸浆动力,所以随选矿(煤)厂规模的不断扩大,浮选槽日趋大型化的同时,浮选机也趋于采用直流式结构。但同时正致力解决的问题是浮选机液面的水力坡度和矿浆串料。现多采用以下方法:① 在一系列浮选槽中若干个直流槽配一个吸入槽的槽体组合形式;② 浮选机按台阶安装,前几槽和后几槽保持固定落差;③ 浮选机带有可调的活动溢流堰,根据矿浆量使浮选槽溢流堰高度从头部箱体到尾部箱体保持一定高差。

4.7.3 改进转子-定子系统结构以及采用新型耐磨材料

转子-定子是浮选机的关键部件,决定了浮选机工作的好坏。从前述的转子叶轮来看,离心式叶轮的充气能力与转子转速、转子和定子间隙密切相关。转速增大,充气量、电耗、磨损及液面波动都增加。转子与定子间隙增大,充气量、吸浆量均下降。所以,对离心式叶轮,进一步改进结构、提高充气和搅拌程度是一个趋势。如洪堡尔特型采用偏摆叶轮结构,其充气量比类似的圆盘式法连瓦尔德型提高了1倍以上。

棒形叶轮不论从充气、搅拌、分散、动力等方面都有显著优点。它可从上部吸气,下部吸浆,在转子内混合后甩出,受定子作用,充气量大,弥散好,所以棒形叶轮应用广泛。棒形叶轮的一个趋势是采用伞形叶轮,即棒形叶轮从上往下逐渐扩大,造成矿浆流方向倾斜向下(矿浆的斜流化),既防止了矿粒沉淀,又保证了液面平稳,易实现浅槽结构,所以我国研制的棒形和环射形浮选机均采用伞形叶轮。

此外,混合型叶轮突破两类叶轮界限,将离心式叶轮和棒形叶轮的优点结合起来,成功用于大型浮选机,如维姆科1+1型的星形叶轮既有棒形的充气量大,又有离心式叶轮矿浆通过量大的优点,最大单槽容积已达85 m^3。

此外,随着材料工业的发展,一些浮选机的叶轮和定子,或充气搅拌系统采用了新的材质,例如新型尼龙、橡胶、聚氨酯或复合材料等。

4.7.4 广泛采用压(充)气式

压气式能在低转速条件下保持较大充气量,磨损件寿命长,搅拌功率低,调节充气量方便迅速,处理能力大,可快速调节泡沫层厚度和泡沫排出量,为自动控制创造了条件。但对低速叶轮对空气的分散能力也存在争议,所以解决压入空气的分散性是重点。另外,中间产品的返回要泵送,限制了压气式的使用范围,也需解决。一些大型浮选机采用了此类结构,如国产的KYF系列。有的是在若干个压气搅拌槽之间设一个吸入槽。

4.7.5 增大槽内矿浆通过叶轮的循环量

这有利于提高充气量,促进矿粒悬浮和浮选速度的提高。这也是一个值得注意的发展方向。如采用定子循环孔、套筒循环孔和在定子盖板上设置定子循环筒等。通过矿浆内部循环,槽内产生矿浆上升流,克服了分层与沉淀,粗粒浮选得到改善。对机械搅拌式或者充气机械搅拌式浮选机来说,为了取得更好的浮选效果,最好使所有的矿浆都经过叶轮循环,因此浮选机设计时应该充分注意。

4.7.6 普遍采用浅槽

即深宽比小于1,且容积越大,深宽比越小。浅槽形充气量大,功耗低,矿浆不易产生分层,有利于提高浮选粒度上限,故目前趋向于采用浅槽。浅槽的关键是保证液面稳定。目前常采用下列方法：一是将搅拌区和浮选区分开，使激烈的搅拌只限于搅拌区；二是在槽内采用特殊形状的叶轮，以产生特殊的矿浆流动形式，如用伞形叶轮产生 W 形矿浆流；三是槽内采用多种稳流、导向叶片，阻止矿浆在槽内旋转。

当然，也存在使用深槽的趋势，例如在生产实践中大量采用柱型浮选设备。

4.7.7 无机械搅拌式较迅速发展

尤其是 20 世纪 60 年代后，中、加、澳、美、波等国先后出现各种浮选柱和气体析出式浮选机，这些设备都具有构造简单、处理量大、电耗低等一系列优点。研究新型高效的喷射器和气泡发生器成为热点。还有一些新概念的浮选机，例如德国 KHD 公司研制的新型喷射式浮选机以及喷射式浮选旋流器、喷射式(自吸式)(圆形)离心浮选机。中国神华能源股份有限公司国华电力分公司研制的大型 FJC 系列浮选机与大型三产品重介质旋流器配套，已经形成 1 个旋流器与 1 台浮选机的标准设计，能够使一个生产线每年分选 150 万 t 炼焦煤。

4.7.8 新概念浮选机以及一些专门针对特定矿物的浮选机应运而生

随着科学技术的进步，一些新概念浮选机相继出现，如喷射式的圆形离心浮选机、磁选预处理浮选机、振荡浮选机以及适用于特定矿物的浮选机(某些煤用浮选机或贵重金属浮选机等)，部分大型设备采用圆柱形和圆锥形结构。浮选设备的多样化推动了粗粒、细粒浮选设备的快速发展，离心力、磁力和谐振力等复合力场的引入，大大增强了浮选机对不同可浮性、粒度上限和下限的“贫、杂、细、难”矿物颗粒的适应性。

外置式气泡发生器的出现有效解决了浮选柱内置式充气器的堵塞问题，促进了浮选柱短矮化的发展，克服了浮选柱槽体过高的弱点，使传统浮选机与浮选柱的区别趋于模糊。

4.7.9 浮选设备的节能降耗和自动化控制程度越来越高

通过叶轮结构设计、外加充气、浅槽、合适的矿浆流和槽体结构等方式，提高了浮选效率，同时降低了浮选机的电耗并减少了浮选机部件的磨损。自动化控制程度越来越高，智能化控制技术将在浮选设备中逐渐应用。但需要适应浮选设备的特点，如矿浆停留时间短、矿化速度快、波动速度敏感等。因此，需要研究适用灵敏的测定元器件和检测仪表，以实现浮选设备的充气量、给水量、矿浆液位及精矿品位等参数的在线检测，进而实现全流程信息化控制。

4.8 浮选辅助设备

浮选前，矿浆必须经过准备并用浮选药剂处理；在浮选过程中，则需要连续均匀地将药剂加入矿浆中，使矿浆与药剂充分作用。这是一项必需且重要的准备工序。因此，浮选辅助设备主要包括调浆设备和浮选药剂的添加及乳化装置。

4.8.1 调浆设备

浮选入料必须有合适、稳定的浓度，且部分药剂与矿浆必须有一定的接触时间，因此浮选前应设置调浆设备。调浆设备主要包括搅拌桶、矿浆准备器、矿浆预处理器等。

(1) 搅拌桶

搅拌桶是选煤厂和选矿厂最广泛使用的调浆设备，其结构如图4-45所示。搅拌桶的作用是使药剂与矿浆充分接触，为浮选提供合适的浓度和一定的接触时间，保证浮选机给料的稳定性。工作时矿浆由入料管给入桶内，药剂由上部加入，搅拌过程中与矿粒进行作用。上部矿浆还可通过循环孔不断循环，加强药剂分散及与矿粒的接触。浓度过高时可向桶内补加清水或循环水。调浆后的矿浆由溢流口排入浮选机。

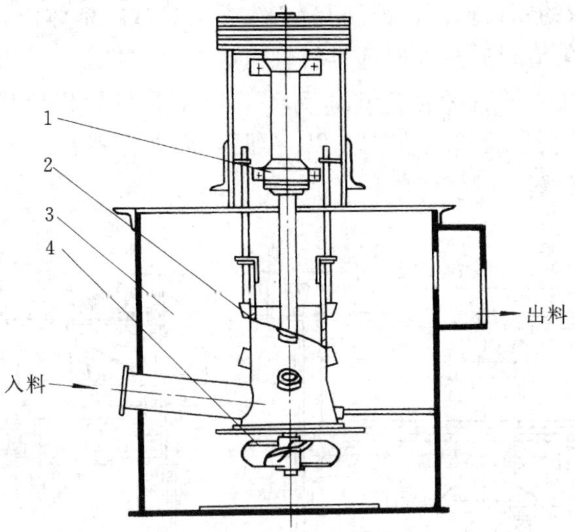

1—搅拌机构；2—循环套筒；3—桶体；4—搅拌叶轮。

图4-45　煤浆搅拌桶结构示意图

矿浆预先准备通常是在搅拌桶中进行的。搅拌桶的桶体用钢板制作而成，呈圆筒形。圆桶的上部安装传动机。圆桶中央的垂直轴下端有搅拌叶轮。在垂直轴的外围有接收矿浆的套管。套管上设有分管。矿浆在搅拌作用下，经过这些分管循环。搅拌后的矿浆由溢流口溢出至浮选机进行浮选。搅拌桶的生产能力由桶体容积、矿浆浓度以及矿粒与药剂所需接触搅拌时间决定。

搅拌桶是浮选生产工艺中不可缺少的设备，根据用途不同可分为矿浆搅拌桶、搅拌贮桶、提升搅拌桶和药剂搅拌桶四种。

① 矿浆搅拌桶，用于浮选作业前的矿浆搅拌，使矿粒悬浮并与药剂充分接触、混匀，为分选作业创造条件。

② 搅拌贮桶，用于矿浆搅拌和贮存，不仅应用于浮选厂，其他行业也适用。当黑色、有色金属精矿及煤浆采用管道输送时，也需采用大型搅拌贮桶。

③ 提升搅拌桶，既有搅拌又有提升作用，提升高度可达1.2 m，用于配制矿浆自流高差不足，或者矿浆量少，不适宜泵送时搅拌并提升矿浆。

④ 药剂搅拌桶，用于浮选厂配制各种药剂。根据搅拌矿浆性质及要求悬浮程度不同，其结构上略有差异。如一般强度的搅拌常采用单叶轮无循环筒结构，叶轮转速较低；需高强度搅拌的矿浆则采用循环筒结构或多叶轮结构，叶轮转速高；高浓度矿浆的搅拌则采用大直径或大循环桶式搅拌桶。

(2) 矿浆准备器

矿浆准备器的作用与搅拌桶相同,但结构已改变(图 4-46),故效果也更好些。工作时矿浆沿筒体侧壁切线方向给入(浓度大时加入部分清水或滤液),在上环形槽内流动并混合。上环形槽的矿浆溢流进入下环形槽,进一步分散后进入扇形分散槽,将其分成若干股矿浆流后输送至浮选机。药剂经由给药漏斗和油管喷嘴给入药剂雾化装置的起雾盘底面中央,圆盘高速旋转时产生负压,将药剂吸附在圆盘的底面上,在离心力的作用下,向外扩展,形成薄膜,被圆盘边缘的锯齿切割成液滴,沿切线方向分散在桶体内,形成微小油珠,与分散槽分散的多股矿浆均匀混合后再经底部排料管输送至浮选机。未雾化的药剂经回药管回收后循环使用。矿浆准备器的直径有 2 m、2.5 m、3 m 等几种规格。其处理能力比搅拌桶可提高 50%,节电和节药分别达 2/3 和 1/3 以上,但药剂乳化器在桶内,检修不便,且扇形分散槽排料端狭窄,易堵塞。

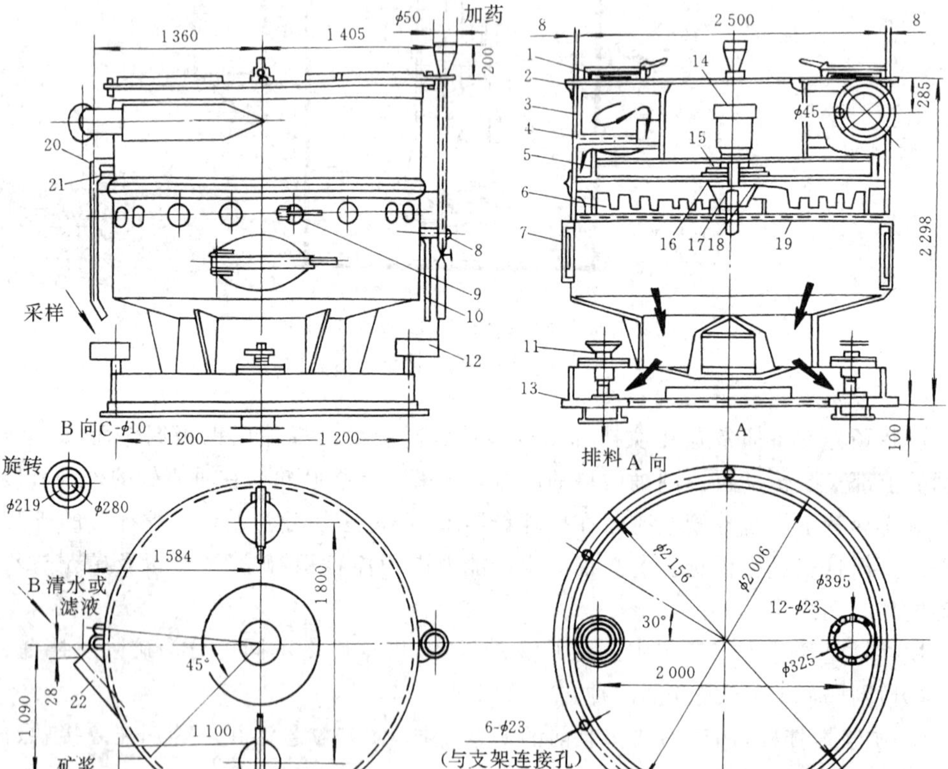

(a) 外观图　　　　(b) 内部构造图

1—观察孔;2—顶盖;3—上桶体;4—上环形槽;5—下环形槽;6—矿浆分散槽;
7—人孔;8—给药管;9—清理孔;10—回药管;11—阀门;12—接料漏斗;
13—下桶体;14—电动机;15—上盘;16—下盘;17—药剂出口;18—起雾盘;
19—矿浆分布盘;20—取样管;21—排污管;22—清水或滤液管;23—进浆管。

图 4-46　2.5 m 直径矿浆准备器

(3) 矿浆预处理器

矿浆预处理器的规格为XY型，直径有1.6 m、2.0 m和3.0 m三种规格，分别配套于XJX-4、XJX-8和XJX-12型浮选机。XY-3矿浆预处理器结构如图4-47所示。工作时伞形叶轮上层叶片吸入空气和药剂，形成气溶胶。下层叶片具有大流量特性，从底部吸入新鲜矿浆，并促进矿粒悬浮、循环，同时完成预矿化。矿浆预处理器也比搅拌桶省电、省药、处理量大，是强化浮选的有效设备。

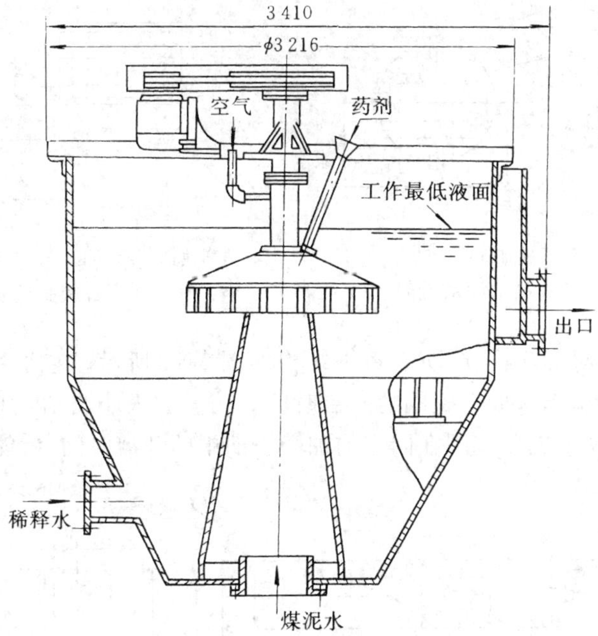

1—进料口；2—稀释水入口；3—槽体；4—锥形循环器；
5—叶轮定子混合器；6—进气管；7—加药嘴；8—排料口。

图4-47 XY-3矿浆预处理器结构示意图

4.8.2 药剂的添加和乳化装置

(1) 药剂的添加装置——给药机

给药机是为浮选加药用的。一般干粉药剂用带式或盘式给药机，液体或需溶于水的药剂的给药机有各种不同的构造，而其中最常用的有以下几种。

① 轮式给药机：常用于油类或油状药剂。转轮在装满药剂的容器内慢慢旋转。药剂呈薄层，黏附在转轮表面上，然后被刮板刮下。通过调节转轮的转速和刮板宽度即可调整给药量，轮式给药机结构如图4-48所示。

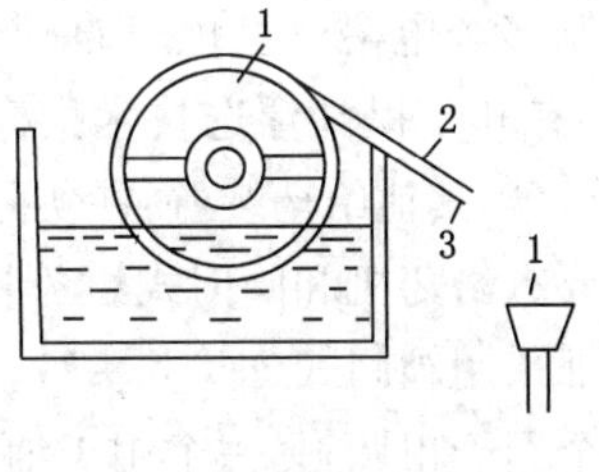

1—转轮；2—刮板；3—刮板转轴。

图4-48 轮式给药机结构示意图

② 杯式给药机：常用于计量要求不高的药剂添加。这种给药机是在一个装满药剂溶液的容器里旋转的圆盘上安装给药杯，圆盘旋转时带动给药杯装药和排药。给药量靠调节药杯的倾斜角度或大小来确定，其结构如图4-49所示。

③ 箕斗式给药机:类似于小型斗式提升给料机,提斗在浸入液体药剂时装满药剂,上升至一定位置倾斜排药。

④ 恒压虹吸式给药机:用于添加液体药剂。它是在保持定量药剂的盛药容器中插入虹吸管,利用虹吸原理,吸出药剂,可以在保持给药液位恒定的同时,通过人工调节虹吸管的夹紧程度,进而测定调节和保持药液流量,其结构简单,常自行制作。目前,小型选矿厂常使用的普通虹吸式给药机结构如图 4-50 所示。

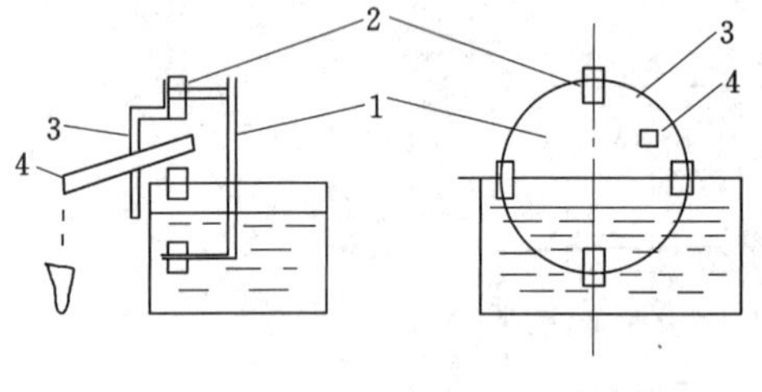

1—转盘;2—药杯;3—杠杆;4—流槽。

图 4-49 杯式给药机结构示意图

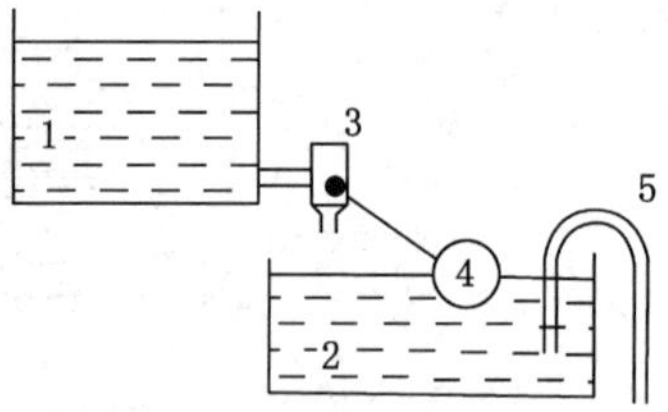

1—药剂池;2—给药箱;3—浮球阀;4—浮球;5—虹吸管。

图 4-50 虹吸式给药机结构示意图

⑤ 电子自动给药机:电子自动给药机结构如图 4-51 所示。它采用浮球法控制给药液面恒定,然后控制药管出口处电磁阀的开启时间。药量的大小与活动球阀的开启时间成正比。只要控制系统调节电磁球阀在固定的加药周期中的开启时间,就能调节加药量的大小。

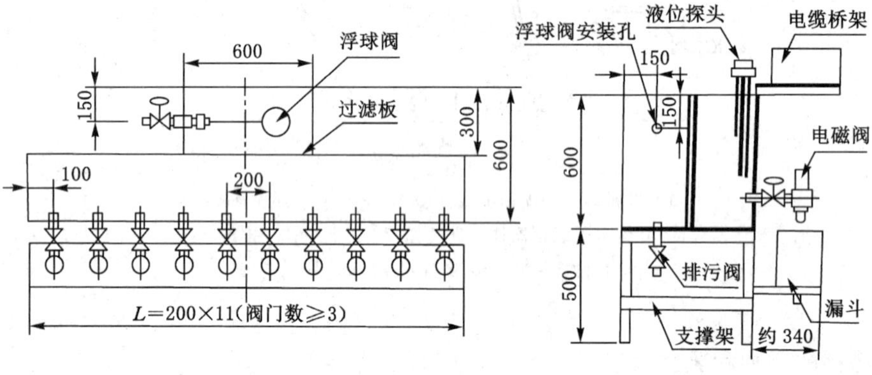

图 4-51 PLC 程控电子自动给药机结构示意图(尺寸单位:mm)

电磁活动球阀结构主体是一个尼龙制的阀体,阀门由钢柱体和一个有磁性的不锈钢组成。线圈通电时阀开启,断电时钢球下落堵住阀口,使其关闭。采用一台电子计算机可同时控制多个电磁阀。电子自动给药机的优点是使用方便,给药准确,可详细记录各种药剂的用量,有利于提高浮选技术指标和生产管理水平,适用于大中型选矿厂。

⑥ 其他给药装置:在实际生产中,浮选厂自制或改进了很多给药装置,以满足生产需要,主要有给药机和阀门式给药装置。给药机在选矿厂部分采用,如轮式和杯式。但选煤厂几乎全部采用阀门式(即“龙头”)。这是由于选煤厂药剂多以液态加入。通常“龙头”有两个旋钮,一个用于粗调,另一个用于细调。该装置既简单、可靠,又方便,可用烧杯定时测定给药量。

(2) 药剂的乳化装置

对难溶的烃类油等,为提高药效并降低用量,可先乳化,再与矿物表面作用。常用的乳化方法有流体喷射、机械或超声乳化、添加乳化剂和增溶剂、气溶胶加药等。

① 流体喷射：流体喷射常采用水喷射乳化器，其结构如图 4-52 所示。压力为 10^5 Pa 左右的清水以 20 m/s 速度从喷嘴喷出时在乳化器内腔形成负压。药剂吸入乳化室后由高速水流冲击并切割，将其分散成 5～20 μm 小油滴，在混合室形成乳浊液。在浮选指标相同时，乳化可降低药耗 25%左右。为保证乳化效果，乳化器内的真空度应在 8×10^4 Pa 左右。

② 机械或超声乳化：利用机械装置或超声波产生的强烈搅拌、切割、冲击、振动等使药剂分散乳化。超声波频率可在 20～50 MHz。图 4-53 为 UGS 超声波药剂乳化装置示意图，这种超声波乳化器产生的乳浊液具有高度的稳定性，保留数日后仍能保证油水混合物呈乳浊状态而不分层。

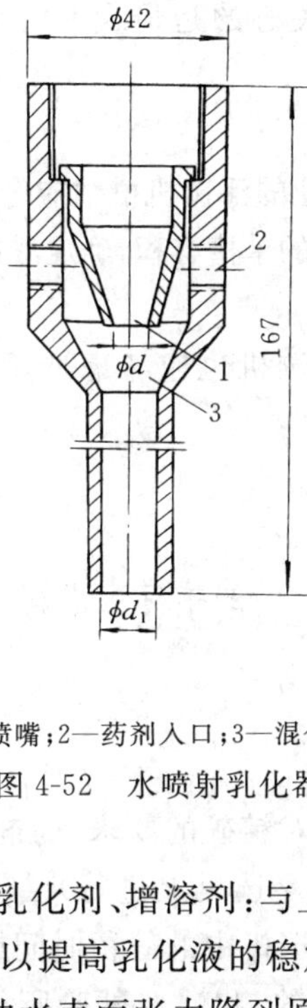

1—喷嘴；2—药剂入口；3—混合室。

图 4-52 水喷射乳化器

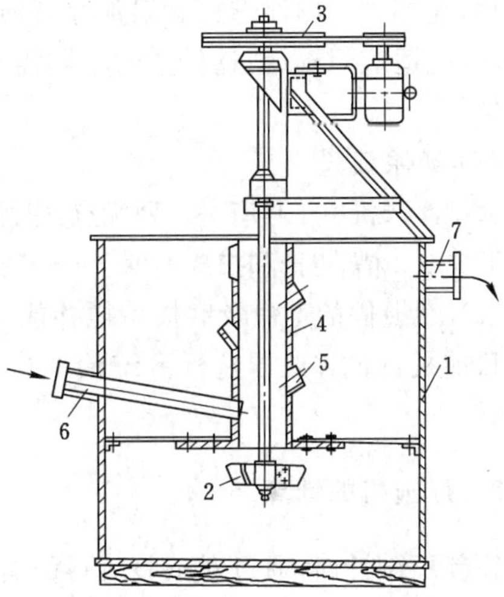

1—金属桶；2—搅拌器；3—胶带轮；
4—套筒；5—循环孔；6—入料管；7—溢流管。

图 4-53 UGS 超声波药剂乳化装置示意图

③ 添加乳化剂、增溶剂：与上述方法相比，该法更为简单、有效，实际上可作为上述方法的辅助措施，以提高乳化液的稳定性。添加的乳化剂一般为表面活性物质，如烷基磺酸钠，添加后可使油水表面张力降到原来的几十分之一，使油类以微细粒稳定分散在水介质中，形成水包油型乳状液。乳化剂可使乳化油滴直径比未乳化的小 90%左右，并保持稳定地分散。增溶剂可使难溶药剂提高效果，如用煤油溶解油酸，用松油溶解脂肪胺等。

④ 气溶胶加药：气溶胶是药剂乳化在气体中的一种胶体体系。油滴粒度在 10～50 μm 之间。其实质和乳浊液相同，其差别是分散介质不同。气溶胶一般是通过机械法或高压法实现的。机械法是将药剂直接加入高速旋转的转子中；高压法是将药剂通过 10^8 Pa 左右高压空气直接压入矿浆，使药剂立即分散成 1 μm 左右雾珠和矿物作用，但油珠也不宜太小。如选煤时油珠以 5～10 μm 为宜。

4.9 浮选机的选择、计算、调节和测定

4.9.1 浮选机的选择

浮选机类型、规格的选择与给矿性质(密度、粒度、可浮性、含泥量等)、产品要求、生产规模、流程结构等因素密切相关,选择时应综合考虑。此外,浮选机的经济性(电耗和维修费)和操纵性能也起着十分重要的影响。

(1) 矿石性质及分选作业

对粒度和密度大的给料应优先考虑浮选机的悬浮能力,即槽内矿浆循环性能,应优先选用浅槽、搅拌力强的浮选机。煤泥浮选时应选择煤用浮选机。一般说来浮选机的充气量是可调的,能适应粗选、精选作业的不同需求,设计时往往更关心的是最大充气量和泡沫层的稳定性。

(2) 矿浆流量

大型浮选机由于具有一系列优点,应优先选用,但每一作业的浮选机槽数应合理确定。精选通常不少于 2 槽,粗选和扫选不少于 4～6 槽,由此计算出必需的单槽容积,确定浮选机规格。

(3) 磨损件的寿命及磨损后搅拌能力和充气量变化

目前机械搅拌式浮选机占统治地位,浮选柱及新型浮选机也应考虑选用,如微泡浮选柱等。

4.9.2 浮选机的计算

在新厂设计时,通过对试验所得的有关数据或相似(邻)厂的指标可求得与浮选机有关的指标和参数。

4.9.2.1 常规的浮选机计算方法

(1) 浮选时间的确定

某个物料所需的浮选时间取决于许多因素,如可浮性、对精矿的要求、药剂制度、浮选机的结构特点等,一般是根据浮选试验(一次给料的小型单槽浮选机上进行)结果并参照类似原料的浮选厂或车间实例确定。浮选时间决定了矿浆在浮选机中的停留时间或浮选机的处理量。由于浮选机生产是在连续给料的串联浮选槽中进行的,和浮选试验所得出的浮选时间截然不同,通常设计时是将浮选试验所需浮选时间延长一倍(国外)或延长 50%(国内)。此外,由于浮选试验时的小浮选机充气量和工业浮选机不同,所以也应调整浮选时间。可根据小浮选试验的浮选时间 t_0(min)和充气量 q_0[$m^3/(m^2\cdot min)$]及工业上选用浮选机的充气量 q[$m^3/(m^2\cdot min)$]按下式设计所需的浮选时间 t:

$$t=t_0\sqrt{\frac{q_0}{q}}+\Delta t \tag{4-7}$$

式中,Δt 是根据经验增加的浮选时间,$\Delta t=kt_0$(min),$k=0.5\sim1$。

(2) 浮选机干矿处理量和矿浆处理量的确定

指工业浮选机单位容积(或单台)在单位时间所处理的物料量,包括干矿处理量和矿浆处理量。干矿处理量 Q[t/(台·h)]可根据浮选机的单槽有效容积 V(m^3)和槽数 n、矿浆液

固比 R、矿物真密度 δ 及所需的浮选时间 t(min)按下式计算：

$$Q=\frac{60KVn}{(R+1/\delta)t} \tag{4-8}$$

式中，K 是浮选机的矿浆体积与有效容积之比(选煤时取 0.9～0.95，选矿时取 0.65～0.85)。矿浆处理量 W(m^3/min)则根据浮选机处理的干矿量和矿浆液固比计算：

$$W=\frac{K_1Q(R+1/\delta)}{60} \tag{4-9}$$

式中，K_1为不均衡系数，$K_1=1$～1.3。

(3) 浮选机槽数的确定

浮选机所需槽数 n 根据计算出的矿浆处理量 W(m^3/min)、浮选时间 t(min)、选用浮选机的几何容积 V(m^3)按下式计算：

$$n=\frac{Wt}{K_2V} \tag{4-10}$$

式中，K_2为浮选槽有效容积与几何容积之比，取值和计算干矿量时相似。

4.9.2.2 现代大型浮选机的设计计算原则

在选矿工艺设计中，浮选机的计算关键是确定合适的设计浮选时间。因为浮选时间的长短对浮选机容积的大小和浮选指标的好坏影响很大。通常应根据试验结果并参照类似矿石选矿厂生产实例确定浮选时间。浮选机规格及台数的选择一般要满足以下的要求：① 为节省投资和生产费用，减少占地面积，应尽量选用较大规格的浮选机，但是必须与矿石性质、选矿厂规模或系列的生产能力、浮选作业性质等相适应。② 确定浮选机台数时，要注意防止矿浆“短路”，每列粗、扫选作业浮选机的槽数总和不宜过少，一般不少于 8 个槽，但每个作业所用的浮选机应不少于 2 台。同时每系列各作业浮选机槽数必须保证其泡沫产物自流到相邻的前作业浮选槽的可能，因为同系列的浮选机泡沫槽起坡点标高和其前作业浮选机中矿回流管标高是定值，即高差是定值，流至前作业的行程越长则坡度越小，故同一坡度泡沫槽所连接的浮选机槽数又不宜多，一般每系列每个粗选、扫选或精选作业浮选机的槽数不应大于 6 槽。③ 粗选和扫选作业一般用同规格的大浮选机，精选作业一般采用比粗扫选规格小些的浮选机，因为粗选泡沫精矿量变少了。

浮选机槽数按下式计算：

$$n=(W\times t)/(V\times K) \tag{4-11}$$

式中，n 为浮选机计算槽数，台；W 为计算矿浆体积，m^3/min；t 为设计浮选时间，min；V 为设计选用浮选机的几何容积，m^3；K 为浮选机有效容积与几何容积之比的系数，对有色金属矿石 $K=0.8$～0.85，对铁矿石 $K=0.65$～0.75，泡沫层厚时取小值，反之取大值。

(1) 浮选矿浆体积的计算

浮选矿浆体积按下式计算：

$$W=[K_1\times q\times(R+1/\rho)]/60 \tag{4-12}$$

式中，W 为计算矿浆体积，m^3/min；K_1为处理量不均衡系数，当浮选前为球磨时取 1.0，为湿式自磨时取 1.30；q 为设计作业流程量(包括返矿量)，t/h；R 为作业矿浆的液体与固体质量之比；ρ 为矿石密度，kg/m^3。

(2) 浮选时间的确定

试验的浮选时间比工业生产的时间要短，故在设计中应将试验浮选时间加长，国外通常是乘以 2 的调整系数，国内则乘以 1.5，但是实际设计时应视具体情况而确定合适的浮选时间调整系数。如新设计的选矿厂安装的浮选机的充气量与试验用的浮选机的充气量不同，则应按下式加以调整：

$$t=t_0\times(q_v/q'_v)^{1/2}+K_2t_0 \tag{4-13}$$

式中，t 为设计浮选时间，min；t_0 为试验浮选时间，min；q_v，q'_v 分别为试验及设计选用浮选机的充气量，$m^3/(m^2\cdot min)$；K_2 为浮选时间调整系数，一般取 0.75～1.0。

由上式可知，首先既要知道试验所用浮选机的充气量又要知道设计中欲选用浮选机的充气量，然后选择一个合适的浮选时间调整系数，代入公式中计算才能得到设计浮选时间。而实际上要知道试验用浮选机的充气量是件很不容易的事，往往试验所用的浮选机充气量是无法知道的。这种情况下一般是首先假设试验及设计选用的浮选机的充气量相等，然后根据试验中各种金属的浮选难易程度将浮选时间调整系数定为 1.75～2.0，即易浮选的金属的浮选段流程各作业的浮选时间调整系数设为 1.75，而难浮选的金属的浮选段流程各作业的浮选时间调整系数设为 2.0，也就等于设计浮选时间为试验浮选时间的 1.75～2.0 倍。最后预先选取 2～3 种相邻规格的浮选机分别进行计算，再通过多方案比较各种规格的浮选机的总台数、总装机功率和总质量，权衡投资、生产费用和占地面积等方面的优势和劣势选择相对合适的大规格浮选机。

4.9.3 浮选机操作的调节

浮选机工作时应根据原料性质、处理量、产品要求、设备磨损情况等作适当调节，主要包括矿浆液面高低、充气量、循环孔面积及搅拌机构间隙等的调节。叶轮转速虽影响很大，但一般不进行调节。

(1) 矿浆液面高低

矿浆液面高低通常由尾矿堰闸口高低控制，有中矿箱时其闸口大小控制各槽液位。在保证精、尾矿质量的前提下应适当加大闸门，使处理量提高。但闸口过大时液面低，泡沫层厚，刮泡深度控制不好时已矿化的气泡不能及时刮出会造成精矿损失；反之液面太高时泡沫层薄，二次富集差，部分未矿化的脉石颗粒易进入精矿。

(2) 充气量

充气量太大时液面翻花，没有平稳的泡沫层，会恶化浮选效果，但充气量不足时，部分有用矿物不能及时附着于气泡浮出，影响处理量，造成精矿损失。压入式浮选机充气量可通过调节空气压入量进行调节，自吸式浮选机空气一般通过套筒或套筒与空心轴同时进入，此时进气量将影响进浆量，应注意调整进气量和进浆量。通常套筒和空心轴的进气量是通过其端部的盖板或端板来调节的。套筒进气量对吸浆量影响较小，空心轴进气量对吸浆量影响较大，应在保证充气量的前提下，同时考虑吸浆量。

(3) 循环孔面积

循环孔面积会影响矿浆循环量和吸气量。增大循环孔面积可增加矿浆再次矿化机会，但也增加电耗、磨损及矿粒的粉碎，应根据产品质量和浮选机处理量调整循环孔面积，使之有合适(较小)的循环量。可将部分循环孔堵住，或将每个循环孔堵住一部分，同时也应注意定期清除非人为堵在循环孔上的杂物。

(4) 搅拌机构间隙

叶轮长时间工作会使搅拌机构磨损，使叶轮和定子间隙加大，会同时减少吸气量和吸浆量。一般通过轴承座和套筒间的调节垫片来调整叶轮和定子之间的轴向间隙。径向间隙较难调整，间隙过大无法调整时应更换叶轮或定子。

4.9.4 浮选机的测定

浮选机的测定主要用于检查浮选机的实际工作性能，通常包括：充气性能、加料性能、动力性能和其他指标的测定。

(1) 充气性能

充气性能包括充气量、充气均匀度、充气容积利用系数和气泡弥散度（气泡直径测定）。这些是在清水中测定的，故称为浮选机的清水性能。

(2) 加料性能

加料性能包括矿浆通过量、干矿处理量、精矿和尾矿数质量指标等，用于检查浮选机的实际生产能力和分选效果。矿浆通过量可用流量计或简易法测定（可参考水力学中的堰流量计、弯头流量计等），而干矿处理量是由矿浆通过量及矿浆浓度计算求得的。精矿和尾矿的数、质量指标通过实际测定精矿和尾矿数、质量求得。

(3) 动力性能

动力性能即动力指数，是指浮选机每消耗 1 kW 功率所获得的空气输入量。可根据浮选机消耗的功率 N(kW)、浮选机的充气面积 S(m^2)和浮选机充气量 q[$m^3/(m^2 \cdot min)$]，按下式计算：

$$\text{动力指数} = qS/N \tag{4-14}$$

国内所用的浮选机动力指数在 0.08～0.4 之间。

(4) 其他指标

其他指标包括药剂耗量等，但这些不作为主要的评价指标。

思 考 题

4-1 简述浮选机的基本功能区及对浮选机的要求。

4-2 浮选机的充气过程和气泡的生成方式如何？

4-3 何为矿浆充气程度？其影响因素是什么？

4-4 简述 XJM-4 型浮选机的结构、工作原理及主要特点。

4-5 简述 XJX-Z8 型、XJX-T12 型浮选机的结构、工作原理及主要特点。

4-6 简述 XJQM-14 型浮选机的结构、工作原理及主要特点。

4-7 简述传统浮选柱的结构、工作原理及主要特点。

4-8 简述旋流微泡浮选柱的结构、工作原理及主要特点。

4-9 简述 XPM-4、XPM-8、XPM-16 型喷射式浮选机的结构、工作原理及主要特点。

4-10 简述达夫可勒式浮选机、FJC 煤用浮选机的结构组成、工作原理及特点。

4-11 简述国内外浮选机的发展趋势。

4-12 简述搅拌桶、矿浆准备器、矿浆预处理器的结构组成、工作原理及优缺点。

4-13 药剂的添加和乳化装置有哪些？

第5章 浮选工艺

5.1 影响浮选的工艺因素

浮选工艺是指各种影响浮选过程的工艺因素的控制、浮选药剂制度和浮选流程的总称。在浮选工艺过程中,影响浮选过程的工艺因素主要包括以下几方面:① 矿物的物质组成和化学组成;② 矿浆制备;③ 药剂制度;④ 浮选机造成的工作条件;⑤ 浮选工艺流程。

以煤泥浮选为例,其影响因素见图5-1。

- 煤泥浮选
  - 矿物的物质组成和化学组成
    - 煤的变质程度
    - 煤岩组成
    - 氧化程度
    - 矿物杂质的嵌布特性及数量
  - 矿浆制备
    - 矿浆浓度
    - 矿浆温度
    - 粒度组成和颗粒形状
    - 矿浆的 pH 值
    - 矿浆中的离子浓度
  - 药剂制度
    - 药剂种类
    - 加药方式和地点
    - 药剂与矿浆的接触时间
  - 浮选机造成的条件
    - 矿浆处理量
    - 矿浆充气量及充气均匀程度
    - 气泡尺寸
    - 搅拌强度和浮选时间
  - 浮选工艺流程
    - 浮选原则流程
    - 浮选内部流程

图5-1 影响煤泥浮选的工艺因素

5.2 原煤性质对浮选的影响

5.2.1 煤的变质程度对浮选的影响

成煤过程中煤的变质程度(或称煤化程度)不同,表面性质和可浮性也不同。

(1) 低变质程度的煤具有较高的表面孔隙率和较多的含氧官能团,亲水性较强,可浮性较差。

(2) 随变质程度增大，煤的排列变得致密，孔隙率降低，表面含氧官能团减少，疏水性增强。焦煤可浮性最好。

(3) 随变质程度的进一步提高，孔隙率增加，侧链减少，碳链变短，疏水性又降低。

不同变质程度煤表面疏水性的变化也可用接触角的变化来定性说明，即接触角随煤的含碳量增加而增大，焦煤的接触角最大，然后又随含碳量增加而变小(图 5-2)。

不同煤的挥发分、氧、羧基氧和羟基氧含量如图 5-3 所示。

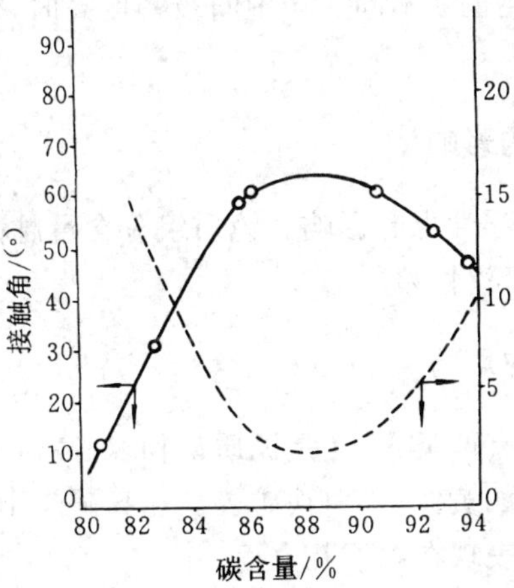

图 5-2　不同变质程度煤的接触角和孔隙率

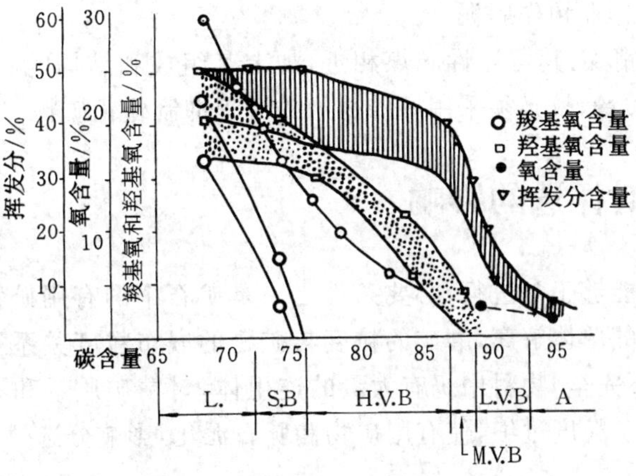

图 5-3　不同煤挥发分、氧、羧基氧和羟基氧含量

煤表面疏水性的差异以煤的工业分析和元素分析数据为基础的经验式解释，被称为表面成分理论或假说。其要点有：

(1) 煤这种不均匀物质由可浮的和不可浮的两组化学成分构成。

(2) 煤的自然可浮性由这两部分的比例决定。煤表面可浮的成分占优势时，其可浮性变好；反之，则变坏。

(3) 可浮性成分具有疏水性，而非可浮性成分具有亲水性。

(4) 按此经验公式计算的可浮性和接触角基本为线性关系。

5.2.2 煤的密度组成对浮选的影响

根据煤泥的小浮沉试验来判断煤泥的可浮性及浮选效果:煤泥中密度越低的部分灰分越低,可浮性越好。不同煤的可浮性受相对密度影响较大。煤相对密度增高是因为煤基元灰分高、煤-矿物质连生体存在、煤的显微组分不同。另外,煤的品种和产地不同,同一密度级的基元灰分可能不同,可浮性也就不同。当中间级密度高时,较难以同时得到低灰精煤和高灰尾煤。

5.2.3 煤的显微组分对浮选的影响

煤颗粒表面显微组分对可浮性也有影响。镜质组分含量越高,煤的可浮性越好;惰质组和壳质组组分含量高时,煤的可浮性差。

5.2.4 煤中矿物组成对浮选的影响

煤中影响可浮性的矿物质有两类:一类是泥质矿物,如高岭土、水云母、绿泥石、蒙脱石、泥质页岩等;另一类是硫化矿,如黄铁矿、白铁矿等。在高硫煤中黄铁矿大量存在。

煤中矿物质对浮选的影响表现在以下几方面。

(1) 粒度嵌布特性:矿物质以细粒或微细粒嵌布时,如果解离不彻底,则难以分离;若解离度过细,则又会降低选择性。

(2) 泥化特性:泥质矿物易泥化,含量较高时使浮选过程受到干扰,严重影响分选作业,有时甚至要采用脱泥作业预先脱泥。

(3) 硫化矿污染精煤:其可浮性和煤相近,加上其组成和结构的碳质污染,使其可浮性更接近煤,影响精煤质量,故必须采用好的药剂或流程抑制硫化矿物。

5.3 粒度特性对浮选的影响

为了使浮选过程能够正常进行,必要条件之一是矿石中的有用矿物单体解离。在实践中通过磨矿实现矿物的单体解离,磨矿的粒度与矿物的嵌布粒度关系很大。如矿石磨得过粗,有用矿物解离得不完全,物料中仍有大量的连生体,对精矿质量和有用矿物的回收率产生不良影响;反之,磨矿粒度过细,使有用矿物和脉石泥化,影响分选效果。

5.3.1 粒度对分选的影响

浮选要求矿石中的有用成分应单体解离,再根据不同矿物的可浮性进行分选。未经解离的连生体,其可浮性介于各连生体之间,并取决于颗粒所暴露矿物的性质及不同矿物所占的比例和状态。这种连生体虽粒度适合于浮选,但其分选效果并不理想。有用矿物的解离程度是以矿物的单体解离度加以度量的。单体解离度系指新产品中某有用矿物呈单体状态存在的量与该矿物总量之比值的百分数。为了测定单体解离度,可以对有代表性的试样用筛分、水析等方法按粒度进行分级,然后在显微镜下分别测定各级别矿物的单体解离度。除矿物的解离度外,物料的粒度对浮选结果也有很大的影响。粒度太粗,即使矿物已经单体解离，但超过气泡的负载能力，通常也不易浮起。粒度太细，造成泥化，分选的选择性降低，使有用矿物与脉石不能进行有效的分离。不同矿物类型的浮选粒度上限是不同的。据大量选矿厂的实际统计，硫化矿的浮选粒度上限一般为 0.2～0.25 mm；非硫化矿为 0.25～0.3 mm；对一些密度比较小的非金属矿，如煤、硫黄等，粒度上限比较大，可达 0.5 mm；而对于难浮的氧化矿物仅能达到 0.1 mm 左右。

矿物的可浮性与矿物的粒度有密切的关系。为了保证浮选过程有合适的粒度，也为磨矿分级操作提供依据，每日每班都必须对分级设备的溢流粒度进行测定。在不具备粒度自动测量和调节的情况下，一般采用快速测量法，可测量溢流中超过某一粒度的矿物含量。该法所用工具为浓度壶和一个 100 网目或 200 网目的筛子。计算公式如下：

$$\gamma_{筛上}=\frac{q_2-a-b}{q_1-a-b}\times 100\% \tag{5-1}$$

式中 $\gamma_{筛上}$——筛上产物的产率，%；

q_1——盛满矿浆浓度壶质量，g；

q_2——湿筛后，筛上产物置于浓度壶中加满水后的质量，g；

a——干浓度壶的质量，g；

b——浓度壶中所装水的质量，g。

选矿厂一般 1～2 h 测定一次，并以此判断细度是否符合要求，并及时改变磨矿分级循环的操作条件。

粗粒级在尾矿中的损失增加，说明分级粒度过粗；精矿质量降低，尾矿中的损失增加，说明在磨矿中存在过粉碎现象。

在矿物单体解离而粒度又基本符合浮选要求的条件下，粒度偏粗或偏细时，均应采取适当工艺措施，保证分选过程正常进行。

5.3.2 煤粒度对浮选的影响

煤泥浮选入料的粒度一般在 0～0.5 mm，是煤在开采、运输、分选过程中自然形成，并由选煤的工艺技术所确定的。

从理论上说，煤浮选的最大粒度可达 3 mm。煤泥浮选前通常经重(水)力分级作业控制其粒度上限(通常为 0.5 mm)，将大于上限的粒度控制在重选作业，但有时水力分级作业会因负荷过大、面积不够、浓度过高等使颗粒沉降效率降低，使部分大于 0.5 mm 颗粒去了浮选作业，造成粗粒煤泥的损失。

浮选煤泥按粒度分为几种类型：

(1) 粗粒或过粗粒，指大于 0.4 mm 的颗粒，灰分通常较低；

(2) 适宜的颗粒，指 0.074～0.4 mm 的颗粒；

(3) 细泥，指 0.01～0.074 mm 的颗粒；

(4) 微细粒或超细粒，指小于 0.01 mm 的颗粒。

实验室试验和工业生产均证实：

(1) 粒度越大，回收率越低。只有粒度适宜才能获最大回收率。通常 0.074～0.5 mm 的颗粒在不同浓度下均有最高的回收率。过粗或过细时回收率均下降。

(2) 不同粒度具有不同浮选速度。通常前两室浮起的粒度较细，而粗颗粒总在后几室浮出。各粒级的浮选速度顺序为：160～200 网目＞＋200 网目＞120～160 网目＞60～120 网目＞－60 网目。在用药量充足时，40～100 网目具有最快浮选速度；而药剂量不足时，细粒级首先浮起。

（3）不同粒级具有不同的选择性。对浮选精煤污染最严重的是细粒杂质。高灰粗粒物料对精煤污染较小，但易损失在尾煤中，故浮选时选择性随粒度的减小而降低。通常浮选精煤灰分随粒度减小逐渐增加，而尾煤灰分随粒度增加有时降低（跑粗时）。

细粒杂质由于大的比表面积，首先吸附大量药剂，占据大量气泡表面积并覆盖粗颗粒表面，更加剧了粗粒的跑粗。这些高灰细泥随着浮选室从前到后逐室增加，可使精煤灰分增加2%～3%，甚至增加4%～8%。我国浮选入料大多数细粒级含量较大，灰分较高。这些高灰细泥对精煤的数量和质量、药剂量影响较大，且这种趋势随采煤机械化程度提高还会有所发展，所以提高细粒级选择性和粗粒级回收率是煤泥浮选的重要任务。

不同粒级煤泥的浮选性质可归纳为以下几点：

（1）在不同的矿浆浓度下浮选，最先浮出的是细颗粒。

从图 5-4 上的曲线可以看出，粒度越小的煤泥，起始浮选速度越大。粗粒煤泥从第三室开始，也就是细粒煤泥充分浮出之后，浮选速度才明显增高。这说明细粒煤泥有较高的浮游性。

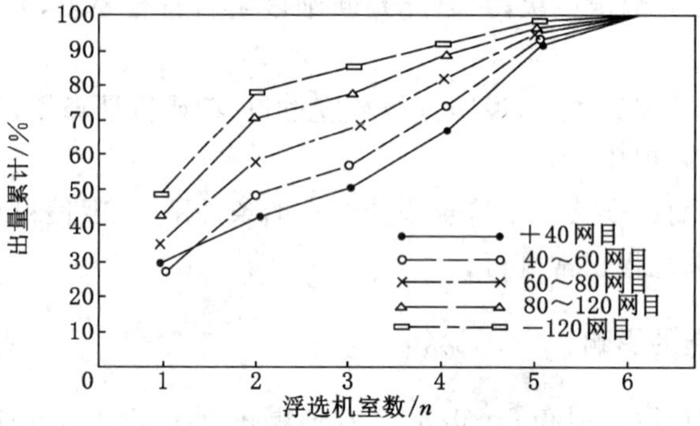

图 5-4　各粒级煤泥浮选速度曲线

（2）粗粒级煤泥比细粒级有较高的选择性。也就是说，按获得精煤灰分来说，粗粒级煤泥分选要精确得多。

表 5-1 为浮选机分室精煤不同粒级的灰分。

表 5-1　浮选机分室精煤不同粒级的灰分

指标粒级/mm	原矿灰分/%	分室精煤灰分/%					
		1	2	3	4	5	6
＞0.3	6.11	3.30	3.97	4.71	6.33	7.09	10.79
0.15～0.1	11.57	6.36	7.19	10.20	12.30	16.87	20.10
＜0.06	37.12	15.73	17.29	20.57	20.44	26.75	33.70

从表 5-1 可以看出，对于同一机室的精煤来说，细粒级（小于 0.06 mm）灰分为粗粒级

(大于 0.3 mm)灰分的 2.5～3.0 倍。各室情况基本相似。如果煤泥的灰分反映其可浮性的话,则细粒煤泥比粗粒煤泥浮得快,粗粒煤泥比细粒煤泥灰分低,显然细粒煤泥的选择性差,至少也说明它混入泡沫的杂质较多。

总之,由于细粒煤泥有较大的表面自由能,在浮选过程中与气泡发生强烈的无选择性吸附,从而排斥了粗粒低灰煤泥的浮选。

对不同粒级煤的浮选得出以下原则:

(1) 粗粒级煤泥多在浮选过程的后段浮起。粗粒煤泥一般灰分较低,要加强回收,避免在尾煤中流失。为此,必须首先搞好细粒煤泥的浮选。只有使细粒煤泥得到充分浮选,粗粒级煤泥的浮选才是可能的。

(2) 在浮选过程中,细粒煤泥有较高的可浮性,而粗粒煤泥则具有较高的选择性。为此,对细粒煤泥,尤其是杂质含量高的细粒煤泥浮选,要努力消除对精煤的污染。也就是说,在细粒煤泥浮选中主要任务是提高它们的选择性;而对粗粒煤泥的浮选,则着重于提高它们的可浮性,以减少低灰分粗煤泥的损失。

(3) 适当降低原矿浓度是减轻细粒煤泥杂质污染精煤的有效措施。这对改善粗粒煤泥浮选也有好处。在浮选入料中加入阳离子絮凝剂,以抑制黏土细泥,是解决这一问题的新方法。

(4) 缩小浮选煤泥的粒度上限,如将浮选粒度控制到 0.3 mm 以下,可使浮选时间缩短,提高浮选速度,减少粗粒煤泥损失,改善浮选工艺。

5.3.3 粗粒浮选的工艺措施

在矿物单体解离的条件下,物料粒度较粗而浮选又能处理时,应该采用粗磨浮选。这样可以节约磨矿费用,降低成本。但由于物料粒度过粗,一方面在浮选机中不易呈悬浮状态,也会减少矿粒与气泡之间的碰撞机会;另一方面,即使矿粒与气泡发生碰撞附着,但由于粒度大,脱落力也大,也会减少进入泡沫层的机会。结果,粗粒容易损失在尾矿中。粗粒浮选时,为了提高其可浮性,应注意以下几个方面。

(1) 调节药方

调节药方的目的在于提高矿物与气泡的固着强度,加快矿化气泡的升浮速度。可从药剂的选择、合理地增加药剂浓度等方面加以考虑。

① 药剂的选择。根据理论计算,浮选粗粒,应使物料具有较大的接触角。选择药剂时,应选择捕收能力强的捕收剂。例如,在分选硫化矿物时,选用高级黄药;选煤时,选用活性较高的芳烃、烯烃。另外,还可以添加辅助捕收剂,“巩固”三相接触周边,增强矿物与气泡的固着强度。例如,浮选萤石、方解石时,除了添加脂肪类捕收剂以外,配合加入非极性油,如柴油、煤油等,强化捕收作用。浮选辉钼矿时,除添加脂肪类捕收剂外,还可以加入少量的硫酸化单甘油酯钠盐;浮选氧化矿时,适当加点醇类均可提高粗粒物料的分选效果。

② 合理地增加药剂浓度。用快速电影法研究表明,合理地增加捕收剂浓度,有利于浮团的形成和浮升。例如,用丁黄药浮选小于 0.5 mm 的方铅矿,当捕收剂浓度为 10 mg/L 时,附着于气泡的矿粒主要是小于 0.25 mm 的方铅矿,而接近 0.5 mm 的却很少,几乎不形成浮团;当捕收剂浓度增加到 50 mg/L 时,附着于气泡的接近 0.5 mm 的粗粒方铅矿达 40%左右,并能形成浮团。此外,捕收剂浓度较高时,矿化气泡在单位时间内浮出数量比低

浓度时大3～6倍。

(2) 调节充气情况

调节充气情况,包括提高充气量和充气质量。

① 提高充气量。充气量对粗粒浮选是非常重要的,一般需用较大的充气量。提高充气量可以形成较多的大泡,并有利于形成气泡和矿粒的集合体,可提高气泡运载的升浮力,将矿粒"拱抬"而上浮。用快速电影法研究表明,浮选0.5～1 mm的方铅矿时,充气量为0.5 $m^3/(m^2 \cdot min)$时只形成单泡的矿化气泡,且数量很少;当充气量增加到1.5 $m^3/(m^2 \cdot min)$时,便有不同大小的气泡与矿粒组成的浮团形成,而且数量较多。此外,提高充气量还可以提高浮选速度,降低药量,提高浮选机的处理能力。提高充气量可通过向浮选机中压入空气的方法来解决。但过分的充气会促使气泡合并,得到相反的结果。

② 提高充气质量。充气质量主要指气泡的直径,即增加矿浆中的微泡数量。理论和实践均证明,由溶解于矿浆中的空气析出所生成的微泡具有良好的活化性能,可以优先在疏水性矿物表面析出,并形成气絮团。微泡的表面积极大,因此对粗粒浮选很有意义。

(3) 选择浮选机

在选择浮选机时,只有选取充气量大、搅拌力强、能析出微泡的浅槽型浮选机,才有利于粗粒物料的分选。

① 搅拌力强。在浮选机中,由于粗粒物料质量较大,不易悬浮,影响了与气泡的碰撞概率。因此,分选粗粒物料时可适当提高叶轮转速,并增加浮选机内的矿浆循环量。这样,既可以改善粗粒物料的悬浮状态,增强气泡的矿化效果,又可以提高充气量,明显增加精矿回收率;但搅拌强度过大,反而给分选带来有害的影响。采用0.4～0.6 mm方铅矿证明,浮选机叶轮转速低于2 000 r/min时,矿物几乎不浮;转速在2 000～2 500 r/min范围内时,其回收率迅速上升;当转速超过2 500 r/min以后,回收率又显著下降。转速过高还使精矿质量下降。其原因是强烈搅拌破坏了粗粒物料的可浮性(但对细粒物料影响很小),增加了脉石细泥的夹带,降低了分选过程的选择性,恶化了精矿质量。

② 选用浅槽型浮选机。当粗粒分选时,应注意减少上浮颗粒在槽内的停留时间,减少矿物的脱落机会,最好选用浅槽型浮选机。

5.3.4 细粒浮选的工艺措施

细粒在浮选中存在的主要问题是分选进程选择性差。特别是细泥含量比较高时,尤为明显。选矿中的矿泥,常指小于200网目的粒级,而浮选中的矿泥指小于18 μm或10 μm的细粒级。矿泥可以分为两种:其一为矿石中的各种泥质矿物,如高岭土、绢云母、褐铁矿、绿泥石、炭质页等,被称为原生矿泥;其二为破碎、磨矿、运输、搅拌等过程中形成的矿泥,被称为次生矿泥。

矿泥的质量小,比表面大,属热力学不稳定体系,对浮选会产生一系列有害的影响。例如,细泥易夹杂在泡沫中上浮,污染泡沫产品,降低精矿质量;细泥易覆盖在粗粒物料的表面,恶化粗粒物料的浮选效果,降低回收率;细粒的比表面大,吸收大量的浮选药剂,增大药剂的消耗量;细粒和矿泥含量增加,增大了矿浆的黏度,降低了浮选机的充气条件,这不但影响浮选机,还破坏浮选过程。

当细粒或矿泥含量较高时,应该采取有效工艺措施以减少矿泥的有害影响。

(1) 调节药方

① 药剂的选择。细粒分选要注意提高过程的选择性。选择药剂时，应选取选择性强的药剂。浮选硫化矿时，应选黑药、低级黄药，因为这些捕收剂的选择性较好。选择起泡剂应选取脂肪醇或醚类药剂，因为这些药剂所形成的泡沫较脆，含水量较大，有利于二次富集作用，提高精矿质量。

② 加药方式。应该采用分段分批加药，使药剂随时在矿浆中保持最低的合理浓度。一次加药会导致大量药剂吸附在矿泥上，降低药剂的选择性并增加药剂消耗量。

③ 添加矿泥分散剂。使用矿泥分散剂可以将矿泥分散，消除矿泥在其他物料上的覆盖。常用的矿泥分散剂有水玻璃、碳酸钠、氢氧化钠、六偏磷酸钠等。

(2) 操作因素

① 浓度调节。通常采用较稀的矿浆浓度，一方面可以避免矿泥污染精矿泡沫；另一方面可以降低矿浆的黏度，提高分选过程的选择性。

② 喷洗泡沫产品。对精矿泡沫产品适当喷洒清水，洗涤精矿，可加强二次富集作用，降低细泥污染，提高精矿质量。

③ 预先脱泥。脱泥是去除矿泥影响的有效方法，通常使用旋流器进行分级以达到脱泥的目的。例如，采用旋流器，在浮选前将物料分成两个粒级，其中的细泥根据其质量决定是将其废弃还是对细粒级与粗粒级分别处理。如果矿泥可浮性好，也可在浮选前加少量起泡剂，先将矿泥除去，实现脱泥的目的。当被浮矿物与矿泥的性质差异较大时，则可专门制定脱除矿泥的药方，进行脱泥。例如，某氧化铜矿，含有大量褐铁矿泥，先用氧化石蜡皂做捕收剂，浮去褐铁矿泥，再浮选氧化铜，使分选指标得到改善。

(3) 其他细粒分选方法

随着工业矿床的开采向高贫、细、杂、难方向发展，对于细粒物料需要加以回收。20 世纪 60 年代以来逐渐发展了许多处理微细粒的新工艺。其中一些已被应用于实际工业生产中。

① 选择性絮凝。采用絮凝剂聚集矿石中的某一成分并使其他成分处于分散状态，以实现有用矿物与脉石的分离。此法已被用于细粒赤铁矿的分选，但对铝土矿、高岭土、磷灰石、黄铁矿、闪锌矿等仍处于实验室阶段，未在工业上应用。

② 载体浮选。载体浮选的实质是用一种辅助物料做载体。添加浮选药剂后，使待分选的细粒物料罩盖于载体上面，然后用泡沫使细粒随载体浮出。载体既可用同类矿物，也可用异类矿物。载体粒度与一般浮选粒度相同。例如，用黄铁矿做载体选细粒黄金，用方解石做载体浮出高岭土中的锐钛矿等。载体浮选除用捕收法外，也可用抑制法。如铝锌分离时，可用经抑制处理的粗粒锌矿，促进细粒锌矿的抑制。

③ 团聚浮选。又称油团浮选。经过捕收剂处理的细粒矿物或天然疏水的细粒矿物，借中性烃类油和搅拌力的作用，形成带矿的油状泡沫或油膜，再经泡沫浮选或筛选法回收。此法已被用于分选细粒的锰矿、钛铁矿、磷灰石等。其操作工艺有两类：一类是将捕收剂与中性油先配制成乳化液加入；另一种是在固体含量达 70% 的高浓度矿浆中，按分选次序分别加入中性油和捕收剂，强烈搅拌，控制时间，然后刮出上层泡沫。

④ 剪切性絮凝。经过捕收剂处理的细粒矿物，在不充气条件下，进行较长时间的强烈搅拌，疏水颗粒在高度紊流状态下相互碰撞，在高剪切力的作用下，水化膜逐渐变薄，疏水颗粒互相絮凝，然后再以常规方法进行分选。因有强烈的作用，药剂用量大为降低。该法已被

成功地用来分选白钨矿，被认为是很有前途的新工艺。

⑤ 微泡浮选。早期的微泡浮选采用的是从溶液中析出微泡的真空浮选法。对于小于0.01 mm的重晶石、萤石、石英等试验证明，从水中析出微泡浮选细粒是一种有效的方法。在其他条件相同的情况下，用常规浮选，重晶石精矿的品位为54.4%，回收率为30.6%；而用微泡浮选，品位为53.6%～63.6%，相应的回收率为52.9%～45.7%。

此外，还有电解浮选、电场浮选、电磁浮选等多种新工艺正在研究中，以解决细粒分选的问题。

5.3.5 粗粒和细粒煤的浮选工艺

(1) 粗粒煤泥主要应解决在尾矿中的损失问题，即增加粗粒与气泡的附着并防止其脱落

① 增加药剂与煤粒的接触机会：如适当加大药剂浓度，完善加药方式（气溶胶加药、药剂乳化等），用矿浆准备器或预处理器等新型调浆设备提高煤粒与药剂的接触机会等。

② 改善浮选机充气：主要是充气质量，应有适当小气泡。对粗粒煤，为保证足够的浮力，可用气泡群进行浮选，以保证有足够的浮力，并能加强粗粒与气泡的附着强度。

③ 采用分级或脱泥浮选：粗粒分选时为避免大量细泥存在，将浮选入料分成粗、细两级分别浮选，采用不同的、符合各自特点的工艺条件可提高效果，降低药耗。也可将高灰细泥脱除，单独处理粗粒物料，消除细泥对粗粒的影响。

④ 浮选机设计时既要考虑粗粒悬浮所需的搅拌强度，又要考虑防止已附着的颗粒从气泡上脱落。

(2) 细粒煤泥主要应解决选择性差的问题，即提高浮选选择性

① 尽量采用选择性好的药剂，并严格控制用量；选用起泡剂产生的泡沫应有脆性，以便增强二次富集作用，减少细泥夹带；严格掌握捕收剂与起泡剂的比例；药剂采用分段加药方式，使药剂处于亏量状态；延长细粒浮选时间，提高其分选效果。

② 降低浮选入料矿浆浓度，以降低矿浆和泡沫层黏度；在泡沫层适当加喷水淋洗，加强泡沫的二次富集作用。

③ 选择合适、有效的黏土抑制剂。

5.4 矿浆浓度对浮选的影响

5.4.1 矿浆浓度的表示方法和测定

矿浆浓度：矿浆中固体矿粒的含量。矿浆浓度有两种表示方法，即固体质量(体积)分数和液固比。

固体质量(体积)分数(%)：表示矿浆中固体质量(或体积)所占的百分数，以符号R表示，有时又称百分浓度。

$$R=\frac{\text{矿石的质量}}{\text{矿浆(矿石+水)的质量}}\times 100\% \tag{5-2}$$

液固比：表示矿浆中矿浆液体与固体质量之比，有时又称稀释度，以符号C表示。当百

分浓度已知时，稀释度可以用下式换算：

$$C=\frac{100-R}{R} \tag{5-3}$$

矿浆浓度测量的方法分为两种：手工测量和自动测量。

手工测量时，一般采用浓度壶法，计算公式如下：

$$R=\frac{\delta(G-P-V)}{(\theta-1)(G-P)}\times 100\% \tag{5-4}$$

为便于操作，常将上式变换为：

$$G=\frac{V\delta}{R+\delta+\delta R}+P \tag{5-5}$$

式中　R——固体质量分数，%；

δ——矿石密度；

G——装满矿浆的浓度壶质量，g；

P——干浓度壶质量，g；

V——浓度壶容积，mL。

5.4.2　矿浆浓度对浮选工艺过程中指标的影响

矿浆浓度是浮选过程中重要的工艺因素，影响下列各项技术、经济指标。

(1) 回收率：矿浆浓度和回收率之间有明显的规律性。当矿浆很稀时回收率较低，当矿浆浓度逐渐提高，回收率也逐渐提高，直至达到最大值，但超过最佳的矿浆浓度后回收率又降低。

(2) 精矿质量：一般是矿浆较稀时精矿质量较高，而矿浆较浓时精矿质量下降。

(3) 药剂用量：矿浆中须保持一定药剂浓度才能取得好的浮选效果。矿浆较浓时，液相中药剂浓度增加，矿石的用药量可减少；反之，则增大。

(4) 浮选机的生产能力：随矿浆浓度加大，浮选机生产能力(按处理量计)可提高。

(5) 浮选时间：矿浆较浓时，浮选时间会延长，有利于提高回收率或增大浮选机的生产能力。

(6) 水电消耗：矿浆越浓，处理矿石的水电消耗越小。

实际生产时，考虑浮选适宜浓度的原则：大密度、粗粒度的物料用较高浓度；反之，则用较低浓度。粗选作业采用较高浓度，以保证较高回收率和较少药剂量；精选作业则用较低浓度，以利于提高精矿质量；扫选作业浓度受粗选影响，一般不另行控制。

5.4.3　煤浆浓度对浮选的影响

煤浆浓度对煤泥浮选有重要的影响，如图5-5所示，主要表现在以下方面：

(1) 提高煤泥入浮浓度，精煤产率、精煤和尾煤灰分也相应增加。浓度过高时其变化比较平缓；但实际浮选时，过高的浓度会导致精煤产率下降，精煤灰分增高，尾煤灰分下降。

(2) 煤浆浓度对药剂耗量的影响：低浓度时，单位容积矿浆中药剂浓度显著降低，必须增加以入料干煤量计算的药剂用量。

(3) 影响入浮浓度选择的最大因素是浮选入料中的煤泥含量。低浓度浮选速度快，矿浆通过量大，但干煤处理量低，对消除细泥污染、提高选择性、降低精煤灰分有利；高浓度浮选矿浆处理量低，但干煤处理量高。实际浮选时只有两种处理量都适当，才能保证好的浮选效果。

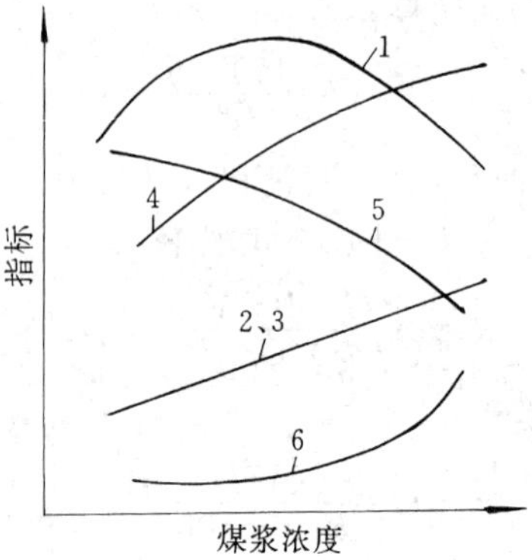

1—矿浆充气量；2—药剂的容积浓度；3—浮选时间；
4—细粒的可浮性；5—粗粒的可浮性；6—煤泥的粉碎程度。

图 5-5　煤浆浓度的影响

5.4.4　煤泥浮选浓度的选择

我国选煤厂入浮浓度多为 10%～15%，也有高达 20%，低至 4%。太高或太低均不正常。通常选择入浮浓度时应注意以下几个方面：

(1) 入料可浮性好，灰分低，粒度较粗时可适当提高入浮浓度；工艺指标允许时，为降低药耗，提高处理量，应尽量提高浓度。

(2) 难浮煤，精煤质量要求高时，应适当降低浓度。

(3) 细泥含量高，精煤质量要求高时，应降低入浮浓度。

(4) 粗选可采用高浓度，而精选宜采用低浓度。

(5) 直接浮选工艺入浮浓度较低，在条件许可时应尽量提高入浮浓度，以更有利于分选。此时只要保证其煤浆处理量即可。浓缩浮选时浓度可提高，但必须同时满足煤浆处理量和干煤泥处理量。

5.5　矿浆液相组成

5.5.1　不同浮选用水的性质和影响

浮选是在水介质中进行的，用于浮选的水会因地、因时而变化，从而导致对浮选的不同影响。如水中不同的离子、分子和某些化合物、气体等都会影响浮选过程。水中最常见的离子有 Ca^{2+}、Mg^{2+}、K^{+}、Na^{+}、Cl^{-}、SO_4^{2-}、CO_3^{2-} 等。水中溶解的气体有氧气、二氧化碳等。此外，矿物在磨矿、浮选过程中本身溶解或氧化产物的溶解也使水中含有某些与矿物组成有关的阳离子或阴离子。上述这些离子在一般情况下是难以避免的，被称为“难免离子”，它们的影响是多样的。

浮选中使用最多的为江河、湖泊水，其特点是含盐量较低（<0.1%），且多价金属离子含量较低。影响最大的是水的硬度，即水中 Ca^{2+}、Mg^{2+} 的含量。水的总硬度可按下式计算：

$$水的总硬度=\frac{[Ca^{2+}]}{20.04}+\frac{[Mg^{2+}]}{12.16}\quad(mmol/L)\tag{5-6}$$

式中　$[Ca^{2+}]$,$[Mg^{2+}]$——Ca^{2+},Mg^{2+}在水中的物质的量浓度。

硬水既含有较多的多价金属离子,如 Mg^{2+}、Ca^{2+}、Fe^{2+}、Fe^{3+}、Ba^{2+}、Sr^{2+} 等,也含有较多的阴离子,如 HCO_3^-、SO_4^{2-}、Cl^-、$HSiO_4^-$ 等。实践表明,硬水对脂肪酸类药剂浮选是有害的。表现在:Ca^{2+}、Mg^{2+} 及 Fe^{3+} 多价金属离子会与脂肪酸类药剂发生反应,生成难溶化合物,且浮选速度比淡水还高。但应注意对设备的腐蚀。

可溶性盐类,如岩盐、钾盐、硼砂等浮选时,需要在其饱和溶液中进行,为减少有用成分的损失,还必须充分利用回水(母液)。在饱和溶液中浮选时选用捕收剂必须满足下列条件:

① 能在饱和溶液中溶解,不会与溶液中的离子形成沉淀;

② 能在饱和溶液中被盐类吸附;

③ 所需的浓度不应超过形成胶束的临界浓度。

常用的捕收剂有烃基硫酸酯、磺酸盐、胺类和短烃链的脂肪酸。

从环保和节省药剂、节约用水的角度,尾矿水循环复用已成为必需。已明确规定选煤厂要实现洗水闭路循环。尾矿循环水又称回水,特点是含有较多的有机和无机药剂,组成较复杂。特别是细粒矿粒,复用时必须考虑它们对浮选的影响。通常,处理单金属矿石时回水利用比较简单,可全部复用,而处理多金属矿石时,则比较复杂,原则上是同一回路排出的废水对同一回路比较合理。具体的利用方案以及新鲜水与回水的使用比例一般要通过试验来确定。

5.5.2　选煤厂水质特性

选煤厂虽不像选矿厂要加许多无机盐类调整剂,但水中本身含有的多种离子和化合物在不同的区域差距很大(表 5-2),使用时对浮选有一定影响。

表 5-2　选煤厂用水及矿井水的化学组成

项目	南山选煤厂自来水	南山选煤厂尾矿水	兴山矿六井水	兴山矿二四井水	南山矿立井水	夹河选煤厂尾矿水	唐山矿(厂)工业用水	汪家寨	
								工业用水	浓缩机溢流水
硬度/德国度	1.16	4.59	21.30	29.53	9.06	13.04	23.48	2.407	—
碱度/(mg 当量/L)	0.29	1.60	7.26	7.33	3.23	—	—	—	—
pH 值	6.10	7.30	8.10	7.90	8.10	—	7.60	7.50	7.40
Ca^{2+}/(mg/L)	5.76	24.11	100.44	45.42	20.09	30.42	85.90	43.63	34.07
Mg^{2+}/(mg/L)	1.54	5.25	31.52	39.87	5.91	24.03	45.70	2.80	3.28
K^+,Na^+/(mg/L)	4.65	26.84	107.26	83.03	93.15	322.63	—	—	—
Cl^-/(mg/L)	1.06	27.60	29.22	40.59	34.33	203.84	66.20	2.85	54.06
SO_4^{2-}/(mg/L)	16.05	27.16	202.66	272.41	66.25	196.19	263.42	9.46	104.11
CO_3^{2-}/(mg/L)	—	—	—	—	—	7.35	—	—	—
SiO_3^{2-}/(mg/L)	—	—	—	—	—	11.39	—	—	—
HCO_3^-/(mg/L)	17.69	97.60	442.06	447.13	197.03	370	721.73	124.72	124.23

随着选煤厂的洗水实现闭路循环,盐类离子、浮选药剂及絮凝剂的聚集变得十分明显。

其聚集速度和煤中所含矿物质数量及所用药剂有关。

总之，各种盐离子在液相中的聚集速度取决于矿物盐离子在溶液中的溶解速度。由于盐离子的聚集，矿浆中盐离子浓度发生变化，对浮选产生影响，但在低浓度下一般没有不良影响，甚至可改善浮选指标。

5.5.3 选煤厂循环用水对浮选的影响

(1) 循环水矿化度对浮选的影响

① 在低矿化度(6 000 mg/L 以下)时具有良好的浮选效果。这是由于起泡性能得到增强，但选择性会有所降低。

② 在高矿化度(20 000 mg/L 以上)时将会产生不良影响。矿浆中盐离子对浮选的影响表现在起泡能力上。各种离子的起泡能力是不同的。浮选介质中阳离子的起泡能力差别不大，但阴离子的起泡能力差别较大。其顺序为：$SO_4^{2-} > Cl^- > NO_3^-$。

③ 当用硬水做介质时，钙离子可加强起泡性能，但当钙离子浓度过大(400 mg/L)时，这种作用几乎被消除；同时，钙离子对煤的可浮性也产生影响。其主要作用是改变煤表面电位，所以钙离子量少时对浮选有利，而多时会降低选择性，增加精煤灰分。

水质较硬时应注意钙离子对煤产生的抑制作用。

循环水矿化度对浮选的影响如表 5-3 所示。

表 5-3 循环水矿化度对浮选的影响

循环水循环次数	循环水矿化度/(mg/L)	精煤		尾矿灰分/%	浮选时间/min	泡沫体积		泡沫产品中的固体含量/%
		产率/%	灰分/%			cm^3	%	
1	3 170	68.09	9.13	57.90	5.0	110	100	29.0
6	3 520	70.46	9.28	60.40	5.0	120	108	32.5
11	4 050	71.11	9.13	62.70	5.0	120	108	36.5
16	4 330	71.91	9.47	63.50	4.5	130	118	39.0
21	4 540	72.58	9.84	64.40	4.0	140	127	42.0
26	5 130	74.24	9.55	67.20	4.0	150	136	44.0
30	5 920	75.74	9.86	70.40	4.0	150	136	48.0

(2) 循环水中剩余浮选药剂对浮选的影响

浮选过程中添加的药剂往往不能被煤泥全部吸附，总有部分随尾矿排出。当尾矿水澄清后做浮选补给水时，这些药剂又返回浮选作业。随着尾矿水不断循环使用，循环水中剩余药剂不断积累，含量会不断提高。这样，浮选就不是在最佳化的药剂条件下进行的，这对浮选产品的数量、质量指标会有一定影响。这也是生产中很少注意到的问题。

浮选尾矿中的药剂剩余含量与药剂的初始浓度和化学性质有关：

① 脂肪族醇类起泡剂随着初始用量增加而增加，且碳链长度不同，剩余含量也不同。

② 非极性捕收剂的剩余含量比杂极性药剂低得多。

③ 对于同一类浮选药剂来说，在尾矿中剩余浓度越小，其浮选效果越好。

丹契娜对此进行了浮选尾矿水人工闭路循环试验。从表 5-4 可知，循环 10 次后在给药量不变的情况下,进入浮选的药剂量增加92%,浮选指标也发生了很大变化。

表 5-4 循环水中药剂剩余含量对浮选的影响

循环水循环次数	循环水矿化度/(mg/L)	药剂剩余浓度/(mg/L)	精煤		尾矿灰分/%	浮选时间/min	泡沫体积		泡沫产品中的固体含量/(g/L)
			产率/%	灰分/%			cm^3	%	
1	890	62	53.01	7.40	44.02	6.0	220	100	258
2	1 050	75	70.68	8.99	66.28	4.0	290	136	280
3	1 250	86	77.88	9.02	71.64	3.5	335	152	319
4	1 450	—	73.85	9.85	72.08	3.5	345	157	477
5	1 700	94	74.20	9.89	72.52	3.5	360	163	464
6	1 910	112	75.88	9.66	71.99	3.5	365	166	456
7	2 080	—	75.97	10.08	75.87	3.5	405	184	415
8	2 340	120	76.39	10.26	76.80	3.5	450	204	360
9	2 560	132	77.40	10.59	78.91	3.5	485	220	397
10	2 750	147	76.81	10.76	80.06	3.0	500	227	400

对在闭路循环以及使用浮选精煤滤液作为浮选补给水的选煤厂,都应注意剩余药剂的积聚和影响,尽可能使用剩余浓度低的药剂,以保持浮选过程的最佳化和指标的稳定性。

(3) 絮凝剂对浮选的影响

絮凝剂已被广泛应用于浮选尾矿的澄清作业中。使用最多的是合成的高分子絮凝剂聚丙烯酰胺类,其在水中的残余量对浮选会产生如下影响:

① 它会被块煤和末煤吸收,所以循环水中残余量不至于影响浮选过程。

② 它会被矿浆中大量的黏土类矿物颗粒吸收,对煤粒不会产生抑制。

③ 它的浓度会积累,达到一定量后会对煤粒产生抑制。

研究表明,常规浮选条件下,矿浆中聚丙烯酰胺的浓度在2.5 g/L以下时浮选指标无明显变化;在5 g/L以上时煤粒受到抑制,选择性降低;浓度再高时精煤产率下降,灰分明显增加;达50 g/L时浮选过程完全遭到破坏。

聚丙烯酰胺对浮选过程的影响取决于其在矿浆中剩余浓度的大小。选煤厂生产时实际絮凝剂消耗量低(0.3～3 g/L),可能被块煤和黏土矿物大量吸收,故残余量少,积聚慢,尚未发现对浮选生产的严重影响;但长期闭路循环时,应注意和控制聚丙烯酰胺的浓度变化。

5.6 药剂制度

药剂制度主要包括药剂的配制、药剂的种类和用量、药剂的添加顺序、加药点和加药方法、药剂作用时间、联合用药、药剂的最佳化控制和调节等。

5.6.1 配制浮选药剂

常见的配制方法有:

(1) 配制成水溶液。大多数溶于水的药剂均可采用此法。如:黄药、水玻璃,配成5%～

10%的水溶液;聚丙烯酰胺,配成1%的水溶液。

(2) 加溶剂配制。有些不溶于水的药剂可先溶于特殊溶剂,如白药需先溶于10%~20%的苯胺,配成苯胺混合液后再使用。

(3) 乳化。可采用机械搅拌、水射流、超声波等配合乳化剂。对如烃类油等难溶、难分散的药剂乳化可提高效能。

(4) 配制悬浮液或乳浊液。对一些不易溶的固体药剂,如石灰,可磨细后用水调成乳状悬浮液(石灰乳)使用。

(5) 气溶胶法。利用特殊的喷雾装置将药剂在空气中雾化后,直接加入浮选槽。

(6) 皂化。对脂肪酸类捕收剂,皂化是最常用的方法。

(7) 酸化。阳离子捕收剂水溶性差,故只有用盐酸或醋酸进行质子化处理后,才能溶于水。

(8) 电化学处理。在药剂溶液中通直流电,以改变药剂本身的状态、溶液的pH值以及氧化还原电位,从而提高活化组分的浓度,形成胶粒的浓度以及难溶药剂在水中的分散程度等。

5.6.2 制定浮选方案

制定浮选方案时可以参考类似矿石选矿厂的实践经验,对矿石的性质和可能采用的浮选方案进行分析。例如:要考虑采用混合浮选还是优先浮选。若采用优先浮选,就要分析先捕收哪一种矿物,抑制哪些矿物,哪一种矿物需要活化,哪些矿物不用活化,哪些矿物要考虑抑制,哪些矿物不用抑制,等等。

制定分选方案时,可参考以下经验:

(1) 先浮选易浮的矿物,而后浮选难浮的矿物,即先浮选可浮性好的,后浮选可浮性差的。

(2) 抑制可浮性差的矿物,不要抑制可浮性好的矿物。抑制易被抑制的矿物,不要抑制难被抑制的矿物。例如:当有用矿物为方铅矿和闪锌矿时,方铅矿的可浮性比闪锌矿好,闪锌矿比方铅矿容易抑制。因此,分选时可以采用抑制闪锌矿、先浮选方铅矿的方案。

(3) 如果两种矿物的可浮性相似,则应该先浮选数量少的矿物,抑制数量多的矿物。这样容易得到比较好的指标。对于铜铅硫多金属矿,主要有用矿物为黄铜矿、方铅矿、闪锌矿和黄铁矿。黄铜矿和方铅矿的可浮性均很好,一般先将这两种矿物同时浮出,再进行分离。分离时可以抑铅浮铜或抑铜浮铅。但实践上,多金属矿中铜的品位经常比铅的品位低许多,故抑铅浮铜的方案用得较多。如矿石中有次生铜矿石时,方铅矿被次生铜活化,故抑铅浮铜过程难以进行,此时应采用抑铜浮铅。又如铁石英岩的浮选,主要矿物为赤铁矿和石英。赤铁矿含量常比石英少。当用脂肪酸类捕收剂进行分选时,赤铁矿的可浮性比石英好,故一般采用浮选赤铁矿的方案;但如果是铁精矿中含有少量的二氧化硅,为了进一步提高精矿品位,则采用阳离子捕收剂浮选少量石英的办法。实践证明,该法比磁铁矿精矿采用多次磁选排除石英的方法更有效。

(4) 活化量少的矿物,抑制价值低的矿物,比较容易提高分离效果。

(5) 浮选价值高的矿物,抑制价值低的矿物,易于达到浮选目的。铅锌硫化铁矿或铜锌硫化铁矿石,分选后剩下的有用矿物主要是闪锌矿和黄铁矿。未活化的闪锌矿可浮性不比黄铁矿好。但实践上总是先选闪锌矿，后选黄铁矿。其原因是经活化后的闪锌矿可浮性明显提高，锌矿的价值比黄铁矿高；闪锌矿的含量又常比黄铁矿低，先选出闪锌矿可以得到较好的分选效果。

(6) 浮选精矿质量要求高的矿物，抑制精矿质量要求低的矿物。对含钼铜矿石的浮选，辉钼矿和黄铁矿都有很好的可浮性，应先得到铜钼混合精矿。对于铜钼混合精矿的分离，多数选矿厂采用抑铜浮钼的方案。其原因除了钼的价值比铜高，而钼的品位比铜低之外，对钼精矿有很高的要求也是一个重要的原因。如果采用浮铜抑钼，则混合精矿中夹杂的脉石全部集中在钼精矿中，钼精矿就很难达到要求。

5.6.3 选择药剂

根据上面所述，参考了类似选矿厂的实践经验，并通过试验确定浮选方案后，就可以进一步拟定出该流程方案的药剂处方。药剂处方中包括药剂的种类和用量。选择药剂时应注意以下几个问题：

(1) 捕收与抑制的关系。同一体系中，捕收剂与抑制剂经常互相影响。这表现在捕收剂与抑制剂用量的多少和捕收、抑制的强弱上。抑制剂用量多时，捕收剂用量往往也多；捕收剂用量多时，抑制剂用量也应增加。同理，使用抑制能力较弱的抑制剂时，只能选用捕收作用弱的捕收剂进行分离，否则将导致分离困难。

(2) 活化与抑制的关系。同一体系中活化剂与抑制剂也是互相影响的。活化剂在矿浆中活化某种矿物，同时也与其他矿物发生作用。用量增加时，经常可以同时活化数种矿物。抑制剂与活化剂相似，用量少时，可以只对一种矿物发生作用；用量增加后，可以同时抑制数种矿物。使用活化剂、抑制剂时一定要掌握好用量。有些药剂，在不同用量时，可以有不同的作用。例如，在用量较少时，硫化钠可以活化有色金属氧化矿；用量过大时，则同样对有色金属氧化矿起抑制作用。对这类药剂更应注意掌握好用量，使之充分发挥作用。

(3) 捕收与起泡的关系。捕收剂与起泡剂的作用常常不是孤立的。除了有些药剂兼具两种性质外，它们之间也是互相影响的。例如，捕收剂用量一定，当其他药剂用量不变时，只增加起泡剂用量就可以使浮选产率增加。又如有的矿物被抑制，而抑制又不十分强烈时，稍增加起泡剂的用量，就可以使矿物浮起。浮选过程中，如果起泡剂使用恰当，保证数量合适、黏度合乎要求的泡沫有利于提高其选择性；如果浮选过程产生过黏的泡沫，往往得不到高质量的精矿。确定起泡剂的最佳用量还应该考虑到与其配合使用的捕收剂情况。若捕收剂具有一定起泡性能，则应少加起泡剂。当捕收剂具有消泡作用时，如煤油、柴油等，应适当增加起泡剂。

(4) 分散与团聚的关系。矿浆经过药剂处理后，脉石矿物被抑制而呈分散状态。目的矿物经捕收剂作用，表面疏水并容易形成絮团。经过搅拌充气，疏水的絮团容易黏附到气泡上面，使气泡矿化，成为泡沫产品；而分散状态的脉石，表面亲水，仍留在浮选槽内。矿浆中矿物的分散与团聚必须掌握适度原则。过强的团聚作用，使脉石颗粒夹在团粒中，增加污染，降低精矿质量；同时团粒过大，以至于不能黏附到气泡上，造成损失，影响精矿的回收率，分散不足，使脉石互相黏附，造成夹带，影响精矿质量。在选择性絮凝过程中，其分散剂、絮凝剂用量对浮选结果影响更大。分散过分，絮凝剂用量势必增加；而在一定分散条件下，增加絮凝剂用量，选择性就要下降，影响分选效果。只有根据矿物可浮性的差异，确定捕收、抑制、起泡、分散适度的药剂，掌握好其搭配和用量，保证浮选过程最合理，才能实现最理想的效果。

5.6.4 药剂的合理添加

药剂合理添加的目的是保证矿浆中有最佳药剂及药剂能进行最有效的作用。只有根据矿石的选择性、药剂的性质以及工艺要求，选择适当的加药点及合适的加药方式，才能达到这一目的。加到矿浆中的浮选药剂通常有几种，加上矿浆中原有的各种微粒，它们之间的交互作用很复杂，而且互相制约。比较药剂制度，可以充分利用这些作用，发挥药剂的效能。若药剂添加不当，可能造成整个工艺过程的混乱，破坏分选的正常进行。

(1) 加药顺序。根据药剂作用机理，决定加药顺序。一般按下列顺序添加：pH 值调整剂—活化剂或抑制剂—捕收剂—起泡剂。但对一些易于氧化的硫化矿，加药顺序要做适当改变。添加 pH 值调整剂后马上加捕收剂，使矿物表面没有氧化前先与捕收剂作用，然后再加抑制剂，这样可以提高金属回收率。但选择捕收剂时应注意，不能选取捕收能力过强的，否则影响分选效果。

(2) 加药地点。加药地点对发挥药剂的效力影响很大，一般视药剂的性质和要求的作用时间长短而定。pH 值调整剂、抑制剂多半加入球磨机中。为了充分发挥药剂的效果，一些难溶的捕收剂，也可以加在球磨机中。易溶的捕收剂、活化剂和起泡剂一般加在浮选前的搅拌桶里。如两种药剂能互相反应，又抵消作用，则应分别加入。一般让前一种药剂充分发挥作用后，再加第二种药剂，如硫酸铜和黄药，氯化钙和油酸，均应分开加于不同的地点。捕收剂和起泡剂除加在搅拌桶之外，还可以加在浮选机中，加在浮选机中的量占 20%～40%。

(3) 加药方式。加药方式主要有两种，即集中加药和分散加药(或分批加药)。集中加药是在浮选前将药剂全量一次加入矿浆中，药剂浓度在一点比较高，这样可以提高浮选过程初期的浮选速度。浮选初期通常选择性最好。提高浮选初期的浮选速度对分选很有意义。集中加药的方式，添加方便，简单，故被经常采用。分散加药是指药剂不是一次加入，而是分批添加或逐点添加，以维持浮选整个过程有比较均衡的浓度，对于较难浮选物料的分选有较大的意义。下列情况常采用分批加药：

① 易被泡沫带走的药剂。如脂肪酸类捕收剂具有起泡性，若将其全部加在一点，易被泡沫带走，降低浮选后期的药剂浓度，不利于分选。

② 在矿浆中易起反应的药剂。如二氧化碳、二氧化硫等药剂，若只在一点加入，就容易起反应而失效。

③ 用量要求严格控制的药剂。有些药剂过量后会起相反的作用，或者失去选择性，如硫化钠，此时应该分批添加药剂。

细粒物料分选时，本身选择性较差，如果再含有大量矿泥，就更易导致分选效果急剧恶化。为使药剂充分发挥作用，提高选择性，必须严格控制用药量，采用分批加药，使药剂处于适量状态。常用药剂的作用时间，可根据经验确定，如松油为 1～2 min，黄药为 1～3 min。作用时间较长，加入球磨机的药剂，无须经试验确定。

5.6.5 混合用药

混合用药就是两种或两种以上同一类型或不同类型的药剂按一定比例加入浮选中，有利于提高精矿品位和回收率。联合用药的形式有如下几种。

(1) 同系药剂混用。如低级、高级黄药混用。

(2) 溶剂、乳化剂、润湿剂混用。如煤油、柴油与乳化剂混用。

(3) 同类药剂混用。如各种硫化矿捕收剂混用,像强弱性能不同、可溶与不可溶药剂的混用,常以一种为主,另一种为辅。

(4) 阳离子捕收剂与阴离子捕收剂混用。如十二胺与油酸钠或黄药混用。

(5) 氧化矿与硫化矿捕收剂混用。

(6) 大分子与小分子药剂混用。如所谓的聚-复捕收剂就是由水溶性差的高分子聚合物与普通捕收剂混合制成的水溶液混合物。捕收剂分子沿着聚合物烃链发生定向吸附构成复合物。复合物的性能比原捕收剂更好。

(7) 调整剂的联合使用。

混合用药之所以显示较好的效果,是由于一方面矿物表面具有不均匀性,不同类型或不同强度的药剂可以有选择性地吸附在不同的区间,从而提高药剂在矿物表面的吸附密度或药剂覆盖的表面积,从而提高矿物表面的疏水性;另一方面,不同药剂在矿物表面可以产生共吸附。共吸附有两种模型。第一种为穿插型(图 5-6),即一种药剂先吸附在矿物的表面,再使另一种药剂分子或离子穿插在其中,在矿物表面垂直排列,形成共吸附。例如用胺盐捕收石英,加入中性分子十二醇。醇类中性分子和阳离子捕收剂的烃基依靠范德瓦耳斯力的作用,使中性分子穿插在捕收剂离子中间,减少同名电荷的掩护作用,降低了药剂的临界胶束浓度和药剂用量,并在一定范围内提高了石英的选择性。起泡剂与捕收剂的分子或离子也常联系在一起,互相穿插,在矿物或气泡的表面发生共吸附,更便于气泡的矿化,提高了浮选过程的选择性。如阳离子药剂先在荷负电的矿物表面吸附,使矿物表面电荷符号变正,以利于阴离子药剂的吸附,称"电荷补偿";在酸性介质中,阳离子捕收剂为离子吸附,而阴离子捕收剂为中性分子吸附(在碱性条件下情况相反),称分子、离子共吸附。第二种共吸附的模型为层叠吸附。例如,柴油或煤油与杂极性捕收剂混合使用。烃类油与杂极性捕收剂的非极性端作用,使矿物表面更加亲水。醇类分子和煤油在煤表面的吸附,或油酸分子和煤油在磷灰石表面的吸附都属于层叠型的共吸附。

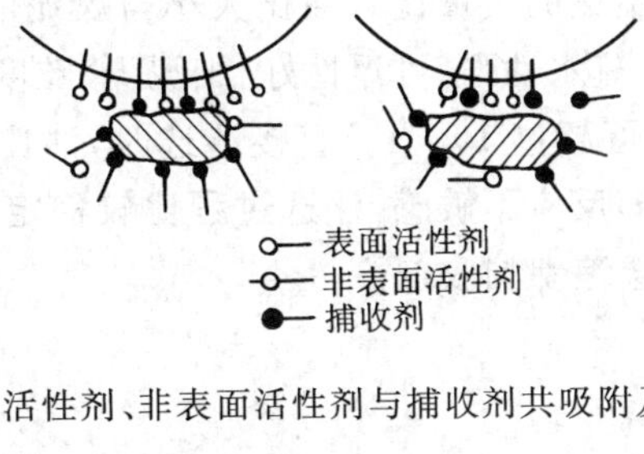

图 5-6 表面活性剂、非表面活性剂与捕收剂共吸附及互相穿插机理

5.6.6 矿浆中浮选药剂最佳用量的控制和调节

浮选回路中的药剂制度最佳化和控制对浮选过程的稳定和最大限度降低药耗至关重要。主要应通过实验室和工业性试验,了解矿浆中各种药剂与矿物之间及各种药剂浓度之间的相互关系,建立在不同条件下的数学模型,并求出各种矿物在不同条件下的特征参数,

然后用自动控制体系实现。

5.6.7 煤泥浮选的药剂制度

(1) 药剂种类

药剂通常分为捕收剂、起泡剂和少数加调整剂或兼具捕收和起泡性能的复合药剂。

① 捕收剂:主要是非极性烃类油。最广泛使用的是煤油和柴油。因加工方法不同,煤油或柴油性质有些不同,如对易浮煤,可采用活性低的;对难浮煤及细泥多时,可采用活性高的。

② 起泡剂:多为化工副产品。其化学组成和性质差别大。极性基比例高的起泡剂具有较高的亲水性和较低的浮选活性;非极性基比例高的起泡剂具有较高的表面活性。选择起泡剂时应考虑煤泥中高灰细泥含量及浮选机充气情况。当煤泥中精煤含量大时,应选用起泡多、气泡小、寿命长的起泡剂,以利于粗粒在气泡上的固着和回收;当细粒含量高时,应选用气泡大、性脆、寿命不太长的起泡剂,以加强二次富集作用,提高浮选的选择性。

(2) 加药方式和地点

采用何种方式与地点加药主要取决于煤泥性质。对于易浮煤,常采用一点加药,即常将捕收剂和起泡剂同时加到搅拌桶中;对于难浮煤或浮选活性较高的药剂,应采用多点加药,即将药剂按比例分别加到搅拌桶和浮选槽中。将药剂总量的60%～70%加入搅拌桶中,而将其余的加到浮选机的中矿箱或搅拌机构中。多点加药原则,对于6室浮选机,可分2～4段添加。第一段加在搅拌桶中,第二段加在第二室中矿箱内,以后每隔一室添加一次。不应在搅拌桶内加入过多的起泡剂,以免造成前室泡沫过多。

分批加药通常比一点加药的回收率高(尤其对粗粒级),选择性好(尤其对细粒级)。对需用接触时间较长的药剂应尽量加在搅拌桶中;反之,则可考虑加在浮选机中。

(3) 药剂消耗与油比

药剂消耗与药剂种类、煤泥表面性质、粒度组成及矿浆浓度等有关。通常变质程度低、氧化程度高、疏水性差的煤的药剂消耗量较大。粒度越细,矿浆浓度越低,药剂消耗量也越大。选煤用的捕收剂(煤油或柴油),每吨煤泥消耗量在0.5～3 kg;醇类起泡剂,消耗量随种类不同而变化,每吨煤泥消耗量在100～300 g。

油比,指捕收剂和起泡剂用量的质量比。油比大小与煤泥的性质及流程有关。我国的油比常在5∶1～10∶1之间。疏水性强、可浮性好、细泥少、粒度较粗的煤泥可用小油比,甚至小到1∶1;反之,用大油比,可超过10∶1。直接浮选时,油比可达20∶1。油比大时,泡沫层对入料变化的缓冲性大,即反应不敏感,浮选过程比较稳定。因此,入料性质和浓度变化较大时应用大油比,但过大会浪费捕收剂。

5.7 浮选操作

浮选过程是在固、气、液三相中进行的。泡沫量的稳定性、泡沫层的厚度、气泡的大小、气泡结构等均直接影响浮选指标。

5.7.1 浮选操作的要求

浮选操作是浮选岗位工人对浮选生产的控制程度,并根据生产过程的变化,及时加以调整,最终获得好的生产技术指标。

浮选操作中最常遇到的是维持设备的正常运转,通过浮选过程表现出的各种现象,判断浮选泡沫产品的质量,并根据出现的不同情况,及时调整浮选药剂、矿浆的浓度和粒度、确定泡沫的刮出量。在长期的浮选操作中,掌握必要的操作可以使浮选过程得到有效控制,即应该做好的“三会”“四准”“四好”“两及时”“一不动”。

“三会”是指:会观察泡沫,会测浓度、粒度,会调整。

“四准”是指:药剂配制和添加准,品位变化看得准,发生变化原因找得准,泡沫刮出量掌握准。

“四好”是指:浮选与处理量控制好,浮选与磨矿分级联系好,浮选与药剂控制联系好,浮选各作业联系好。

“两及时”是指:出现问题发现及时,解决处理问题及时。

“一不动”是指:生产正常不乱动。

5.7.2 矿化泡沫的观察

浮选泡沫的外观包括泡沫的虚实、大小、颜色、光泽、轮廓、厚薄强度、流动性、音响等物理性质。泡沫的外观随浮选作业点不同而异,但在特定的作业中常有特定的现象。为保证精矿质量和回收率,观察泡沫常在最终精矿产出点、粗选作业、浮选过程的补药点和扫选过程中进行。

(1) 泡沫的“空与实”是反映气泡表面附着矿粒的多少。气泡表面附着的矿粒多而密,称为“结实”,相反气泡表面附着的矿粒少而稀,称为“空虚”。一般粗选区和精选区的泡沫比较“结实”,扫选区的泡沫比较“空虚”。当捕收剂、活化剂用量大,而抑制剂用量小时,会发生所谓的泡沫“结板”现象。

(2) 泡沫的大与小常随矿石性质、药剂制度和浮选区域而变化。一般在硫化矿浮选中,直径 8～10 cm 以上的泡沫,可看作大泡;3～5 cm 视为中泡;3 cm 以下的可视为小泡。气泡的大小与气泡的矿化程度有关,因此粗选和精选常见的多为中泡。当气泡矿化过度时,会阻碍矿化气泡的兼并,形成不正常的小泡。而气泡矿化极差时,小泡虽不断兼并变大,但经不起振动,容易破裂。

(3) 泡沫的颜色是由泡沫表面黏附矿物的颜色决定。如浮选黄铜矿时,泡沫呈黄绿色;浮选黄铁矿时,泡沫呈草黄色,浮选方铅矿时,泡沫呈铅灰色。精选时浮游矿物泡沫越清晰,精矿品位越高。而扫选浮游矿物颜色明显,则浮选的目的矿物损失大。

(4) 泡沫的光泽由附着矿物的光泽和水膜决定。硫化矿物常呈金属光泽,金属光泽强泡沫矿化好,金属光泽弱泡沫带矿少。

(5) 泡沫层的厚、薄与入选的原矿品位、起泡剂用量、矿浆浓度和矿石性质有关。一般粗选、扫选作业要求较薄的泡沫层,精矿作业应保持较厚的泡沫层。

(6) 泡沫的脆和黏与药剂用量和浮选粒度等有关。当捕收剂、起泡剂和调整剂的用量配合准确、粒度适当时,泡沫层有气泡闪烁破裂,泡沫显得性脆;反之,泡沫会显得性黏。如在黄铜矿浮选时,如果石灰过量,则泡沫发黏,韧性大,难破裂,在泡沫槽易发生跑槽。

(7) 轮廓受浮选气泡矿化、矿液流动、气泡相互干扰和泡壁上矿粒的重力作用等因素影响。如在铜、铅硫化矿浮选中,气泡多近于圆形。当泡沫在矿浆面上形成时,如果水分充足,气泡的轮廓明显;反之,当上浮的矿物多而杂时,泡沫轮廓模糊。

(8) 音响是指泡沫被刮板刮入泡沫槽时,因附着矿物不同而产生的声音。如在铜矿的浮选时,泡沫落入泡沫槽产生"刷刷"的声音,这表明泡沫中带有较多的黄铁矿等,导致精矿品位低。

上述泡沫在浮选中表现出的性质都是互相联系的综合体现。在正常情况下,浮选各作业点的泡沫矿化程度、颜色、光泽等层次应分明,区别显著;反之,如果层次不分,现象紊乱,操作人员都必须进行查明,并及时调整。

5.7.3 泡沫刮出量的控制

一般在浮选过程中,泡沫的刮出量与矿石性质有着较为密切的关系,并与浮选工艺的技术要求相关。总体而言,从粗选到扫选,泡沫的刮出量应从多到少;精选作业则需要有较厚的泡沫层。不能出现带浆刮泡,有利于提高精矿质量。

5.8 浮选流程

浮选流程,也称浮选工艺流程,是指浮选矿石时,矿浆流经各作业的总称。

对于不同类型的矿石,应该制定不同的流程进行处理。因此,流程可以反映被处理矿石的工艺特性。选矿厂的流程,应该根据矿石性质的变化、新工艺方法的采用等及时进行改进,以提高技术经济指标。浮选流程包括浮选原则流程和浮选流程内部结构两个方面的内容。

5.8.1 浮选原则流程

浮选原则流程涉及各种矿石处理的原则方案,例如浮选流程的段数、浮选循环以及矿物的分选顺序。

(1) 浮选流程的段数

浮选流程的段数是指浮选中磨矿与浮选相结合的次数。一般磨矿一次,浮选一次,称一段磨选流程。通常,矿石中常有几种有用矿物,经一次磨矿,将不同矿物分别选出,要经过几次浮选,仍称为一段磨选流程。若矿物嵌布粒度比较细,则要经过两次以上磨矿方可进行浮选,而两次磨矿之间即便没有浮选,还是称一段磨选流程。选矿中的粒度,实际上由磨矿控制。为了保证有用矿物充分解离,又尽可能防止其过粉碎,可根据有用矿物的浸染特性,采用不同类型的浮选流程段数,即一段磨选流程和阶段磨选流程两类。

① 一段磨选流程。一段磨选流程也称一段磨浮流程。矿石中有用矿物嵌布比较均匀时可采用该流程。如嵌布粒度较粗,则可以只经一次磨矿;如嵌布粒度较细且均匀,则可经两次磨矿,再进行分选。

② 阶段磨选流程。阶段磨选流程又可以分两段磨选流程和多段磨选流程。其选择和应用由矿物嵌布粒度特性和泥化趋势决定。常用的为两段磨选流程。根据矿物的浸染特性,两段磨选流程有三种类型:精矿再磨、尾矿再磨和中矿再磨,如图 5-7 所示。

多段磨选流程在实际生产中采用得较少,仅对一些原矿品位很低、有用矿物可浮性较好而精矿质量要求比较高时采用。例如,钼矿石,可浮性较好,含钼一般仅为 0.1%左右,而对

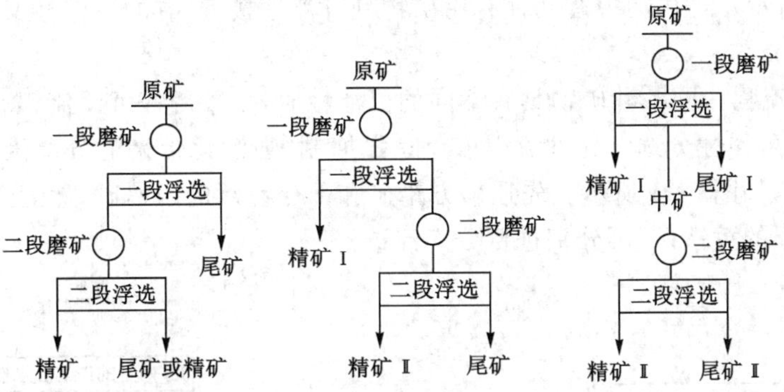

(a) 精矿再磨流程　(b) 尾矿再磨流程　(c) 中矿再磨流程

图 5-7　两段磨选流程类型

钼精矿品位要求较高，常在 50%以上，因此可根据情况选用多段磨选流程。

(2) 浮选循环

浮选循环也称回路。凡经一次浮选得到一种产品，都称一个循环。通常以所选矿物或金属名称命名，如铅循环、锌循环、铜锌循环、硫循环和铜循环。

(3) 矿物的分选顺序

矿物的分选顺序与矿石中矿物的可浮性以及矿物之间的共生关系等因素有关。常见的有优先浮选流程、混合浮选流程、部分混合优先浮选流程和等可浮流程。

① 优先浮选流程。每次只浮选一种矿物，抑制其余矿物，然后活化并浮选第二种矿物，再抑制其余矿物，逐次回收有用矿物的流程称优先浮选流程，如图 5-8 所示。矿石品位较高、有用矿物浸染较粗时，可首先考虑采用此流程。

② 混合浮选流程。将矿石中几种有用矿物一同浮出，得到混合精矿，再对混合精矿进行分离，得到各种合格精矿，被称为混合浮选流程，如图 5-9 所示。

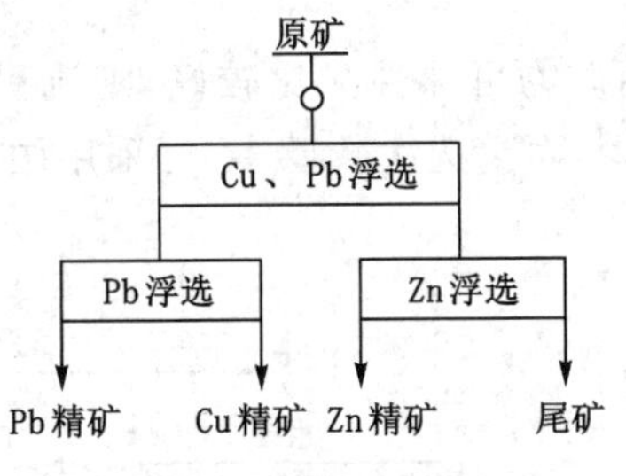

图 5-8　优先浮选流程

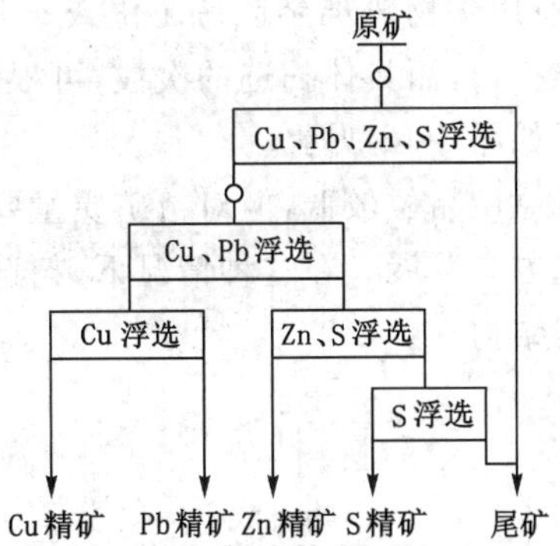

图 5-9　混合浮选流程

当矿物呈集合嵌布，粒度较粗，不同有用矿物的可浮性又比较接近，在粗磨下能够废弃尾矿时，可考虑采用混合浮选，再对混合精矿进行分离。

③ 部分混合优先浮选流程。浮选矿石中的几种有用矿物，抑制其余矿物，然后再活化并浮选被抑制的矿物，对先浮起的混合精矿进行分离得到所需精矿称部分混合优先浮选流

程,如图 5-10 所示。当矿物中有几种有用矿物且可浮性接近,有的可浮性又不同时,可采用此流程。

④ 等可浮流程。同一种矿物具有不同的可浮性时,可采用等可浮流程。分选时不按矿物进行,而按其可浮性分选。这种流程可免除强抑制、强活化带来的分离困难,但分离次数较多,流程复杂,如图 5-11 所示。先选出方铅矿和部分易浮的闪锌矿,然后再选出难浮的闪锌矿和部分易浮的黄铁矿,再分别进行分离浮选。

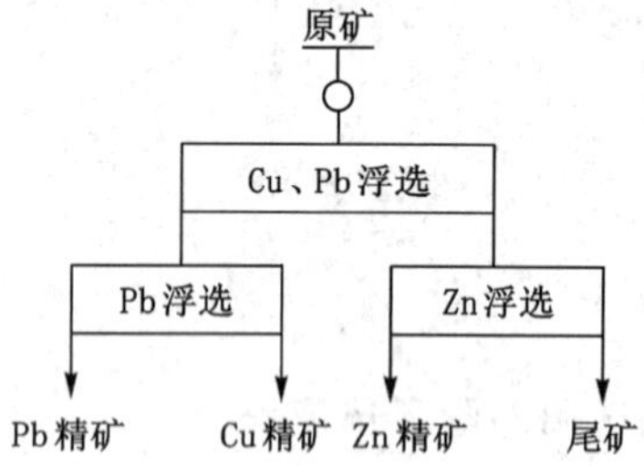

图 5-10　部分混合优先浮选流程

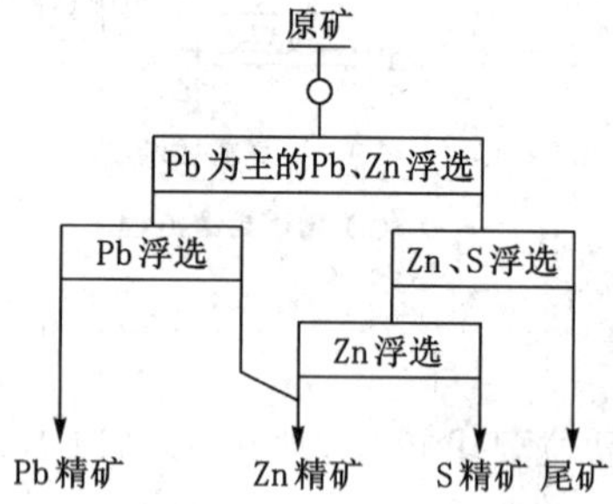

图 5-11　等可浮流程

5.8.2　浮选流程内部结构

浮选流程内部结构是指浮选循环内部粗选、精选、扫选的次数及中矿的处理方式。

(1) 精选、扫选的次数

浮选中有粗选、精选和扫选。粗选一般只有一次。精选和扫选次数变化较多,与矿石的性质、精矿的质量要求、欲选成分的价值等有密切关系。

若原矿品位较高,有用矿物可浮性较差,对精矿质量要求又不高时,可在粗选的基础上直接得出精矿,而不进行精选或精选作业要少。应加强扫选,以保证足够高的回收率。另外,在有用矿物较难浮且易泥化或氧化的情况下,应尽快分出精矿,不宜往精选方向发展。应加强扫选,而具体扫选的次数,可根据矿石性质经过试验加以确定。往扫选方向发展的浮选流程如图 5-12 所示。

若原矿品位较低,但对精矿质量要求很高,且有用矿物可浮性又比较好,则流程结构应向精选方向发展。在这种情况下,扫选次数可以相对少,而精选次数要多,可采用图 5-13 中的流程结构。

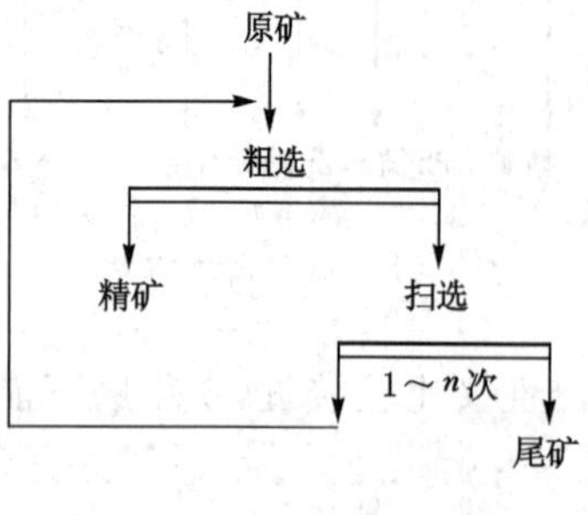

图 5-12　往扫选方向发展的浮选流程

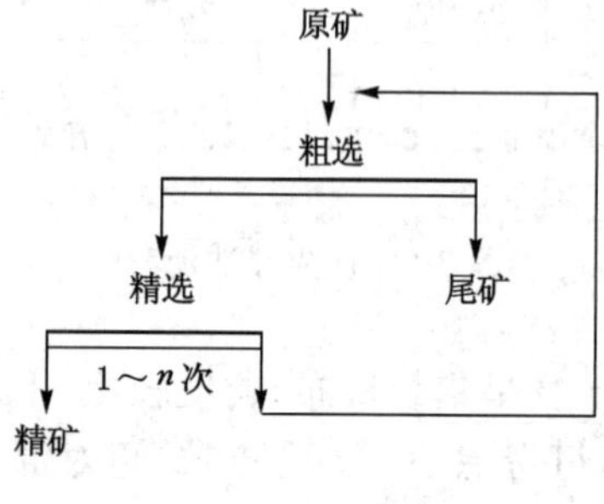

图 5-13　往精选方向发展的浮选流程结构

当原矿品位低且粗选精矿质量又不太高时，需通过精选提高精矿质量。同时，如果矿物可浮性好，很容易进入精矿，可以不经扫选或只经1～2次扫选即可获得合格尾矿，例如钼矿精矿精选次数常达10次以上，石墨矿浮选也有类似特点。

多数情况下的流程结构是既包括精选，又包括扫选作业的流程，如图5-14所示。

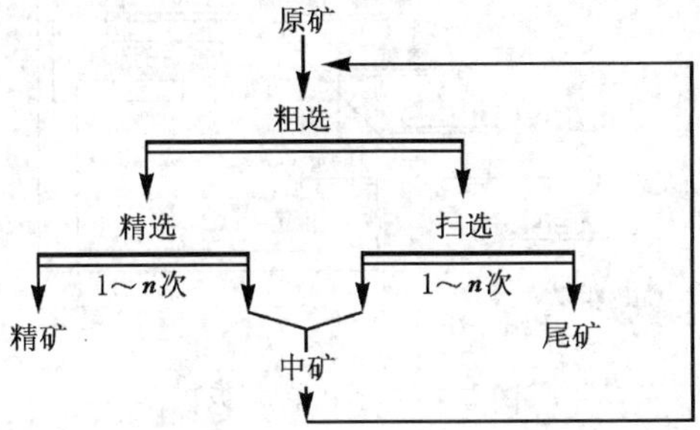

图5-14 常见的包括粗、精选的浮选流程结构

精选、扫选的次数可参考类似矿石选矿厂生产实践及通过试验加以确定。

(2) 中矿处理方式

浮选流程中，除最终精矿、尾矿以外的产品，如精选作业的尾矿和扫选作业的泡沫产品被统称为中矿。中矿均应继续处理，其处理方式与中矿中的连生体含量、有用矿物的可浮性、中矿中的药剂含量、中矿的组成以及对精矿的要求等有关。中矿处理常用以下三种方式。

① 中矿返回。中矿返回又有两种形式，即循序返回与合一返回。中矿循序返回，即后一个作业的中矿返回到前一个作业进行处理。这是实际生产中应用最多的流程，如图5-15所示。该流程适用于矿物已经单体解离，可浮性一般，又比较强调回收率的情况。

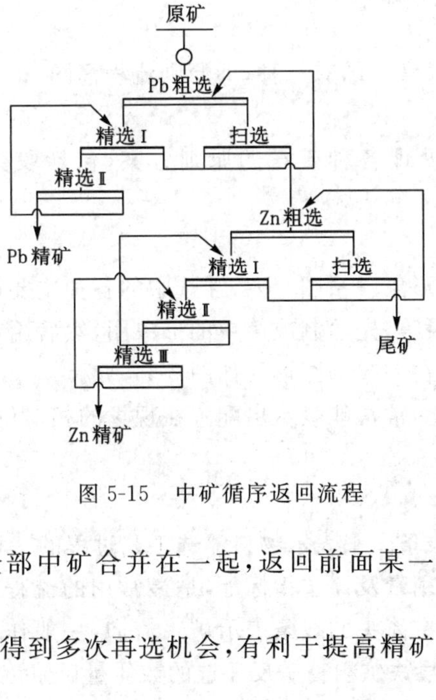

图5-15 中矿循序返回流程

中矿合一返回，即将全部中矿合并在一起，返回前面某一作业，一般是粗选作业，如图5-16所示。

中矿合一返回，使中矿得到多次再选机会，有利于提高精矿质量。所以，当有用矿物可

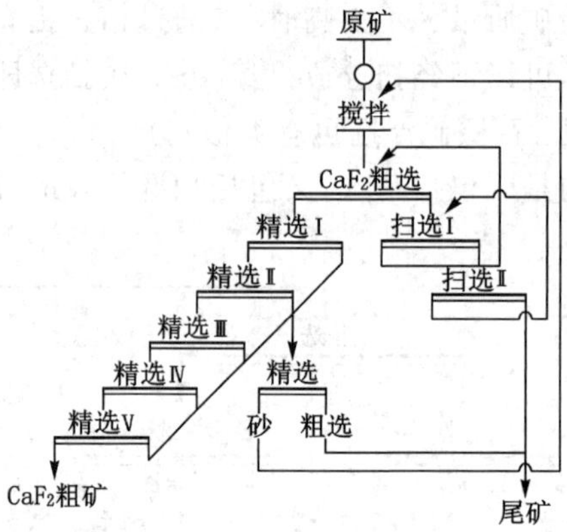

图 5-16　中矿合一返回

浮性较好，精矿质量又比较高时，常采用该流程。因中矿集中，量较大，浓度又低，有时需经浓缩，但可节省药剂用量。实际上，中矿返回形式较多。最重要的是应返回到矿物组成和矿物可浮性等性质与中矿相似的作业。

② 中矿再磨。当中矿含有较多连生体时，为使有用矿物从中矿中解离出来，应该进行再磨。再磨既可以单独进行，也可以返回到第一段磨矿。中矿再磨之前常常应该进行浓缩和分级，而浓缩的溢流可做回水使用。

③ 中矿单独处理。根据中矿的性质采用浮选或其他方式处理。当中矿性质比较特殊，返回前面作业又不太合适时，可考虑中矿单独浮选的方案。如果中矿含泥质多，返回前面作业会影响前面作业的正常进行，而且浮选效果不理想，则可考虑采用火法或化学方法进行处理；或者不处理直接作为低品位精矿销售。

5.8.3　流程的表示方法

浮选流程的表示方法最常用的有三种，即原则流程框图、机械联系图、线流程图。

(1) 原则流程框图

原则流程框图只给出处理各种矿石的原则方案，包括段数、循环、矿物浮选顺序，如图 5-8～图 5-11 所示。

(2) 机械联系图

机械联系图，也叫设备形象联系图，是将浮选中的各种主要设备与辅助设备，如磨机、分级机、搅拌槽、浮选机及砂泵等，先绘制成简单的形象图，然后用带有箭头的线条表示出矿浆走向，将各设备形象图连接在一起的图形。如图 5-17 所示。

这种图的特点是形象化，常常能表示出配置在现场的相对位置关系；缺点是绘制比较麻烦，不便于使用。

(3) 线流程图

线流程图是用简单的线条图来表示物料浮选工艺过程的一种图示法。这种方法比较简单，便于在流程上标注药剂用量及浮选指标等，是最常用的流程表示方式，用上粗下细的两条杠线表示作业，然后用带有箭头的线条表示矿浆流向，一般作业左边画精矿产物，右边画尾矿产物。图 5-18 所示为某铁矿粗精矿反浮选的数质量矿浆流程图。

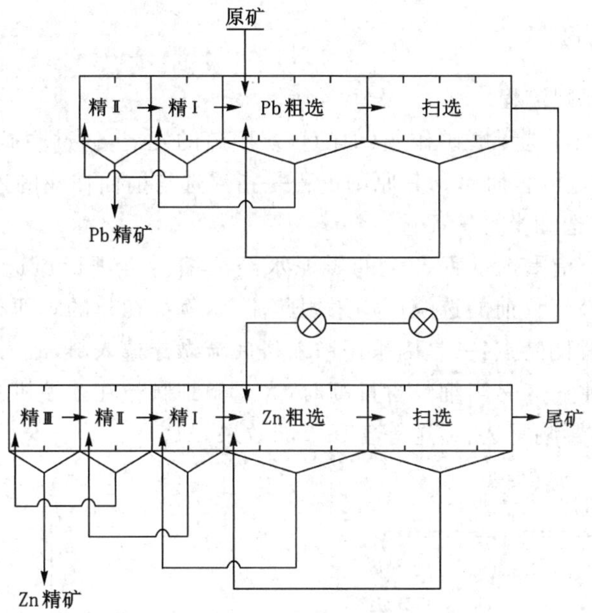

图 5-17　机械联系图

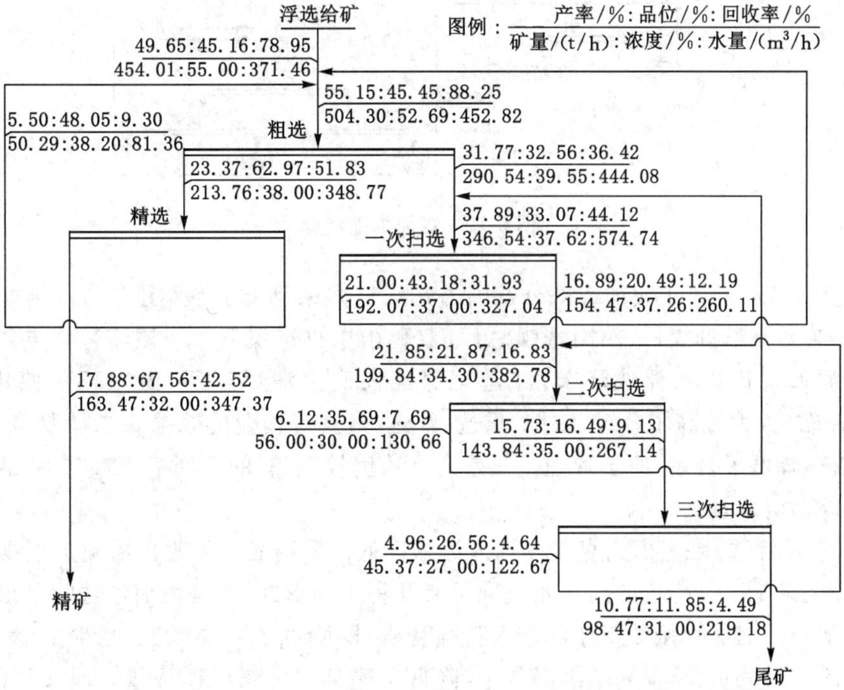

图 5-18　线流程图(数质量矿浆流程图)

线流程图的优点是简单，能标注各产品指标及工艺参数；缺点是不能反映出设备配置关系。

5.8.4 煤泥浮选流程

(1) 煤泥浮选原则流程

现代工业的煤泥浮选无磨矿作业(但随煤炭脱硫的发展,通过磨矿使黄铁矿解离是一个方向),所以煤泥浮选流程简单。其原则流程是指浮选与前面作业的连接形式,按其特点分为浓缩浮选、直接浮选和半直接浮选。

① 浓缩浮选:是指重选过程产生的煤泥水经浓缩后再进行浮选的流程,如图 5-19 所示。我国 20 世纪 70 年代前的选煤厂均采用此流程,例如初建的鸡西杏花选煤厂、鹤岗峻德选煤厂。该浮选流程的特点:一是因采用浓缩机底流做浮选入料,故入料浓度高。浮选过程要添加较多的补充水。二是当细粒含量高时,大量微细颗粒在浓缩机中不易沉降下来,集中在溢流中往复循环,影响重选、浮选等各环节的效果。

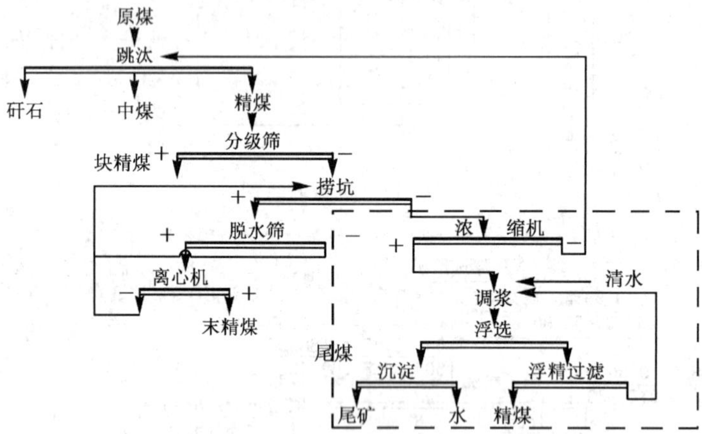

图 5-19 煤泥浓缩浮选

② 直接浮选:近些年我国大部分及国外选煤厂多采用此流程(图 5-20),例如七台河铁东选煤厂、鸡西滴道选煤厂、鹤岗选煤总厂、双鸭山中央选煤厂等。该流程特点:一是重选过程的煤泥水直接进入浮选环节,浮选尾煤经彻底澄清后返回,做循环水使用,浓度在 0.5 g/L 左右,大大提高了分级、浓缩、重选、浮选、过滤等作业的效果。二是取消了浓缩机,简化了工艺,降低了费用,便于管理。三是入浮浓度较低(有的厂低于 40 g/L),故生产中要严格控制添加清水量。

③ 半直接浮选:是考虑到直接浮选入浮浓度低而采用的一种改良措施。根据重选产品的脱水、分级设施——捞坑的溢流水流向可有几种不同形式:一是浓缩浮选时分出小部分捞坑溢流水不经浓缩而直接被用作浮选入料稀释水,既降低了入浮浓度,减少了清水补加量,又减轻了浓缩机的负荷,提高了沉降效果,降低了循环水中煤泥循环量。此又称部分浓缩、部分直接浮选。二是重选设有主选、再选捞坑的大型厂,将主选捞坑溢流(浓度高)做入浮原料,将再选捞坑溢流做循环水(浓度常在 10 g/L 左右)。此又称部分循环、部分直接浮选。三是主选、再选不分设捞坑时,为减轻进入浮选矿浆量,提高入浮浓度,可将少部分捞坑溢流水直接作为循环水,其余去浮选;但这也会导致循环水中煤泥循环量增加。因此,仅在细泥含量少时采用。此也属部分循环、部分直接浮选。

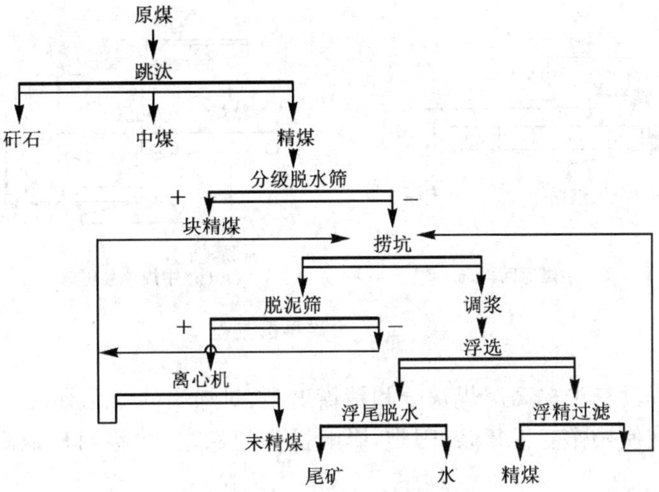

图 5-20 煤泥直接浮选

(2) 煤泥浮选流程内部结构

应根据煤泥性质、对精煤质量要求以及规模等因素选择合适的流程内部结构。常用的煤泥浮选流程内部结构有以下几种。

① 一次浮选(粗选):煤泥浮选中最简单的流程。流程中,浮选机组从第一室一次入料,而各室泡沫产品都做最终精煤。末一室流出的是最终尾煤,且一次选出两种最终产品。如图 5-21 所示。

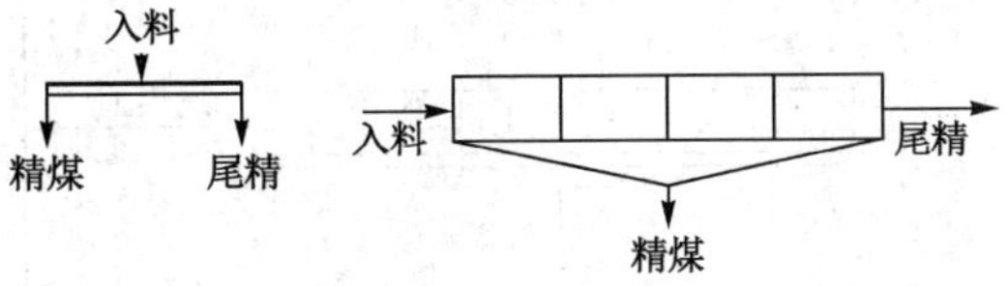

图 5-21 煤泥一次浮选(粗选)流程

一次浮选流程适用于易选或中等易浮煤泥,或精煤质量要求不高、原矿灰分不高、煤泥可浮性较好、一次即可选出符合质量要求的最终产品的煤泥浮选。

该流程具有操作管理简便,单产较高,流程简单,水、电消耗量小,便于操作管理,处理量大的优点;但在稳定最终产品质量指标方面调节余地较少,以致在煤质变化时产品质量波动较大。

② 中煤再选:中煤可返回再选或单独再选,可保证精、尾煤质量。流程中,浮选机组从第一室入料。在 6 室浮选机中,前 4 室(或 3 室)的产品作为最终精煤,而后 2 室(或 3 室)的泡沫产品即中煤,到第二室进行再选。末一室排出的为最终尾煤,也是一次选出两种最终产品(中煤也可作为最终产品),如图 5-22 所示。

返回再选可将粗选的后 1～2 室泡沫返回前几室浮选,以提高精煤回收率或降低其灰分;单独再选对降灰并提高精煤产率有利,但增加了设备,加大了管理难度。

中煤再选流程适用于较难浮煤泥,细粒含量较多、灰分较高的煤泥以及所含中间物解离较好、经再选后可能实现有效分选的情况。

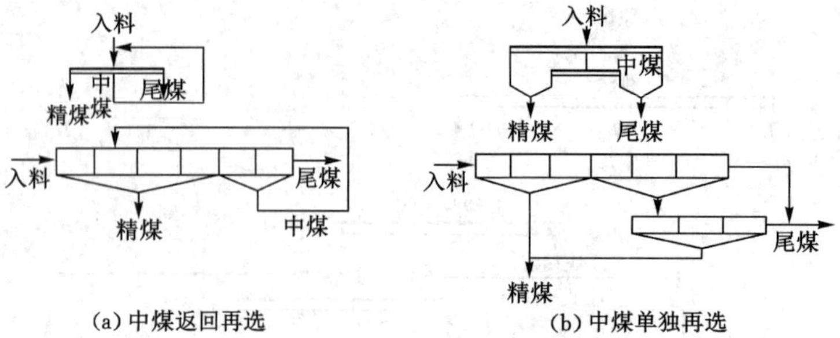

图 5-22　中煤再选流程

中煤再选流程具有可提高尾煤灰分和精煤出率、对煤质的变化有较大的适应性的优点；但循环物料的存在使操作变得复杂、困难，影响操作的稳定，并将明显地降低浮选机的生产能力。

③ 进行粗选和精选的浮选流程：进行粗选和精选（再次分选一次浮选泡沫产品的作业）的浮选流程一般在两组浮选机中进行，在第一组浮选机一室入料，而各室泡沫产品作为粗选精煤，末室排出的是合乎质量要求的高灰分尾煤Ⅰ。选出的粗选泡沫产品经稀释（在搅拌桶中）并添加药剂后进入第二组浮选机进行精选，从而获得低灰分精煤和尾煤Ⅱ。尾煤Ⅱ可根据灰分情况，作为最终尾煤或作为燃料中煤，如图 5-23 所示。

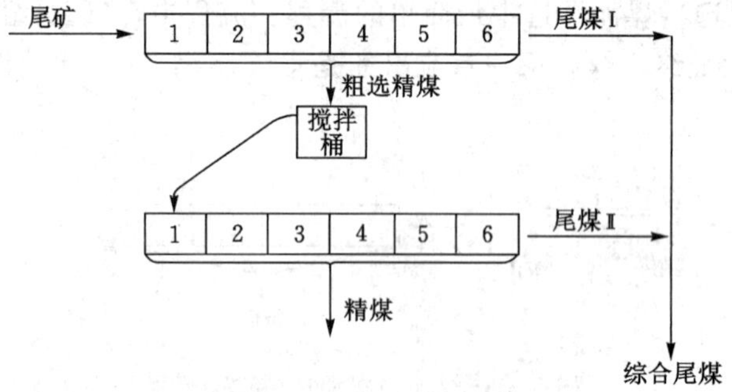

图 5-23　进行粗选和精选的流程

进行粗选和精选的流程只适用于极难选而产品指标又很高的煤泥浮选。它既可出两种产品，又可出三种产品，在保证产品质量方面有很大的灵活性；但使浮选机单产大大降低，药耗、水耗和电耗增加，并给操作管理带来困难。

④ 精煤再选：可采用大型浮选机解决，如图 5-24 所示。

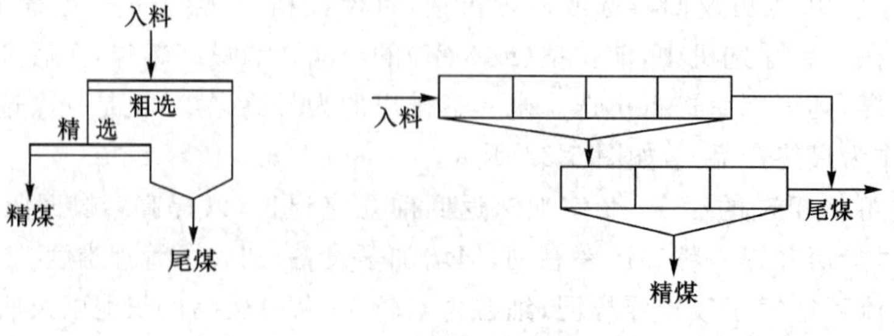

图 5-24　精煤再选流程

精煤再选流程适用于高灰细泥含量大的难浮煤或对精煤质量要求高的情况。该流程增设了浮选机,流程、操作、管理较复杂,水耗、电耗也较高。

⑤ 三产品流程:同时出精、中、尾三个产品,比二产品更容易保证精、尾煤质量,如图 5-25 所示。

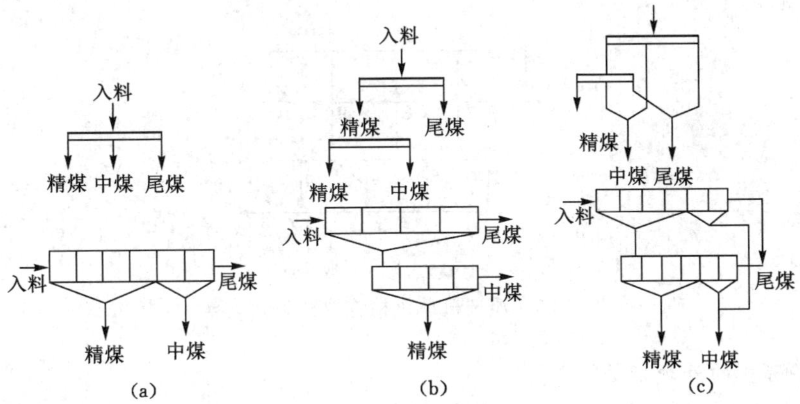

图 5-25 三产品流程

三产品流程分简单和复杂两种形式,适用于浮选入料中煤含量较大,精、尾煤指标又要求较高,二产品难以达到要求的情形,但要增加一套中煤过滤设备。粗选、精选所需室数根据所需的浮选时间确定。粗选时间应比精选长。因此,粗选时可采用较高浓度,而精选时采用较低浓度。一般经一次精选,灰分可降低 1～2 个百分点,但处理量要降低。具体流程应根据实验室和工业性试验确定。在选择浮选流程时,同时需要考虑各组浮选机的室数。浮选机的室数主要应由浮选时间决定。减少浮选机组的室数是浮选发展的趋势。

一是由根据一些选煤厂的浮选分槽试验结果绘制的浮选速度曲线可以看到,对于煤泥一次浮选的 6 室浮选机来说,前 4 室的泡沫出率已完成其理论出率的 90%以上。

二是从加强操作、改变药剂制度入手,对于易选煤的浮选,4 室一组浮选机是可行的,既有利于简化流程,又能大幅度地提高浮选机的处理能力。

三是随着机械化采煤的普及,煤泥的细粒将增多,可浮性变坏。这些都是促使原矿浓度下降的客观因素。细粒增多和原矿浓度下降,都有利于提高浮选速度。在这种情况下,减少浮选机组的室数就更必要了。

5.9 煤泥浮选工艺效果检查和评定

5.9.1 浮选机的单机检查和分析

浮选机应定期进行检查和分析,以确定浮选机工作效果,及时发现问题并进行调整。有经验的操作者通过对精矿泡沫的观察和触摸能大致判断精煤的质量,通过对尾矿的观察和触摸能大致判断尾矿中的粗粒级损失和灰分多少。但作为准确的科学资料,应进行浮选机的单机检查,内容包括:处理量、药剂耗量、总的及各室的精煤、尾煤的数量和质量。

5.9.1.1 浮选机单机检查取样和计量点

为了得到浮选机单机检查所需要的资料，可按图 5-26 进行取样和计量。取样应在生产正常时进行，同时应测定入料的浓度。对所取样品进行灰分测定，有条件时应做小筛分试验。煤泥的分选过程是逐室进行的，总效果是各分室效果的综合，因此，分析浮选过程还要检查各室浮选效果。

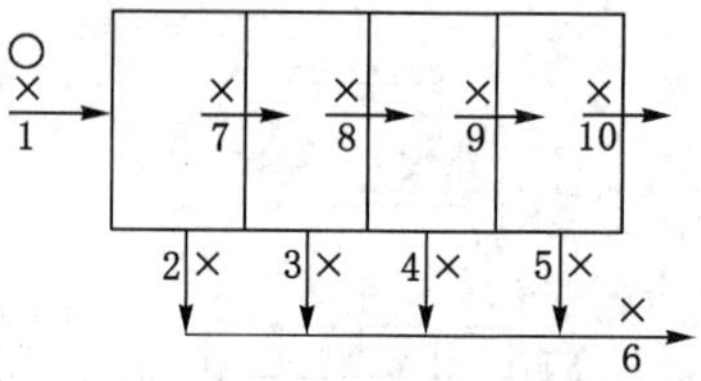

○——计量点；×——取样点。

图 5-26 浮选机单机检查取样和计量点

5.9.1.2 浮选机的处理能力

浮选机的处理能力包括矿浆处理量和干煤处理量。通过浮选入料的计量可直接求得浮选机的矿浆处理量，并可计算单位容积矿浆处理量。根据浮选机的矿浆处理量和浮选入料浓度可算出浮选机的干煤处理量和单位容积矿浆干煤处理量。

假定计量结果矿浆处理量为 G(m^3/h)，浮选机单槽容积为 V(m^3)，n 室一组，浮选入料浓度为 q(g/L)。则：

$$单位容积矿浆处理量=\frac{G}{nVK} \quad [m^3/(h \cdot m^3)] \tag{5-7}$$

$$干煤处理量=Gq\times 10^{-3} \quad (t/h) \tag{5-8}$$

$$单位容积干煤处理量=\frac{Gq}{nVK}\times 10^{-3} \quad [t/(h \cdot m^3)] \tag{5-9}$$

式中，K 为容积利用系数，煤泥浮选取 K=0.65～0.75。

5.9.1.3 计算各室精煤产率

根据各浮选室取样的灰分化验结果，用灰分平衡公式来计算各浮选室的精煤产率：

$$\gamma_j=\frac{A_y-A_w}{A_j-A_w}\times 100\% \tag{5-10}$$

式中 γ_j——精煤产率，%；

A_y——入料灰分，%；

A_j——精煤灰分，%；

A_w——尾煤灰分，%。

例如，图 5-26 中各产物灰分分别以 A_1、A_2、A_3…表示，则产物 2 的产率为：

$$\gamma_2=\frac{A_1-A_7}{A_2-A_7}\times 100\% \quad \gamma_7=\gamma_1-\gamma_2$$

计算第二室精煤产率时，γ_7 为入料。注意：用上式计算出来的 γ 是以入料 γ_7 为 100 时所占的百分数，而逐槽取样中要计算的 γ_3 应以总入料 γ_1 为 100 时所占的百分数。因此，计算第二室的精煤产率 γ_3 时，应乘以本室入料 7 占总入料 1 的百分数 γ_7，所以，γ_3 应为：

$$\gamma_3=\frac{A_7-A_8}{A_3-A_8}\times \gamma_7$$

同理,可逐室计算出精煤产率 γ_4、γ_5、…。由此再进一步计算出各室精煤的吨数。

5.9.1.4 测定充气量,计算充气均匀度、用药量,计算油比

充气量和充气均匀度按第4章所述方法进行测定和计算;用药量可用量筒法,捕收剂和起泡剂应分别测定、计算,用秒表计时,换算成单位时间的用药量;根据浮选机的干煤处理量,换算成吨干煤所用捕收剂和起泡剂用量,并计算油比。

5.9.1.5 逐槽试验结果分析

(1) 浮选入料和产品小筛分组成

浮选入料和产品的小筛分应到200网目,有条件时可到320网目,入料中粗、细粒级含量的多少、灰分的高低对浮选有很大的影响。所以,从浮选入料小筛分组成可大致判断浮选过程能达到的效果。结合产品的小筛分可分析浮选的实际效果、各产物中高灰细粒物料的分选效果和对精煤的污染程度、粗粒低灰物料的捕收情况和在尾煤中的损失程度。如果细粒级含量大且灰分高,则可能造成对精煤的污染。如果各产品与尾煤的各粒级灰分相差较大,说明浮选效果好。粗粒灰分低,易损失在尾煤中,如尾煤中粗粒物料量少,则说明粗粒的捕收效果较好。

(2) 各室产品的数量和质量

① 各浮选室的产率:浮选过程中,浮选机各室的浮选速度应该逐渐降低,各室浮出的精煤数量逐渐减少,但开始时必须有足够的速度和数量,否则,可燃体在尾煤中损失增多,使浮选尾煤灰分过低,造成浮选槽不足的假象。应注意分析造成该情况的原因,是煤泥本身可浮性低,还是浮选操作条件控制不当所致。如是后者则可做适当调整。

② 各浮选室产品的质量:各室泡沫产品的质量也应逐渐发生变化。煤泥浮选过程是个不断优化的过程,因此,灰分应逐室递增。如果各浮选室泡沫产品灰分很相近,尾煤灰分又不高,属不正常现象。首先要分析前几室,看操作上是否有问题,如药剂用量、液面高低、充气量是否合适。前几室产品的灰分如果很相近、灰分又低时,应采取措施提高浮选速度。通常,浮选机各室泡沫产品灰分的变化,前面的应较慢,后面的较快。但最末室的泡沫产品灰分不应高于原煤灰分。有时第一室的灰分会略高于第二室,这主要是细粒煤泥含量比较大,造成无选择性的吸附,污染泡沫精煤的结果。

(3) 结合浮选机其他指标分析

通过结合浮选机的其他指标,如处理量(矿浆量和干煤量)、药剂用量(捕收剂和起泡剂以及油比)的分析,可了解浮选机的工作状况、药剂消耗量、有无潜力提高处理能力、药剂添加是否合理等。但以上因素常常互相影响,分析时应全面考虑。

5.9.2 煤泥浮选效果评定

为评价选煤厂浮选生产状况,比较选煤厂之间的浮选效果,可采用标准GB/T 34164—2017,该标准适用于粒度小于0.5 mm的烟煤和无烟煤浮选工艺过程效果的评定。该标准采用了浮选精煤数量效率和浮选完善指标。

(1) 浮选精煤数量效率 η_{jf}

用于评定不同煤之间的浮选工艺效果,其计算式如下:

$$\eta_{jf}=\frac{\gamma_j}{\gamma'_j}\times 100\% \tag{5-11}$$

式中　η_{jf}——浮选精煤数量效率，%；

γ_j——实际浮选精煤产率，%；

γ'_j——精煤灰分相同时，理论浮选精煤产率，%。

理论浮选精煤产率按 GB/T 30046.2—2013 所绘制的精煤产率-灰分曲线确定。

(2) 浮选完善指标 η_{wf}

用于评定同一煤在不同工艺条件下的分选完善程度，其计算式如下：

$$\eta_{wf}=\frac{\gamma_j}{100-A_y}\cdot\frac{A_y-A_j}{A_y}\times 100\% \tag{5-12}$$

式中　η_{wf}、A_y、A_j——分别为浮选完善指标、计算入料和浮选精煤灰分，%。

思　考　题

5-1　影响浮选的主要工艺因素有哪些？

5-2　煤的变质程度对浮选有何影响？

5-3　强化粗粒浮选的措施有哪些？

5-4　强化细粒浮选的措施有哪些？

5-5　矿浆浓度对浮选有哪些影响？

5-6　矿浆液相组成对浮选产生哪些影响？以选煤厂为例说明。

5-7　配制浮选药剂常用的方法有哪些？

5-8　如何制定浮选方案？

5-9　选择药剂应注意哪些问题？

5-10　如何实现药剂的合理添加？

5-11　浮选回水有哪些特点？

5-12　中矿处理主要有哪些方式？

5-13　煤泥浮选的原则流程有几种？

5-14　常用的煤泥浮选流程内部结构有几种？

5-15　煤泥浮选效果如何评定？

第6章　浮选实践

自然界的矿物种类繁多，目前已发现的达3 300多种，根据矿物在浮选过程中所表现的特征，可将可浮性相似的矿物归纳在一起，便于系统地掌握各种矿石的浮选规律。以矿物表面性质为基础，根据矿物的浮选行为和实践，可将矿物分为六类：

(1) 自然金属和重金属硫化矿物。如自然金、自然银、自然铂、自然铜、铜蓝、辉铜矿、斑铜矿、黄铜矿、黄铁矿、闪锌矿、方铅矿、辉锑矿、毒砂等，这类矿物属于中等亲水性矿物，一般接触角在40°～60°之间。这类矿物没氧化时表面难被水润湿，适度氧化后，可利用较短烃链捕收剂(即以黄药、黑药为代表的硫化矿捕收剂)浮选。

(2) 重金属氧化矿物。这类矿物包括有色金属碳酸盐和硫酸盐矿物及其含氧酸的相应盐类矿物，如蓝铜矿、孔雀石、白铅矿、铅矾、彩钼铅矿、异极矿、菱锌矿、石膏等。这类矿物天然可浮性较差，接触角一般在30°左右，容易被水浸润。经硫化后可用黄药类捕收剂浮选，若不硫化直接用脂肪酸及其皂也可浮选。

(3) 非极性非金属矿物。如石墨、硫、煤、滑石、叶蜡石、辉钼矿等，这类矿物属于天然可浮性很好的分子晶体类型矿物，接触角一般在60°以上，表面难被水润湿，自然疏水性强。可用非极性油类捕收剂浮选，甚至有时只用起泡剂。

(4) 碱土金属不溶性盐类矿物。这类矿物包括晶格中含有碱土金属阳离子的矿物，如白云石、方解石、菱镁矿、萤石、重晶石、白钨矿、钼钨钙矿、磷灰石、磷钙土、白垩等。这类矿物属于亲水性较强的矿物，接触角多数在30°以下，其晶格键的离子性很强，不用活化晶格上的阳离子就能与捕收剂阴离子发生作用，常用脂肪酸及其皂类捕收剂浮选。

(5) 金属氧化矿及硅酸盐、铝硅酸盐类矿物。这类矿物很多，主要有石英、刚玉、水铝矿、锆石、金红石、钽华、赤铁矿、磁铁矿、锡石、钛铁矿、铌铁矿、锰矿、蓝晶石、红柱石、长石、锂辉石、各种云母、高岭土、石棉、铬铁矿、黑钨矿、硅孔雀石、绿柱石等。其中一部分有工业价值，大部分在浮选时作为脉石丢弃。这类矿物亲水性强，接触角较小，其可浮性与矿物表面有无受外来阳离子的作用有关，故其可浮性与矿物的生成条件及矿浆的预处理有密切关系，大多数可用脂肪酸类捕收剂或阳离子捕收剂浮选。

(6) 碱金属和碱土金属的可溶性盐类矿物。这类矿物有些在其饱和溶液中可用脂肪酸或阳离子胺类捕收剂浮选，如钠盐、钾盐、镁钒、硼酸盐等。

6.1　重金属硫化矿浮选

硫化矿是有色金属矿物中分布最广、类型最多、伴生组分复杂、结构多样化的一大类矿物，其中以铜、铅、锌、钼等的硫化矿物最为重要。

硫化矿约占地壳总重量的0.15%，形成了许多具有工业应用价值的矿床，如世界上钴储量约为 245 万 t，几乎都以硫化物矿石产出；再如分布较广的铜矿石资源中，斑岩型铜矿、砂页岩型铜矿、黄铁矿型铜矿以及硫化铜镍型铜矿等四类硫化物铜矿约占全部铜矿储量的95%。另外还有许多与之伴生元素具有工业应用价值，如金、银、钴、铋、镍、镉、砷、硒、镓、碲、锗、铊、铼等，通过富集于硫化矿精矿中，在冶炼时回收。

硫化矿物一般具有较好的可浮性，目前工业上浮选回收硫化矿物主要有黄铜矿、辉铜矿、斑铜矿、铜蓝、方铅矿、闪锌矿、辉钼矿、镍黄铁矿、黄铁矿、磁黄铁矿、毒砂及钴、铋等硫化物。

6.1.1 硫化铜矿石的浮选

6.1.1.1 *硫化铜矿石的分类*

自然界含铜矿石繁多，具有工业价值的有十几种。浮选处理的主要铜矿石为黄铜矿、辉铜矿、铜蓝、斑铜矿等。我国处理的铜矿石大多数是黄铜矿矿石。所有硫化铜矿石中或多或少地含有硫化铁（黄铁矿），所以硫化铜的浮选任务是与硫化铁和脉石矿物分离，得到铜精矿。若硫化铁含量较大，应将其同时回收。铜矿石中有时还含有金、银、钴、镍等，可考虑这些共生矿的综合回收。

对于铜矿石，有两类矿床被公认是主要的：① 斑岩矿床，被定义为热液成因，在酸性浸入岩中生成，铜品位低（含 Cu 0.4%～0.8%），但矿量很大，可达数千万至数亿吨，目前世界上 60%左右的铜来自斑岩铜矿石；斑岩铜矿床主要含黄铜矿（$CuFeS_2$）和黄铁矿（FeS_2），至少有微量的辉钼矿（MoS_2）；有时含辉铜矿（Cu_2S）和斑铜矿（CU_5FeS_4），并有少量的银和金产出。② 脉状沉积矿床。脉状沉积矿床的工业类型有层状铜矿、细脉浸染型铜矿、矽卡岩型铜矿、黄铁矿型铜矿。

铜矿的伴生矿物主要为黄铁矿（FeS_2）、磁黄铁矿（$Fe_{1-x}S$）、镍黄铁矿[(Fe，Ni)S]、辉钼矿（MoS_2）、硫铜钴矿（Co_3S_4+CuS）、方铅矿（PbS）以及铁闪锌矿[(Zn，Fe)S]。

铜矿石浮选的难易和矿石中硫化铁的含量有密切关系。按硫化铁含量的多少，硫化铜矿石分为两类：一类是致密块状铜矿石，另一类是浸染状铜矿石。前者的特点是矿石中黄铁矿含量高，有时可达 80%～85%，脉石含量很少，硫化铜和硫化铁矿物致密共生。这类矿石在选出硫化铜矿物后剩下的尾矿通常即为硫化铁精矿。如果脉石含量较高，则需对黄铁矿进行分选，得到黄铁矿精矿。后者的矿体中以脉石矿物为主体，硫化铜和硫化铁含量均较低，并呈浸染状分布在脉石中。我国多数铜矿选矿厂处理的是浸染状铜矿石。

6.1.1.2 *硫化铜矿石的可浮性*

铜的硫化矿分为三种性质显著不同的类型，分别是单一铜硫化矿、铁-铜硫化矿、复合硫化物铜矿。

单一铜硫化矿其矿石比较简单，可以回收的有价成分只有铜。常见的铜矿物是辉铜矿（Cu_2S，含铜 79. 83%）和铜蓝（CuS，含铜 66.49%）。辉铜矿和铜蓝的天然可浮性最好，最易浮选，使用低级黄药、黑药即可有效捕收。但这两种矿物都是次生铜矿，性质较脆，硬度低，磨矿时易泥化，溶解性也相对较大，回收率较低，因矿浆中的 Cu^{2+} 离子浓度较高，造成抑制困难，且容易活化其他矿物，致使浮选选择性差。大剂量的硫化钠（Na_2S）、氰的配合物（$K_4[Fe(CN)_6]$、$K_3[Fe(CN)_6]$）及硫代硫酸盐（Na_2OS_3、$Na_2S_2O_3$）可抑制它的浮选。

铁-铜硫化矿最常见的铜矿物是黄铜矿（$CuFeS_2$，含铜 66.49%）和斑铜矿（Cu_5FeS_4，含铜 63.3%）。黄铜矿是分布最广的原生矿物，可浮性也好，典型的捕收剂是黄药类，通过化学吸附，与铜离子作用生成黄原酸铜；或物理吸附，以双黄药形式吸附于 Fe^{3+} 离子表面。碱性介质中使用氰化物（NaCN、KCN）可抑制它的浮选，在酸性介质中使用 H_2O_2、NaClO 通过过氧化作用可降低其可浮性。斑铜矿的可浮性介于辉铜矿与黄铜矿之间，在碱性介质中使用氰化物、大剂量石灰及硫化钠、硫化铵可抑制其可浮性。

复合硫化物铜矿主要有斜方硫砷铜矿（Cu_3AsS_4，含铜 48.3%）、黝铜矿（$4Cu_2S \cdot Sb_2S_3$，含铜 23%～45%）、黝锡矿（Cu_2FeSnS_4）及砷黝铜矿（$4Cu_2S \cdot AS_2S_3$）。这类铜矿相对可浮性较差，较难选，需添加高级黄药或双黄药来提高回收率。

硫化铜矿石的可浮性有如下规律：

(1) 不含铁的矿物，如辉铜矿、铜蓝等，其可浮性相似，用氰化物、石灰对它们进行抑制时效果较弱。

(2) 含铁的矿物，如黄铜矿、斑铜矿等，在碱性介质中易受氰化物和石灰抑制。

(3) 用黄药捕收时，含铜量越高，可浮性越好。其捕收能力顺序为：辉铜矿＞铜蓝＞斑铜矿＞黄铜矿。由于主要是黄药阴离子和阳离子与 Cu^{2+} 因化学吸附而起捕收作用，表面含 Cu^{2+} 越多的矿物，与黄药作用越强。

(4) 氧化矿物和铜盐含量越高，分选越困难，这一方面降低了铜矿物的回收率；另一方面造成与硫化铁难以分离。

(5) 嵌布粒度越粗，矿泥含量越少，越容易浮选，并可得到较高的浮选指标。硫化铜矿物和硫化铁矿物呈致密共生，进行细磨时矿泥含量增加，会造成分离困难，浮选指标恶化。

(6) 次生铜矿物本身可浮性好，但矿浆中 Cu^{2+} 多时易活化其他矿物。次生铜矿物的泥化程度较高，容易氧化，造成细粒级的损失，并增加浮选的困难程度。

(7) 当矿石中含有滑石、高岭土、绢云母等脉石时，或可浮性较好，或易于泥化，容易污染精矿，难以得到高质量的精矿。

6.1.1.3 铜矿石的浮选实践

铜矿石的浮选常用两种方案，即优先浮选和混合浮选。

(1) 优先浮选

根据天然可浮性顺序，先浮铜，再浮硫。捕收剂可用黄药或与黑药混用。对于致密块状含铜黄铁矿，浮铜时为了抑制大量的黄铁矿，要在 pH＝11～12 的强碱性介质中进行，矿浆中的游离 CaO 控制在 700～1 000 g/L。对黄铁矿含量较低的浸染状矿石，pH＝8～9 时可进行铜矿石浮选。

(2) 混合浮选

在 pH＝7～8 的中性介质中选出铜硫混合精矿，矿浆中的游离 CaO 控制在 100～150 g/L。然后再对铜硫混合精矿进行分离。

单一浸染状铜矿石的浮选流程比较简单，如图 6-1 所示。经一段磨矿，细度－200 网目占 50%～70%，1 次粗选，2～3 次精选，1～2 次扫选，铜矿物浸染粒度比较细，可考虑采用阶段磨选流程。处理斑铜矿的选矿厂，大多采用粗精矿再磨-精选的阶段磨选流程，其实质是混合-优先浮选流程。先经一段粗磨、粗选、扫选，再将粗精矿再磨再精选得到高品位铜精矿和硫精矿。粗磨细度－200 网目占 45%～50%，再磨细度－200 网目占 90%～95%。

单一铜矿石少见，多数情况下硫化铜矿的浮选都涉及多金属硫化矿中的分离浮选，详见铜铅锌硫分离小节。

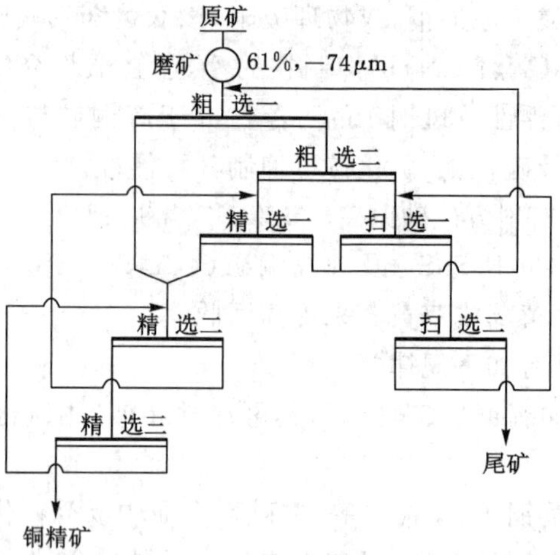

图 6-1　某铜矿浮选流程

6.1.2　硫化铅锌矿物的浮选

6.1.2.1　*方铅矿的可浮性*

铅矿物主要有方铅矿（PbS，含铅 86.6%）、白铅矿（$PbCO_3$，含铅 83.5%）和铅矾（$PbSO_4$，含铅 78.6%），较不常见的有 Pb-Sb、Pb-As 和 Pb-Bi 的复合硫化物，以及铬铅矿（$PbCrO_4$）和钼铅矿（Pb-MoO_4）。在接触交代矿床中，常与磁铁矿、黄铁矿、磁黄铁矿、黄铜矿、闪锌矿等共生。在中、低温热液矿床中，与闪锌矿、黄铜矿、黄铁矿、石英、方解石、重晶石等共生。风化后（氧化带中）易转变为铅矾、白铅矿等矿物。

代表性铅的硫化矿为方铅矿，含 Pb 86.6%，立方晶体结晶，一般晶体比较完整，通常呈粒状或块状集合体，具有铅灰色金属光泽，条痕灰黑色。方铅矿被风化后就变成白铅矿和铅矾。方铅矿中常含有 Ag、Cu、Fe、Sb、Bi、As、Mo 等伴生元素，是炼铅的主要矿物原料和银的主要来源。方铅矿单一矿床少见，常与闪锌矿共生。

方铅矿天然可浮性较好，常用的捕收剂是黄药和黑药。pH 值在 7～8 之间捕收效果最佳，一般用碳酸钠（Na_2CO_3）调整 pH 值。pH 值$<$9.5 时使用低级黄药；pH 值在 9.5～10.5 之间用高级黄药捕收；pH 值$>$10.5 后方铅矿受一定的抑制。捕收机理为化学吸附，产物为黄原酸铅。白药和乙硫氮对方铅矿也有选择捕收作用。

重铬酸盐或铬酸盐（$K_2CrO_4+KCrO_2$）是方铅矿特效抑制剂，它们在方铅矿表面形成难溶的铬酸铅多分子层，使表面亲水受抑制；硫化钠（Na_2S）、石灰（CaO）及水玻璃（$Na_2O\cdot nSiO_2$）也有较强的抑制作用，氰化物无抑制作用（含铁时除外）。被重铬酸盐抑制的方铅矿可在盐酸（HCl）或酸性介质中用氯化钠（NaCl）进行活化。

6.1.2.2　*闪锌矿的可浮性*

锌矿物主要包括闪锌矿 ZnS（含锌 67.1%）及其另一种结晶形式——纤维锌矿、硅锌矿（Zn_2SiO_4，含锌 58.0%）、菱锌矿（$ZnCO_3$、含锌 52.1%）、异极矿［$Zn_4SiO_2O_7(OH)_2$ 或 $H_2Zn_2SiO_5$，含锌 54.2%］、红锌矿（ZnO）以及锌铁尖晶石［$(Fe,Mn,Zn)O\cdot(Pe,Mn)_2O_3$］。

代表性锌的硫化矿为闪锌矿，含锌量 67.10%。闪锌矿主要产于接触矽卡岩型矿床和中低温热液成因矿床中，是分布最广的锌矿物。

闪锌矿中通常含 Fe 元素，其铁含量最高可达 30%，含铁量大于 10%的称为铁闪锌矿(Zn,Fe)S。此外，还常含有 Mn 和 Cd、In、Ti、Ga、Ge 等稀有元素。纯闪锌矿近于无色，含杂质不同，闪锌矿有许多变种，外观颜色差别也很大，铁增多时，由浅变深，从淡黄、棕褐直到黑色(铁闪锌矿)。铁(Fe)及镉(Cd)呈类质同象混入，会造成闪锌矿可浮性下降，其中 Cd 需回收，目前 Cd 均来自从闪锌矿中的回收。

闪锌矿天然可浮性较铜、铅的硫化矿要弱，黄药是闪锌矿浮选的捕收剂，用短链黄药直接浮选闪锌矿，多数情况下不浮或只有较低回收率，而含有 5～6 个碳的高级黄药在 pH 值不高时才可获得较高回收率。经 Cu^{2+} 活化后的闪锌矿用黄药浮选效果较好，黄药在闪锌矿上吸附产物是黄原酸锌吸附层，此外，黑药也是闪锌矿的捕收剂。

许多金属离子如 Cu^{2+}、Hg^{+}、Ag^{+}、Pb^{2+}、Cd^{2+} 等均对闪锌矿有活化作用，但最常见的是硫酸铜，Cu^{2+} 活化闪锌矿的反应随矿浆 pH 值而变，酸性介质(pH=6)活化最好，碱性虽发生浮选，但指标不如酸性；中性介质甚至出现比不加 Cu^{2+} 浮选更差的现象。这是由于 Cu^{2+} 生成了 $CuOH^{+}$、$Cu(OH)_2$ 或 $Cu_2(OH)_2^{2+}$ 之类的亲水化合物，或黄药与液相中的铜离子反应生成黄原酸盐，消耗了黄药，导致闪锌矿受抑。

因为含有铜杂质，闪锌矿往往自发活化，或在磨矿过程中吸附矿浆中的 Cu^{2+} 而被活化，这是造成闪锌矿与其他矿物分离困难的原因之一。

硫酸锌($ZnSO_4$)是闪锌矿主要且效果较好的抑制剂，对于浮选活度大或经过活化的闪锌矿，用氰化物(NaCN、KCN)与硫酸锌混合作抑制剂。硫化钠、亚硫酸盐(Na_2SO_3)、硫代硫酸盐($Na_2S_2O_3$)及二氧化硫气体(SO_2)等也是闪锌矿的抑制剂。Fe、Cd 等类质同象混入会使其抑制更容易。被抑制的闪锌矿常用硫酸铜活化。

6.1.2.3 铅锌矿浮选实践

硫化矿常呈现多金属共生的状态，铅锌矿的单一金属矿石极为少见，以铅锌矿(或铅锌萤石矿)或铜铅锌矿以及铜铅锌硫矿多见，所以铅锌浮选问题多数情况下就是多金属硫化矿的分离。

某含银方铅矿浮选流程如图 6-2 所示，铅锌多金属浮选流程如图 6-3 所示。

图 6-2 所示工艺采用部分混合浮选流程。首先将可浮性较好的含铅、银矿物及小部分可浮性好的毒砂浮起，然后加入活化剂将辉锑矿等锑矿物活化后与较难浮的那部分毒砂一起浮起。银铅粗精矿及锑、砷粗精矿分别进行银铅(砷及锑)砷分离，经过精选后得到银铅混合精矿、锑精矿、砷精矿三种产品。

图 6-3 所示工艺采用优先浮选流程，经一段磨矿使有用矿物单体解离后，采用硫酸锌等抑制剂抑制闪锌矿，优先浮出可浮性较好的方铅矿，铅循环尾矿经扫选，用硫酸铜活化闪锌矿，利用高级黄药捕收闪锌矿。

6.1.3 铁硫化矿物的可浮性

硫化铁矿物主要包括黄铁矿、雌黄铁矿及白铁矿，它们广泛分布在硫化铜矿及其他许多有色金属矿床中，也出现在煤矿中。适度氧化时，硫化铁矿物的可浮性较好，易于浮选，但随着氧化程度的加深，其可浮性会迅速下降。硫化铁矿物的可浮性顺序为：白铁矿＞黄铁矿＞雌黄铁矿。

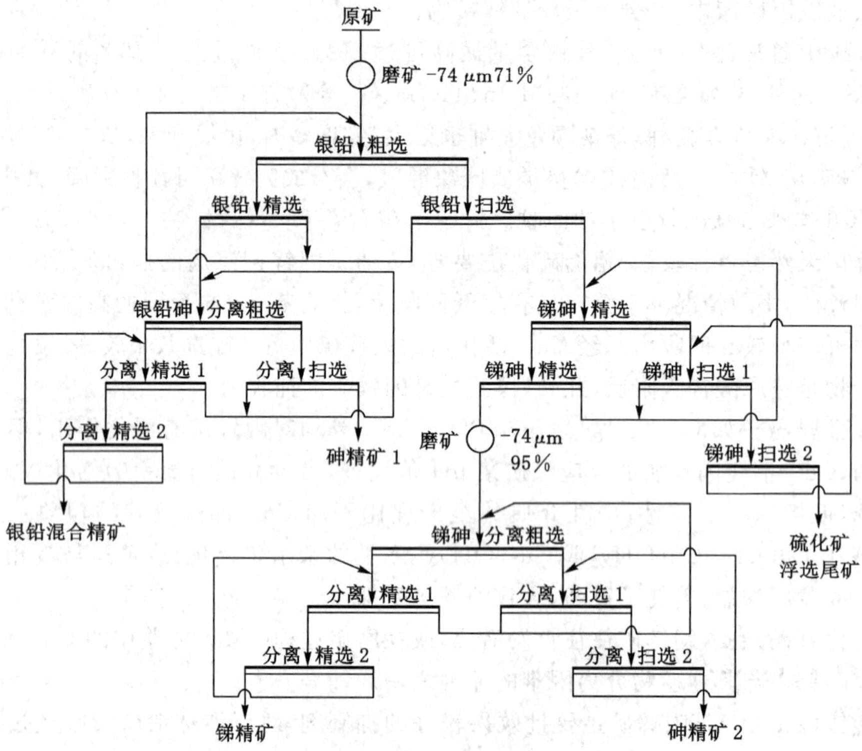

图 6-2　某含银方铅矿浮选流程

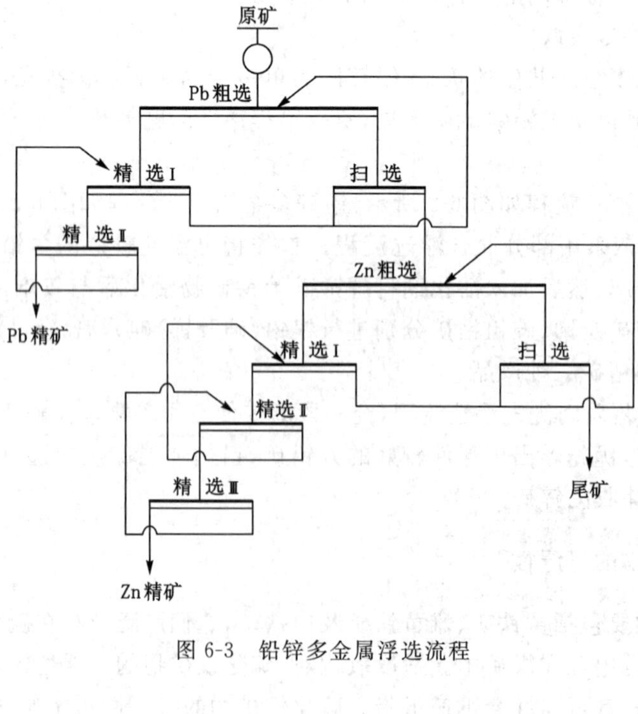

图 6-3　铅锌多金属浮选流程

6.1.3.1　*黄铁矿*

黄铁矿(FeS_2)，含铁 46.6%、硫 53.4%，因在硫化矿中分布很广，所以经常遇到黄铁矿与其他硫化矿的分离问题。

黄铁矿结晶中，两个硫离子成对地组成阴离子团$(S_2)^{2-}$。黄铁矿破碎时，常呈现完整的结晶，其新鲜解离面亲油疏水。在含氧的水中，S_2^{2-}氧化成SO_3^{2-}。在碱性介质中，Fe^{2+}会很快氧化成Fe^{3+}，而一部分SO_3^{2-}会氧化成SO_4^{2-}，但溶液中也有$S_2O_3^{2-}$存在。黄铁矿表面轻微氧化，其可浮性提高；而过度氧化，则可浮性下降。

黄铁矿的表面状态与矿浆 pH 值有关，在强酸性(如 pH=2)介质中，它的表面可能产生$FeS_2 = FeS + S^0$的反应，元素硫可提高其表面疏水性。在石灰造成的强碱性介质中，黄铁矿表面罩盖有 FeO(OH)，可浮性受到抑制。

黄铁矿有一定的天然疏水性，但不充分，其表面适当氧化后，在弱酸性介质中，用黄药捕收。用黑药作捕收剂时，对于清洗过的黄铁矿，在 pH 值小于 3.5 时，才能在其表面形成疏水的罩盖。捕收机理为电化学吸附，黄药首先被氧化成双黄药，黄药中的孤对电子和Fe^{2+}离子的空轨道结合，使黄药吸附在矿物表面。

黄铁矿易于抑制，抑制剂常用石灰、氰化物。黄铜矿、闪锌矿与黄铁矿的分离，主要是用石灰作黄铁矿抑制剂。

石灰抑制后一般用硫酸活化，也可用碳酸钠或二氧化碳活化，生成硫酸钙及硫酸氢钙，解析Ca^{2+}离子在矿物表面的吸附，恢复其新鲜表面；石灰抑制较强烈时，需酸洗后或酸性介质中用硫酸铜活化；氰化物抑制后用硫酸铜活化。

6.1.3.2　*磁黄铁矿*

磁黄铁矿($Fe_{1-x}S$，$x=0.1 \sim 0.2$)的硫含量为 39%～40%，混入物以 Ni 和 Co 为最常见，磁黄铁矿如果在地表容易风化而变成褐铁矿。

磁黄铁矿硬度较小，容易氧化和泥化，是比较难浮的硫化铁矿物。其可浮性弱于黄铁矿。在碱性和弱酸性矿浆中浮磁黄铁矿，要先用Cu^{2+}离子活化，或用少量硫化钠活化，再用高级黄药捕收。磁黄铁矿的活化剂还有硫酸铜加硫化钠、氟硅酸钠和草酸等。

磁黄铁矿的抑制剂同黄铁矿，常用石灰、氰化物和碳酸钠等抑制。在特殊情况下，可用高锰酸钾，如毒砂或镍黄铁矿与磁黄铁矿分离时，可用高锰酸钾抑制磁黄铁矿，而用硫酸铜或硫化钠活化毒砂、镍黄铁矿。另外，矿石中有磁黄铁矿的硫化矿浮选时，容易引起氧化，易造成矿浆缺氧，影响其他矿物浮选，所以加强矿浆充气显得十分重要。另外磁黄铁矿较软，磨矿时易于泥化，且会生成大量$Fe(OH)_2$与可溶于水中的连二硫酸盐(FeS_2O_4)，它们对铜矿物有抑制作用，影响铜矿物的回收率。

6.1.3.3　*白铁矿*

白铁矿(FeS_2)的化学组成与黄铁矿相同，但结晶构造不同。白铁矿属斜方晶系，黄铁矿属等轴晶系，白铁矿往往呈鸡冠状或束状，因此它还被称为鸡冠状黄铁矿或矛状黄铁矿。自然界中白铁矿分布较黄铁矿少得多，并且不形成大量的聚积，是FeS_2的不稳定变体，高于 350 ℃即转变为黄铁矿。从可浮性上比较，白铁矿较黄铁矿易浮，也较黄铁矿难抑制。

6.1.3.4　*砷黄铁矿*

砷黄铁矿(FeAsS)又名毒砂，是多金属硫化矿和贵金属矿石中的共生有害矿物，常混入这类金属矿的精矿中，造成精矿质量降低。毒砂可浮性与黄铁矿接近，易受铜离子等重金属离子的活化。在酸性（pH＝3～4）介质中易浮，石灰是其有效抑制剂，在 pH 值大于 11 时能有效抑制毒砂上浮；另外高锰酸钾、硫化钠、亚硫酸钠、硫代硫酸钠等与硫酸锌或石灰共用也是多金属硫化矿浮选中抑制毒砂的有效方法。

6.1.4 铜、铅、锌、硫的分离

硫化铜、铅、锌、硫矿的特点是矿物种类多，有用矿物嵌布粒度细，并且致密共生；硫化铜矿物与方铅矿的可浮性很相近；闪锌矿、黄铁矿和磁黄铁矿易被矿石中次生铜矿物溶出的铜离子活化；即使是同一种矿物往往由于氧化程度不一，其可浮性亦有难易之分。所以分选这种矿石是比较困难的。分离方案的选择原则依据如下：

（1）原矿或混合精矿中的矿物组成及可浮性。以黄铜矿为主的原生铜矿物容易被氰化物抑制，矿浆中游离 Cu^{2+} 少，方铅矿、闪锌矿不易被 Cu^{2+} 活化，在这种情况下，用氰化物法抑铜进行铜铅分离是有效的。因黄铜矿易受氰化物抑制不宜用氰化物法抑锌进行铜锌分离；以辉铜矿、铜蓝为主的次生铜矿物不易被氰化物抑制，矿浆中游离 Cu^{2+} 多，方铅矿、闪锌矿易被 Cu^{2+} 活化，在这种情况下，用氰化物法、重铬酸盐法效果都差，常用亚硫酸及其盐法。对方铅矿而言，未经 Cu^{2+} 活化或表面氧化时，容易被重铬酸盐和亚硫酸类抑制，被 Cu^{2+} 活化了的方铅矿难以被重铬酸盐抑制，可用亚硫酸与硫化钠配用或硫代硫酸钠与硫酸亚铁（或三氯化铁）配用抑铅浮铜。

（2）混合精矿中有价成分的矿物含量比。一般的原则是"抑多浮少"，这样可以减少泡沫产品的夹杂，以获得较好的分离指标。

（3）原矿石中稀、贵金属的含量。当矿石中稀、贵金属含量较高时，应尽量富集在精矿中（如金银富集在铜铅精矿中，镉富集在锌精矿中）；为防止金银溶解而流失，氰化物法最好不用。

（4）硫化矿物与脉石矿物的分离通常不是很困难，因此多金属硫化矿石的浮选要解决的主要问题是铜硫分离、铜锌分离、铜铅分离、铅锌分离、锌硫分离。

6.1.4.1 铜硫分离

铜硫矿是主要铜矿类型之一。其矿床多属于含铜黄铁矿矿床和含铜矽卡岩矿床，有致密块状含铜黄铁矿和浸染状含铜黄铁矿两种矿石，前者黄铁矿含量较高，后者黄铁矿含量较低。浮选时除回收硫化铜外，还要回收黄铁矿作为硫精矿用于硫酸烧制。

铜硫矿浮选方法主要取决于矿石性质。常用优先浮选工艺或混合浮选工艺。

（1）优先浮选适用于致密块状矿石。在比较粗的磨矿粒度条件下，硫化铜与硫化铁能充分单体解离，再用石灰法或石灰＋氰化物法抑硫浮铜，石灰法通过提高介质 pH 值使之呈强碱性，抑制黄铁矿；石灰加氰化物法一般用在黄铁矿活性较大、不易被石灰抑制时采用；还可以用加热法处理比较难分离的铜硫混合精矿，以加速黄铁矿表面氧化达到抑制作用。

（2）混合浮选适用于矿石中硫化铜与硫化铁结合紧密的情形。硫化铜与硫化铁的集合体粒度较粗，而单体矿物粒度较细时，用混合浮选先甩出合格尾矿，再把硫化铜与硫化铁混合精矿再磨脱药，再选分离。

分选时，硫化铜的捕收剂为黄药或黑药，石灰用作 pH 值调整剂及硫化铁矿物的抑制

剂，必要时可加入氰化物辅助抑制。如果仅有石灰抑制，则用硫酸、碳酸钠进行活化；在配合氰化物抑制后，则用硫酸和硫酸铜进行活化。

致密块状含铜黄铁矿，由于黄铜矿和黄铁矿致密共生，黄铁矿往往被次生铜矿物活化，黄铁矿含量较高，难以抑制，分选困难。分选过程中要求同时得到铜精矿和硫精矿。通常选铜后的尾矿就是硫精矿。如果矿石中脉石含量超过20%～25%，为得到硫精矿还需再次分选。处理致密铜矿石，常采用两段磨矿或阶段磨矿，磨矿细度要求较细。药剂用量也较大，黄药用量100 g/(t原矿)以上，石灰8～10 kg/(t原矿)以上。图6-4所示为德兴铜矿大山选矿厂设计流程。

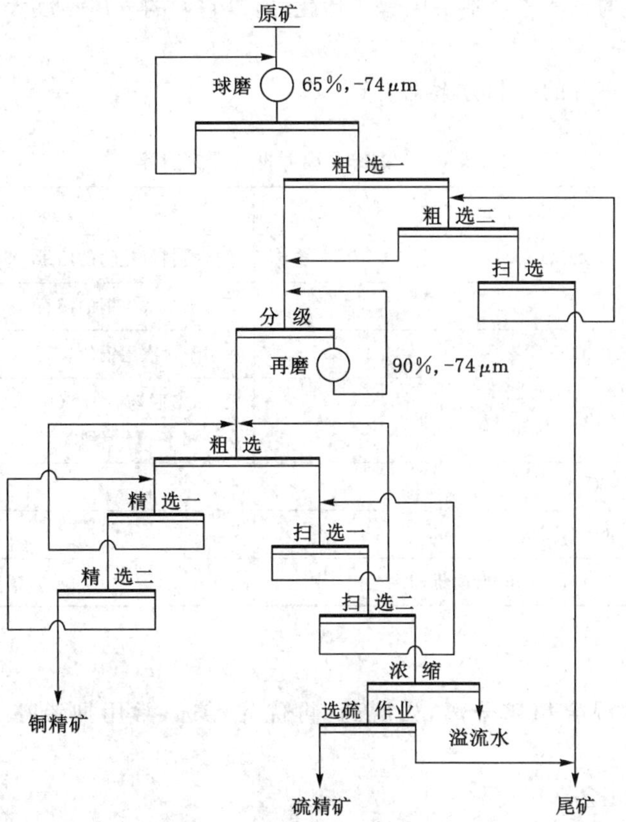

图6-4 大山选矿厂设计流程

6.1.4.2 铜锌分离

黄铜矿常呈细粒浸染或乳浊状固溶体存在于闪锌矿中，不易单体解离，即使达到了单体解离，这样微小的颗粒(常在0.005 mm以下)分离也很困难；更普遍的是闪锌矿受矿石中共生铜矿物(特别是次生硫化铜矿物)中铜离子的活化，使闪锌矿不同程度地显示出类似于铜矿物的可浮性；有的闪锌矿其可浮性比黄铜矿还好。因此硫化铜锌矿的分选是比较困难的。

常用的硫化铜锌矿浮选原则流程有优先浮选、半优先(易浮铜矿物)混合(难浮铜和锌矿物)分离浮选、部分混合浮选、等可浮选等几种，其中半优先混合分离浮选和等可浮选流程更能适应铜或锌矿物本身可浮性差异大的矿石。就磨浮段数来说，对于致密共生难以分离的铜锌矿石多采用混合精矿再磨、粗精矿再磨或中矿再磨的阶段磨浮流程。

混合精矿铜锌分离。在分离之前用活性炭和硫化钠等脱药,脱药后脱水重新调浆再分离。一般情况是铜的硫化矿可浮性好于锌的硫化物,因此常用浮铜抑锌方案。分离的方案有无氰法和有氰法两种。当铜矿物主要为原生铜矿物时,最广泛使用的无氰分离方法为石灰加硫化钠或硫酸锌法,或石灰加硫酸锌或二氧化硫(或亚硫酸钠)法,而石灰加氰化物法使用有限。当铜矿物主要为次生硫化铜时,可在碳酸钠介质中以大剂量的铁氰化物抑铜浮锌进行分离;也可以将混合精矿氧化、加温矿浆,以抑制次生铜矿物浮锌。注意在分离之前都要用活性炭和硫化钠等脱药,最好是脱药后脱水重新调浆再分离。

由于溶解下来的铜离子会造成闪锌矿活化,所以它们的分离难度大于铅锌分离,应加强对锌的抑制。

铜锌粗精矿分离锌的抑制方案见表 6-1。

表 6-1　铜锌分离时抑锌浮铜方案

序号	抑制剂组合方式	条　件
1	$CaO+NaCN+ZnSO_4$	严格控制氰化物的用量
2	$Na_2S+ZnSO_4$	适用于含次生铜的矿石
3	$CaO+Na_2S+ZnSO_4$	适用于含次生铜的矿石
4	$Na_2S+SO_2+ZnSO_4+CaO$	用 Na_2S 脱药后加 SO_2+ZnSO_4 使 pH 值为 5,再加 CaO 调整 pH 值到 6.5
5	$Na_2SO_3+FeSO_4$	
6	$Na_2SO_3+CaO+ZnSO_4$	
7	只用丁黄药+选择性好的戊黄药	

6.1.4.3　铜铅分离

一般为铜铅的混合精矿分离,先脱药,再优先浮选,常用抑铅浮铜和抑铜浮铅两种工艺。

(1) 抑铅浮铜工艺

抑铅浮铜工艺适用于次生铜矿。在 Cu^{2+} 离子溶解较多的情况下,铜矿物不易抑制。方铅矿可采用重铬酸盐或铬酸盐($K_2CrO_4+KCrO_2$)或硫化钠(Na_2S)、石灰(CaO)、水玻璃($Na_2O \cdot nSiO_2$)、二氧化硫(SO_2)及其组合药剂进行抑制。氧硫法也可用于抑制铅,主要抑制方案有 SO_2(或亚硫酸)加淀粉、亚硫酸配合硫化钠、硫代硫酸钠加三氯化铁或硫酸亚铁、碳酸钠加硫酸亚铁等。

图 6-5 所示为俄罗斯诺格尔斯克选矿厂铜铅混合精矿的分离工艺。首先采用硫化钠(Na_2S,30～40 g/t)解吸混合精矿吸附的药剂,再用硫代硫酸钠加硫酸亚铁方案来抑制方铅矿,丁黄药作为铜矿物的捕收剂,经一次粗选、三次精选、一次扫选流程,获得含铜 26%～28%、含铅 46%～47%的铜、铅精矿,回收率分别为 63%～64%、77%～78%。

图 6-6 所示为日本小板内之岱选矿厂的铜铅分离工艺。采用蒸汽法进行脱药,铜铅分离工艺同上。

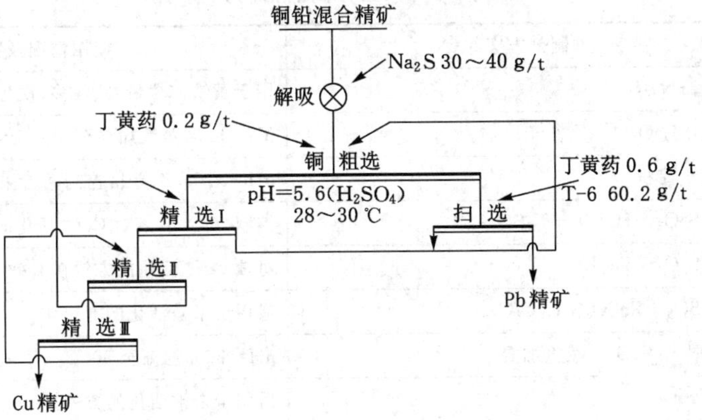

图 6-5 俄罗斯诺格尔斯克选矿厂铜铅混合精矿的分离工艺

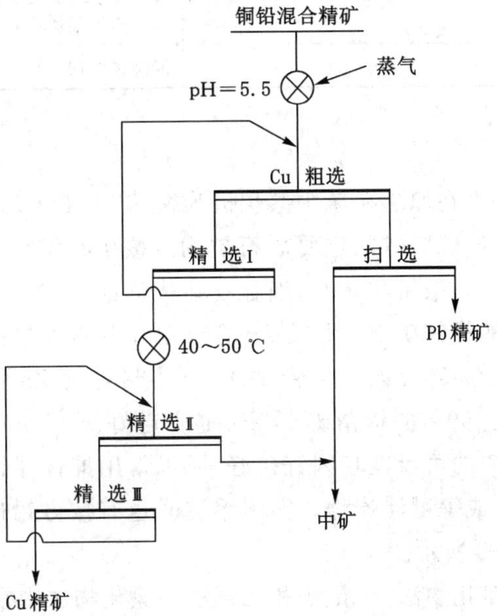

图 6-6 日本小板内之岱选矿厂的铜铅分离工艺

(2) 抑铜浮铅工艺

抑铜浮铅工艺适用于原生铜矿。捕收剂为黄药、黑药，pH 值为 9～9.5，用 CaO 作为调整剂。抑制剂用氰化物，或在 40～70 ℃条件下加温脱药抑制铅(pH≤7)。

用氰化物法抑铜(或重铬酸盐法抑铅)进行铜铅分离，分离效果好且操作稳定，但两者都有毒。当今使用亚硫酸及其盐类的情况较多。亚硫酸对黄铜矿、斑铜矿和辉铜矿不具抑制作用，但由于它能清洗铜矿物表面，故具有活化矿物的作用。亚硫酸及其与硫化钠或淀粉等配合使用有助于抑铅浮铜，从而提高分选效果和稳定性。

常用的铜铅分离的抑制方案见表 6-2。

表 6-2 铜铅分离的抑制方案

分离方法	抑制剂方案	使用情况及特点
浮铜抑铅	(1) SO_2+Na_2S	用于黄铁矿含量高、泥多、次生硫化铜高的矿石
	(2) SO_2+CaO	pH=5.5,蒸汽加温至 60～70 ℃
	(3) SO_2+淀粉	pH=4.5～5,严格控制两者用量
	(4) $Na_2S_2O_3+H_2SO_4+FeSO_4$	控制 pH=6.5,对 Cu^{2+} 活化的方铅矿有效
	(5) $Na_2S_2O_3+FeCl_3$	对被 Cu^{2+} 活化的方铅矿有效
	(6) $Na_2SO_3+ZnSO_4+K_2CrO_7$	适用于未被活化的方铅矿
	(7) $SO_2+K_2CrO_7$+蒸汽加温	pH=5.5,加温至 50 ℃
	(8) K_2CrO_7	适用于未被活化的方铅矿
	(9) 活性炭+$Na_2SiO_3+K_2CrO_7$+CMC	抑制方铅矿效果较方案(7)好
	(10) Na_2SiO_3+CMC	以黄铁矿为主,方铅矿未被 Cu^{2+} 活化
浮铅抑铜	(1) $NaCN+ZnSO_4$	抑制原生铜矿石的铜矿物
	(2) $NaCN+Na_2S$	抑制原生铜矿为主的铜矿物
	(3) $K_3Fe(CN)_6$	抑制次生铜矿物

6.1.4.4 铅锌分离

铅锌在自然界里,特别在原生矿床中共生极为密切(方铅矿几乎总是跟闪锌矿共生),其硫化物方铅矿、闪锌矿是冶炼铅锌的重要矿石矿物。按矿石结构构造,可分为浸染状矿石、致密块状矿石、角砾状矿石、条带状矿石、细脉浸染状矿石等。

目前工业规模处理的铅锌矿石,Pb 及 Zn 合计品位从 3%左右至 15%。选择性浮选处理的目的在于产出 Pb 品位 55%以上的铅精矿,其中最好含 Zn 低于 3%左右,含 Cu 低于 0.5%～1%;Zn 品位高于 50%的锌精矿,含 Pb 越低越好。

由于绝大多数方铅矿的可浮性较闪锌矿好,所以常用抑锌浮铅的优先浮选法,如图 6-7 所示,也可采用混合浮选或等可浮流程。实际浮选时也有按方铅矿可浮性差异采用两步浮起方铅矿的流程,如图 6-8 所示。

抑锌的药剂方案有氰化物法、少氰法和无氰法。氰化物法中常将氰化物和硫酸锌共用。

氰化物(NaCN、KCN)是闪锌矿的抑制剂,尤其对含铁闪锌矿效果很好,一般单独使用氰化物的情形不多,通常配合硫酸锌($ZnSO_4$)等抑制剂使用,减少氰化物的用量。由于氰化物有剧毒及含氰废水对环境影响较大,无氰工艺近年来采用得较多,主要有以下几种:① 硫酸锌法;② 硫酸锌+碳酸钠(或石灰、硫化钠)法;③ 硫酸锌+亚硫酸盐法;④ 硫酸锌+硫代硫酸盐法;⑤ 二氧化硫法;⑥ 氢氧化钠法(pH=9.5,黑药);⑦ 高锰酸钾法;⑧ 硫酸法(30 ℃,17%硫酸)。

当闪锌矿中有易浮的与难浮的两部分时,为了节省药剂,改善铅锌分离指标,可采用以铅为主、铅锌等浮的等可浮流程。浮铅时捕收剂通常选用黑药与黄药混用,或单独使用乙硫氮。闪锌矿通常采用硫酸铜进行活化,然后用黄药捕收。铅锌分离通常在碱性介质中进行,由于石灰(高 pH 值时)对方铅矿有抑制作用,浮选含黄铁矿较少的方铅矿通常采用碳酸钠来调整 pH 值,黄铁矿含量较高的方铅矿用石灰作为调整剂有利于对黄铁矿的抑制。

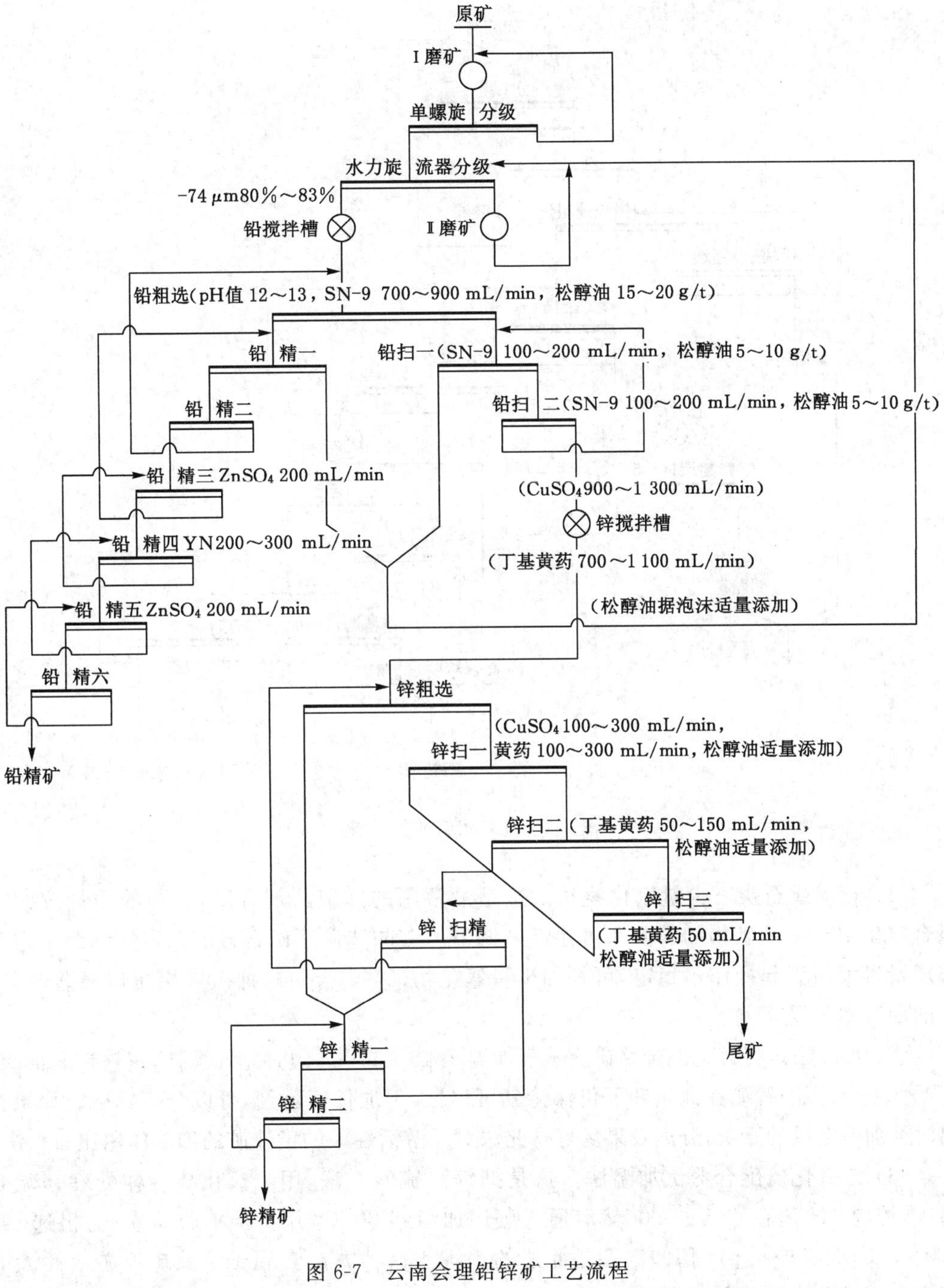

图 6-7 云南会理铅锌矿工艺流程

6.1.4.5 锌硫分离

闪锌矿的可浮性弱于铜铅硫化矿，好于黄铁矿，因此常采用抑硫浮锌的流程，少数抑锌浮硫。闪锌矿须经硫酸铜活化后用黄药捕收。高铁闪锌矿可浮性较差，与黄铁矿等分离难度较大。

锌硫混合精矿的分离方案主要有以下几种。

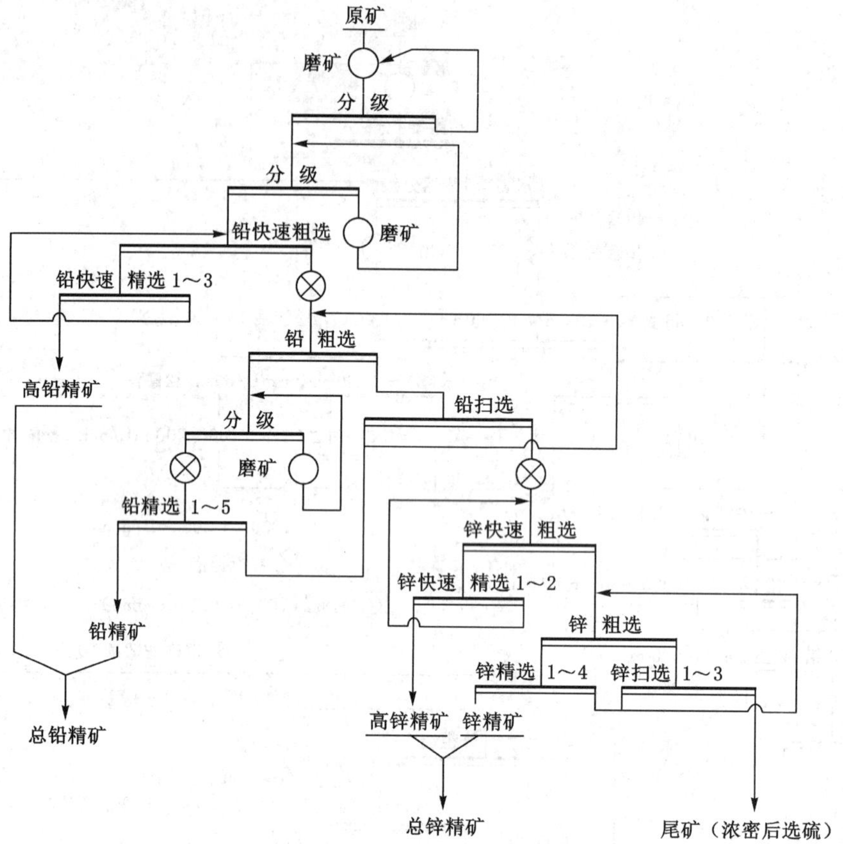

图 6-8　凡口铅锌矿工艺流程

(1) 石灰或石灰＋少量氰化物法。这是最常用的抑硫药剂方案，石灰的用量按原矿或混合精矿中硫化铁矿物的含量和可浮性来调节。有的选矿厂矿石含硫高，易浮，为了避免石灰用量过大而引起操作不稳定，可补加少量氰化物(5～10 g/t)，抑硫效果得以显著改善，而锌的回收率不受影响。

(2) 加温法。将锌硫混合精矿充蒸气加温至 45～60 ℃，同时充气搅拌，黄铁矿表面氧化，可浮性下降，而闪锌矿在此条件下仍保持其可浮性，不加任何药剂，可以分离锌硫。如果在加温时补加一定量的石灰，分离效果更好。此法对浮游活性大的黄铁矿的抑制作用比石灰法强。

(3) 二氧化硫配合蒸汽加温法。这是抑锌浮硫的方法，用二氧化硫气体处理锌硫混合精矿，控制 pH 值在 4.5～5.0，然后通入蒸汽加温到 80 ℃，用黄药捕收黄铁矿，粗选 pH＝5.0～5.3，准确控制 pH 值和温度是此法的关键。这种方法常用于黄铁矿浮游活性大的锌硫混合精矿分离或锌精矿脱硫。

6.1.4.6　其他问题说明

某些 Cu^{2+} 可能溶解在铁闪锌矿内(呈固溶体)，或与铅、锌的硫化物及磁黄铁矿($Fe_{1-x}S$)共生，形成细粒浸染的黄铜矿($CuFeS_2$)。含非常细小结晶粒度的方铅矿矿床中，可能有少量已溶解的 Au 或 Ag(起晶核的作用)。大粒的方铅矿单晶通常表明无贵金属溶于其中。贵金属(Au、Ag)还可能溶于其他硫化物(如黄铁矿)中，或以单独相存在于颗粒的边缘。黄铁矿(FeS_2)和磁黄铁矿($Fe_{1-x}S$)是最常遇到的两种硫化物脉石矿物。方解石($CaCO_3$)和白云石[$(Ca、Mg)CO_3$]以及菱铁矿($FeCO_3$)组成碱性脉石,而石英、硅酸盐类、$BaSO_4$等构成酸性脉石。

在铅锌矿石浮选中,如何解决活性黄铁矿和毒砂的干扰,是极为重要的问题。国内外生产实践表明,以下几点可供参考:

(1) 调整浮选流程,改变有用矿物浮选顺序,让活性硫化铁矿物先于闪锌矿与方铅矿一起浮出,然后进行铅硫分离和再浮闪锌矿。日本丰羽选矿厂就是采用铅硫混合浮选流程来解决那部分活性黄铁矿干扰的。德国梅根选矿厂采用优先浮铅再浮硫最后浮锌的流程,辅以特殊的作业条件——高碱度抑黄铁矿,高级黄药捕收铅矿物等,解决了可浮性好的胶状黄铁矿对分离的干扰。

(2) 应用热二氧化硫法进行胶状黄铁矿的反浮选。热二氧化硫法即前面所讲的二氧化硫+蒸汽加温法。用此法从锌精矿中或铜铅锌混合精矿中反浮选胶状(或活性)黄铁矿、磁黄铁矿,可较大幅度地提高锌精矿(或铜铅锌混精矿)的品位。

(3) 采用高效抑制剂和特殊的作业条件抑制活性黄铁矿。国外采用糊精、白坚木素、木素磺酸盐等有机混合剂抑制可浮性好的含碳黄铁矿、磁黄铁矿和毒砂,这种温和抑制剂中加入木素磺酸盐可以减弱它们对铅、锌硫化物的抑制,提高选择性。我国凡口和德国梅根选矿厂还用大量石灰($pH>11.5$)抑黄铁矿,用大量高级黄药捕收方铅矿,并将粗选作业的黄药全部或部分加入第一段球磨机;有的选矿厂采用加温法来加强对黄铁矿的抑制。

(4) 毒砂的抑制也是较困难的,特别是矿石中存在重金属离子时,更是如此。国外实践经验表明,联合运用石灰+二氧化硫+锌氰络合物能较有效抑制闪锌矿和毒砂,进行铅锌分离或铜锌分离。如果往矿浆中充气则更加有效。运用这些药剂时添加地点和用量是最重要的参数。往矿浆中充气时,二氧化硫和锌氰络合物应加入磨矿,而石灰应加入充气器,该顺序比将石灰加入磨矿机更有效。锌浮选时,用石灰抑制毒砂,石灰和硫酸铜都应加入充气器,充气10~15 min闪锌矿被活化,毒砂受抑制。当不能完全抑制毒砂以提高锌品位时,可用反浮选毒砂的方法。此时,可用氧化锌,并加热至70~85 ℃,在pH值为3.5~4.5的介质中抑制闪锌矿,用黄药类浮毒砂;或用活性炭与硫酸调整锌精矿,矿浆加热至85 ℃再冷却至65 ℃加硫酸锌,用硫氨脂类浮毒砂。

6.1.4.7 *混合精矿脱药*

多金属硫化矿浮选,常常采用混合浮选的工艺,首先得到多金属混合粗精矿,然后再进行多金属的分离。为改善混合精矿的分离效果,需要在分离浮选前进行预先脱药处理,除去矿浆中过剩药剂及矿物表面的捕收剂膜,恢复矿物的天然可浮性,重新调整捕收剂种类及用量以实现多金属的分离浮选。常用脱药方法有三类:机械脱药法、化学及物化法脱药、特殊脱药法。

(1) 机械脱药法

机械脱药法包括多次精选、再磨脱药、浓缩脱药、搅拌擦洗脱药、过滤洗涤脱药等。

① 多次精选:既是混合精矿品位提高的过程,也是一个脱药的过程。一般精选浓度较低,此法可除去一部分过剩药剂,但不能除去矿物表面的捕收剂膜,所以其效果是有限的。

② 再磨脱药:将混合精矿再磨后进行分离浮选。混合精矿再磨有两个作用,一是通过再磨使混合精矿中的矿物达到分离浮选要求的单体解离度;二是通过再磨使矿物表面捕收剂膜剥落,以及破碎过程中暴露出更多的新鲜表面,使各种矿物呈现其天然可浮性。此法脱

药效果较好，但在无须加强解离度的粗精矿分离中会因为投资及能耗问题而不适用。

③ 浓缩脱药：可采用浓缩机或水力旋流器，通过排走溢流，底流被浓缩的作用，除去矿浆中过剩药剂，也有一定的表面擦洗作用但效果有限。

④ 搅拌擦洗脱药：在搅拌桶中进行，通过矿物颗粒间的摩擦暴露新鲜表面，可以脱除矿物表面捕收剂膜，只能实现部分药剂脱除，对矿浆中过剩药剂没有效果。另外，对于较软的、在激烈搅拌中易于泥化的矿物不宜使用此法。

⑤ 过滤洗涤脱药：将混合精矿浓缩过滤，并在过滤机上喷水洗涤，然后将滤饼重新调浆浮选，这是机械法中最彻底的一种脱药方法，但比较麻烦。

(2) 化学及物化法脱药

化学及物化法脱药主要为解吸法，包括硫化钠(Na_2S)解吸脱药、活性炭解吸脱药及其他化学药剂法。

① 硫化钠解吸法：利用硫化钠与矿物表面捕收剂的强烈竞争作用，使硫化矿捕收剂从矿物表面解吸，脱药比较彻底，但过程复杂。硫化钠使用量较大，脱药后必须进行浓缩过滤，除去剩余硫化钠，否则会在分离浮选中抑制硫化矿上浮。

② 活性炭解吸法：利用活性炭表面积发达和较强的吸附性能，来吸附矿浆中过剩药剂，并促进药剂从矿物表面解吸。此法不如硫化钠解吸法脱药彻底，但使用方便。

这两种解吸方法也可以同时使用。

(3) 特殊脱药法

特殊脱药法是除上述方法以外的脱药方法，有加温脱药法、焙烧脱药法等。

① 加温脱药法：加温可以促进分子热运动，从而促进药剂的溶解和分解。在混合精矿分离中，通过加温可以促进药剂从矿物表面的解吸。此法目前使用较为广泛，一般采用蒸汽对矿浆进行加热。实践表明，矿浆加温搅拌，同时加入 5～10 kg 的石灰，可以有效去除硫化矿表面的捕收剂膜。如铜铅分离时，将矿浆加热至 60 ℃左右，在酸性至中性矿浆中可以有效解吸方铅矿表面的捕收剂膜，使方铅矿表面氧化亲水而受抑制，黄铜矿仍可上浮，不用抑制剂即可实现铜铅的分离。

铜、钼分离时，向浮选槽中通入蒸汽，在石灰介质中可显著降低硫化钠和水玻璃用量，然后再加水稀释进行分离，可提高钼的回收率。白钨矿粗精矿精选时，加温至 60～80 ℃，可使脉石矿物表面捕收剂解吸，大幅度提高白钨矿最终精矿品位。

② 焙烧脱药法：在铜钼混合精矿分离时曾用此法，粗精矿焙烧后表面捕收剂膜被破坏，铜矿物表面氧化而变得难浮，然后调浆用煤油浮出钼精矿。

加热法脱药效果较好，但成本较高。

6.1.5 铜镍矿浮选

6.1.5.1 硫化镍矿的可浮性

镍与铜经常伴生，硫化铜镍矿石中的铜矿物一般为黄铜矿，含镍的矿物有数十种，其中主要镍矿物有镍黄铁矿($(Fe,Ni)_9S_8$，含镍 21%～30%)、针硫镍矿(NiS，含镍 64.7%)、紫硫镍铁矿($FeNi_2S_4$，含镍 38.94%)、红镍矿($NiAs$，含镍 43%)和含镍磁黄铁矿(含镍 0.7%)。镍矿石中还常常含有铂、钯、铭、铱、锇等铂族元素，应注意回收。

镍矿物的浮选要求在酸性、中性或弱碱性介质中进行。捕收剂用高级黄药，如丁黄药或戊黄药，起泡剂为松醇油，活化剂为硫酸铜。含镍磁黄铁矿比其他镍矿物难浮，最好的浮选介质是弱酸性或酸性，而且浮选速度很慢。在石灰造成的碱性介质中，以上镍矿物都能受到抑制，但被抑制的程度不同，最容易抑制的是含镍磁黄铁矿，如 pH＝8.2～8.5 时，针硫镍矿仍能浮起，而含镍磁黄铁矿则受到抑制。

6.1.5.2　硫化镍矿的浮选

镍矿物的浮选常采用浮选硫化铜矿物的捕收剂和起泡剂。捕收剂可以用丁基黄药、戊基黄药、丁铵黑药等。一般是将上述捕收剂的两种以上配合使用。由于镍矿石一般产于基性岩，含氧化镁的脉石矿物高，常用六偏磷酸钠、羧甲基纤维素（或改性 CMC）、硅酸钠等作为脉石矿物抑制剂。

浮选硫化铜镍矿石时，确定浮选流程的一个基本原则是，可使铜进入镍精矿，尽可能避免镍进入铜精矿。因为铜精矿中的镍在冶炼过程中损失大，而镍精矿中的铜可以得到较完全的回收。铜镍矿石浮选厂采用下列四种基本流程。

（1）直接用优先浮选或部分优先浮选流程。当矿石中含铜比含镍量高得多时，可采用这种流程，把铜选成单独精矿。该流程的优点是可直接获得含镍较低的铜精矿；缺点是浮铜时被抑制过的镍矿物不易活化，镍的回收率较低，故此法少用。

（2）混合浮选流程。用于分选含铜低于镍的矿石，所得铜镍混合精矿直接冶炼成高冰镍。

（3）混合-优先浮选流程。从矿石中混合浮选铜镍，再从混合精矿中分选出含低镍的铜精矿和含铜的镍精矿。该镍精矿经冶炼后获得高冰镍，对高冰镍再进行浮选分离。

（4）混合-优先浮选并从混合浮选尾矿中再回收部分镍。当矿石中各种镍矿物的可浮性有很大差异时，铜镍混合浮选后，再从其尾矿中进一步回收可浮性差的含镍矿物。

铜镍混合浮选是目前较通用的方案。其优点是，镍的回收率较优先浮选高，同时浮选设备也较优先浮选省。铜镍混合浮选与铜硫混合浮选相似。对于矿石中含镍磁铁矿较多的矿石，有两种处理方案：一种是采用磁选分出一部分含镍磁黄铁矿，然后再浮选；另一种是先浮黄铜矿和镍黄铁矿，然后再浮含镍磁黄铁矿。浮含镍磁黄铁矿时，用硫酸铜活化。对一些蚀变较强的难选硫化镍矿，用 SO_2 气体处理矿浆，将 pH 值降到 5～6 左右，实践证明是有效的。

铜镍矿浮选方案的选择主要应考虑的因素有矿物的可浮性、矿物的共生关系、镍矿物的氧化和泥化、脉石矿物的种类等。需注意的事项有：

（1）铜、镍矿物的浮选性质。铜矿物和镍矿物的浮选速度相差较大，铜矿物的浮选速度较快，而镍矿物较慢。生产实践证明，铜镍矿浮选时，前 5 min 可浮出 90％左右的黄铜矿。镍矿物的上浮速度较慢，特别是含镍磁黄铁矿，往往要 20～30 min 才能浮完。铜镍矿物浮选速度的差别，曾用于铜镍优先浮选的实践，优先浮铜时，进行铜的“快速”浮选。其工艺特点是，提高矿浆通过浮选机的速度，捕收剂用低级黄药，并采用“饥饿”方式给药；铜浮选的尾矿加硫酸铜活化镍矿物，然后再用高级黄药，如丁黄药和戊黄药浮镍矿物。

（2）镍矿物在矿石中的存在形态。镍矿物很少形成单独的集合体，多半是分散在其他硫化矿中，主要是磁黄铁矿和黄铜矿中。镍也常常以类质同象杂质的形式存在于其他硫化矿中，特别是与磁黄铁矿、镍矿物与硫化铜、铁矿物共生密切，因此带来两个问题：一是镍精矿镍的含量较低，一般含 3％～5％，最低界限为 2％～2.5％。因此若原矿中 $\omega(Ni) > 2\%$，就可直接冶炼。二是影响铜镍分离。铜镍矿物共生密切，甚至磨到很细都不能单体解离，只得到铜镍混合精矿，经冶炼以后，再进行铜镍分离。如果含镍矿物只与磁黄铁矿共生密切，与黄铜矿的关系比较简单，则有可能得到铜精矿，并得到含镍较低的所谓铁镍精矿。

(3) 含镍矿物的氧化及泥化。镍黄铁矿和含镍磁黄铁矿等含镍矿物不但容易氧化，而且容易泥化。因此，当矿石中硫化矿物嵌布不均匀时，阶段磨浮流程就显得特别重要。一般是在粗磨的条件下，进行铜镍混合浮选，得出废弃尾矿。混合精矿再分级磨矿，然后进行精选或铜镍分离。再磨作业前后强化分级很重要。

如加拿大林湖选矿厂，为了消除含镍磁黄铁矿的干扰，利用含镍磁黄铁矿的磁性，粗磨(−0.074 mm 占 65%)后，用磁选机选出 15%的磁性产品，经精选后，作为镍精矿。非磁性部分再磨后，进行铜镍混合浮选。该厂为了提高难浮硫化镍矿的可浮性，在非磁性部分铜镍混合浮选时，矿浆用 SO_2 气体进行处理，当 pH 值下降到 5～6 时，硫化镍矿物的可浮性得到明显改善。

(4) 脉石矿物的影响。铜镍矿中常含有一些易浮的脉石，如绿泥石、绢云母、蛇纹石和滑石等。它们易泥化，矿泥易浮。含镁矿泥进入精矿，不但降低品位，而且影响冶炼，一般要求镍精矿含氧化镁不超过 5%～9%。

消除易浮脉石矿泥的方法有两种：第一种是添加少量起泡剂进行预先浮除，但此法并非经常有效，特别是在利用回水的情况下，因回水含有捕收剂，会增加铜镍在矿泥中的损失；第二种方法是使用抑制剂，如水玻璃、糊精和羧甲基纤维素等。

6.1.5.3 铜镍分离

铜镍混合精矿分离都采用抑镍浮铜方式，主要方法有石灰＋糊精法、石灰＋氰化物法、石灰＋蒸气加温三种。

芬兰可托兰蒂选矿厂处理的铜镍矿中，主要含镍矿是镍黄铁矿、含镍磁铁矿，铜矿物是黄铜矿，脉石矿物有角闪石、斜长石、云母和石英等。该厂的流程如图 6-9 所示。

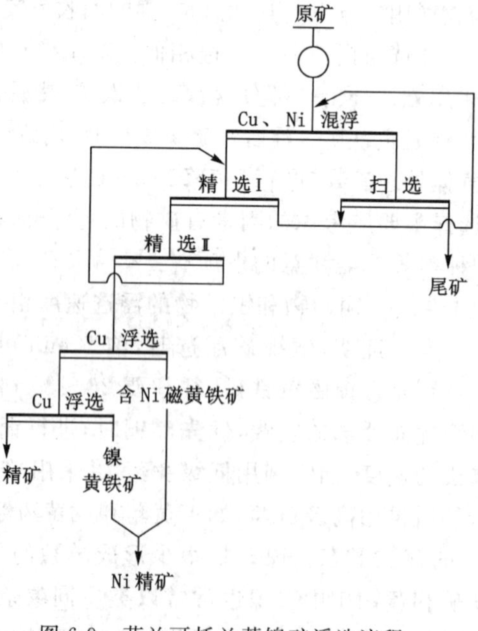

图 6-9 芬兰可托兰蒂镍矿浮选流程

铜镍混合浮选时，用硫酸(6.4 kg/t)调整 pH 值和抑制硅酸盐脉石，乙黄药(60 g/t)作捕收剂，粗松油(290 g/t)作起泡剂。铜镍分离时，用石灰(1 kg/t)加糊精(25 g/t) 抑制镍矿物。该流程的主要特点是，镍矿物的抑制是根据可浮性的差别按矿物组分进行，即先抑含镍磁黄铁矿，再抑镍黄铁矿。所得指标见表6-3。

表6-3 芬兰可托兰蒂选矿厂生产指标

产物	品位/%		回收率/%	
	Cu	Ni	Cu	Ni
镍精矿	0.70	5.84	29.80	93.60
铜精矿	29.26	1.19	62.30	1.00
尾矿	0.04	0.04	7.90	5.40
原矿	0.26	0.69	100.00	100.00

由于矿物组成比较复杂，所以铜镍混合精矿用一般方法分离比较困难。近年的研究和实践证明，用石灰＋蒸汽加温法分离比较有效。俄罗斯诺里尔斯克选矿厂同时处理浸染矿和脉矿两种矿石，由于矿物组成复杂，矿物形式多样，同一种矿物有若干种结晶变形，所以铜镍混合精矿分离时用石灰、亚硫酸盐和硫代硫酸盐均未得到满意结果。该厂采用石灰＋蒸汽加温法，在加石灰的同时通入蒸汽。矿浆加温，可加速捕收剂从镍矿物和磁黄铁矿表面解吸，并在这些矿物表面形成比较稳定的氧化膜，以加强对它们的抑制作用。石灰用量，对于浸染矿，要求矿浆中的游离CaO含量为600～800 g/m^3，脉矿是200～300 g/m^3。蒸汽加温时矿浆温度为70℃，加温时间12～15 min，矿浆固体质量浓度40%。矿浆加温以后，浓度稀释到32%左右，进行铜的“快速”浮选，尾矿为镍精矿。泡沫产品分级再磨后浮铜，得到铜精矿，尾矿为镍精矿。

6.1.6 辉钼矿浮选

6.1.6.1 辉钼矿的可浮性

辉钼矿是一种分子晶体矿物，天然可浮性良好。世界上钼资源丰富的国家包括美国、加拿大、智利、俄罗斯等。我国也有丰富的钼资源，分布广泛，蕴藏量十分丰富，潜力巨大。我国的钼资源主要产于斑岩型矿床和矽卡岩型矿床内。

常见的钼矿物有辉钼矿（MoS_2，含钼60%）、钼华（MoO_3）、彩钼铅矿（$PbMoO_4$）、钼酸钙矿（$CaMoO_4$）、钼钨钙矿[$Ca(Mo,W)O_4$]、蓝钼矿（$Mo_3O_8 \cdot nH_2O$）等。目前只有辉钼矿具有工业价值。辉钼矿（MoS_2）密度为(4.7～5)×10^3 kg/m^3，普氏硬度为1.0～1.5，松散密度为1.65×10^3 kg/m^3。

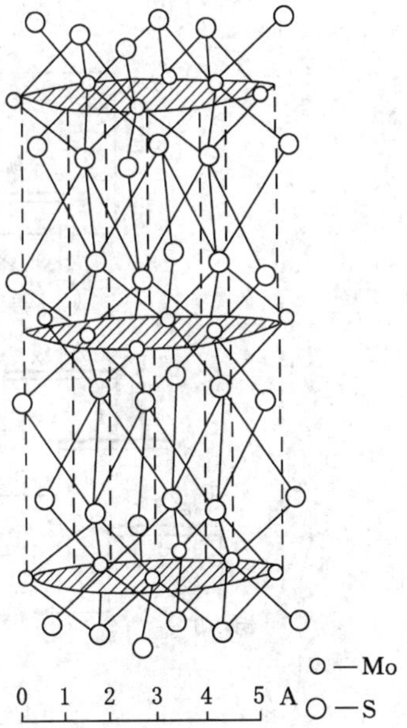

图6-10 辉钼矿的结晶构造

辉钼矿晶体呈六方层状或板状结构，由沿层间范式键的S—Mo—S结构和层内极性共价键S—Mo形成的，如图6-10所示。层与层间的结合力很弱，而层内的共价键结合力甚强。所以辉钼矿极易沿结构层间解裂呈片状或板状产出，这是辉钼矿天然可浮性良好的原因。实践证明，在合适的磨矿细度下，辉钼矿晶体解离发生在 S—Mo—S 层间，亲水的 S—Mo 面占很小比例。但过磨时，S—Mo 面的比例增加，可浮性下降，虽然此时加入一定量极性捕收剂，如黄药类，有利于辉钼矿的回收，但过磨产生的新矿泥影响浮选效果。因此对辉钼矿的分选要避免和防止过磨，在生产上需要采用分段磨矿和多段分选流程，逐步达到单体解离，确保钼精矿的高回收率。

辉钼矿是典型的具有天然疏水性的分子晶体矿物，可浮性好，但伴生的钼酸钙可浮性较差，会影响钼的回收率。可浮性好的未氧化辉钼矿只用起泡剂就能浮起。表面氧化程度较高时，一般需用氢氧化钾溶液洗涤后才能恢复其较好的可浮性；也有部分难浮的辉钼矿，研究证明，晶格间距较大的辉钼矿较难浮。

捕收剂主要是中性油类（烃油），如煤油、变压器油等，对于难浮辉钼矿可配合少量丁黄药、十二烷基硫醇或丁铵黑药来强化捕收，可明显提高辉钼矿的回收率。

中性油捕收剂不溶于水，在矿浆中分散性较差，单加入烃油浮选，泡沫生成慢，泡沫层薄，难以控制，一般需乳化后使用，可提高捕收作用。如杨家杖子钼矿，使用硫单甘酯（脂肪酸酯化、中和产物）作为乳化剂，不仅提高了浮选速度，而且提高了钼的回收率。

由于天然可浮性好，辉钼矿较难抑制，常用的抑制剂为有机高分子物质，如淀粉、糊精、动物胶、皂素等。辉钼矿浮选时常用石灰或碳酸钠调整 pH 值，用水玻璃或六偏磷酸钠分散矿泥和抑制脉石。起泡剂用松醇油。

6.1.6.2 *辉钼矿浮选*

辉钼矿硬度较小，易过粉碎，所以分选时常用阶段磨矿。辉钼矿原矿品位也较低，精矿质量要求高，因此选矿富集比高，精选次数多，一般需精选 5～8 次，多者达 10 次以上。典型的磨选工艺为“一段粗磨粗选，粗精矿浓缩脱药，多级再磨，多级精选的流程”，如图 6-11～图 6-13 所示。

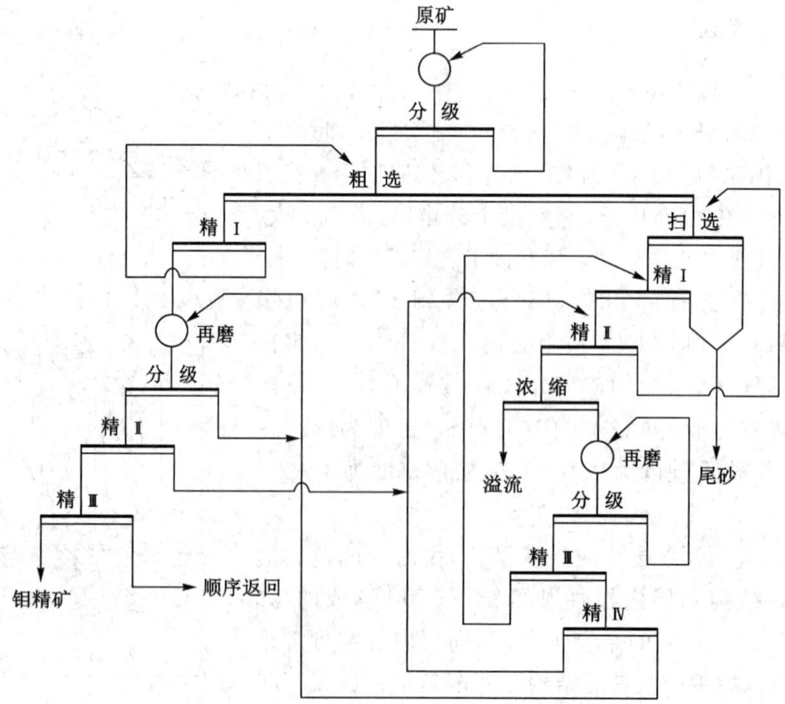

图 6-11 美国奎斯塔钼选厂精选工艺流程

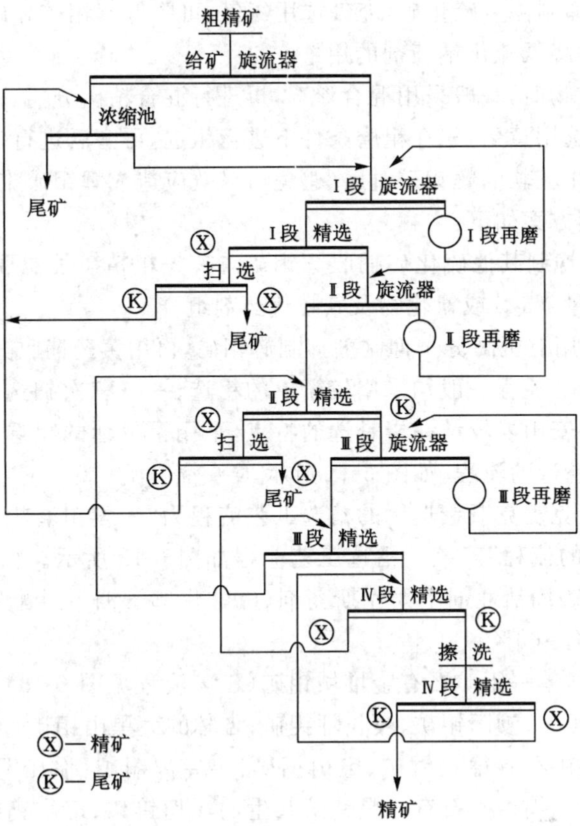

图 6-12　美国克麦克斯钼选厂的精选工艺流程

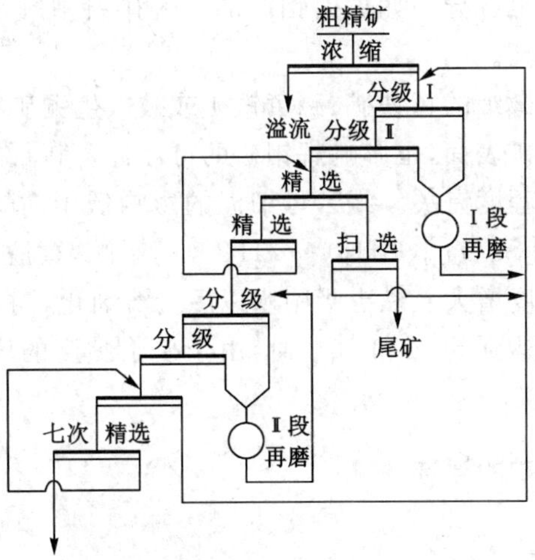

图 6-13　金堆城钼选厂工艺流程

辉钼矿的伴生矿物主要有黄铜矿、黄铁矿、方铅矿、闪锌矿、辉铋矿、钨酸钙矿、钨锰铁矿、磁铁矿等。

当辉钼矿为主要矿物时，采用正浮选捕收辉钼矿，抑制其他脉石矿物，可大剂量使用

Na_2S 作为抑制剂来抑制伴生硫化矿，充气选用氮气，可降低辉钼矿和硫化钠的氧化速度，保持辉钼矿的可浮性并降低硫化钠药剂的用量。

辉钼矿为伴生矿物时，一般采用混合浮选，再进行混合精矿分离。如铜钼矿浮选采用混合浮选时，捕收剂常选用黄药，先在粗磨条件下进行粗选，再磨后进行铜钼混合精矿精选，注意控制磨矿粒度，防止较软的辉钼矿过磨（避免边缘效应造成辉钼矿难浮）；然后进行铜钼分离。常用的铜钼分离方案如下：

(1) 浮钼抑铜。抑制其他硫化矿捕收辉钼矿。首先粗精矿加温脱药，再加入抑制剂抑制铜矿物，如用大剂量 Na_2S 或氰化物及其替代药剂组合。

(2) 浮铜抑钼。用有机高分子抑制剂抑制辉钼矿，再用黄药捕收其他硫化矿。

国内外的选钼粗选流程一般均采用较简单的粗选、一～三次扫选及多次精选流程。美国奎斯塔钼选厂针对安山岩较结晶岩难选的特点，采用了灵活的粗选、扫选，泡沫中矿两次精选，再磨后又两次精选的流程，如图 6-11 所示。

历史悠久的美国克麦克斯钼选厂的精选工艺流程为“一段粗磨粗选，粗精矿浓缩脱药，多级再磨，多级精选的流程”。该厂精选工艺流程如图 6-12 所示。粗磨的条件为－200 网目占 40％～45％，以表面活性剂辛太克斯药剂（硫酸化椰子油单甘酯）为中性油类捕收剂。浓缩脱药浓度为 45％～60％。

我国钼矿选矿厂，单一钼矿石有金堆城钼矿（工艺流程见图 6-13），辽宁杨家杖子钼矿，河南栾川钼矿、新华钼矿、汝阳钼矿、夜长坪钼矿，吉林的大黑山钼矿、兰家沟钼矿、黄山钼矿和青田钼矿等。铜钼矿石有德兴铜矿、宝山铜矿、小寺沟铜矿、临江铜矿和闲林埠铜矿等。金堆城也属于这一类。钨钼矿石有与黑钨矿共生的漂塘钨矿、瑶坑钨矿、汶水钨矿、大吉山钨矿、西华山钨矿和棉图窝钨矿等；与白钨矿共生的有栾川钼矿、柿竹园钨钼矿等。

国外钼精矿品位一般在 50％～55％，我国钼精矿品位一般在 45％～50％。

每种矿石的选矿特性也各异。如黄山钼矿的一种矿石中辉钼矿的粒度仅 10 μm，辉钼矿与脉石矿物难以充分解离。

在矿石中含有的过量微细的黄铁矿、磁黄铁矿或被次生铜矿物活化的黄铁矿很难抑制。矿石中的黏土黏附在辉钼矿表面，也影响辉钼矿的可浮性。脉石的细度和种类与辉钼矿、黄铜矿和辉铜矿浮选的恶化程度有关。绢云母细泥的影响低于高岭土的影响，而这两种矿泥的影响又低于蒙脱石（$Al_2[Si_4O_{10}](OH_2) \cdot mH_2O$）的影响，蒙脱石和高岭土的含量达到一定数量时，矿浆黏稠，其黏度增大。黏土吸附水以后会溶剂化，同时水进入黏土絮胶中，当高岭土和蒙脱石的含量分别达到 50％和 70％时，由于矿浆黏度的增大，会降低浮选机中吸进空气的容积。

6.1.7 硫化锑、砷、铋、汞矿的浮选

6.1.7.1 硫化锑矿的浮选

目前已知地壳中锑矿物和含锑矿物达 120 多种，含锑在 20％以上、具有工业利用价值的锑矿物仅有辉锑矿（Sb_2S_3，含 Sb 71.4％）、方锑矿（Sb_2O_3，含 Sb 83.3％）、锑华（Sb_2O_3，含 Sb 83.3％）、锑赭石（$Sb_2O_3 \cdot Sb_2O_4 \cdot H_2O$，含 Sb 74％～79％）、黄锑华[$Sb_3O_6(OH)$，含 Sb 74.5％]、硫氧锑矿（$Sb_2O_3 \cdot Sb_2S_3$，含 Sb 75.2％）、自然锑（含 Sb 100％）、硫汞锑矿（$HgS \cdot 2Sb_2S_3$，含 Sb 51.6％）、脆硫锑铅矿（$2PbS \cdot Sb_2S_3$，含 Sb 35.5％）、黝铜矿（$3Cu_2S \cdot Sb_2S_3$，

含 Sb 25%)、车轮矿($2PbS \cdot Cu_2S \cdot Sb_2S_3$,含 Sb 24.7%)。其中辉锑矿、方锑矿、锑华是锑选冶最主要的矿物原料。

我国锑矿资源丰富,储量、产量(锑精矿、锑金属)、出口量等在世界上均占有重要地位。典型矿区有湖南锡矿山锑矿、广西大厂锡多金属伴生锑矿、贵州半坡锑矿、云南木利锑矿、甘肃崖湾锑矿等。

辉锑矿矿石组成较简单,主要矿物为辉锑矿,其次为黄铁矿、白铁矿,次生氧化矿物有锑赭石、黄锑华、白锑华、褐铁矿等。原矿 Sb 平均品位在 3%左右,常伴生锡(Sn)、铋(Bi)、银(Ag)、砷(As)、钨(W)、铅(Pb)、金(Au)、汞(Ag)、铜(Cu)、铁(Fe)等,伴生矿物含量较高时,需综合评价回收利用。

矿床类型为沉积浅变质岩型锑矿床。矿床围岩蚀变较简单,有硅化、方解石化、黄铁矿化、萤石化等,其中以硅化为主。

按选矿回收的有用矿物成分可分为六类矿石:

(1) 单一的辉锑矿矿石,其他金属矿物的含量极少。

(2) 含金的辉锑矿石,这种矿石都含有砷,并且是以毒砂的形态出现,与金的共生很密切,一般锑-砷分离时也是锑-金的分离。

(3) 氧硫混合矿,矿石中不含砷,但含有比较高的次生氧化锑矿物。目前回收氧化矿只能采用重选的方法。

(4) 含钨金砷等矿物,但金的含量较高,白钨矿也可以作为副产品回收。

(5) 含锡、铅、锌、砷等的矿物,锑是以脆硫锑铅矿、辉锑锡铅矿等出现,因此锑精矿中含有大量的铅,并且锡石也是选矿厂的重要产品。

(6) 含汞的矿石,矿石中的主要矿物是辉锑矿和辰砂,它们可浮性相似。

辉锑矿在 pH 值小于 5 时会表现出较好的天然可浮性,pH 值大于 7 则需金属离子(如 Pb^{2+} 或 Cu^{2+} 离子)活化。常用的捕收剂为黄药类,丁黄药效果好,丁铵黑药、硫氮类也有较好的捕收作用。硫酸铜活化辉锑矿的 pH 值范围是 4~7.4。没有活化的辉锑矿可用中性油作捕收剂,其中页岩焦油和泥煤加工产物比较有效,反浮选时可用氰化物抑制辉锑矿。另外,被 Pb^{2+} 活化的辉锑矿,能被 $K_2Cr_2O_7$ 抑制,条件是矿浆中必须有大量的 Pb^{2+},使辉锑矿表面吸附 Pb^{2+} 以后形成不溶的表面化合物。

辉锑矿与辰砂的分离。先用硝酸铅[$Pb(NO_3)_2$]作活化剂,进行汞锑混合浮选,混合精矿分离时,再加重铬酸钾($K_2Cr_2O_7$)抑制辉锑矿;还可用由氢氧化钠或碳酸钠和硫化钠造成的强碱性($pH>11$)介质来抑制辉锑矿。

常用流程有单一浮选流程或联合流程。如手选-浮选流程、手选-重选-浮选流程。

如某锑矿,属低温热液充填似层状矿床,锑矿物主要是辉锑矿,此外尚有少量氧化锑矿。脉石有石英、方解石、高岭土、石膏和重晶石等。采用重介-浮选联合流程,原矿经重介质分选后,可废弃 50%的废石,品位由含 Sb 3.67%提高到 7.1%,回收率达 97%。经重介质处理后的矿石磨至-0.074 mm 占 55%~60%,加硝酸铅(155 g/t)活化辉锑矿,捕收剂用丁黄药(384 g/t)和页岩油(482 g/t),以松醇油(130 g/t)作起泡剂。浮选得到的锑精矿含 Sb 55%,回收率达 93.5%。

在含锑多金属硫化矿分离过程中,伴生铅、砷、汞等元素会作为有害杂质混入,从而影响精矿品质,因此需进行有害杂质元素的分离去除。一般先进行多金属混合浮选,再分离混合粗精矿；通常采取先抑制辉锑矿，再活化砷等杂质硫化矿物，浮选其他硫化矿的方式来获得锑精矿。

如某锑、金、钨矿石，原矿含 Sb 4.77%、As 0.24%、Ag 2.2g/t。采用混合浮选流程，加硫酸调整矿浆 pH 值为 5～6，再加硫酸铜 100 g/t、丁黄药 250 g/t、松醇油 40 g/t。混合精矿经精选后添加碳酸钠 1 000 g/t、硫化钠 330 g/t 以抑制辉锑矿，最终获得底流含 Sb 65.32%、As 0.39%的锑精矿，锑回收率为 88.04%。

6.1.7.2 硫化砷矿的浮选

有工业价值的含砷矿物是毒砂（FeAsS），含 As 46%，其次是雄黄（AsS）和雌黄（As_2S_3）。毒砂在硫化矿中是一种分布很广的矿物，砷矿物混入其他有色金属精矿，会成为有害杂质，如炼铅、水冶锌、黄铁矿制酸等，砷都是有害的。因此，在多金属矿分选时，应当控制含砷矿物的去向。

毒砂和其他硫化矿一样，易被硫代化合物类捕收剂浮选。在碱性介质中，受氰化物抑制；硫酸铜能在石灰介质中活化毒砂。

雄黄用重金属离子活化后，可用黄药浮选；中性油可浮选未经活化的雄黄；糊精是雄黄的抑制剂。

雌黄的可浮性比毒砂和雄黄差，如乙黄药用量为 100～750 g/t，其回收率不能保证超过 45%；用黄药捕收时，硫酸铜是活化剂，用量 500 g/t 左右，用量过多或过少，都会使结果变坏；页岩焦油对雌黄有较强的捕收作用，用量大致为 500 g/t。

毒砂与黄铁矿的可浮性很相似，因此，毒砂与黄铁矿的分离是硫化砷矿浮选的一个主要问题。常根据它们的氧化速度差别进行分离。在氧和氧化剂（如高锰酸钾、漂白粉等）作用下，毒砂快速被氧化，而黄铁矿仍可浮，合适的 pH 值在 6.7 左右。

在石灰介质中加铵盐（如氯化铵），可成功分离毒砂和黄铁矿的混合精矿。铵盐对黄铁矿有保护作用，而毒砂受石灰的抑制不浮。

6.1.7.3 硫化铋矿的浮选

铋的主要矿物是辉铋矿（Bi_2S_3），含 Bi 81.2%。硫化铋和自然铋的天然可浮性较好，易被黄药和黑药捕收，还可用烃油类浮选。辉铋矿不受氰化物抑制，与硫化铁、铜、砷等矿物分离时，可用氰化物抑其他硫化矿浮铋；辉铋矿与方铅矿不易分离，一般在冶炼过程中再使之分离。辉铋矿与辉钼矿的分离采用硫化钠作铋的抑制剂。

由于辉钼矿和辉铋矿的可浮性相近，故生产中常将它们选为混合精矿，然后再进行分离。如某钨钼铋矿，先加煤油和乙硫氮作捕收剂全浮硫化矿，混合硫化矿精矿经活性炭解吸脱药后，加氰化物和硫酸锌抑制其他硫化矿，浮出钼和铋。钼铋混合精矿分离时，加硫化钠作铋的抑制剂，用煤油浮钼。如某矿石原矿含 Mo 0.13%、Bi 0.114%，经混合浮选后再分离，得到含 Mo 45.95%的钼精矿，钼回收率为 85.74%，含 Bi 18.53%的铋精矿，铋回收率为 68.59%。

6.1.7.4 硫化汞矿的浮选

辰砂（HgS）含 Hg 86.2%，是主要的硫化汞矿物。辰砂易被黄药类捕收剂捕收，而石灰和氰化物几乎不抑制辰砂。在生产实践中，有时会添加硫酸铜作为活化剂。

品位较高的汞矿石可以直接冶炼；而浮选一般只处理那些低品位的矿石。目前，处理的原矿品位最低可至含汞 0.08%左右的矿石。而作为药用的辰砂，不但要求品位高（HgS>96%），而且必须无污染，因此不采用浮选，而是一般用重选法选出。

如某低温热液似层状汞矿，主要矿物有辰砂，伴生矿物有黄铁矿、闪锌矿、自然汞，脉石为硅化白云岩，其中以白云石、石英和方解石为主。生产流程为图 6-14 所示的重-浮联合流程。

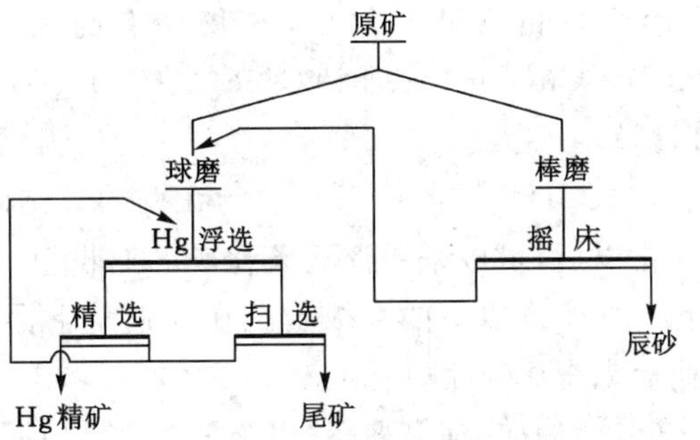

图 6-14　某汞矿重-浮联合流程

原矿破碎到 25 mm 以后，有一部分经摇床分选，得出辰砂精矿。摇床尾矿与另一部分原矿合并：磨到 60%－0.074 mm 后浮选。浮选时加硫酸铜(300 g/t)作活化剂，粗选加乙黄药(285～300 g/t)作捕收剂，樟油(600 g/t)作起泡剂，扫选加黑药(20 g/t)；当原矿品位为 0.18%时，得到汞精矿含 Hg 17.5%，回收率为 95.74%。

6.2　重金属氧化矿的浮选

自然界中硫化矿物受空气或水中氧及水中离子的作用生成氧化矿物，氧化过程通常发生在矿床的上部，根据地质条件不同氧化层厚度可达 10～50 m。

按矿石氧化率不同可将矿石分为氧化矿、硫化矿和混合矿。氧化率的定义为：

$$氧化率=\frac{矿石中氧化矿含有的金属量}{矿石总的金属量}\times 100\%$$

一般规定，当氧化率小于 10%时，称为硫化矿；氧化率 30%以上时，称为氧化矿；氧化率介于 10%～30%之间时，称为混合矿。有色金属氧化矿的主要矿物有氧化铜、氧化铅及氧化锌矿。

有色金属氧化矿具有如下特点：

(1) 结构较复杂，浸染粒度较细，不易解离，一般结构松散，脆性大，细磨时易泥化；

(2) 矿物组成复杂，同一矿床内常含多种同一金属的氧化矿物，而可浮性差别却很大；

(3) 常含有大量矿泥和可溶性盐；

(4) 不同矿床中氧化矿性质的差别很大，甚至同一矿床中不同地段的氧化程度及矿石性质变化很大。

因而氧化矿石的浮选是较困难的。脂肪酸类捕收剂对有色金属氧化矿物具有良好的捕收性，但因选择性差(尤其当脉石为碳酸盐矿物时)，精矿品位不易提高；黄药类捕收剂中仅高级黄药对有色金属氧化矿物有一定捕收作用。

6.2.1 氧化铜矿的浮选

铜的氧化矿物包括赤铜矿(Cu_2O)、黑铜矿(CuO)、孔雀石[$CuCO_3 \cdot Cu(OH)_2$]、蓝铜矿[$2CuCO_3 \cdot Cu(OH)_2$]和硅孔雀石($CuSiO_3 \cdot mH_2O$)。在干旱地区的某些矿床中,还会出现在矿坑水中具有很高溶解度的矿物。例如,在秘鲁有时遇到诸如水胆矾[$CuSO_4 \cdot 3Cu(OH)_2$]、块铜矾[$CuSO_4 \cdot Cu(OH)_2$]、胆矾($CuSO_4 \cdot 5H_2O$)之类的矿物。

6.2.1.1 氧化铜矿的可浮性

(1) 孔雀石[$CuCO_3 \cdot Cu(OH)_2$],含 Cu 57.5%,在铜的氧化矿中相对可浮性较好。这种氧化铜矿物经过预先硫化以后,可以采用浮选硫化矿的捕收剂(如黄药)进行浮选;如果不进行预先硫化,也可以用 5~6 个碳以上的高级黄药在大剂量下浮选,但直接用黄药浮选氧化铜矿时因成本高在工业上未得到应用。

孔雀石也可以被脂肪酸(如油酸、棕榈酸等)及其皂类捕收。但是,用这类捕收剂时,矿石中的碳酸盐脉石(如方解石、白云石等)与铜矿物具有相近的可浮性,因而这种浮选过程的选择性较差。所以,这类捕收剂只适用于含硅酸盐脉石的氧化铜矿石的浮选。

孔雀石还可以用长链的伯胺浮选,此时需要用硫化钠活化。

(2) 蓝铜矿[$2CuCO_3 \cdot Cu(OH)_2$],含 Cu 55.3%,可浮性弱于孔雀石。浮选条件与孔雀石基本上相同。其不同之处仅在于用脂肪酸及其皂类浮选时,它比孔雀石的可浮性好,用硫化法浮选时,则需要与药剂有比较长的作用时间。

(3) 赤铜矿(Cu_2O),含 Cu 88.8%,可浮性略好于孔雀石。

(4) 硅孔雀石($CuSiO_3 \cdot mH_2O$),含 Cu 36.1%,可浮性最差。其主要原因在于它们本身是组成和产状很不稳定的胶体矿物,其表面具有很强的亲水性,捕收剂吸附膜只能在矿物表面的孔隙内形成,而且附着极不牢固。其浮选行为受 pH 值的影响也相当显著,在工业生产上 pH 值很难控制得那么严格。含铜少,表面阳离子活性中心少,另外 Si 的存在使之亲水性强。黄药对其捕收效果较差,常使用长烃链脂肪酸、脂肪胺类捕收剂。

水胆矾、块铜矾、胆矾这类铜矿物由于在水中具有较大的溶解度,一般采用化学浸出方式处理,难选氧化铜矿也常用化学浸出。

6.2.1.2 氧化铜矿的浮选

氧化铜矿的浮选方法与有用矿物及脉石矿物成分有关,主要有硫化浮选法、脂肪酸浮选法及化学-浮选联合法。

(1) 硫化浮选法

该法应用最为普遍,工艺较简单,凡能进行硫化的氧化铜矿均可用此法进行浮选。经硫化后的氧化矿接近硫化矿的性质,可用高级黄药进行浮选。铜的碳酸盐类矿物,如孔雀石和蓝铜矿很容易用硫化钠硫化;赤铜矿硫化较难;而硅孔雀石如不预先进行特殊处理,硫化效果很差,甚至不能硫化。

先将氧化矿物用硫化钠或其他硫化剂(如硫氢化钠)进行硫化,表面形成硫化矿薄膜,然后用高级黄药作捕收剂进行浮选。若其中含有铜的硫化矿,应先用黄药捕收硫化矿(防止一起浮选时,硫化矿被硫化剂抑制),再硫化氧化矿。

硫化时硫化钠用量可达 1~2 kg/(t 原矿)。因硫化钠等硫化剂本身易氧化,作用时间短,生成的硫化膜不稳固,强烈搅拌容易脱落,所以应分批添加,并不需预先搅拌,直接加入浮选机第一槽。硫化时，矿浆的 pH 值越低，硫化进行得越快。硫酸铵和硫酸铝有助于氧化矿物的硫化，因此硫化浮选时加入这两种药剂可以显著改善浮选效果。

矿泥多、需分散时应加分散剂，通常用水玻璃。捕收剂一般用丁基黄药或同黑药混合使用。矿浆 pH 值通常保持 9 左右，pH 值过低时，可适量添加石灰。

(2) 脂肪酸浮选法

脂肪酸浮选法又称为直接浮选法。脂肪酸及其皂类可很好地浮选硅孔雀石及蓝铜矿。捕收剂采用高级脂肪酸类或羟肟酸类。此法仅适用于脉石矿物不是碳酸盐类的矿物，否则，将使浮选失去选择性。当脉石中含有大量可浮的铁、锰矿物时，会产生同样的效果，使浮选指标变坏。

用脂肪酸及其皂类作捕收剂进行浮选时，一般加入 Na_2CO_3、水玻璃、磷酸盐作为脉石抑制剂、矿泥分散剂、pH 值调整剂。用不同烃链的脂肪酸浮选孔雀石的试验结果表明，只要烃链足够长，脂肪酸对孔雀石的捕收能力是相当强的；在一定范围内，捕收能力越强，药剂的用量就越少。

(3) 化学-浮选联合法

该法适用于处理复杂氧化铜矿。这类矿石的脉石中含有碳酸盐和铁、锰化合物，而且嵌布粒度细，易于泥化。该法主要有以下几种方式。

① 硫酸浸出-沉淀-浮选法：当采用硫化法和有机酸法都不能达到满意的效果时采用。利用氧化铜矿物比较容易溶解的特点，将氧化矿先用硫酸浸出，然后用磨细的铁粉置换，沉淀析出金属铜，再用浮选法浮出沉淀铜。该法首先应根据矿物嵌布粒度，将其磨到单体解离，浸出液为 3%～5%的稀硫酸溶液，酸的用量随矿石性质在 2～45 kg/(t 原矿)变化。对于难浸出的矿石，可采用加温(45～70 ℃)浸出。浮选在酸性介质中进行，捕收剂用甲酚黑药或双黄药，未溶解的硫化铜矿物和沉淀金属铜一起上浮，进入浮选精矿。

② 氨浸-硫化沉淀-浮选法：矿石中含大量碱性脉石，使用酸浸耗量大、成本过高时采用。该法将矿石细磨后，加入硫黄粉，然后氨浸。浸出过程中，氧化铜矿中的铜离子与 NH_3 和 CO_2 作用的同时，被硫离子沉淀，成为新的硫化铜颗粒，将氨蒸发回收，再进行硫化铜的浮选。矿浆 pH 值控制在 6.5～7.5，用一般硫化铜矿的浮选药剂可得到良好指标。此法应注意氨的回收，否则会造成环境污染。

③ 离析-浮选法：矿石先进行氯化还原焙烧，生成铜的氯化物从矿石中挥发出来，在炉内被还原成金属铜，并吸附在煤粒上，再用浮选法与脉石分离。此法适用于处理难选的氧化铜矿，特别是含泥量较多、结合铜占总铜 30%以上的难选氧化铜矿及含大量硅孔雀石和赤铜矿的矿石。综合回收金、银及其他稀有金属时，离析法比浸出-浮选法优越；缺点是热能消耗大，成本较高。

6.2.2　氧化铅矿的浮选

有工业意义的氧化铅矿物主要有白铅矿($PbCO_3$)、铅矾($PbSO_4$)和彩钼铅矿($PbMoO_4$)。

氧化铅矿都可以硫化，故浮选上常用硫化浮选法。氧化铅矿经硫化后用黄药或黑药作捕收剂，一般高级黄药效果较好。硫化前通常先经脱泥处理，脱去黏土、氢氧化铁及其他泥质物质。但脱泥会造成金属损失。亦可以不经脱泥处理，添加水玻璃等分散剂以消除矿泥的有害影响。硫化剂用硫化钠或硫氢化钠，注意过量的硫化钠对铅矿会有抑制作用；还要避免一次集中添加硫化剂，防止局部 pH 值过高或局部浓度过大而抑制铅矿物。与石膏共生时，应先浮出石膏，防止其影响铅矿的分选。

白铅矿($PbCO_3$)，含 Pb 77.6%，是铅的主要氧化矿物，易于硫化，由于硫化钠(Na_2S)易造成高 pH 值而抑制铅，所以硫化剂用硫氢化钠(NaHS)较适宜，pH 值控制在 9.5 以下，然后用 500 g/(t 原矿)以上用量的高级黄药(如仲辛基黄药)或黑药捕收，效果较好。脂肪酸类捕收剂对白铅矿也具有较好的捕收作用，但选择性不好，脉石不易分离。浮选过程中加少量硫酸铵可防止 $Ca(OH)_2$ 和 $Mg(OH)_2$ 在白铅矿表面形成薄膜覆盖。

铅矾($PbSO_4$)，含铅 68.3%，溶解度大，故可浮性较差。在浮选时，大部分都会损失于尾矿中。硫化速度慢，需用大剂量硫氢化钠(NaHS)，在 pH 值为 7～9 条件下长时间硫化。在 pH 值为 9.5～11 条件下用大剂量的高级黄药捕收，同时加少量酸性磷酸钠，铅矾可部分上浮。

氧化铅矿一般氧化率高、浸染细，经常同褐铁矿等氧化矿物致密共生，多数含有大量的原生矿泥和易泥化的赭土，有时还含有石膏等可溶性盐。

彩钼铅矿($PbMoO_4$)，含 Pb 55.8%，性质与白铅矿相似，可浮性略次于白铅矿。先硫化，再用黄药捕收，捕收效果随温度上升而下降。

6.2.3 氧化锌矿的浮选

6.2.3.1 氧化锌矿的可浮性

氧化锌矿主要有菱锌矿($ZnCO_3$)、异极矿($ZnO \cdot SiO_2 \cdot H_2O$)、红锌矿(ZnO)和硅锌矿($Zn_2SiO_4$)等，其中菱锌矿最具工业价值。

菱锌矿($ZnCO_3$)，含 Zn 52%，可浮性较好。加温到 50～70 ℃进行高温硫化，经硫酸铜活化后，用高级黄药捕收，或短烃链脂肪胺类捕收剂捕收，如辛胺($C_8H_{17}NH_2$)。

异极矿($ZnO \cdot SiO_2 \cdot H_2O$)，含 Zn 54%，可浮性弱于菱锌矿。也采用加温硫化、硫酸铜活化、高级黄药捕收或短烃链脂肪胺类捕收的浮选方式。与菱锌矿比药剂用量大，硫化时间长。加温可改善浮选效果。

6.2.3.2 氧化锌矿的浮选

氧化锌矿浮选，目前在工业上能够使用的方法有加温硫化后用黄药浮选和在常温下硫化后用阳离子捕收剂浮选。注意硫化钠(Na_2S)使用不能过量，防止出现抑制作用。矿泥多时，应先脱泥。

加温硫化法主要适用于菱锌矿，异极矿效果较差，硅酸盐类锌矿无效。加温硫化后，经硫酸铜活化，用高级黄药捕收。即先脱去小于 0.001 mm 的细泥，浓缩以后，再将矿浆加温到 50～70 ℃，然后用硫化钠硫化氧化锌矿，加硫酸铜活化已被硫化的氧化锌矿，最后用长链黄药作主要捕收剂，柴油、焦油等作辅助捕收剂，松醇油作起泡剂，水玻璃作脉石抑制剂。

常温硫化法适用于各种氧化锌矿。硫化后，用短烃链脂肪胺类捕收剂捕收，伯胺效果较好。在常温下用硫化钠调整矿浆 pH 值为 10.5～11，然后用阳离子捕收剂伯胺浮选氧化锌。这一方法对菱锌矿及异极矿均有较好的浮选效果。该法的特点是硫化钠仅用于矿浆 pH 值的调整，过量的硫化钠并无抑制作用。因而加入硫化钠后，不需要一定的搅拌时间，就可以添加捕收剂浮选。但用铵盐浮选时矿泥有显著的影响，因为矿泥能大量吸附胺类药剂,并能附着于矿物表面,使浮选过程的选择性大大降低。因此,必须进行预先脱泥以消除矿泥的影响。也可用六偏磷酸钠与水玻璃分散矿泥,将胺与硫化钠按 1∶50 左右配成乳浊液浮选,可取消预先脱泥作业。

6.2.4 铅锌混合矿石的分选

实际铅锌矿石中往往既有硫化矿又有氧化矿,混合矿石指铅锌矿石中氧化铅锌的金属量占 10%～30%的混合类型铅锌矿石,分选时往往要联合使用重金属硫化矿与重金属氧化矿两种浮选方法。

对于既有铅锌硫化矿物又有铅锌氧化矿物的混合矿石,通常采用先选硫化矿物再选氧化矿物的流程,即“先硫后氧流程”,按照硫化矿物(混合浮选或优先浮选)—氧化铅—氧化锌的顺序浮选。实践中也有先选铅后选锌的流程,即先选硫化铅、氧化铅,再选硫化锌、氧化锌的流程,即“先铅后锌流程”。

白铅矿可浮性好、闪锌矿可浮性差时,往往采用先铅后锌流程,否则采用先硫后氧流程。先硫后氧流程可以减少硫化剂对闪锌矿的影响,降低锌捕收剂用量和铅精矿中锌的含量。

以石英为主要脉石矿物时,用脂肪胺浮选氧化锌时硫化锌也能很好浮起,故当矿石的氧化率很高、硫化锌不多时,可以用胺类捕收剂将它们同时回收,矿物的分选顺序要根据矿石的特点,经试验后加以确定。

6.3 铁矿石与石英的浮选

6.3.1 铁矿石的浮选

6.3.1.1 *铁矿石选矿方法介绍*

(1) 常见的铁矿石

许多矿石中都含有铁,有工业意义的铁矿石主要有磁铁矿(Fe_3O_4,含铁 72.4%)、赤铁矿及假象赤铁矿(Fe_2O_3,含铁 70%)、褐铁矿($Fe_2O_3 \cdot nH_2O$,含铁 48%～63%),菱铁矿($FeCO_3$,含铁 48.3%)。

(2) 铁矿石选矿方法简介

根据矿石性质、成分、赋存状态来选择合适的选矿方法。对强磁性的磁铁矿矿石,最经济的选矿方法是磁选;对弱磁性铁矿石,实践上采用的方法很多,主要有还原焙烧磁选、重选、浮选及磁-重-浮联合分选。

浮选主要处理细粒浸染的赤铁矿及假象赤铁矿、菱铁矿、褐铁矿,以及处理磁选或重选粗精矿,获取更高品位精矿或超纯精矿。典型捕收剂是脂肪酸及其皂类。以赤铁矿的可浮性最好,菱铁矿居中,含水的氧化铁矿的可浮性最差。介质 pH 值对铁矿石可浮性的影响比较明显。抑制铁矿石浮选最有效的药剂是腐植酸和淀粉,淀粉成本低,应用最为广泛;偏磷酸及其盐有活化铁矿石作用。

正浮选主要适用于赤铁矿类矿石的分选,而对磁铁矿的捕收能力很弱。当矿石中的磁铁矿含量较高时,正浮选的效果会变差。低品位铁矿、表外矿和老尾矿正浮选方式较多,主要使用的捕收剂有脂肪酸、肌氨酸和磺化琥珀酸,羟肟酸效果明显,但价格较高。

反浮选工艺较为常见。铁矿石的密度在 5.0×10^3 kg/m^{3}左右，明显高于脉石的密度。在浮选作业中，矿浆密度通常在 $1\times10^3\sim2\times10^3$ kg/m^{3}之间，因此脉石的有效重力远低于铁矿石的有效重力。通过采用反浮选，可以更容易地使脉石在浮选泡沫中分离。

(3) 铁矿石的可浮性

① 赤铁矿及假象赤铁矿(Fe_2O_3)，易为脂肪酸类捕收剂所浮选。纯矿石在中性和弱碱性介质(pH=7～7.5)中可浮性最好，实践中以 pH 值为 9～10 时效果较好(可减弱难免离子的影响)。浮选时常用的捕收剂为脂肪酸及其皂类，如氧化石蜡皂、塔尔油、棕榈酸；也可以用硫酸化皂、石油磺酸钠等；此外，还可以用羟肪酸作捕收剂。在饱和脂肪酸中以十二烷基酸、不饱和脂肪酸中以亚油酸等浮选效果最好。

抑制剂有淀粉、糊精、单宁等有机高分子化合物。活化剂有偏磷酸钠，兼有消除难免离子作用。

② 菱铁矿($FeCO_3$)，在强碱性条件下用胺类阳离子捕收剂捕收效果较好。

③ 褐铁矿($Fe_2O_3\cdot nH_2O$)，可浮性弱于赤铁矿及假象赤铁矿，结晶水含量越高可浮性越差，而且此类铁矿石较软，磨矿时需注意避免泥化。

6.3.1.2 常用的铁矿石浮选法

(1) 阴离子捕收剂正浮选

该法适用于处理性质简单、成分单一的矿石，使用阴离子捕收剂或螯合捕收剂。分为碱性正浮选和酸性正浮选。

① 碱性正浮选：在苏打(Na_2CO_3)介质中以脂肪酸及其皂类(捕收能力较强)为捕收剂浮选铁矿物。

② 酸性正浮选：在弱酸性介质中(使用少量工业硫酸，pH 值为 5.5 左右)经脱泥后以烷基磺酸盐(选择性较好)为捕收剂浮选铁矿石，以水玻璃为脉石的抑制剂，兼有分散矿泥、控制难免离子作用。

加温浮选有利于药剂分散溶解，有利于化学吸附，提高选择性。

正浮选的优点是药剂制度简单，成本较低；缺点是正浮选只适用于脉石较为简单的矿石，有时候需多次精选才能获得合格精矿，泡沫发黏，精矿滤饼的水分偏高。

(2) 阴离子捕收剂反浮选

该法常用于处理入选矿石品位高、脉石可浮性好的富矿或粗精矿。

对于脉石为石英类的矿物，首先用 NaOH，或 NaOH 与 Na_2CO_3 的混合物，调整矿浆 pH 值在 11.5 左右，再用钙离子活化石英，然后用脂肪酸类或环烷酸类捕收剂进行反浮选，这样得到的泡沫产品为石英，而留在槽中的产物则是铁精矿。反浮选时铁矿石的抑制剂可用淀粉(玉米淀粉、木薯淀粉等加热苛化产物)、木质素和糊精等；可以使用氢氧化钠或氢氧化钠与碳酸钠混合，调整矿浆 pH 值到 11 以上。石英只有用多价金属阳离子活化后，才能用脂肪酸类捕收。常用的活化离子是 Ca^{2+}，用得最多的钙剂是氧化钙(CaO)、氯化钙，有研究表明石英表面吸附物为 $CaOH^+$，荷正电，因此与阴离子捕收剂相互吸附。

目前提高铁粗精矿品位的反浮选方法中，使用脂肪酸类或环烷酸类捕收剂的较为普遍，由于这类药剂不易分散，浮选时往往需加热矿浆至 32 ℃以上，耗能较高。有研究表明，在脂肪酸类、环烷酸类捕收剂中加入表面活性剂和中性油等协同作用药剂时可有效提高捕收剂的分散性，降低浮选温度。

（3）阳离子捕收剂反浮选

该法适用于复杂矿物。捕收剂为胺类捕收剂，以醚胺最好。捕收能力顺序为醚胺＞脂肪胺＞芳香胺，但醚胺泡沫较黏，不好操作。铁矿石的抑制剂为高分子有机化合物，如淀粉、木质素等。调整剂有水玻璃，用来分散矿泥，兼有抑制铁矿石的作用，pH值为8～9。

阳离子捕收剂反浮选优点如下：

① 可以粗磨矿，对粒度上限不严格。用阴离子捕收剂浮选铁时一般需要细磨矿，而用阳离子捕收剂反浮选时只需将矿石磨到单体解离，胺类捕收剂就能很好地把石英等脉石浮起来，较正浮选免去脱泥作业，铁损失少。

② 回收率较高。尤其是当铁矿中含有磁铁矿时，用阴离子捕收剂正浮选，磁铁矿则易损失于尾矿中，而用阳离子捕收剂反浮选时，磁铁矿可以一并回收。

③ 可以提高精矿质量。用阴离子捕收剂浮选时，含铁硅酸盐会大量进入泡沫，影响精矿品位，而阳离子捕收剂反浮选时含铁硅酸盐与石英一并进入尾矿，故精矿品位较高。

④ 作业简化。用阳离子捕收剂反浮选可免去脱泥作业，故也可减少铁矿石的损失。该法适用于含铁品位高且成分较为复杂的含铁矿石的浮选。

嵌布粒度细的矿石一般采用选择性絮凝-脱泥-阳离子捕收剂反浮选方案。细磨后以苛性钠为介质调整剂，在强碱介质中以水玻璃为脉石的分散剂，以淀粉为铁矿石的选择性絮凝剂，然后脱泥，用阳离子捕收剂浮选大颗粒石英等脉石。

胺类阳离子捕收剂反浮选的缺点是泡沫黏度较大，操作困难，精矿质量也较阴离子捕收剂反浮选方式要稍差，采用与中性油类等药剂的联合用药方式可降低泡沫黏度，改善精矿质量。

6.3.2　石英的浮选

石英矿又称石英砂、硅石矿，主要成分为SiO_2，密度$2.65\times10^3\ kg/m^3$，普式硬度7左右。石英精矿是玻璃、水泥、铸造、磨料、生产硅合金等行业的原料。

石英矿中常见的矿物杂质为与石英共生的含铝的硅酸盐矿物及铁矿物，如长石、云母，它们之间的物理、化学性质类似，用重选、酸洗、磁选不能分离，行之有效的方法一般是浮选分离工艺。

6.3.2.1　*石英除铁浮选法*

该法是针对含铁矿石与石英的浮选分离。杂质中含铁矿石的类型有黄铁矿（FeS_2）、钛铁矿（$FeTiO_3$）、赤铁矿（Fe_2O_3）、磁铁矿（Fe_3O_4）等。这些铁矿石在石英中的赋存状态有多种形式：有的以氧化铁膜的形式黏附于石英表面，有的则作为矿物包裹体的形式存在，还有的以扩散状态赋存于石英晶格内部或赋存于其他矿物杂质中，如云母、角闪石等。弄清楚铁杂质的赋存形态和各粒级中的分布形式，是选择适当分选流程以去除铁的重要依据。

根据含铁量和含铁类型，一般采用重选法去除大颗粒铁，再用磁选法除去磁铁矿，最后用浮选法去除剩余铁的流程。

含铁矿物零电点大多在5以上，在酸性环境下荷正电，理论上适合采用阴离子捕收剂。脂肪酸（皂）、烃基磺酸盐或硫酸盐都可作为浮选氧化铁矿的阴离子捕收剂。浮选黄铁矿可用经典的浮硫药剂：异丁黄药加丁铵黑药（4∶1），可在酸洗环境下从石英中浮选出黄铁矿。浮选钛铁矿一般用油酸钠作为浮选剂，调节pH值至4～10，油酸根离子与钛铁矿表面铁质点间发生化学反应产生油酸铁,化学吸附的油酸根离子使钛铁矿保持较好的可浮性。近年发展的烃基磷酸类捕收剂对钛铁矿具有良好的选择性和捕收性能。

表面纯净的石英,不能用阴离子捕收剂浮选。但许多金属离子如 Ca^{2+}、Cu^{2+}、Al^{3+}、Mg^{2+}、Fe^{2+}、Fe^{3+} 等可活化石英,采用阴离子捕收剂即可捕收被活化的石英。石英的活化程度与 pH 值密切相关。水玻璃可强烈抑制被 Fe^{2+}、Al^{3+} 活化的石英;硫化钠可抑制 Fe^{2+}、Al^{3+}、Fe^{3+} 所活化的石英,但不抑制 Ca^{2+}、Mg^{2+} 离子活化的石英。所以一般反浮选时用水必须软化,去除水中的钙盐和镁盐,保证硫化钠对石英的抑制作用。

6.3.2.2 *石英砂浮选*

含云母、长石的石英砂矿因含铁量低,可作为高纯度石英生产的原料。常规工艺是始于20世纪40年代的有氟浮选法,采用反浮选方式。首先用 H_2SO_4 调整 pH 值到3左右,然后用胺类捕收剂捕收云母,在强酸条件下,实现云母与长石、石英的分离。再用氢氟酸调整 pH 值到2.5,用胺类捕收剂捕收长石,最后槽中剩下的是高纯度的石英精矿。在强酸性及氟离子参与下,阳离子捕收剂优先浮选长石。实现浮选选择性的关键在于调节矿浆溶液 pH 值,在 pH=2.5 左右,石英处于零电点附近;而长石一般的零电点为 pH=1.4～1.7。在氟离子的活化下,长石表面的负电位增强,石英表面基本不荷电。胺类阳离子会率先在长石表面吸附,使其表面疏水。

云母常规浮选工艺成熟,浮选效果好。层状结构的云母($KAl_2[Si_3AlO_{10}](OH,F)_2$)解离后表面暴露了大量的阴离子 O^{2-} 及 F^-,零电点极低(pH<2),因此在很宽的 pH 值范围内(pH=2～13)均可用阳离子捕收。在阳离子捕收体系中,尽管长石具有可浮性,但浮选的 pH 区域(pH=4～11)比云母窄,因此强酸性条件下可优先浮出云母。

长石与石英二者同属架状硅酸盐矿物,物理性质、化学组成、结构等方面相近,用重选和磁选无法将其分离;二者在水溶液中的荷电机理也基本相同,亲水性较强,零电点都很低。但由于在长石的结构构造中,铝氧四面体取代硅氧四面体,故引进 K^+、Na^+ 等碱金属离子作为电价补偿。K^+ 和 Na^+ 等碱金属离子易在水中解离,使矿物表面荷负电,使得长石零电点比石英低,从而使从石英中浮选长石成为可能。

无氟浮选法适用于生产纯度要求不高的石英。在强酸条件下,混合使用阴离子捕收剂(十二烷基磺酸盐)和二胺类阳离子捕收剂。阴离子捕收剂可与吸附在长石表面的二胺类捕收剂络合,形成共吸附,从而提升长石表面疏水性。如旭口硅砂矿,在 pH=3 条件下,用 *N*-烷基丙二胺和石油磺酸钠混合捕收,得到的石英品位为96.9%,可作为优质平板玻璃原料,但离高纯石英玻璃用料还相差甚远。

总之,以氢氟酸(HF)作为调整剂,在阳离子捕收剂体系下优先浮选长石,被公认为效果最好的药剂制度。迄今,多数工厂还沿用此工艺。

6.4 非极性非金属矿浮选

非极性非金属矿指天然可浮性好的分子晶体非金属矿,如煤、滑石、石墨、自然硫等。这类矿物的共同特点是密度小、表面极性小、天然可浮性好、易于捕收、药剂制度相对简单、磨矿粒度上限高、流程也简短。这类矿物普遍硬度较小,磨矿中易于泥化,应避免过粉碎,注意消除边缘效应带来的影响。

6.4.1 石墨的浮选

6.4.1.1 *石墨的可浮性*

石墨是碳元素结晶的矿物之一，质轻(密度约 2.3×10^3 kg/m^3)、硬度小，属层状结构，解理好，层间为分子键，同一层为共价键。石墨具有耐高温、导热、导电、润滑、可塑性和化学稳定性好等优良性能，在耐火材料、电极、电刷等领域获得广泛应用。天然石墨的可浮性相当好，特别是鳞片状的石墨。石墨的形成条件因其结构和共生矿物种类的不同而影响可浮性，所以浮选方法也略有不同。通过浮选，石墨一般能初步富集到约 95%纯度，若要进一步提纯，则需要采用化学浸出工艺。

(1) 鳞片石墨

鳞片石墨是一种石墨晶体呈鳞片状的矿石，形成于高强度的压力下，分为大鳞片和细鳞片。此类石墨矿石的特点是品位不高，一般在 5%～25%之间。它是自然界中可浮性最好的矿石之一，但需注意边缘效应问题。与其他类型石墨相比，这类石墨的可浮性、润滑性、可塑性均更为优越，工业价值最大。

(2) 致密结晶状石墨

致密结晶状石墨又叫块状石墨。此类石墨结晶晶体明显，肉眼可见，颗粒直径大于 0.1 mm。其晶体排列杂乱无章，呈致密块状构造，品位很高，一般含碳量为 60%～65%，有时达 80%～98%，但其可浮性、可塑性和滑腻性不如鳞片石墨。

(3) 隐晶质石墨

隐晶质石墨又称非晶质石墨或土状石墨。这种石墨的晶体直径一般小于 1 μm，是微晶石墨的集合体，只有在电子显微镜下才能见到晶形。此类石墨的特点是表面呈土状，缺乏光泽，润滑性也差。隐晶质石墨品位较高，一般为 60%～80%，少数高达 90%以上，但矿石可选性较差。

石墨晶片越大，其性能越好，但石墨质软、易碎，所以浮选时应尽量保护石墨鳞片不受或少受破损，一般采用多段磨矿和多段浮选流程，磨矿可达 3～5 次，精选 5～8 次。

6.4.1.2 *石墨浮选原则流程及流程内部结构*

(1) 原则流程

为保护石墨鳞片不受破损，使精矿质量满足要求，鳞片石墨浮选通常采用多段磨矿、阶段分选工艺流程。图 6-15 所示为山东南墅石墨矿选矿厂工艺流程。磨矿次数与矿石的矿物组成、嵌布特性、原矿品位和对精矿的质量要求有关。再磨是为了将夹在石墨鳞片间的脉石杂质剥离掉，而对石墨本身的粒度影响应尽量小。所以，磨矿设备采用以磨剥作用为主的棒磨机、碾磨机，它们要比以打击力为主的球磨机好。为了提高磨矿效果，磨矿之前应设浓缩作业，将磨矿浓度保持在 40%～45%，浓缩设备可采用水力旋流器或沉淀式离心机。精选过程中，应及时分离出去大鳞片石墨，如有大于 80 网目的石墨单体鳞片，应提前分离，可作为冶炼用坩埚的原料。分离方法可用湿法筛分。

(2) 流程的内部结构

多数石墨浮选采用多次精选的流程结构。粗选时间一般 12～15 min。在石墨充分单体解离的条件下，精选的次数直接影响精矿质量。当最终精矿品位要求 89%～90%时，应采用五六次精选，当精矿品位要求 95%时，一般需七八次精选。中矿可视其性质采用单独

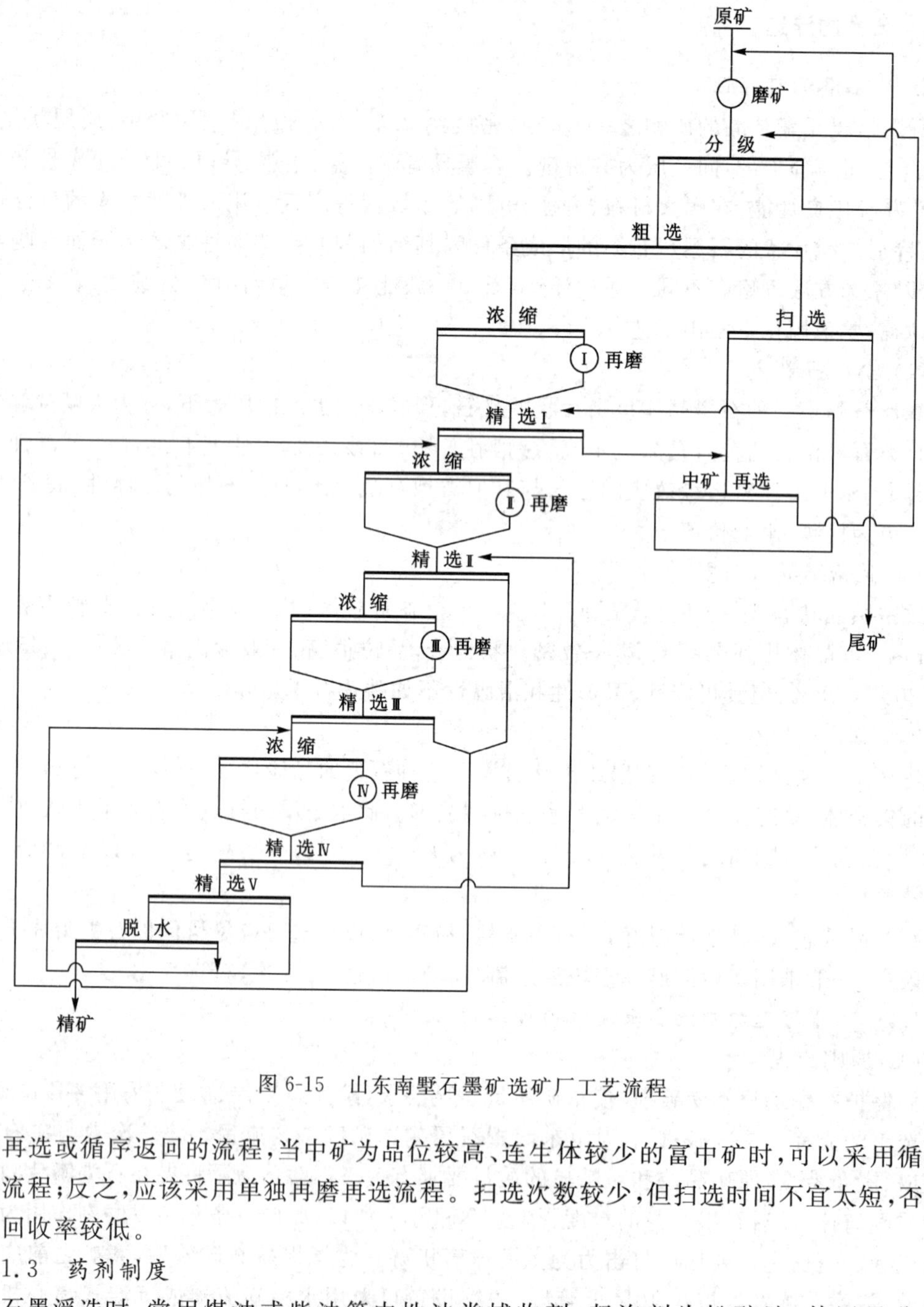

图 6-15 山东南墅石墨矿选矿厂工艺流程

再磨再选或循序返回的流程,当中矿为品位较高、连生体较少的富中矿时,可以采用循序返回的流程;反之,应该采用单独再磨再选流程。扫选次数较少,但扫选时间不宜太短,否则会导致回收率较低。

6.4.1.3 药剂制度

石墨浮选时,常用煤油或柴油等中性油类捕收剂,起泡剂为松醇油,其用量分别为250～300 g/(t 原矿)和 50～150 g/(t 原矿)。常用水玻璃对脉石进行抑制,用量为 1 500～2 000 g/(t 原矿)。介质 pH 调整剂常采用石灰,pH 值一般介于 8～9。使用时常将 2/3 的煤油和水玻璃加在分级机的溢流中,其余的 1/3 加在一、二次扫选中。松醇油则全部加在分级机溢流中。

6.4.2 滑石的浮选

滑石是一种天然黏土矿物，其分子式为 $Mg_3(Si_4O_{10})(OH)_2$，是硬度很小的矿物，有滑感，密度 2.7～2.8 t/m^3，解理发达，属硅酸盐层状晶体矿物，如图 6-16 所示。层间为分子键，层内为离子键，晶体结构为完全对称的非极性分子，因此，表面呈非极性、疏水性好。叶片状滑石天然可浮性好于柱状(纤维状)滑石。用途最广的片状软滑石，是镁质碳酸盐沉积的蚀变产物，一般呈块状、叶片状、纤维状或放射状，颜色为白色、灰白色，有玻璃光泽，致密块体呈油脂光泽，常与菱镁矿、赤铁矿共生，因含有其他杂质而带各种颜色。

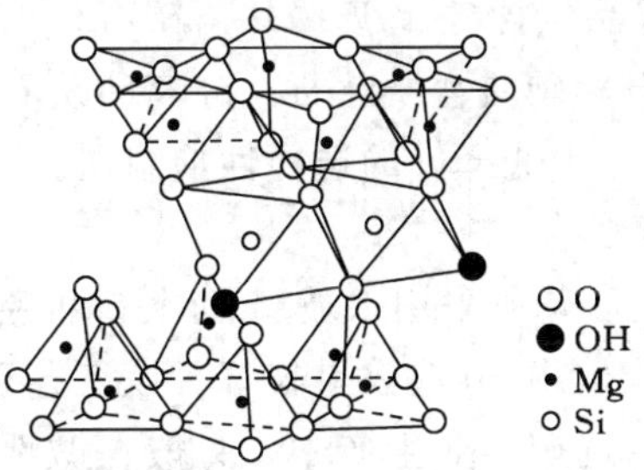

图 6-16 滑石的晶体

滑石具有润滑性、柔性、耐火性、绝缘性、化学稳定性及对油类有强烈的吸附性等特点，广泛用于造纸、油漆、涂料、陶瓷、橡胶、医药、化妆品、食品、铸造等工业部门。

滑石天然可浮性好，流程较为简单。一般只需要一次粗选，一次扫选，2～4 次精选就可获得最终精矿。药剂制度也相对简单，捕收剂为中性油类，如煤油，柱状滑石可添加短烃链胺类捕收剂强化捕收作用。起泡剂为 2 号油，矿浆 pH 值调整剂为硫酸、石灰。

浮选可在 pH=13 至中性介质中进行。捕收剂可采用短链的阳离子胺类、石油磺酸盐、高级醇的硫酸盐酯、非极性烃类油等。叶片状的滑石只需用起泡剂；而纤维状滑石需要添加胺类捕收剂，才能浮选。当矿石中含有氧化铁，滑石颗粒受其包裹时，浮选很困难。据报道，将 pH 值降到 6 可增加浮选的选择性。浮选时可添加适量水玻璃或碳酸钠，用于分散矿泥，提高分离效果。

细磨是滑石浮选的重要作业。经过湿法磨细的滑石(一般 0.074 mm 占 90%～95%)可以进入浮选工序。

浮选过程是使滑石呈浆状，浓度为 15%～10%，先送到搅拌槽加浮选剂，再送入浮选机，同时向浮选机内鼓入空气。空气呈小气泡弥散在矿浆中，由于浮选药剂的作用，滑石附着在气泡上，并成为泡沫层，刮出后即为精矿，精矿经浓缩、过滤、干燥、包装后成为最终产品出厂。滑石产品的粒度分为：$-74\ \mu m$ 占 98%、$-44\ \mu m$ 占 98.5%及 $-44\ \mu m$ 占 99.5%三种，且每种都含有相当数量的 15～35 μm 的微粉。

6.5 盐类矿物的浮选

这里的盐类矿物是指微溶的盐类矿物，如磷矿、菱镁矿、萤石、白钨矿、重晶石等。这一类矿物共同的特点是矿物晶格为离子键，矿物破裂后表面有强的亲水性，矿物的天然可浮性差；不能被硫代化合物类捕收剂浮选，能被脂肪酸及其皂类捕收剂浮选；浮选过程的选择性差，故必须使用好调整剂及控制好矿浆 pH 值。

6.5.1 磷矿的浮选

磷矿石按成因有磷灰石和磷块岩两种。

(1) 磷灰石，通式为 $Ca_{10}X(PO_4)_6$，式中 X 代表 F、Cl 或 OH 基，含 P_2O_5 40.9%，这类矿石一般品位较低，但可浮性较好，是制造磷肥和磷酸盐的主要原料。

(2) 磷块岩是一种沉积成因或风化淋滤成因的含磷灰石的磷矿石。全国已发现的磷矿石中，储量 80%以上属于中低品位含硅-钙质磷块岩矿石。

磷矿石中伴生有硅质脉石和碳酸盐质脉石。分离磷灰石与硅质脉石并不困难，但分离碳酸盐质脉石却很困难，关键在于选择好的选择性抑制剂。

常用的浮选磷矿工艺如下：

(1) 正浮选工艺。对于硅质磷矿采用水玻璃、淀粉等抑制硅酸盐及碳酸盐矿物，用油酸等阴离子捕收剂正浮选磷酸盐矿物，分选效果较好。该工艺已成功地应用于岩浆岩型磷灰石和沉积变质型磷灰岩矿石的选矿工业生产中。一般在碱性介质(pH＝8～11)中进行，为防止 CO_3^{2-} 离子造成的沉淀，用 NaOH 调整 pH 值。水玻璃有分散和抑制石英和碳酸盐的作用，同时能维持碱性介质。

(2) 反浮选工艺。用于磷矿物和白云石、方解石等钙质脉石的分离，沉积钙质磷块岩常采用磷酸(H_3PO_4)及其衍生物等药剂抑制磷酸盐，硫酸(H_2SO_4)调整矿浆 pH 值在 5～6，常温下用脂肪酸阴离子捕收剂浮选白云石、方解石等碳酸盐矿物。用于磷矿物与白云石和石英的分离，以无机酸作为矿浆 pH 值调整剂，在弱酸性介质中用脂肪酸和脂肪胺浮出白云石和石英，将磷矿物富集于槽内产品中。其最大优点是可以常温浮选，槽内产品粒度较粗，有利于产品后处理。但是胺对矿泥较敏感，胺反浮选前需脱泥，导致浮选流程复杂。

(3) 反-正浮选工艺。对含硅-钙质磷灰石，脱除矿泥后，用磷酸(H_3PO_4)调介质至酸性，用合成脂肪酸浮选碳酸盐；再用苏打调介质至碱性，用塔尔油浮选磷灰石。也有采用阴离子捕收剂先浮出碳酸盐，再用阳离子捕收剂浮出硅石，最后正浮选磷灰石。

(4) 正-反浮选工艺。主要用于中、低品位沉积型硅钙质磷块岩。在碱性介质中，采用捕收剂富集磷矿物，硅酸盐矿留在槽内作为尾矿排除，得到的正浮精矿中添加无机酸作为矿浆 pH 值调整剂；在弱酸性介质中，用脂肪酸捕收剂浮出白云石，常见的捕收剂有脂肪酸及其皂类、塔尔油、磺酸盐、磷酸酯等，最常用的有油酸、米糠油酸、棉籽油酸、棕榈油酸等。浮选时要加温，若添加少量表面活性剂，可以降低温度，但同时也降低了选择性。

6.5.2 钨矿的浮选

钨矿可分为白钨矿和黑钨矿两大类。目前我国钨矿的开发利用以黑钨矿为主，白钨矿次之，常用重选-浮选联合法处理。由于钨矿密度较大，采用重选回收较为经济，从浮选角度来说白钨矿比黑钨矿可浮性好很多，所以细粒嵌布的白钨矿常采用浮选回收。

6.5.2.1 白钨矿的浮选

白钨矿的浮选主要解决与硫化矿及非金属矿的分离问题，具体包括：

(1) 白钨矿与硫化矿的分离。硫化矿物多时，浮选白钨矿前先用黄药捕收硫化矿物。

浮白钨矿时，加少量氰化物、硫化钠、铬酸盐等抑制少量未被浮出的硫化物。用水玻璃、单宁、多聚偏磷酸钠等抑制其脉石矿物，用水玻璃或碳酸钠将矿浆的 pH 值调至 9.5～10，精选时 pH 值为 11～12。

(2) 白钨矿与方解石、萤石的分离。常用浓浆高温法。先把矿浆浓缩至浓度为 60%～70%，然后加入水玻璃，将矿浆升温至 80 ℃以上，搅拌 30～60 min，再用清水稀释，在室温下浮选白钨矿，槽中产物是萤石和方解石。

(3) 白钨矿与石英类硅酸盐的分离。用油酸作捕收剂，水玻璃作抑制剂，就可抑制石英和硅酸盐类脉石，浮出白钨矿。

(4) 白钨矿与重晶石的分离。因水玻璃对白钨矿和重晶石的抑制作用相近，单用水玻璃难以实现分离，还需用烷基硫酸盐或磺酸盐作捕收剂在 pH 值为 1.5～3.0 条件下反浮选重晶石，在槽内得出白钨矿。

(5) 钨锡分离。可用电选，也可用浮选。浮选分离时，用脂肪酸捕收白钨矿，用水玻璃抑制锡石。

(6) 钨钼分离。白钨矿床常伴有多种硫化矿，其中辉钼矿尤为常见，在选矿过程中一般先浮硫化矿，后浮白钨矿；先浮选钼，再用油酸浮出白钨矿，浮白钨矿时采用大量水玻璃加温精选法。

白钨矿常用的捕收剂是油酸、油酸皂液和 731 氧化石蜡皂等。

白钨矿的选矿根据矿石的浸染特性，可采用重选与浮选相结合的方法，也可以采用单一浮选法。个别白钨矿选矿厂还进行预先富集，如澳大利亚的金岛(King island)白钨矿选厂，利用紫外线荧光拣选机从原矿中选出 50% 的废石，这些废石的品位低于选矿厂排出的尾矿，白钨矿的回收率达 90%～96%，设备的拣选能力为 35～40 t/(台·时)。

白钨矿的浮选通常在碱性介质中进行，通过碳酸钠、氢氧化钠调整矿浆 pH 值到 9～10.5，常用的抑制剂有水玻璃(模数为 2.2～3)、白雀树皮汁、单宁及各种磷酸盐。常用的捕收剂有油酸、油酸钠、塔尔油、氧化石蜡皂等，这些捕收剂都具有起泡性能，一般不另加起泡剂。

白钨矿具有很好的可浮性，但在矿石中多因存在与其性质相类似的含钙脉石矿物(如方解石、萤石、磷灰石等)而导致浮选过程复杂化。为改善浮选过程的选择性，将多价金属盐(如硫酸亚铁)加到水玻璃中，能显著提高白钨矿的浮选效果。

提高矿浆温度也是改善白钨浮选的一项重要措施。彼得洛夫法通过将矿浆加热到 70～90 ℃，并加入大量水玻璃(40～90 kg/t)，经过搅拌与脱水，使方解石表面上的捕收剂被解吸，然后调浆，再精选 4～8 次，实现白钨矿的选择性上浮。如果精矿中还含有较多的重晶石，可用烷基硫酸盐或磺酸盐在 pH 值等于 1.5～3 以下反浮选重晶石，当精矿含磷不合格时，可以用盐酸浸出精选精矿，以溶解其中的磷酸盐矿物，固液分离和洗涤以后，白钨精矿中的含磷量即可达到合格标准。曾有选矿厂用高温精选法分选白钨矿，生产技术指标为白钨精矿品位 67.03%，尾矿品位 0.095%，回收率达 80.17%。

美国联合碳化物公司的 L. A. Vazquez 等人制定的一种“石灰法”浮选，能在萤石存在的情况下使白钨矿有极好的选择性。与通常的理论相反，在浮选过程中添加适量的石灰是有益的，因为在浮选体系中添加石灰，其钙离子吸附在萤石、方解石和石英表面，随之引起表面电荷变化，从负变到正，而白钨矿仍保持负电荷；继而加入碳酸钠与矿浆搅拌时，在石英、萤石和方解石的表面上产生碳酸钙沉淀,而白钨矿仍带负电,表面没有沉淀;再加入水玻璃后,可进一步增强对方解石的抑制,从而改善白钨矿同方解石、萤石浮选的选择性。“石灰-浮选”法的要点是,用石灰(约 0.5 kg/t)调浆,再加入碳酸钠(约 0.15 kg/t)和水玻璃(约 2.2 kg/t),最后用油酸和环烷酸(两者之比为 1∶1)捕收。该法的特点是使矿浆中的 Ca^{2+} 先吸附在脉石矿物的表面,当加入碳酸钠以后,吸附在脉石表面的 Ca^{2+} 就变成较易被抑制的 $CaCO_3$ 薄膜,因而能大大地提高精矿品位。

剪切絮凝浮选已首次在瑞典伊克斯约贝格(Yxioberg)白钨选矿厂获得成功。这是改善细粒白钨矿浮选的一种很有前途的方法。其做法是在白钨矿浮选前的搅拌桶中,加入适量的浮选药剂,控制好矿浆 pH 值和浓度,在强烈搅拌下,疏水性的矿粒互相碰撞,减薄水膜,形成含有数百颗粒的白钨矿絮团,增大了细粒的有效尺寸,更易黏附气泡迅速上浮。近年来在澳大利亚进行的半工业试验表明,当原矿品位 0.83% WO_3 的白钨矿石,磨细到 $-15\ \mu m$ 40%～70%时,用常规浮选法回收率约 74%;当矿浆经剪切絮凝预先处理后再浮选时,回收率则提高到 83%,粗精矿品位也从 5% WO_3 提高到 6% WO_3,多回收的钨的价值为剪切絮凝工艺增耗费用的 4 倍。

我国白钨矿浮选厂数量较少,约占钨矿选矿厂处理能力的 5%。荡坪宝山白钨矿浮选厂最初使用油酸作捕收剂,采用彼得洛夫法加温精选,后来将捕收剂油酸改为“731”氧化石蜡皂,后者是石油工业副产品,来源广且价格低。浮选时,矿浆不需加温,在常温下精选即可取得较高的分选指标,从而得到了推广应用。

寻求适宜的药剂制度并实行常温浮选是白钨矿浮选发展的趋势。近来在一些白钨矿选矿的研究中,采用“石灰法”浮选,用氧化石蜡皂作捕收剂,在常温下能得到高品位(＞65% WO_3)的白钨精矿和较高的回收率。当矿石组成复杂难选时,为保证取得高的回收率,在许多情况下只要求选得低品位(15%～30% WO_3)精矿,然后送交化学选矿处理,以生产合成白钨或仲钨酸铵等产品,从经济上看,这种方法是有利的,并已在国外广泛采用。

6.5.2.2 黑钨矿的浮选

常见的黑钨矿有钨锰铁矿[$(Fe,Mn)WO_4$]、钨铁矿($FeWO_4$)和钨锰矿($MnWO_4$)。它们是类质同象矿物。其中钨锰矿较易浮,钨锰铁矿中等,钨铁矿较难浮。

浮选黑钨矿常用的捕收剂有油酸、磺化琥珀酸盐(A-22)、甲苯胂酸、烃基膦酸、异羟肟酸等。脂肪酸类浮选黑钨矿时,适宜的 pH 值为 7～9,常用碳酸钠做调整剂,水玻璃作脉石抑制剂,注意水玻璃用量,量大时对黑钨矿有抑制作用。油酸的捕收力较强,但选择性较差,常配合使用醇类起泡剂和磺丁二酰胺酸,可改善泡沫矿化条件,获得较好的浮选结果。甲苯胂酸和烃基膦酸类捕收剂在酸性介质中进行,用硫酸或盐酸调浆,用硝酸铅作活化剂。

浮选黑钨矿的脉石抑制剂是氟硅酸钠、水玻璃、水玻璃和硫酸铝的混合物(6∶1)、重铬酸盐、硫酸与氟氢酸等。但是,黑钨矿本身可被大用量的草酸、氟硅酸钠(4 kg/t 以上)和水玻璃等药剂抑制,所以必须严格控制有关抑制剂的用量。

某钨矿选矿厂处理精选细泥,其给矿粒度为 36%小于 0.074 mm,金属矿物是黑钨矿、黄铁矿、褐铁矿、闪锌矿、辉铋矿等。钨的品位为 8%～10%,脉石是石榴子石和石英。用苯胂酸类和氧化石蜡皂的混合物浮选,经过一粗二扫所得指标如下:原矿 WO_3 品位 6%～8%,精矿 WO_3 品位 40%～47%,WO_3 回收率 78%～82%。

6.5.3 菱镁矿的浮选

菱镁矿的化学组成为$MgCO_3$，含 MgO 47.84%，属三方晶系碳酸盐矿物，通常呈白色或灰白色，含铁的则呈黄至褐色、棕色，具有玻璃光泽。其密度约为 $2.9\times10^3\ kg/m^3$，莫氏硬度为4～4.5，性脆。菱镁矿通常呈显晶粒状或隐晶质致密块状，隐晶质致密块状又称为瓷状菱镁矿，在风化带常呈隐晶质瓷状，大都呈雪白色，具有完全的菱面体解理，瓷状菱镁矿则具贝壳状断口。常有铁、锰类质同象替代镁，但天然菱镁矿的含铁量一般不高。菱镁矿精矿除了要求达到一定的 MgO 含量外，对 Ca、Si、Al、Fe、烧损等杂质含量也有较严格要求。菱镁矿的脉石主要是滑石、石英、蛇纹石（含 Si 类）、白云石（$CaCO_3\cdot MgCO_3$）、方解石（含 Ca 类）、褐铁矿、磁铁矿（含 Fe 类）。菱镁矿除提炼镁外，还可用作耐火材料和制取镁的化合物。菱镁矿在750～1 100 ℃温度下煅烧可获得轻烧镁粉，矿石中 MgO 含量约提高1倍，轻烧镁具有很高的活性，是生产高体密镁砂的原料。俄罗斯、中国、朝鲜是世界上菱镁矿资源最为丰富的国家，我国菱镁矿资源主要集中在辽宁、山东两省，约占全国总储量的95%。

菱镁矿脉石中的方解石、白云石等与菱镁矿同属碳酸盐矿物，它们含有相同的阴离子或部分相同的阳离子，具有类似的可浮性和表面特性，较大的溶解度和相同的晶体结构，常造成浮选分离困难。一般含 Ca、Fe 多的矿石分选效果也不好，原因为易与 Mg 形成类质同象，且性质相似。如果脉石中含有铁矿物，通常配合磁选工艺进行除铁。

浮选菱镁矿的捕收剂常用脂肪酸类、胺类捕收剂、烷基磺酸盐、中性油类等，常用的抑制剂有水玻璃、磷酸盐（用于反浮选抑制硅酸盐类等矿物）、有机高分子化合物（淀粉、木质素等用于正浮选抑制菱镁矿）等。矿浆 pH 值调整剂常用 HCl、Na_2CO_3等。

菱镁矿浮选工艺需根据脉石种类和数量采取不同的浮选方式，常用的工艺有反浮选工艺、反-正浮选工艺。

当菱镁矿中的脉石主要为滑石时，采用一步反浮选工艺，以中性油类为捕收剂，底流获得镁砂。当主要脉石为滑石、白云石、方解石时，常采用反-正浮选两步分选工艺。第一步利用中性油类捕收剂进行反浮选以去除滑石，再进行正浮选选取菱镁矿。第二步正浮选用脂肪酸类或烷基磺酸盐捕收菱镁矿，用水玻璃、六偏磷酸钠作抑制剂。

对于脉石类型复杂的镁矿石，如脉石中不仅有滑石、石英、蛇纹石（含 Si 类），还有白云石、方解石（含 Ca 类），亦常采用反-正浮选工艺，首先进行反浮选去除滑石、石英，采用胺类阳离子捕收剂，随后正浮选捕收菱镁矿，捕收剂采用氧化矿类的阴离子捕收剂。例如，海城地区某高硅型菱镁矿选矿厂，原矿 SiO_2含量为3.19%、MgO（烧损 1 L＝0，下同）含量为91.19%，采用反-正浮选联合流程，获得精矿 SiO_2为含量0.28%、MgO 含量为97.71%、产率为71.82%、$\omega(CaO)/\omega(SiO_2)>2$。在阳离子酸性反浮选工艺中，以六偏磷酸钠和盐酸为调整剂，pH 值保持在6.5左右，十二胺为主要捕收剂；在阴离子碱性正浮选工艺中，以六偏磷酸钠和碳酸钠为调整剂，pH 值保持在8.5左右，油酸为主要捕收剂。研究表明，吸附在菱镁矿表面的六偏磷酸钠阴离子 $Na_4P_6O_{18}^{2-}$ 可全部被油酸所取代。所以六偏磷酸钠作为抑制剂并不影响油酸对菱镁矿的捕收作用。因此油酸可从含方解石和白云石的矿物中浮出菱镁矿。

由于菱镁矿原矿中脉石矿物含量较少，反浮选可以减少药剂用量并提高浮选效率，故近年来对于复杂菱镁矿的单一反浮选工艺的研究也取得了较大突破。如处理辽宁海城镁矿一级粉矿时,采用反-正浮选联合流程的技术指标为:原矿 MgO 含量为 96.03%,精矿产率为 44.13%、MgO 含量为 97.84%;而改造为单一反浮选流程的工业试验平均技术指标为:原矿 MgO 含量为 95.24%,精矿产率为 67.73%、MgO 含量为 97.43%,精矿产率得到大幅度增加。单一反浮选处理三级镁矿的技术指标为:原矿 MgO 含量为 93.42%、SiO_2含量为 1.34%,精矿 MgO 含量为 97.37%、产率为 71.36%、SiO_2含量 0.15%。这在工业上已经实现了从三级菱镁矿中选出 MgO 含量为 97.37%的高纯镁精矿。

6.5.4 萤石的浮选

萤石又称氟石,卤族矿物,化学式为 CaF_2,其中 Ca 占 51.1%、F 占 48.9%。因萤石在紫外线照射下会发出美丽的荧光而得名。萤石通常伴生石英、方解石、重晶石、黏土,或者是方铅矿、闪锌矿、锡石、沥青等杂质。有的含有稀有金属,如富含钇者称为钇萤石,含有各种稀有元素萤石常呈紫红、翠绿、浅蓝色,无色透明的萤石稀少而珍贵。萤石属等轴晶系,晶形有立方体、八面体,少数为菱形十二面体,多形成穿插双晶。其集合体为致密块状,偶呈土状块体。萤石的莫氏硬度为 4 左右,性脆且解理完全,密度为 3.18×10^3 kg/m³,熔点为 1 360 ℃。萤石用于化工、冶金、陶瓷等行业,是生产氢氟酸的原料,也是冶金行业的助熔剂和玻璃行业的乳化剂。用途不同对萤石精矿中的石英、方解石、三氧化二铁、重晶石及重金属等含量均有较严格要求。

中国萤石矿品位一般在 35%~40%之间,其中≥65%的富矿只有 3 000 万 t,约占保有储量的 23.8%;而不低于 80%的高品位富矿不到 1 000 万 t。现已发现各类萤石矿床和矿点约 874 处。湖南萤石最多,内蒙古、浙江次之,主要集中在湖南柿竹园、湖南桃林、内蒙古苏莫查干敖包和浙江湖山等几大矿床。

萤石是非金属矿物中易浮的矿物之一。浮选时常用脂肪酸类阴离子捕收剂,此类药剂易于吸附于萤石表面,且不易解吸。提高矿浆温度能显著提高浮选效果。萤石的浮选方法因伴生矿物种类不同而略有不同。浮选萤石时,pH 调整剂可用苛性钠、碳酸钠,脉石抑制剂常用水玻璃、偏磷酸钠、糊精、木质素磺酸盐等,活化剂则为重金属盐类,捕收剂可用脂肪酸、环烷酸、烷基磺酸盐、胺类等。一般需多次精选才能获得高质量精矿。

矿浆的 pH 值对萤石矿浮选影响较大。当用油酸作捕收剂时,pH 值为 8~11 时,可浮性较好,回收率可达 80%~90%。对于不同类型的萤石矿,其脉石矿物的可浮性受 pH 值影响也较大,进而影响分选效果。如用油酸作捕收剂,当 pH 值为 8~9.5 时,萤石和方解石的可浮性均较好。

提高矿浆温度有利于萤石的浮选。萤石通常用羧酸类捕收剂进行浮选。由于羧酸凝固点高,加热矿浆有利于羧酸类药剂在矿浆中的溶解和分散。生产中使用油酸一般加热到 30 ℃以上,60~80 ℃效果最佳。

相对而言,在解离度适合的情况下,入选萤石粒级越粗,浮选选择性越高,精矿质量越好,但回收率偏低。细粒级萤石,浮选精矿品位和回收率都较低。

萤石用油酸捕收时,由于水中有 Ca^{2+} 和 Mg^{2+} 离子存在,会干扰萤石的浮选,显著降低浮选效果,故浮选萤石用水需要预先软化。

常见浮选方案如下:

(1) 萤石与硫化矿分选。首先进行反浮选,用黄药浮出硫化矿物,再抑制残留硫化矿,用脂肪酸正浮选萤石，抑制剂用氰化物效果好。

(2) 萤石与石英分选。采用正浮选工艺，多采用一次磨矿粗选、粗精矿再磨、多次精选的工艺流程。用脂肪酸类捕收剂浮选萤石，用水玻璃(小剂量)、碳酸钠调整 pH 值为 8～9，兼有抑制石英及分散矿泥作用。抑制效果不好时可加入高价的铝盐和铁盐(Al^{3+}，Fe^{3+})加强对石英、方解石的抑制作用。

(3) 萤石与方解石分选。常用正浮选萤石工艺。萤石和方解石全是含钙矿物，用脂肪酸类作捕收剂时均具有强烈的吸附作用。因此，萤石和方解石等碳酸盐矿物的分离是比较难的问题之一。生产中为提高萤石精矿的品位，必须在抑制剂方面寻求有效措施。含钙矿物的抑制剂有水玻璃、偏磷酸钠、木质素磺酸盐、糊精、单宁酸、草酸等，多以组合药剂形式加入浮选矿浆，如栲胶＋硅酸钠、硫酸＋硅酸钠(又称酸化水玻璃)、硫酸＋水玻璃等，对抑制方解石和硅酸盐矿物具有明显效果。另外，用栲胶抑制方解石的研究表明，对含有较多方解石、石灰石、白云石等比较复杂的萤石矿，抑制脉石矿物用栲胶、木质素磺酸盐效果很好。

(4) 萤石与重晶石的分离。一般先将萤石和重晶石混合浮选，然后进行分离。混合浮选时用油酸作捕收剂，水玻璃作抑制剂。混合精矿的分离可以采用下列两种方法：一是用糊精或单宁配合加入高价铁盐(Fe^{3+})抑制重晶石，用油酸浮选萤石；二是用烷基磺酸盐或烷基硫酸盐捕收重晶石，大剂量水玻璃抑制萤石，将萤石留在槽内。

思 考 题

6-1 结合闪锌矿，简述重金属硫化矿物的浮选方法。

6-2 常见的重金属氧化矿物有哪些？

6-3 简要介绍一下硫化浮选法在氧化铜矿中的应用。

6-4 什么是优先浮选法？该法有什么特点？

6-5 锌、硫分离的浮选作业中，为什么不能用氰化物抑制？

6-6 铁矿石分选中，常用的分选方法有哪些？

6-7 请简要介绍浮选法在铁矿石分选中的应用。

6-8 阳离子捕收剂反浮选铁矿中，有哪些优点？

参考文献

[1] 蔡璋.浮游选煤与选矿[M].北京:煤炭工业出版社,1991.
[2] 胡熙庚.浮选理论与工艺[M].长沙:中南工业大学出版社,1991.
[3] 胡岳华,冯其明.矿物资源加工技术与设备[M].北京:科学出版社,2006.
[4] 胡岳华.矿物浮选[M].长沙:中南大学出版社,2014.
[5] 解国辉.选矿工艺[M].徐州:中国矿业大学出版社,2006.
[6] 慕红梅.浮游分选技术[M].北京:北京理工大学出版社,2015.
[7] 王资.浮游选矿技术[M].北京:冶金工业出版社,2006.
[8] 谢广元.选矿学[M].2 版.徐州:中国矿业大学出版社,2010.
[9] 徐博,徐岩,于刚.煤泥浮选技术与实践[M].北京:化学工业出版社,2006.
[10] 杨立忠.选煤机械[M].徐州:中国矿业大学出版社,2006.
[11] 印万忠,白丽梅,荣令坤.浮游选矿技术问答[M].北京:化学工业出版社,2012.
[12] 赵通林.浮选[M].北京:冶金工业出版社,2018.
[13] 中国煤炭教育协会职业教育教材编审委员会.选煤工艺—浮选[M].北京:煤炭工业出版社,2007.